职业教育精品教材·“步步为赢”学技能

中文 CorelDRAW X7 案例教程

◎主　编　王爱赪　沈大林

◎副主编　曾　昊　张　ㄠ　尹　楠

◎参　编　丰金兰　王浩轩　万　忠　等

電子工業出版社

Publishing House of Electronics Industry

北京 · BEIJING

内 容 简 介

CorelDRAW 是 Corel 公司推出的一款易学易用且具有非常强大的制作和编辑矢量图形、编辑和处理位图图像功能的软件，被广泛地应用于网页设计、包装和装潢设计、商业展示、广告设计等方面。本书介绍的是中文 CorelDRAW X7。

本书分为 8 章，全面地介绍了中文 CorelDRAW X7 的基本使用方法和技巧，采用案例驱动的教学方式，融通俗性、实用性和技巧性于一体。本书除第 1 章和第 8 章外，其他各章均以一节为一个教学单元，对知识点进行了细致的编排，配有相应的案例，并通过案例的制作带动对相关知识的学习，使知识和案例相结合。

本书可以作为中等职业学校计算机专业或高等职业院校非计算机专业的教材，也可以作为初学者自学的读物。

图书在版编目（CIP）数据

中文 CorelDRAW X7 案例教程 / 王爱赪，沈大林主编. —北京：电子工业出版社，2024.1

ISBN 978-7-121-47181-0

Ⅰ. ①中… Ⅱ. ①王… ②沈… Ⅲ. ①图形软件—教材 Ⅳ. ①TP391.41

中国国家版本馆 CIP 数据核字（2024）第 031716 号

责任编辑：郑小燕　　文字编辑：戴　新
印　　刷：三河市鑫金马印装有限公司
装　　订：三河市鑫金马印装有限公司
出版发行：电子工业出版社
　　　　　北京市海淀区万寿路 173 信箱　邮编　100036
开　　本：880×1 230　1/16　印张：19.25　字数：418.9 千字
版　　次：2024 年 1 月第 1 版
印　　次：2024 年 1 月第 1 次印刷
定　　价：56.00 元

凡所购买电子工业出版社图书有缺损问题，请向购买书店调换。若书店售缺，请与本社发行部联系，联系及邮购电话：（010）88254888，88258888。

质量投诉请发邮件至 zlts@phei.com.cn，盗版侵权举报请发邮件至 dbqq@phei.com.cn。

本书咨询联系方式：（010）88254550，zhengxy@phei.com.cn。

前言

CorelDRAW 是 Corel 公司推出的一款功能强大且易学易用的图形图像制作与设计软件，是众多矢量绘图和图像处理软件中的佼佼者。它可以用于制作和编辑矢量图形、编辑和处理位图图像，被广泛应用于网页设计、多媒体画面制作、包装和装潢设计、海报和广告设计、印刷出版物设计等方面，目前应用较多且较新的版本是本书介绍的中文 CorelDRAW X7。

本书分为 8 章，全面地介绍了中文 CorelDRAW X7 的基本使用方法和技巧，以及 27 个分类案例和 7 个综合案例。第 1 章介绍了中文 CorelDRAW X7 工作区和基本操作，为全书的学习打下良好的基础；第 2 章通过 5 个案例介绍了绘制和编辑基本图形的方法，绘制和编辑完美形状图形、曲线的方法；第 3 章通过 4 个案例介绍了图形的填充和透明处理的方法；第 4 章通过 5 个案例介绍了图形的交互式处理方法；第 5 章通过 5 个案例介绍了输入文本和编辑文本的方法，以及将文字填入路径的方法等；第 6 章通过 4 个案例介绍了对象的组织与变换的方法；第 7 章通过 4 个案例介绍了位图图像的处理方法；第 8 章介绍了 7 个应用型综合案例，用来提高读者应用中文 CorelDRAW X7 设计作品的能力。

本书结构合理、条理清晰、通俗易懂，便于初学者学习。本书采用案例驱动的教学方式，除第 1 章和第 8 章外，其他各章均以一节为一个教学单元，对知识点进行了细致的编排，按节组织知识点，配有主要应用这些知识点的案例，通过案例的制作带动对相关知识的学习，使知识和案例相结合。每个教学单元都是先介绍案例的效果、案例的要求和所应用的相关知识，然后介绍制作方法和制作步骤，最后配有本教学单元的案例和相关知识的思考与练习题，这些练习题基本都是操作型的。

本书采用案例操作和知识相结合的教学方法，学生可在计算机前一边看书中案例的操作步骤，一边进行实际操作，同时学习相关的知识。采用“在做中学”的方法学习的学生，掌握知识的速度较快，学习效果较好。

本书主编由王爱赪、沈大林担任，副主编由曾昊、张界、尹楠担任。参加本书编写的主要人员还有丰金兰、王浩轩、万忠等。

由于编者水平有限，书中难免有疏漏和不妥之处，恳请广大读者批评指正。

编　者

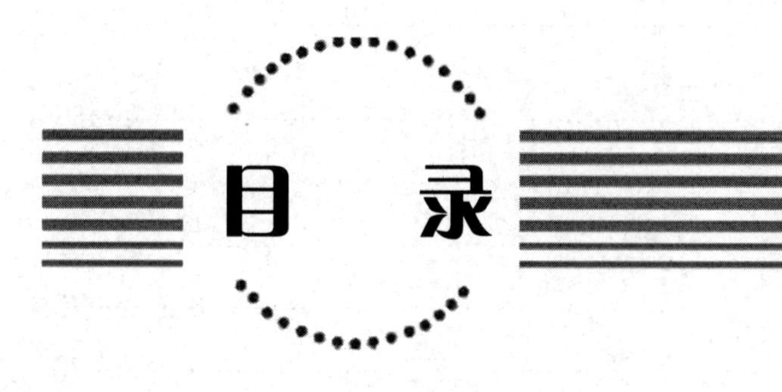
目　录

第1章

中文 CorelDRAW X7 工作区和基本操作

CorelDRAW 是 Corel 公司推出的一款功能强大且易学易用的图形图像制作与设计软件。利用该软件，可以制作矢量图形，进行位图图像编辑和处理，制作各种标识符号、网页界面、出版物封面、矢量动画等。中文 CorelDRAW X7 版本相比以前的各种版本功能更强大，也更容易学习。

1.1　中文 CorelDRAW X7 工作区

1.1.1　欢迎屏幕

中文 CorelDRAW X7 的欢迎屏幕和工作区，不仅包含作图功能，还包含制作剪贴画和相片等丰富多彩的功能。

“欢迎屏幕”可使用户轻松访问应用程序资源，并快速完成常见任务，如打开文件及从模板启动文件。用户可以了解中文 CorelDRAW X7 中的新功能并从“图库”页面列出的图形设计中得到启发，还可以访问视频和提示，获得最新的产品更新文件，并检查用户的成员资格或订阅情况。用户在启动中文 CorelDRAW X7 时将显示“欢迎屏幕”，也可以在启动应用程序之后访问“欢迎屏幕”。

1. 启动中文 CorelDRAW X7

单击“开始”→“CorelDRAW Graphics Suite X7”→“CorelDRAW X7”命令，启动中文 CorelDRAW X7，屏幕上会显示一个中文 CorelDRAW X7 的“欢迎屏幕”页面，如图 1-1-1 所示。

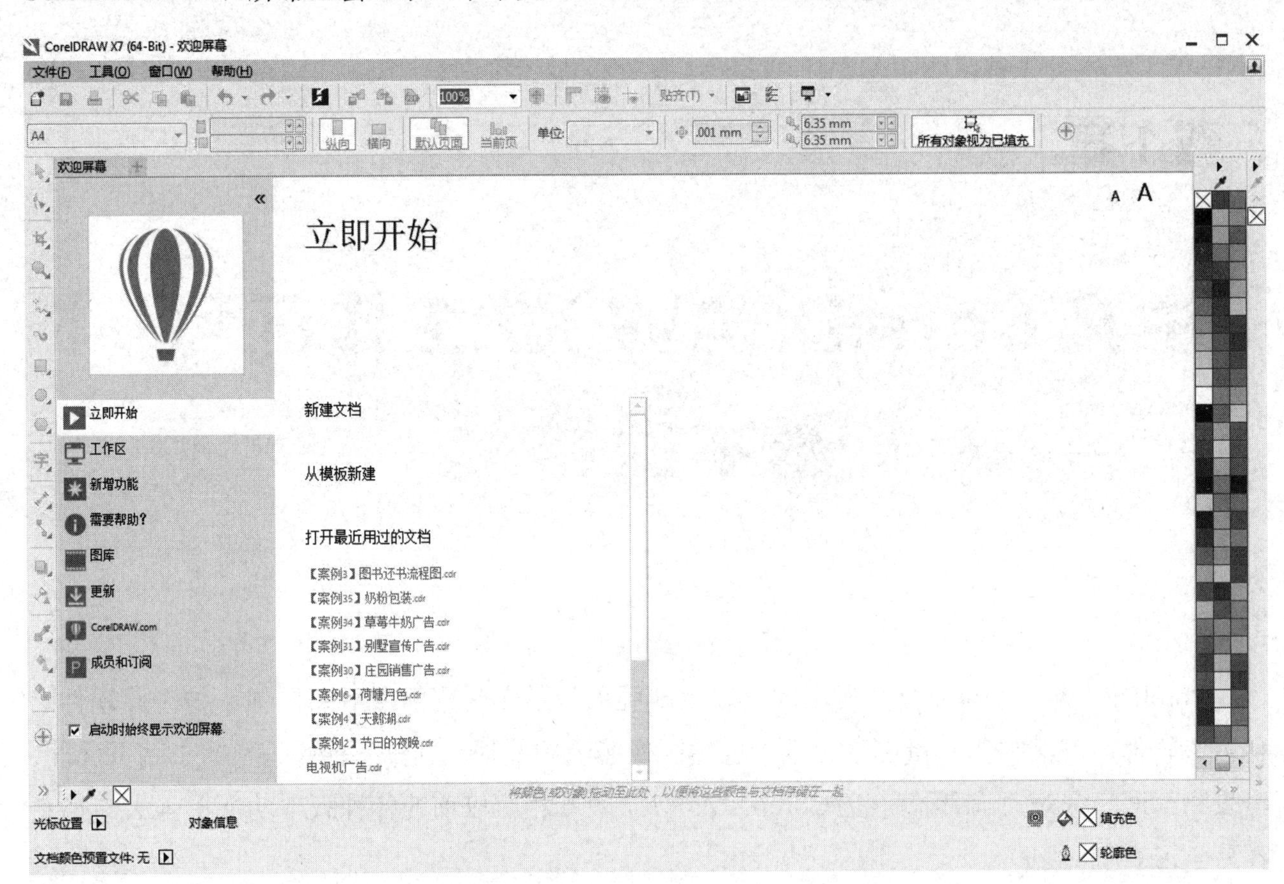

图 1-1-1 “欢迎屏幕”页面

在中文 CorelDRAW X7“欢迎屏幕”页面的左侧是选项卡标签栏，其中有“立即开始”“工作区”“新增功能”“需要帮助？”“图库”“更新”等多个选项卡的标签。

中文 CorelDRAW X7“欢迎屏幕”页面下面有一个复选框“启动时始终显示欢迎屏幕”，选中该复选框，即可设置该选项卡为默认的“欢迎屏幕”页面，以后再启动中文 CorelDRAW X7 时会显示中文 CorelDRAW X7 的“欢迎屏幕”页面，否则不显示该页面，将直接进入中文 CorelDRAW X7 的工作区。

2．中文 CorelDRAW X7 的常规选项设置

在“欢迎屏幕”页面中，有“文件”“工具”“窗口”“帮助”4 个菜单选项，可以用来对中文 CorelDRAW X7 进行常规设置。单击“工具”→“选项”命令或单击标准工具栏内的“选项”按钮，弹出“选项”对话框，在“选项”对话框左侧栏中，单击“常规”选项，右侧栏会切换到“常规”选项卡，如图 1-1-2 所示。

单击“CorelDRAW X7 启动（S）”下拉列表框，可以设置中文 CorelDRAW X7 启动后的状态，如图 1-1-3 所示。该下拉列表框中有 6 个选项，各选项的作用介绍如下。

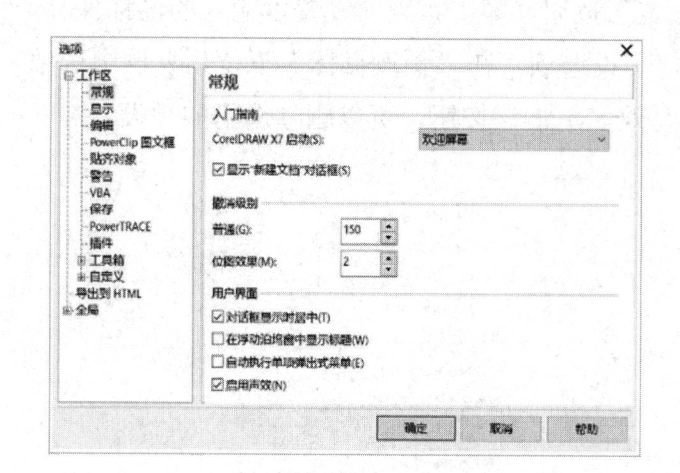

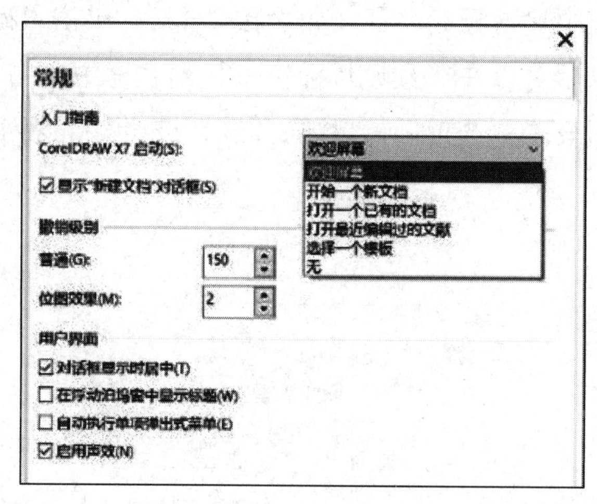

图 1-1-2 “选项”对话框中的“常规”选项卡　　图 1-1-3 “CorelDRAW X7 启动（S）”下拉列表框

- “欢迎屏幕”选项：如果选中该选项，则中文 CorelDRAW X7 启动后会进入默认的“欢迎屏幕”页面的选项卡，通常是“快速入门”选项卡。
- “开始一个新文档”选项：如果选中该选项，则中文 CorelDRAW X7 启动后直接新建一个默认参数的文档。
- “打开一个已有的文档”选项：若选中该选项，则中文 CorelDRAW X7 启动后直接弹出“打开绘图”对话框，在该对话框中可以选择并打开一个 CorelDRAW 文档。
- “打开最近编辑过的文献”选项：若选中该选项，则中文 CorelDRAW X7 启动后直接弹出最近编辑过的文档。
- “选择一个模板”选项：若选中该选项，则中文 CorelDRAW X7 启动后直接弹出“从模板新建”对话框，利用该对话框可以选择一个模板来新建一个文档。
- “无”选项：若选中该选项，则中文 CorelDRAW X7 启动后直接进入工作区。

可以看到，利用“常规”选项卡可以进行中文 CorelDRAW X7 启动后状态的设置、撤销级别设置和用户界面设置。进行设置后，单击“确定”按钮，即可完成常规设置。

3．“立即开始”选项卡

在“欢迎屏幕”页面左侧选项卡标签栏中，第一个选项卡标签是“立即开始”，单击该标签，即可切换到“立即开始”选项卡，如图 1-1-1 所示。“立即开始”选项卡中各选项的作用如下。

（1）“新建文档”链接文字：单击该链接文字，可以弹出“创建新文档”对话框，如图 1-1-4 所示，该对话框下方包括“颜色设置”和“描述”选项，将鼠标指针移到该选项的名称上，即可在“描述”栏显示相应的说明文字，例如，将鼠标指针移到“原色模式”文本框的文字上，即可在“描述”栏显示关于“原色模式”文本框的说明文字，如图 1-1-5 所示。

在“创建新文档”对话框中可以设置新建文档的大小、宽度、高度、原色模式和渲染分辨率等，单击“添加预设”按钮，可以弹出“添加预设”对话框，在其下拉列表框的文本框中输入预设名称（如“预设 1”），单击“确定”按钮，即可将当前设置以输入的名称保存，以后可以在“预设目标”下拉列表框中选中该预设选项。在“预设目标”下拉列表框中选中预设名称选项后，“移除预设”按钮将变为有效，单击该按钮，可以删除选中的预设。

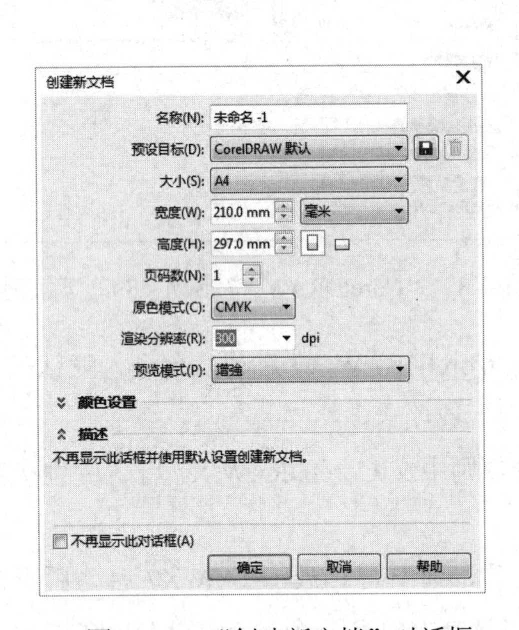

图 1-1-4 “创建新文档”对话框

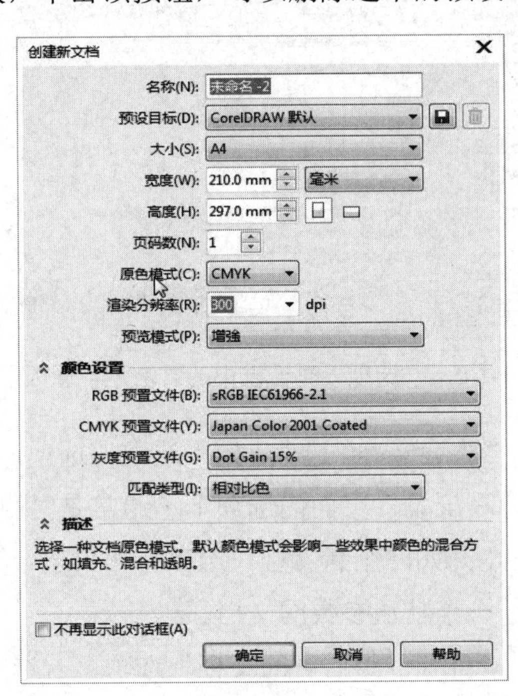

图 1-1-5 “颜色设置”和“描述”选项

单击“创建新文档”对话框中的“确定”按钮，即可创建一个新的图形文件。

如果勾选“创建新文档”对话框中的“不再显示此对话框”复选框，则在启动中文 CorelDRAW X7 后，弹出“CorelDRAW X7”欢迎窗口→“快速入门”选项卡中的“新建空白文档”链接文字，不会弹出“创建新文档”对话框，而是直接创建一个采用默认设置的新图形文件。

单击“工具”→“选项”命令或单击标准工具栏中的“选项”按钮，弹出“选项”对话框中的“常规”选项卡。如果勾选其中的“显示‘新建文档’对话框”复选框，则可以在单击“新建文档”链接文字后显示“创建新文档”对话框。

（2）“从模板新建”链接文字：单击该链接文字，可以弹出“从模板新建”对话框，如图 1-1-6 所示。利用它可以选择一种系统提供的或自己制作的绘图模板，单击“打开”按

钮，即可打开选中的模板。

（3）“打开最近用过的文档”链接文字：其中列出了以前曾打开过的几个图形文件的名称，将鼠标指针移到图形文件的名称上，即可在该栏内右侧的上边显示选中图形文件的图形，下边显示选中图形文件的名称、路径、创建日期、文件大小等信息，如图 1-1-7 所示。单击图形文件的名称，可以打开相应的图形文件。

图 1-1-6　“从模板新建”对话框

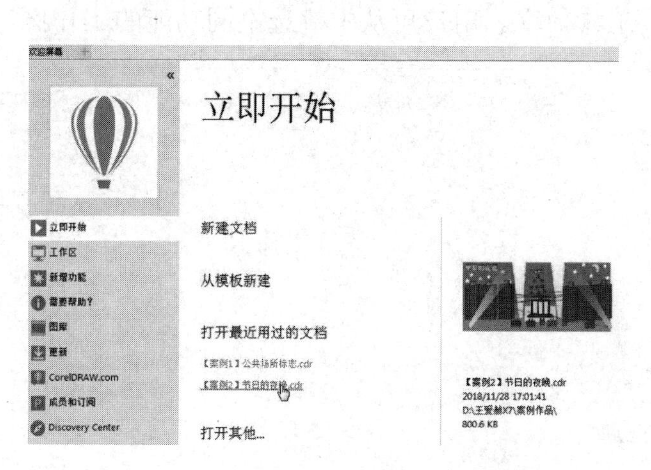

图 1-1-7　“打开最近用过的文档”选项卡

（4）“打开其他...”链接文字：单击该链接文字，会弹出“打开绘图”对话框，如图 1-1-8 所示。在“所有文件格式”下拉列表框中可选中一种文件类型，如图 1-1-9 所示；在“文件名”下拉列表框中选择或输入一个图形文件名称；勾选“保存图层和页面”复选框，可以使打开的图形文件保留其图层和页面；在“选择代码页”下拉列表框中选择代码类型。单击“打开”按钮，即可打开选中的图形文件。

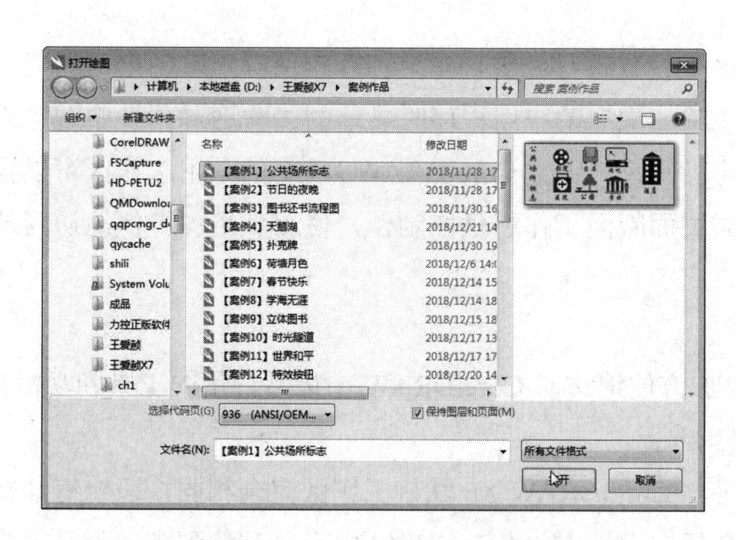

图 1-1-8　“打开绘图”对话框

图 1-1-9　“所有文件格式”下拉列表框

在文件列表框中，按住 Ctrl 键再单击图像文件名称，可以同时选中多个图像文件。按住 Shift 键，同时单击起始图像文件名称和终止图像文件名称，可以选中两者之间连续的多个图像文件。单击“打开”按钮，可以同时打开选中的多个图形文件。

4.“工作区”选项卡

单击中文 CorelDRAW X7“欢迎屏幕”页面左侧的“工作区”选项卡标签，切换到“工作区”选项卡，如图 1-1-10 所示。其中包含一系列专用工作区功能，其设计可帮助用户提高工作效率。用户可从中挑选不同功能的工作区，以针对不同的特定任务。

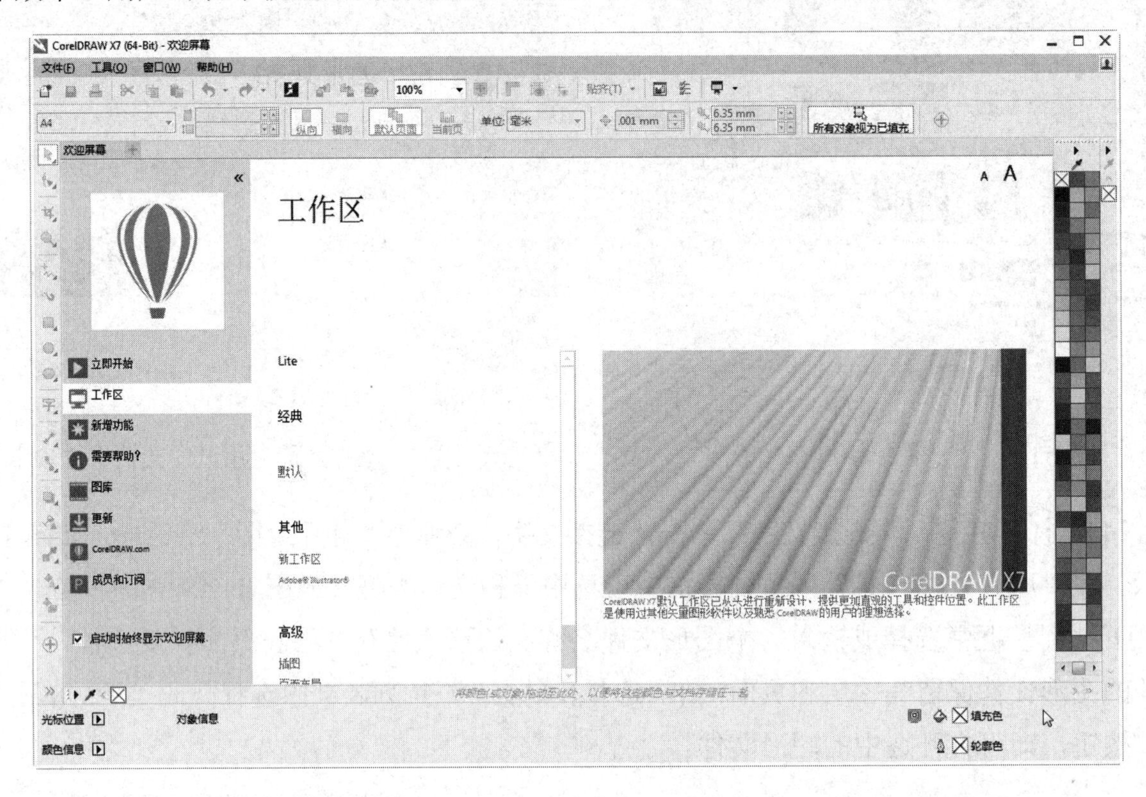

图 1-1-10 “工作区”选项卡

中文 CorelDRAW X7 中各个工作区对设置进行配置，指定打开应用程序时各个命令栏、命令和按钮是如何排列的。用户可以在第一次启动应用程序时显示的“欢迎屏幕”中选择工作区，或者在应用程序中切换到不同的工作区。中文 CorelDRAW X7 中的专用工作区可以根据特定的工作流程或任务进行配置，如页面版面工作或插图制作，使用户更加方便地访问最常使用的工具。

（1）部分工作区描述。

- “Lite”工作区：可以让用户更加方便地访问 CorelDRAW 中最常使用的工具和功能。此工作区是新手快速入门的理想选择。
- “经典”工作区：此工作区几乎与 CorelDRAW X6 默认工作区完全相同，适合有经验的 CorelDRAW 用户，即那些希望在中文 CorelDRAW X7 中无缝过渡到既现代又熟悉的环境的用户。此工作区中的许多元素都经过了优化，可提供更加流畅的工作流程。

- “默认”工作区：此工作区放置各个工具和控件。如果用户在使用 CorelDRAW 时有些经验，那么使用“默认”工作区是不错的选择。例如，“帮助主题”就是以“默认”工作区为基础的。
- “高级”工作区——页面布局：此工作区针对图形和文本对象排列进行了优化，让用户能够创建名片、品牌资料、产品包装等版面。
- “高级”工作区——插图：此工作区的设计可以让所创建的图书封面、杂志广告、故事图板等更加直观而有效。
- Adobe Illustrator 工作区：此工作区模拟 Adobe Illustrator 的工作空间，将 CorelDRAW 功能放置在 Adobe Illustrator 中等同功能的所在位置。如果用户刚从 Adobe Illustrator 切换到 CorelDRAW，而且又不太熟悉 CorelDRAW 工作区，那么此工作区会很有用。

如果用户有独特的工作流程，可以创建自定义工作区，就可以针对自己的特定需求进行优化。

（2）选择工作区。

- 用户可以从“欢迎屏幕”页面中选择某一种工作区。
- 单击“工具”→“自定义”命令，弹出如图 1-1-11 所示的“选项”对话框，在目录栏选择“工作区”，然后可以勾选“工作区”列表框中某一个工作区左侧的复选框。
- 单击“窗口”→“工作区”命令，弹出“工作区”子菜单，如图 1-1-12 所示。可以选择子菜单内的一个命令，相应地选择一个可用的工作区。

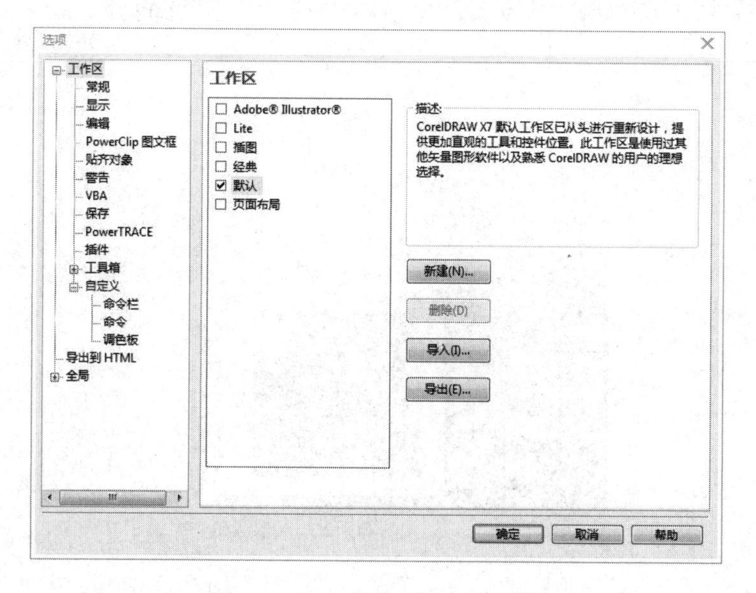

图 1-1-11 “选项”对话框

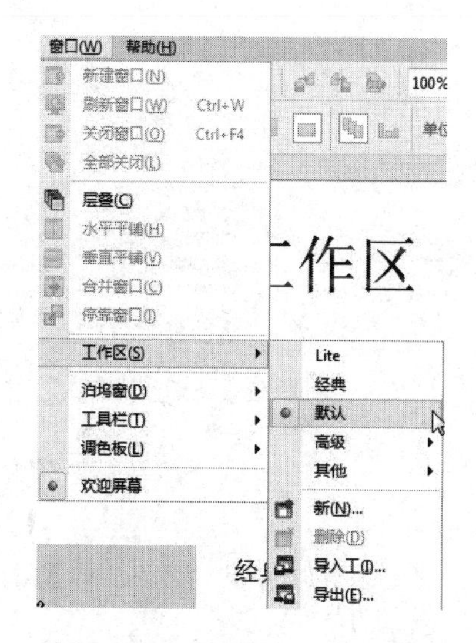

图 1-1-12 “工作区”子菜单

5. “新增功能”选项卡

单击中文 CorelDRAW X7“欢迎屏幕”页面左侧的“新增功能”选项卡标签，切换到“新增功能”选项卡，其中显示中文 CorelDRAW X7 新增功能的介绍内容，左侧是新增功能的目录，右侧是图片及文字说明，如图 1-1-13 所示。单击目录中的某一项功能，可以在右侧查看中文 CorelDRAW X7 新增的该功能的简介。

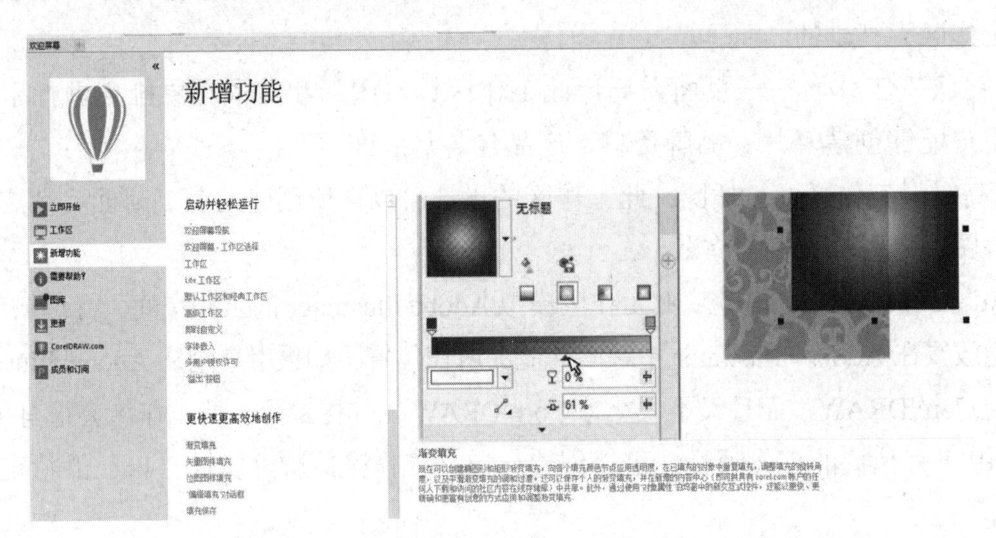

图 1-1-13 “欢迎屏幕”页面的“新增功能”选项卡

6.“需要帮助？”选项卡

单击中文 CorelDRAW X7“欢迎屏幕”页面左侧的“需要帮助？”选项卡标签，在“需要帮助？”选项卡中显示中文 CorelDRAW X7 提供的帮助，左侧是“帮助”的目录，包括“视频教程”“视频提示”等，右侧是“帮助”的文字说明，如图 1-1-14 所示。单击目录中的某一项“帮助”列表，可以在右侧查看中文 CorelDRAW X7 的该项“帮助”信息简介。

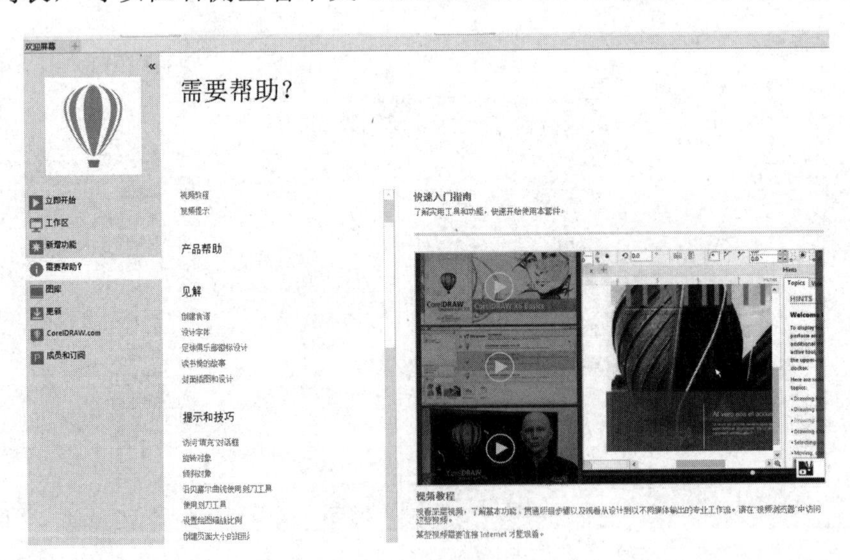

图 1-1-14 “欢迎屏幕”页面的“需要帮助？”选项卡

7.“图库”选项卡

单击中文 CorelDRAW X7“欢迎屏幕”页面左侧的“图库”选项卡标签，在“图库”选

项卡中显示中文 CorelDRAW X7 提供的图像，如图 1-1-15 所示。拖曳选中的图像到中文 CorelDRAW X7 文档窗口，即可将选中的图像导入绘图页面。

图 1-1-15　“欢迎屏幕”页面的“图库”选项卡

8. “更新”选项卡

单击中文 CorelDRAW X7“欢迎屏幕”页面左侧的“更新”选项卡标签，在“更新”选项卡中显示中文 CorelDRAW X7 的更新信息，通过勾选“请通知我可用的产品更新、新闻和教程。”和“自动下载产品更新并在安装前提醒我。”复选框，可以对更新的下载和安装时间进行提醒设置，以获得更新消息，如图 1-1-16 所示。

图 1-1-16　“欢迎屏幕”页面的“更新”选项卡

1.1.2　工作区简介

当启动中文 CorelDRAW X7 后，打开一份 CDR 格式的图像文档，弹出如图 1-1-17 所示的中文 CorelDRAW X7 工作区。中文 CorelDRAW X7 所有的绘图工作都是在这里完成的，熟悉该工作区，就是使用中文 CorelDRAW X7 软件的开始。

中文 CorelDRAW X7 工作区非常友好，它为用户绘制和编辑各种图形对象提供了一整套的工具，这些工具除有形象的图标外，还有文字提示，只要将鼠标指针放在工具上，就会出现该工具的文字提示。利用这些工具可以绘制和编辑各种图形。

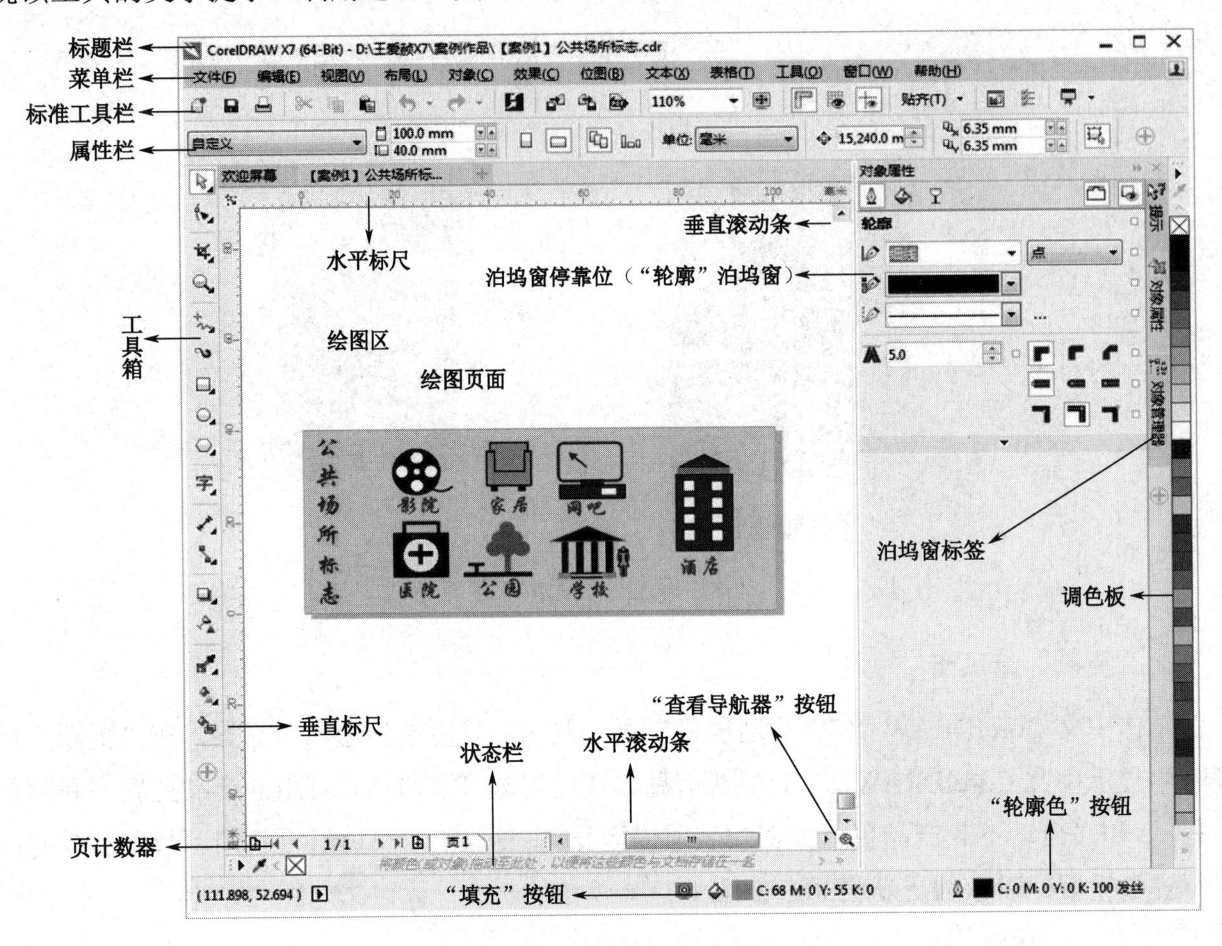

图 1-1-17　中文 CorelDRAW X7 工作区

中文 CorelDRAW X7 工作区主要由标题栏、菜单栏、标准工具栏、属性栏、工具箱、调色板、绘图页面、状态栏和页计数器等组成。单击“窗口”→“标准工具栏”→“×××”命令（“×××”是工具栏名称），可以显示或隐藏相应的工具栏；单击“窗口”→“调色板”命令（“×××”是泊坞窗的名称），可以显示或隐藏调色板；单击“窗口”→“泊坞窗”→“×××”命令，可以打开或关闭相应的泊坞窗。泊坞窗是中文 CorelDRAW X7 特有的一种窗口，位于泊坞窗停靠位处，具有较强的智能特性，类似 Photoshop 中的面板。

1.1.3　标题栏、菜单栏、绘图区和绘图页面

1．标题栏和菜单栏

（1）标题栏：单击标题栏左边的图标，可弹出一个快捷菜单，利用该快捷菜单可以调整中文 CorelDRAW X7 工作区的状态。该图标的右边显示当前图像文件的名称和路径。标题栏的右边有“最小化”按钮、“最大化”按钮或“还原”按钮、“关闭”按钮，这些按

钮和标题栏快捷菜单的作用与 Windows 程序的其他相应按钮及快捷菜单的作用一样。

（2）菜单栏：有 12 项主菜单选项，单击标题栏左边的图标，可弹出一个快捷菜单，以调整当前菜单栏的状态。将鼠标指针移到标题栏图标的右边，当鼠标指针呈双箭头形状时拖曳菜单栏，可将菜单栏移出，成为一个独立的菜单栏，如图 1-1-18 所示。该菜单栏是标准的 Windows 程序菜单栏，其使用方法与 Windows 程序其他菜单栏的使用方法一样。

文件(F) 编辑(E) 视图(V) 布局(L) 对象(C) 效果(C) 位图(B) 文本(X) 表格(T) 工具(O) 窗口(W) 帮助(H)

图 1-1-18　独立的菜单栏

（3）快捷菜单：使用鼠标右键单击工具箱、标准工具栏、绘图页面、调色板等，可以弹出相应的快捷菜单。例如，使用鼠标右键单击菜单栏内的一个菜单选项，可以弹出它的快捷菜单，如图 1-1-19 所示。利用该快捷菜单可以打开或关闭相应的工具面板、设置菜单栏中菜单选项的标题和图像的大小等。如果快捷命令左侧有✔，则表示相应的工具栏已经调到工作区中了。

2．绘图区和绘图页面

绘图区通常在属性栏的下边，它相当于一块画布。可以在绘图区中的任意位置绘图，并保存图形，但如果要将绘制的图形输出到纸上，就必须将图形放在绘图页面内。绘图区的上边是水平标尺，左边是垂直标尺，右边是垂直滚动条，下边的左半部分是页计数器，右半部分是水平滚动条，中间是绘图页面。在水平滚动条的右侧有一个“查看导航器”按钮，单击该按钮，可弹出一个含有当前文档图形或图像的导航器窗口，在该窗口中移动鼠标指针，可以显示图形或图像不同的区域，如图 1-1-20 所示。该功能对放大编辑的图形和图像特别有效。

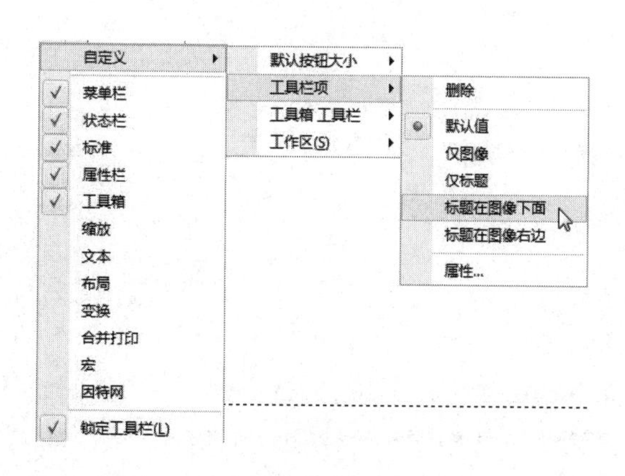

图 1-1-19　菜单栏的快捷菜单

图 1-1-20　导航器窗口

3. 页计数器和状态栏

（1）页计数器：位于绘图区的左下边，如图 1-1-21 所示。利用它可以显示绘图页面的页数，改变当前编辑的绘图页面和增加新绘图页面。单击页计数器中左边的按钮，可以在第 1 页之前增加一个绘图页面；单击页计数器中右边的按钮，可以在最后一页之后增加一个绘图页面。右击页计数器中页面的页号，可弹出页计数器的快捷菜单，如图 1-1-22 所示。利用该快捷菜单中的命令，可以给页面重新命名、在页面后面或前面插入新的页面，以及复制（再制）页面（可以复制该页面中的图形和图像）、删除页面、切换页面方向等。在图 1-1-21 中，单击或按钮，可以使当前编辑的绘图页面向后或向前跳转一页。图 1-1-21 中的“1/3”表示共有 3 页绘图页面，当前的绘图页面是第 1 页，并且当前被选中的页号标签为“页 1”。单击“页 1”“页 2”等中的任意标签，即可切换到相应的绘图页面。单击按钮，可切换到第 1 页；单击按钮，可切换到最后一页。

图 1-1-21　页计数器

重命名页面(A)...
在后面插入页面(F)
在前面插入页面(B)
再制页面(U)...
删除页面(D)
切换页面方向(R)
发布页面到 ConceptShare(T)...

图 1-1-22　页计数器快捷菜单

（2）状态栏：通常在绘图区的下边，其作用是显示被选定对象或操作的有关信息，以及鼠标指针的坐标位置等。弹出“选项”对话框，切换到“命令栏”选项卡，在右侧的列表框中选择“状态栏”，在“停放后的行数”数字框中输入 2（如图 1-1-23 所示），即可显示状态栏中的两行文字。状态栏中第 1 行可以显示“对象细节”（选中对象的宽度、高度、中心坐标值、图形类型和图层等）或“鼠标指针位置”文字信息；第 2 行可以显示“颜色”或“所选工具”文字信息。如图 1-1-24 所示，通过单击按钮，可以弹出状态栏的快捷菜单，再单击该菜单中的命令，就可以切换要实现的信息类型。

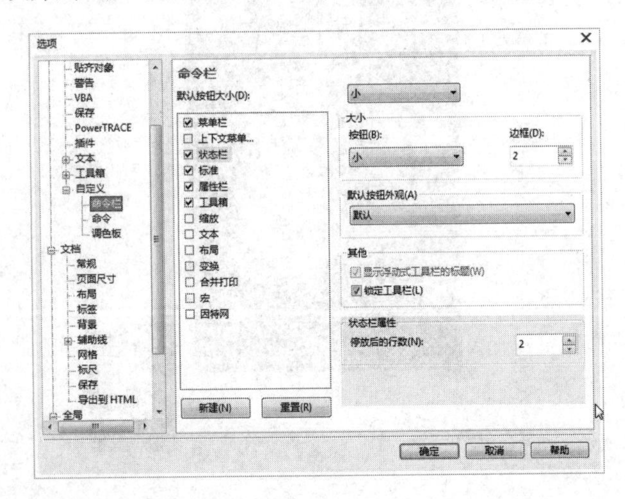

图 1-1-23　“选项”对话框的“命令栏”选项卡

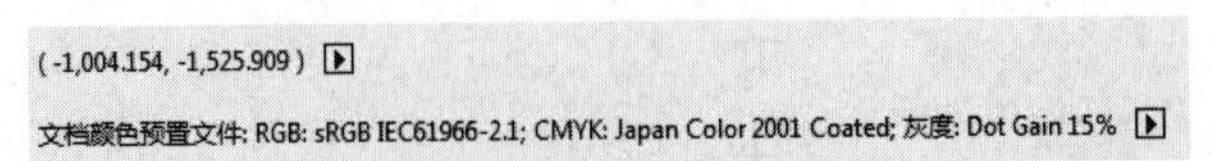

图 1-1-24　状态栏

1.1.4 标准工具栏、调色板和属性栏

中文 CorelDRAW X7 的工作环境非常友好，为用户创建各种图形提供了一整套的工具，这些工具除用形象的图标标注外，还有文字提示，即当鼠标指针在一个工具按钮上短暂停留后，便会出现该工具的文字提示，利用这些工具可以快捷、轻松地绘制和编辑各种图形对象。

1．标准工具栏

标准工具栏通常在菜单栏下边，它提供了一些按钮和下拉列表框，用来完成一些常用的操作。将鼠标指针移到该标准工具栏左边的图标处，当鼠标指针呈双箭头形状时拖曳标准工具栏，可以将标准工具栏移出，成为一个独立的标准工具栏。将鼠标指针移到标准工具栏的按钮上，屏幕上会显示出该按钮的名称和快捷键提示信息。标准工具栏中各工具按钮和下拉列表框的名称、图标和作用如表 1-1-1 所示。

表 1-1-1 标准工具栏中各工具按钮和下拉列表框的名称、图标和作用

名　称	图　标	作　用
新建		可以新建一个绘图页面
打开		可弹出“打开绘图”对话框，并可以打开图形文件
保存		可以将当前编辑的图形以原文件名保存到磁盘中
打印		可弹出“打印”对话框，进行打印设置并打印当前绘图文件
剪切		可以将选中的对象剪切到剪贴板中
复制		可以将选中的对象复制到剪贴板中
粘贴		可以将剪贴板中的对象粘贴到当前的绘图页面
撤销		可以撤销上一步操作；单击按钮，可撤销以前的多步操作
重做		只有在执行“撤销”操作后，该按钮才有效，可以恢复刚刚撤销的操作
导入		可弹出“导入”对话框，并导入外部图形文件
导出		可弹出“导出”对话框，并将当前图形文件保存
缩放级别	100%	利用该下拉列表框选择选项或输入数值，可调整绘图页面的显示比例
贴齐	贴齐	弹出“贴齐”菜单，单击其中的命令，可以设置不同的贴齐方式
欢迎屏幕		可弹出如图 1-1-1 所示的中文 CorelDRAW X7“欢迎屏幕”页面
选项		可弹出“选项”对话框，利用该对话框可设置默认选项
启动器		可弹出一个菜单，它包含与中文 CorelDRAW X7 配套的应用程序命令

2．调色板和设置颜色

当调色板位于工作区的右边时，单击调色板上边或下边的滚动按钮与，可以改变调色板中显示的色块；单击最下边的按钮，可以使单列调色板变为多列调色板；单击调色板以外的任何地方，可变回单列调色板。拖曳调色板上边的按钮，可以将调色板从绘图区的右边移到任意处，成为一个调色板面板。

默认的调色板有“默认调色板”“默认 RGB 调色板”“默认 CMYK 调色板”三种。在新建图形文档时，可以设置“原色模式”为 RGB 模式或 CMYK 模式。如果设置“原色模式”为 RGB 模式，则默认调色板为 RGB 调色板；如果设置“原色模式”为 CMYK 模式，则默认调色板为 CMYK 调色板。

单击“窗口”→“调色板”命令，弹出“调色板”菜单，单击该菜单中的命令，可以弹出相应的调色板。例如，单击“窗口”→“调色板”→“默认调色板”命令，可以弹出“默认调色板”；单击“窗口”→“调色板”→“默认 RGB 调色板”命令，可以弹出“默认 RGB 调色板”；单击“窗口”→“调色板”→“默认 CMYK 调色板”命令，可以弹出“默认 CMYK 调色板”，如图 1-1-25 所示。

将鼠标指针移到色块上，稍等片刻后，会显示 RGB 或 CMYK 数值，如图 1-1-26 所示。单击色块，会弹出一个小型调色板，显示与所单击色块颜色相近的一些色块，供用户选择，如图 1-1-27 所示。

选中一个由闭合路径构成的图形，单击调色板中的一个色块，可以用该色块的颜色填充选中的对象；右键单击调色板中的一个色块，可以用该色块的颜色改变轮廓线颜色。单击调色板中的⊠色块，可以取消填充的颜色；右键单击调色板中的⊠色块，可以取消轮廓线的颜色。

单击调色板中的调色板菜单按钮▸，可以弹出调色板的菜单。利用该菜单中的命令，可以改变轮廓线颜色和填充色，从而编辑调色板。单击调色板中的按钮，鼠标指针呈吸管状，将鼠标指针移到屏幕任何颜色上，都会显示该颜色的数值，如图 1-1-28 所示，单击该颜色后即可将此处的颜色添加到调色板中。

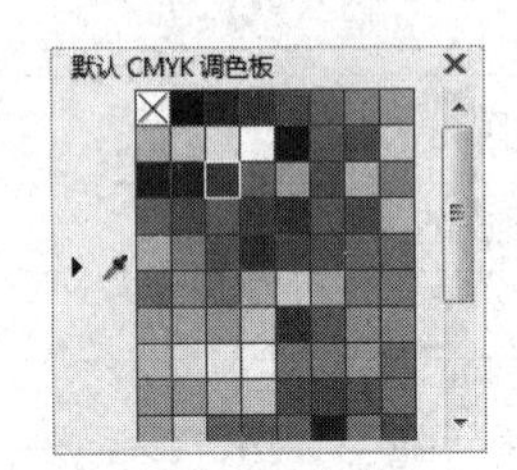

图 1-1-25　调色板

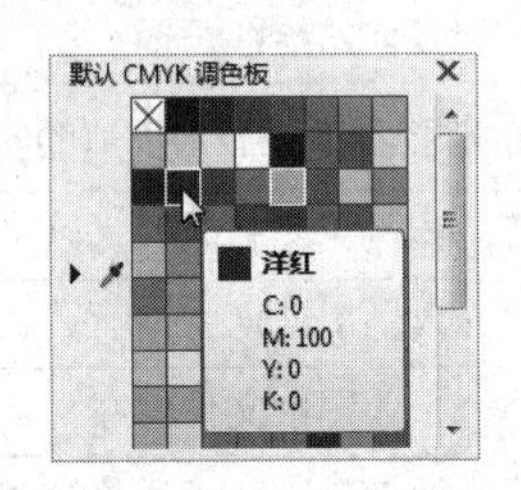

图 1-1-26　颜色数值

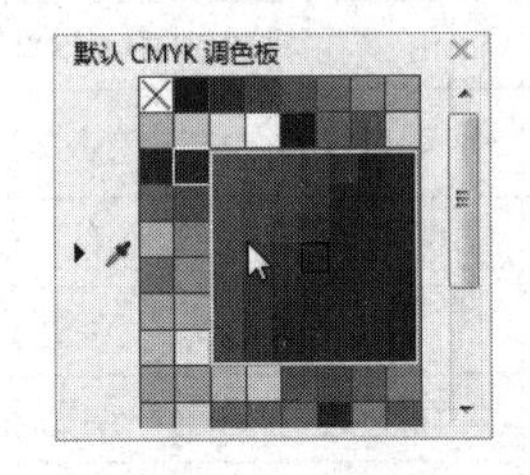

图 1-1-27　小型调色板

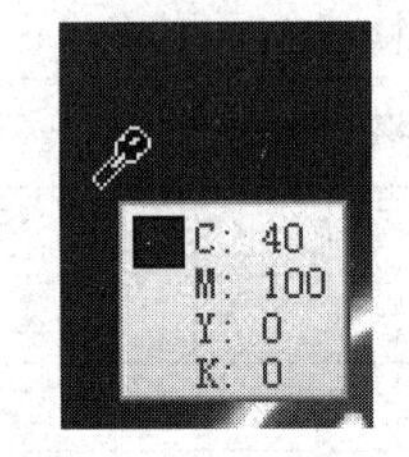

图 1-1-28　吸管工具

工作区右下角的“填充”按钮右边会显示填充颜色的设置数值，双击该按钮，可以弹出“均匀填充”对话框，用来设置各种颜色；工作区右下角的“轮廓”按钮右边会显示轮廓颜色的设置数值，双击该按钮，可以弹出“轮廓笔”对话框，用来设置各种轮廓。

3．属性栏

属性栏提供了一些按钮和列表框，它是一个感应命令栏，会根据选定的对象和工具来显示相应的命令按钮和列表框等，这给绘图操作带来了很大的方便。中文 CorelDRAW X7 的属性栏相当于 Photoshop 中的选项栏。将鼠标指针移到属性栏的某选项上，会显示该选项作用的文字提示信息。

例如，单击工具箱中的“选择”工具，再单击绘图页面空白处，此时的“选择”工具属性栏如图 1-1-29 所示。再如，单击工具箱中的“椭圆形”工具，在绘图页面中绘制一个椭圆形，此时的“椭圆形”工具属性栏如图 1-1-30 所示。

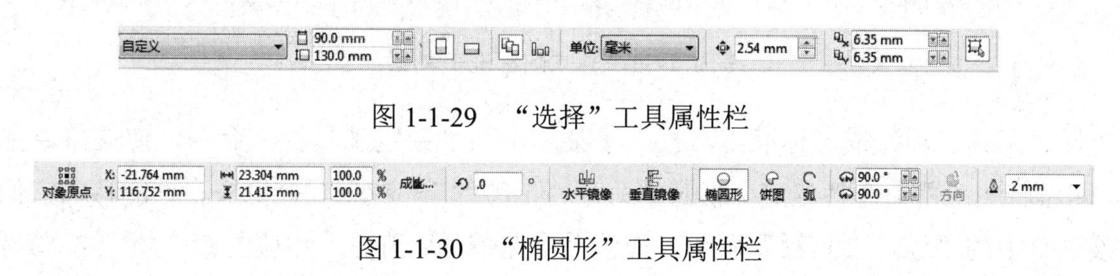

图 1-1-29　“选择”工具属性栏

图 1-1-30　“椭圆形”工具属性栏

1.1.5　工作区设置

1. 通过快捷菜单设置命令栏

命令栏是标准工具栏、菜单栏、属性栏和工具箱等的统一称呼。

（1）设置命令栏单个按钮（含命令）外观：右键单击命令栏内单个按钮或选项，弹出其快捷菜单，再选择该快捷菜单中的“工具栏项”或“菜单栏”命令，弹出“工具栏项”或“菜单栏”的快捷菜单，选择该快捷菜单中的命令。

例如，右键单击标准工具栏的任意工具按钮，弹出它的快捷菜单，单击该菜单中的“自定义”→“工具栏项”命令，弹出“工具栏项”子菜单，如图 1-1-31 所示，选择其中的命令，可以设置工具箱中工具按钮的表现形式和大小等。

（2）设置多个工具按钮和命令外观：右键单击命令栏中按钮，弹出快捷菜单，再选择其中的“菜单栏”“标准工具栏”命令，弹出这些命令的子菜单，选择子菜单中的命令。

例如，右键单击标准工具栏的任意按钮，弹出它的快捷菜单，选择该快捷菜单中的“自定义”→“标准工具栏”命令，弹出“标准工具栏”子菜单，如图 1-1-32 所示，选择其中的命令，可以设置标准工具栏中所有按钮工具的表现形式和大小等。

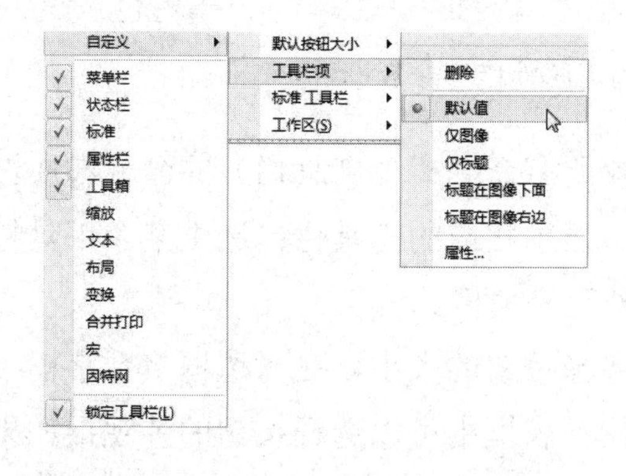

图 1-1-31　弹出“工具栏项”子菜单

图 1-1-32　弹出“标准工具栏”子菜单

如果选择“自定义”→“标准工具栏”→“标题在图像下面”命令，则该按钮命令图标下边将显示相应的标题。拖曳标准工具栏中的▯图标，使标准工具栏成为独立的标准工具栏，如图 1-1-33 所示。

图 1-1-33　独立的标准工具栏

选择“工具栏项”或“标准工具栏”子菜单中的“锁定工具栏”命令，使该命令左侧出现☑，即可将相应的命令栏锁定，相应的命令栏上方的▭或左侧的▯消失，不能移动它们；再单击该菜单中的“锁定工具栏”命令，使该命令左侧的☑消失，相应的命令栏上方的▭或左侧的▯显示，拖曳▭或▯就可以调整相应命令栏的位置了。

2．通过“选项”对话框设置命令栏

单击“工具”→“选项”命令，或者单击“属性栏”中的“选项”按钮，弹出“选项”对话框。该对话框左侧是目录栏，右侧是参数设置区。单击目录名称左侧的⊞图标，可以展开该目录；单击目录名称左侧的⊟图标，可以收缩该目录下的展开目录。单击目录名称，会在参数设置区显示相应目录的参数设置选项。单击该对话框目录栏中“自定义”目录下的“命令栏”选项，在参数设置区的列表框中勾选“属性栏”复选框，此时“选项”对话框如图 1-1-34 所示。

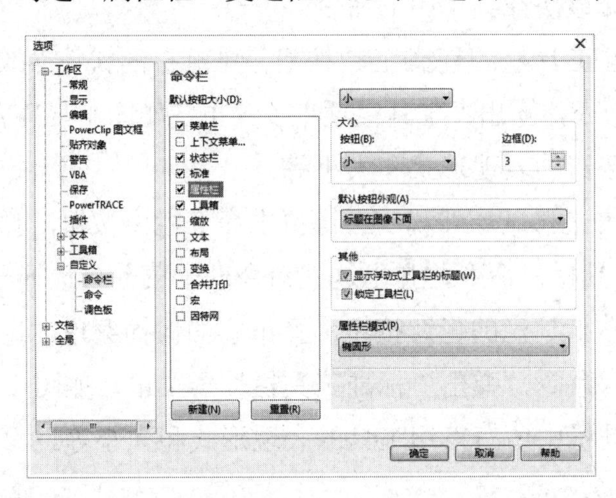

图 1-1-34　“选项”对话框的“属性栏”参数设置

在“命令栏”参数设置区中，可以查看和设置所有命令栏（工具栏）的名称和属性，勾选某个工具栏名称左侧的复选框，即可在工作区中显示相应的工具栏；选中某个工具栏名称后，可以在其右侧设置选中工具栏按钮的大小和外观等属性。

在“大小”栏的“按钮”下拉列表框中可以选择按钮的大小，在“边框”数字框中可以调整工具箱的边框大小，在“默认按钮外观”下拉列表框中可以选择按钮的外观；如果勾选“显示浮动式工具栏的标题”复选框，则选中的命令栏有标题栏，否则没有标题栏；如果勾选“锁定工具栏”复选框，则会锁定选中的命令栏；如果在参数设置区的列表框中勾选“属性栏”

或“菜单栏”复选框，则在“属性栏模式”或“菜单栏模式”下拉列表框中可以选择不同类型的属性栏或菜单栏。

如果在参数设置区的列表框中勾选“标准”复选框，则“选项”对话框的“标准”工具栏设置如图 1-1-35 所示；如果在参数设置区的列表框中勾选“状态栏”复选框，则“选项”对话框的“状态栏”参数设置如图 1-1-36 所示，利用该栏可以设置状态栏停放的行数。在调整上述选项时可以随时看到设置的效果。

图 1-1-35 “选项”对话框的“标准”工具栏设置

图 1-1-36 “选项”对话框的“状态栏”参数设置

例如，勾选“选项”对话框参数设置区列表框中的“属性栏”复选框，在“按钮”下拉列表框中选择“小”，在“边框”数字框中输入数值 3，在“默认按钮外观”下拉列表框中选择“标题在图像下面”选项，在“属性栏模式”下拉列表框中选择“椭圆形”选项，如图 1-1-34 所示。此时属性栏按钮图像的下面会显示标题文字。单击工具箱中的“椭圆形”工具，在绘图页面中绘制一个椭圆形图形，其“椭圆形”工具属性栏可参考图 1-1-30。

3. 创建新工具栏

选择“工具”→“选项”命令，弹出“选项”对话框，利用“选项”对话框中的“命令栏”可以创建新工具栏，具体操作方法如下。

（1）单击“选项”对话框参数设置区中的“新建”按钮，在“命令栏”列表框中新建一个“新工具栏 1”，如图 1-1-37 左图所示，同时显示新建的“新工具栏 1”空白工具栏，如图 1-1-37 右图所示。

（2）此时可修改“命令栏”列表框中新建的“新工具栏 1”的名称，例如，修改为“文件工具”。

（3）选择目录栏“自定义”目录下的“命令”选项，在右侧的“命令”列表框中选择工具类型（如选中“从文档新建”工具类型），如图 1-1-38 所示，将选中的工具拖曳到新建的空白工具栏中。继续在“命令”列表框中选择其他工具，依次将它们拖曳到空白工具栏中，创建自定义工具栏。

图 1-1-37 “选项”对话框和空白工具栏

图 1-1-38 选中“从文档新建”工具类型

（4）选择目录栏“自定义”目录下的“命令栏”选项，设置按钮外观为“标题在图像下面”，单击“确定”按钮。新建的工具栏如图 1-1-39 所示。

图 1-1-39 新建的工具栏

4．工作区基本操作

选择“工具”→“选项”命令，弹出“选项”对话框，选择该对话框目录栏中的“工作区”目录名称，右侧的参数设置区切换到“工作区”栏，如图 1-1-40 所示。利用“选项”对话框的“工作区”栏可以选择、创建、导出和导入工作区，具体操作方法如下。

（1）选择工作区：在“工作区”栏内，勾选复选框（只可以选择一个），单击“确定”按钮，即可完成选择工作区的操作。

（2）创建新工作区：调整完工作区后，弹出“选项”对话框，单击“工作区”目录名称，单击“新建”按钮，弹出“新工作区”对话框。在“新工作区”对话框的“新工作区的名字”文本框中输入新工作区的名称（如“新工作区”），在“新工作区的描述”文本框中输入新工作区的描述文字“按钮添加标题”，如图 1-1-41 所示。单击“确定”按钮，回到“选项”对话框，可以看到在“工作区”栏内已经添加了设置的“新工作区”。

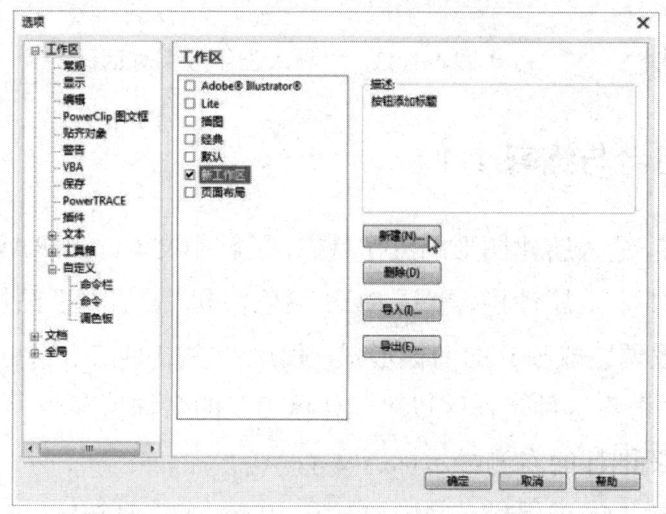

图 1-1-40 “选项”对话框

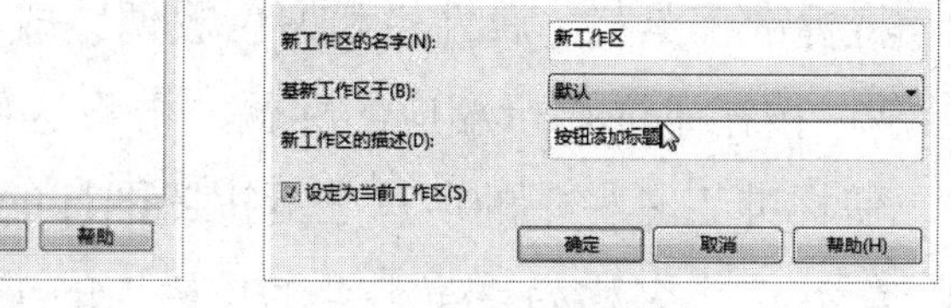

图 1-1-41 “新工作区”对话框

（3）导出工作区：弹出“选项”对话框，单击“工作区”目录名称，单击“导出”按钮，弹出“导出工作区”对话框，如图 1-1-42 所示。勾选要保存的内容，单击“保存”按钮，弹出“另存为”对话框，在该对话框中输入文件名（如“新工作区.cdws”），单击“保存”按钮，即可保存工作区。

（4）导入工作区：单击“导入”按钮，弹出“导入工作区”对话框，如图 1-1-43 所示。按照“导入工作区”对话框中的提示，单击“浏览”按钮，弹出“打开”对话框，选择工作区文件（如“新工作区.cdws”），单击“打开”按钮，关闭“打开”对话框，回到“导入工作区”对话框。

单击“下一步”按钮，弹出下一个“导入工作区”提示对话框，选择要导入的项目。继续单击“下一步”按钮，分为 5 步完成。在最后一步中单击“完成”按钮，即可导入外部保存的新工作区。

设置好后，单击“选项”对话框中的“确定”按钮，关闭该对话框，完成相应的工作。

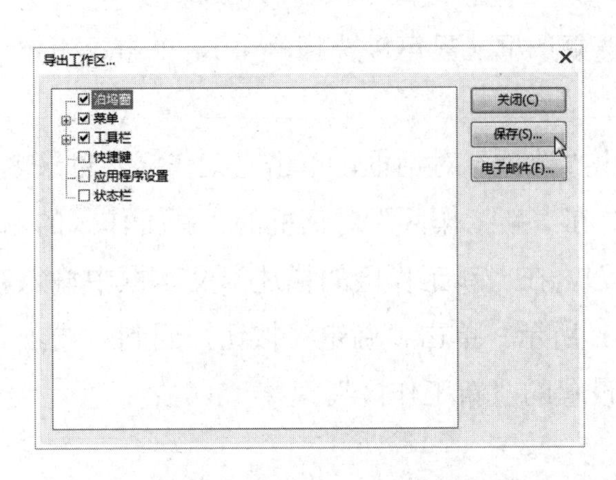

图 1-1-42 “导出工作区”对话框

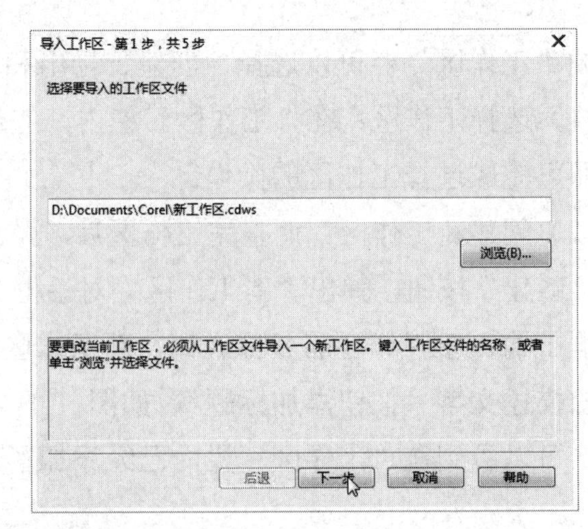

图 1-1-43 “导入工作区”对话框

思考与练习 1-1

1. 安装并启动中文 CorelDRAW X7，进入新建图形的工作状态，了解中文 CorelDRAW X7 工作区的组成。依次关闭和弹出标准工具栏、属性栏、默认 RGB 调色板和“立体化”泊坞窗。

2. 将标准工具栏、属性栏和调色板调整成独立的面板形式，使属性栏中的按钮以小按钮形式显示，按钮下面显示相应的标题，再将这种工作区以“工作区 B”的名称保存。

3. 使标准工具栏中的所有工具按钮图标的右侧显示标题文字。

4. 新建一个名称为“第 1 组工具栏”的工具栏，其中放置常用的 6 个工具按钮。

5. 建立一个中文 CorelDRAW X7 文档，在该文档中创建 3 页。在第 1 页绘制一个红色轮廓线的圆形图形，在第 2 页绘制一个蓝色轮廓线、填充黄色的矩形图形，在第 3 页绘制一个黄色轮廓线、填充绿色的多边形图形。

1.2 工具箱概述

中文 CorelDRAW X7 工具箱的默认位置在绘图区的左边。如果工具按钮的右下角有黑色三角形图标◢，则表示这是一个工具组。单击该黑色三角形图标◢，可以展开该工具组成为展开工具栏，其中有相关的工具按钮。拖曳展开工具栏上边的图标┈┈，可改变该工具栏的位置。将鼠标指针移到工具箱的工具按钮上，即可显示该工具按钮的名称和作用说明。单击工具按钮，即可使用相应的工具。例如，单击工具箱椭圆形工具展开工具栏中的“椭圆形”工具○，在绘图页面拖曳鼠标，即可绘制一个椭圆形图形。

通过下面的学习，可以对工具箱有一个总体的了解，为后面的学习打下一个良好的基础。

1.2.1　绘制几何图形和曲线工具

1．椭圆形工具展开工具栏

椭圆形工具展开工具栏有两个工具，如图 1-2-1 所示。该栏内各工具的作用如下。

（1）“椭圆形”工具：使用该工具可绘制一个椭圆形或圆形图形。按住 Shift 键并拖曳鼠标，可以绘制一个椭圆形图形，拖曳的单击点为椭圆形的圆心；按住 Ctrl 键拖曳鼠标，可以绘制一个以单击点为圆心的圆形图形。

（2）“3 点椭圆形”工具：该工具用 3 个点来确定一个椭圆形，单击“3 点椭圆形”工具，拖曳鼠标绘制一条直线，形成椭圆形的长轴或短轴；松开鼠标左键再拖曳鼠标，即可绘制出一个椭圆形图形；单击鼠标左键，完成椭圆形图形轮廓线的绘制，单击调色板内的一个色块，给椭圆形轮廓线填充颜色。使用“3 点椭圆形”工具绘制椭圆形图形的过程如图 1-2-2 所示。

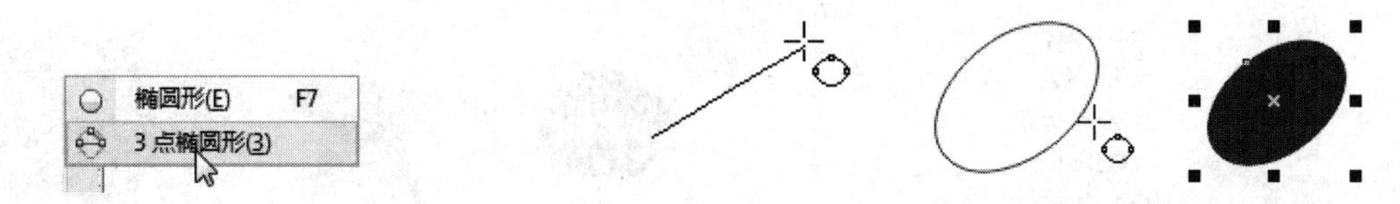

图 1-2-1　椭圆形工具展开工具栏　　图 1-2-2　使用“3 点椭圆形”工具绘制椭圆形图形的过程

2．矩形工具展开工具栏

矩形工具展开工具栏有两个工具，如图 1-2-3 所示。该栏内各工具的作用如下。

（1）“矩形”工具：按住 Shift 键并拖曳鼠标，可以绘制一个矩形，拖曳的单击点是矩形的中心点；按住 Ctrl 键并拖曳鼠标，可以绘制一个正方形；同时按住 Shift 键和 Ctrl 键拖曳鼠标，可以绘制一个以单击点为中心点的正方形。

（2）“3 点矩形”工具：该工具用 3 个点确定一个矩形，即用第 1 点和第 2 点确定矩形任意一边的倾斜角度，用第 3 点来确定矩形的形状。单击“3 点矩形”工具，绘制一条直线，形成矩形的一条边；松开鼠标左键后再拖曳，可绘制一个矩形框；单击鼠标左键，完成矩形轮廓线的绘制；单击调色板中的一个色块，给矩形轮廓线填充颜色。使用“3 点矩形”工具绘制矩形图形的过程如图 1-2-4 所示。

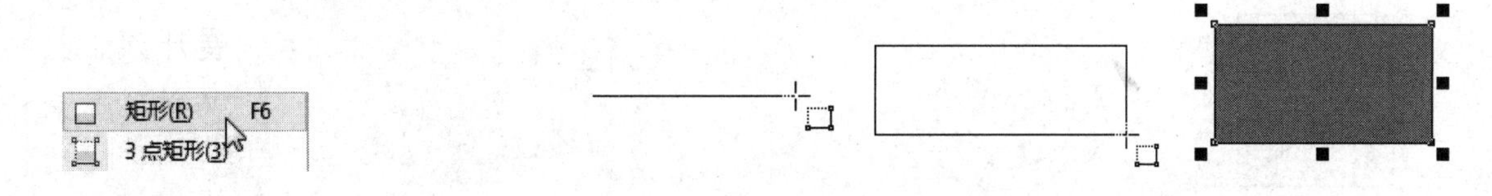

图 1-2-3　矩形工具展开工具栏　　图 1-2-4　使用“3 点矩形”工具绘制矩形图形的过程

3．多边形工具展开工具栏

中文 CorelDRAW X7 中将“完美形状展开工具”合并到多边形工具展开工具栏。多边形工具展开工具栏有 3 组 10 个工具，如图 1-2-5 所示。使用其中的一个工具，在其属性栏中进行设置，再拖曳鼠标，即可绘制相应的图形，绘制后的图形如图 1-2-6 所示。该栏内各工具的作用如下。

（1）“多边形”工具：可以绘制正多边形。通过设置属性栏的参数，可以调整多边形的边数，如图 1-2-6 左图所示。

（2）“星形”工具：可以绘制各种星形图形，调整星形的角点数，如图 1-2-6 中图所示。

（3）“复杂星形”工具：可以绘制各种复杂星形图形。复杂星形的填充和星形的填充不太一样，复杂星形的自相交区域没有填充，该工具还可以调整星形的角点数，如图 1-2-6 右图所示。

图 1-2-5　多边形工具展开工具栏　　　图 1-2-6　多边形、星形、复杂星形图形

（4）“图纸”工具：也称为网格工具，可以绘制棋盘格图形，调整网格数目，如图 1-2-7 左图所示。

（5）“螺纹”工具：可以绘制对称式或对数式螺纹状图形，调整螺纹个数，如图 1-2-7 右图所示。

（6）“基本形状”工具：可以绘制一些基本图形，例如，人脸、心形和梯形等图形。

（7）“箭头形状”工具：可以绘制各种箭头图形。

（8）“流程图形状”工具：可以绘制各种流程图形状的图形。

（9）“标题形状”工具：可以绘制旗帜、不规则星形等图形。

（10）“标注形状”工具：可以绘制各种标注形状的图形。

各种形状的绘制效果如图 1-2-8 所示。

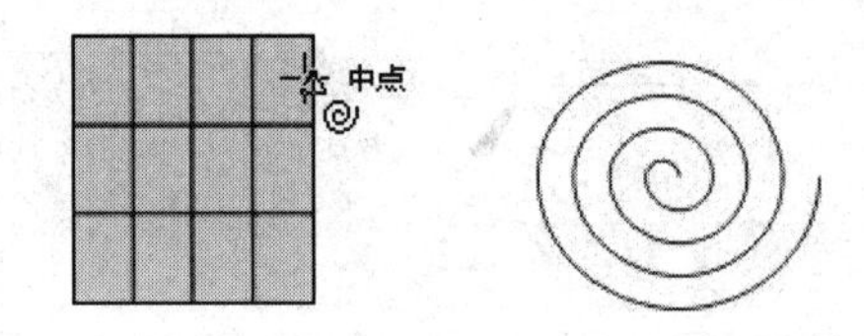

图 1-2-7　图纸图形和螺纹图形

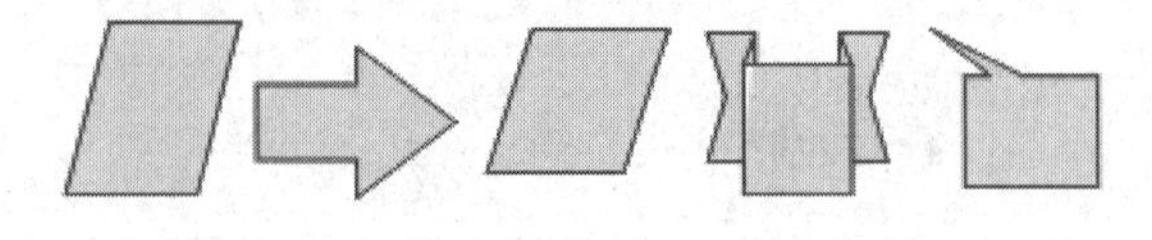

图 1-2-8　基本形状、箭头形状、流程图形状、标题形状、标注形状的图形

以上工具的共同特点是，按住 Shift 键的同时拖曳鼠标，以单击点为中心点可绘制相应图

形；按住 Ctrl 键的同时拖曳鼠标，可以绘制等比例图形；按住 Shift+Ctrl 组合键同时拖曳鼠标，可以单击点为中心点绘制等比例图形。

4．曲线工具展开工具栏

曲线工具展开工具栏有 8 个工具，如图 1-2-9 所示。该栏内各工具的作用如下。

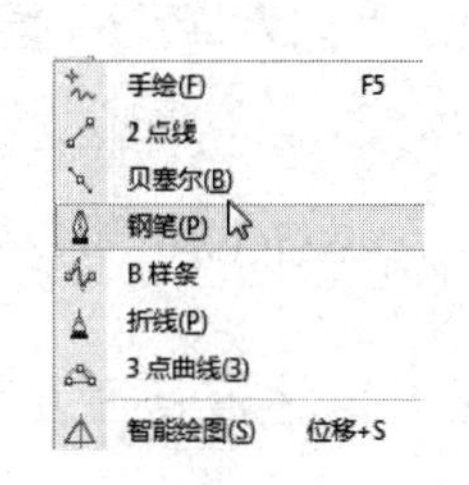

图 1-2-9　曲线工具展开工具栏

（1）“手绘”工具：使用“手绘”工具绘图可以像使用笔在纸上绘图一样，绘制直线与曲线。在绘图页面上拖曳鼠标，可以绘制曲线。单击直线起点处，再单击直线终点处，可以绘制一条直线。

（2）“2 点线”工具：单击该工具后拖曳鼠标，即可绘制一条直线。

（3）“贝塞尔”工具：可以绘制折线与曲线。先单击折线起点处，依次单击折线转折点处，再单击折线终点处，然后按空格键，即可绘制一条折线。单击曲线的起点，再单击曲线的下一个转折点，在不松开鼠标左键的情况下拖曳鼠标，即可绘制一条曲线，再单击曲线的下一个转折点，在不松开鼠标左键的情况下再拖曳鼠标，如此反复，最后按空格键，即可绘制一条曲线。

（4）“钢笔”工具：可以像“折线”工具和“贝塞尔”工具的使用方法那样绘制折线，也可以通过单击和拖曳鼠标，绘制连接多个锚点的曲线，以及增加或删除锚点。

（5）“B 样条”工具：也称“B-Spline”工具，单击此工具后，先拖曳出一条直线，再拖曳到第 3 点，单击后移到下一点，如此反复，最后双击，完成曲线的绘制。

（6）“折线”工具：可以单击折线起点、各转折点，以双击终点结束，绘制折线。另外，还可以像使用“手绘”工具那样，拖曳鼠标绘制曲线。

（7）“3 点曲线”工具：单击“3 点曲线”工具后，先拖曳鼠标绘制一条直线，从而确定曲线的起点和终点，再拖曳鼠标到第 3 点，同时将直线变为曲线，可以调整曲线的形状。

（8）“智能绘图”工具：该工具可以用来绘制曲线、直线、折线、矩形、椭圆形等。单击该工具后，可在其属性栏中设置形状识别等级和智能平滑等级等参数，然后拖曳鼠标绘制图形。绘制完图形后，中文 CorelDRAW X7 可以自动调整绘制的图形，使它成为标准图形。例如，单击该工具后，在其属性栏的“形状识别等级”和“智能平滑等级”下拉列表框中均选择“中”选项，在“轮廓宽度”下拉列表框中选择“1.0mm”，如图 1-2-10 所示。在绘图页面中拖曳鼠标绘制一个三角形，如图 1-2-11 左图所示，当松开鼠标左键后，图形会自动成为标准的三角形，如图 1-2-11 右图所示。

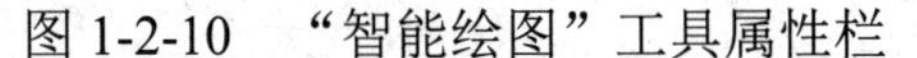

图 1-2-10　“智能绘图”工具属性栏

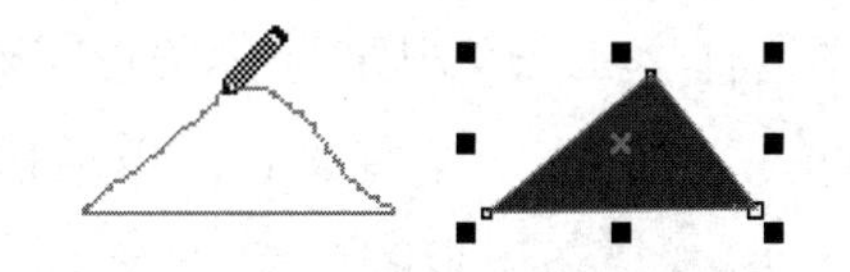

图 1-2-11　使用“智能绘图”工具绘制图形

另外，使用“智能绘图”工具可以沿着一个图形或图像的轮廓线绘制一个轮廓线图形，在绘制完图形后，绘制的图形会被自动调整为与图形或图像的轮廓线一样或相近的标准图形。

5．“艺术笔”工具

“艺术笔”工具：也称为自然笔工具。单击“艺术笔”工具后，在其属性栏中选择各种艺术笔触图案，在绘图页面中拖曳鼠标，即可绘制由各种艺术笔触图案组成的曲线。

6．直线连接工具展开工具栏

直线连接工具展开工具栏有 4 个工具，如图 1-2-12 所示。该栏内各工具的作用如下。

（1）“直线连接器”工具：单击“直线连接器”工具后，在其属性栏中进行设置，在两个图形之间拖曳鼠标，可以绘制连接两个图形的直线，如图 1-2-13 所示。

（2）“直角连接器”工具：单击“直角连接器”工具后，在其属性栏中进行设置，在两个图形之间拖曳鼠标，可以绘制连接两个图形的直角折线，如图 1-2-14 所示。

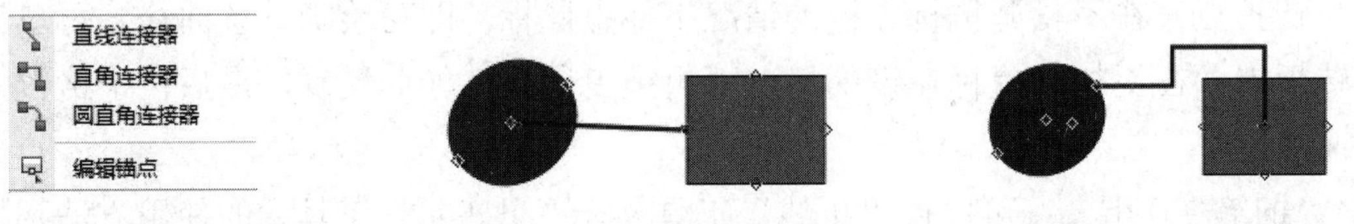

图 1-2-12　直线连接工具展开工具栏　　图 1-2-13　绘制直线　　图 1-2-14　绘制直角折线

（3）“圆直角连接器”工具：单击“圆直角连接器”工具后，在其属性栏中进行设置，在绘图页面中拖曳鼠标，可以绘制连接两个图形的圆角折线，如图 1-2-15 所示。

（4）“编辑锚点”工具：单击“编辑锚点”工具后，再单击连接的图形，显示连接线的锚点，拖曳锚点可以调整连接线的起点、终点及线的形状，如图 1-2-16 所示。

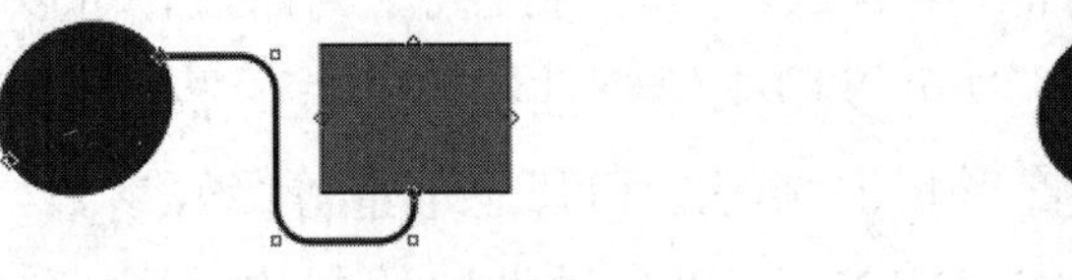

图 1-2-15　绘制圆角折线

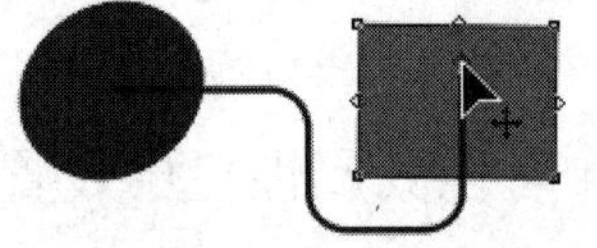

图 1-2-16　编辑锚点

1.2.2　编辑工具

1．“选择”工具

“选择”工具用来选择图形等对象。大多数对象操作都应先选中、再编辑。

单击“选择”工具后，再单击某对象，就可以选中该对象，使该对象成为当前的编辑对象；拖曳一个矩形围住多个对象，或者在按住 Shift 键的同时依次单击多个对象，从而选中多个对象，选中的对象周围有 8 个黑色控制柄，中间有一个中心标记×。

2．“文本”工具和“表格”工具

（1）“文本”工具：单击“文本”工具后，再单击绘图页面，可以输入美术字；拖曳一个矩形后，即可形成文本框，可以在文本框中输入文字。在“文本”工具的属性栏中可以设置文字的字体、字号、颜色和旋转角度等属性。

（2）“表格”工具：单击“表格”工具后，在绘图页面拖曳鼠标，即可绘制一个表格，在其属性栏中可以设置该表格的行数和列数等参数。

3．形状工具展开工具栏

形状工具展开工具栏有 8 个工具，如图 1-2-17 所示。该栏内各工具的作用如下。

（1）“形状”工具：又称“节点编辑”工具。单击“形状”工具后，可以拖曳节点调整曲线节点的位置和改变图形的形状，还可以进行增加、删除、合并、拆分节点等操作。

（2）“平滑”工具：单击“平滑”工具后，可以平滑弯曲对象，以移除锯齿状边缘，并减少节点数量；也可以平滑矩形或多边形等形状，让它们拥有手绘外观。为了控制平滑效果，可以改变笔尖大小，还可以使用数字笔的压力。

（3）“涂抹”工具：单击“涂抹”工具后，可以通过沿对象轮廓拖曳来改变其边缘效果。

（4）“转动”工具：单击“转动”工具后，可以通过沿对象轮廓拖曳给对象添加转动效果。用户可以设置转动效果的半径、速度和方向，还可以使用数字笔的压力来更改转动效果。

（5）“吸引”工具：单击“吸引”工具后，可以通过将节点吸引到光标处来调节对象的形状。

（6）“排斥”工具：单击“排斥”工具后，可以通过将节点推离光标处来调节对象的形状，其操作与“吸引”工具的操作类似。

（7）“沾染”工具：又称“涂抹笔刷”工具，单击“沾染”工具后，可以使曲线对象沿拖曳出的轮廓变形。在使用该工具前需要将线对象转换成曲线对象。

（8）“粗糙”工具：单击“粗糙”工具后，可以使曲线对象的轮廓变得粗糙。在使用该工具前需要将线对象转换成曲线对象。

4．缩放工具展开工具栏

缩放工具展开工具栏有两个工具，如图 1-2-18 所示。该栏内各工具的作用如下。

（1）“缩放”工具：单击“缩放”工具后，鼠标指针变为形状，单击绘图页面，可放大绘图页面；按住 Shift 键，鼠标指针变为形状，单击绘图页面，可缩小绘图页面。

（2）“平移”工具：单击“平移”工具后，鼠标指针变为小手状，此时拖曳绘图页面，可以改变绘图页面的位置。

5．裁剪工具展开工具栏

裁剪工具展开工具栏有 4 个工具，如图 1-2-19 所示。该栏内各工具的作用如下。

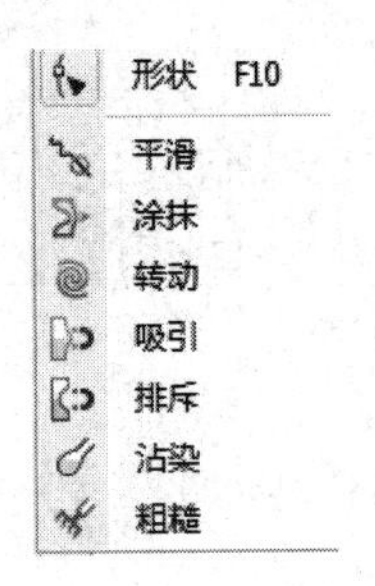

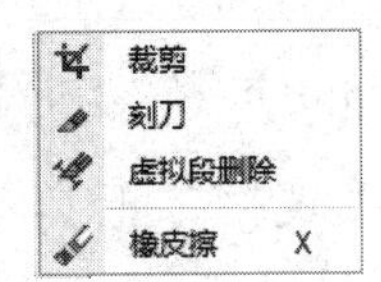

图 1-2-17 形状工具展开工具栏　图 1-2-18 缩放工具展开工具栏　图 1-2-19 裁剪工具展开工具栏

（1）“裁剪”工具：单击“裁剪”工具后，可以裁切图像，快速移除对象、位图和矢量图形中不需要的区域。可裁切的对象包括图形、位图、段落文本和美术字等。

（2）“刻刀”工具：单击“刻刀”工具后，可以将单个对象分割成多个对象。

（3）“虚拟段删除”工具：单击“虚拟段删除”工具后，在图形的某部分拖曳鼠标，可以删除这部分图形。

（4）“橡皮擦”工具：选中要擦除的图形对象，然后单击“橡皮擦”工具，在图形上拖曳鼠标，即可擦除图形。

图 1-2-20 滴管工具展开工具栏

图 1-2-21 不同颜色的图形

图 1-2-22 改变图形颜色

6. 滴管工具展开工具栏

滴管工具展开工具栏有两个工具，如图 1-2-20 所示。该栏内各工具的作用如下。

（1）“颜色滴管”工具：单击“颜色滴管”工具后，鼠标指针变为滴管状，单击对象的填充色，即可将当前颜色改为“颜色滴管”工具内的颜色。将鼠标指针移到其他对象上，鼠标指针呈油漆桶状，单击图形对象，即可将图形的填充色改为当前颜色。

例如，单击图 1-2-21 右边心形图中的红色，将鼠标指针移到图 1-2-21 左边五角星图形上，可以将五角星图形填充的黄色改为红色，如图 1-2-22 所示。

（2）“属性滴管”工具：单击“属性滴管”工具后，鼠标指针变为滴管状，单击原对象，再单击目标对象，即可将原对象的一些属性应用于目标对象。

1.2.3 高级绘图工具

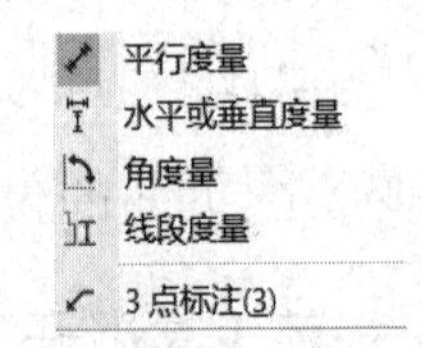

图 1-2-23 尺度工具展开工具栏

1. 尺度工具展开工具栏

尺度工具展开工具栏有 5 个工具，如图 1-2-23 所示。该

栏内各工具的作用如下。

（1）“平行度量”工具：单击“平行度量”工具，其属性栏如图 1-2-24 所示。当鼠标指针呈形状时，在两个要测量的点之间拖曳出一条直线，松开鼠标左键后，向一个垂直方向拖曳鼠标，绘制两条平行的注释线，效果如图 1-2-25 所示。在其属性栏中可以设置线的粗细、类型，以及进制类型等，还可以给数字添加前缀与后缀等。单击“显示单位”按钮后，可以在数字后面显示单位；反之，数字后面不显示单位。单击“文本位置”按钮，可弹出它的面板，单击该面板中的按钮，可以调整注释的数字文本的相对位置。

图 1-2-24　尺度工具属性栏

（2）“水平或垂直度量”工具：单击“水平或垂直度量”工具，其属性栏与图 1-2-24 所示的基本一样。当鼠标指针呈形状时，从第 1 个测量点垂直向下拖曳鼠标一段距离，再水平拖曳鼠标到第 2 个测量点，松开鼠标左键后垂直向下拖曳鼠标一段距离，再松开鼠标左键，效果如图 1-2-26 所示。

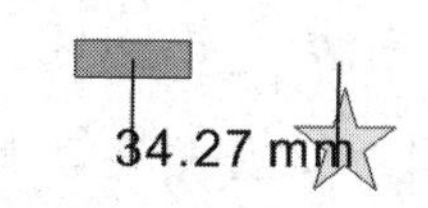

图 1-2-25　平行尺度标注

（3）“角度量”工具：单击“角度量”工具，其属性栏与图 1-2-24 所示的基本一样，只是第 1 个下拉列表框变为“无效”，“度量单位”下拉列表框中的选项变为“角度单位”选项。当鼠标指针呈形状时，从角的一边沿边线拖曳鼠标一段距离，松开鼠标左键后，再顺时针或逆时针拖曳鼠标到角的另一边的边线延长线处后双击，效果如图 1-2-27 所示。

（4）“线段度量”工具：单击“线段度量”工具，其属性栏与图 1-2-24 所示的基本一样，只是新增了一个“自动连续度量”按钮。当鼠标指针呈形状时，在线段间拖曳鼠标形成一个矩形，松开鼠标左键后再向与注释线垂直的方向拖曳，单击后即可生成线段尺度标注，效果如图 1-2-28 所示。单击“自动连续度量”按钮后，可以同时自动生成各线段的尺度标注。

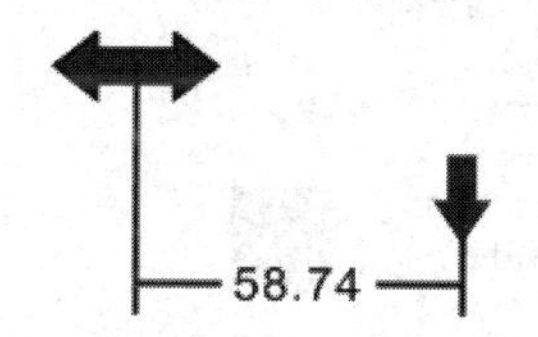

图 1-2-26　水平和垂直尺度标注

图 1-2-27　角度尺度标注

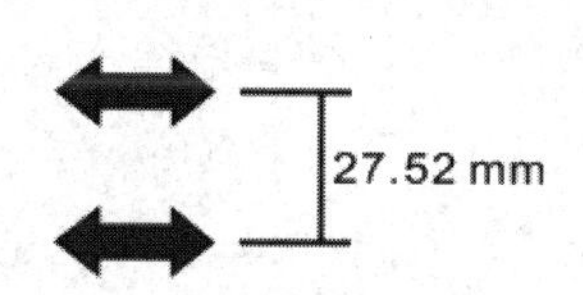

图 1-2-28　线段尺度标注

（5）“3 点标注”工具：单击第 1 个点，按下鼠标左键并拖曳鼠标到第 2 个点，松开鼠标左键后再拖曳鼠标到第 3 个点，单击后即可绘制一条折线。

2. “智能填充”工具

“智能填充”工具：该工具可对任何封闭的对象进行填色，也可以对任意两个或多个对象重叠的区域填色，还可以自动识别重叠的多个交叉区域，并对其进行颜色填充。

使用该工具后，在其属性栏中可以设置图形填色区域的颜色和轮廓线的粗细及颜色，单击对象重叠的区域，即可给重叠区域填充颜色，其应用如图 1-2-29 所示。在填充时，先自动推测由图形各边界线生成的相交区域，再将要填色的区域复制一份（注意，是独立的封闭填色区域），同时为复制的图形进行颜色填充。使用“智能填充”工具，可以创建基础图形，实现对不同区域填充颜色的变化、相同区域不同颜色的变化、两者结合不同区域和不同颜色的组合变化、外轮廓线粗细不同和有无的变化，以及外轮廓线颜色有无和不同颜色的变化。

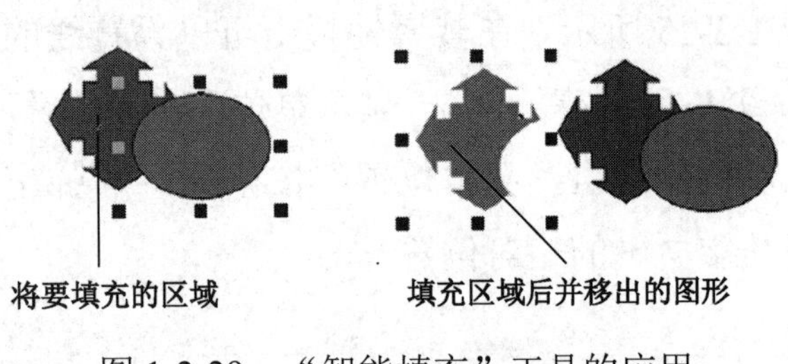

图 1-2-29 “智能填充”工具的应用

3. 轮廓工具展开工具栏

轮廓是指封闭或不封闭图形的路径曲线。使用轮廓工具展开工具栏可以对轮廓的形状、粗细、颜色等进行调整。轮廓工具展开工具栏有 3 个工具和 11 个选项，如图 1-2-30 所示，11 个选项用来设置图形轮廓线的有无与粗细，3 个工具用来设置轮廓线颜色。该栏内各工具的作用如下。

（1）“无轮廓”选项 ✕：单击该选项可以取消图形对象的轮廓线。该选项下面的 10 个选项是确定轮廓线粗细的快捷选项，选择其中任意一个选项，都可以将轮廓线改为该选项所定义的粗细。

（2）“轮廓笔”工具：单击该工具，可以弹出“轮廓笔”对话框，如图 1-2-31 所示。利用该对话框可以调整轮廓笔的笔尖大小、颜色和形状。

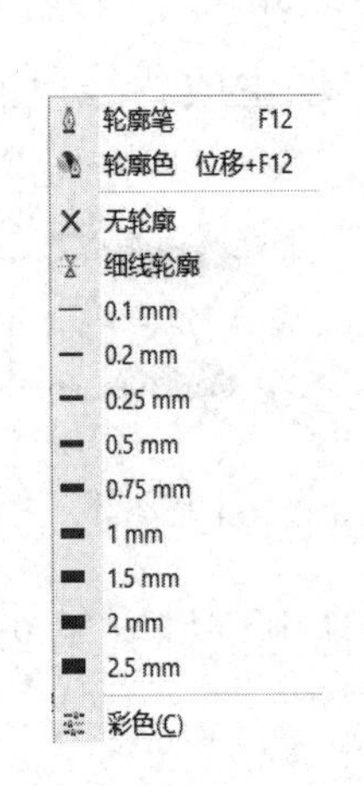

图 1-2-30 轮廓工具展开工具栏

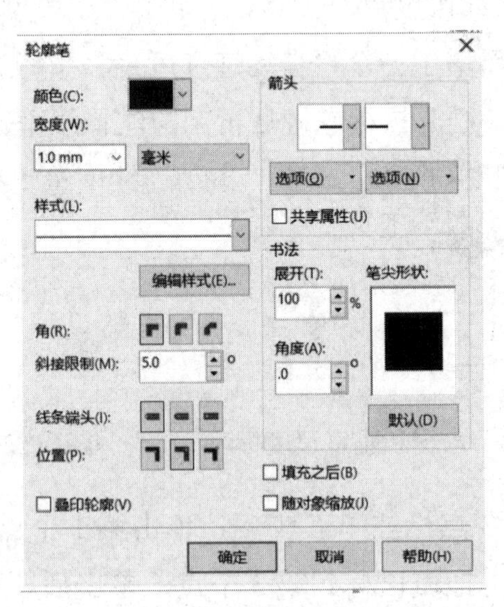

图 1-2-31 “轮廓笔”对话框

（3）“轮廓色”工具：单击该工具，可以弹出“轮廓颜色”对话框，如图 1-2-32 所示，利用该对话框可以设置图形轮廓线的颜色。

（4）“彩色”工具：单击该工具，可以弹出“颜色泊坞窗”对话框，如图 1-2-33 所示，利用该泊坞窗可以设置图形填充色和轮廓线的颜色。

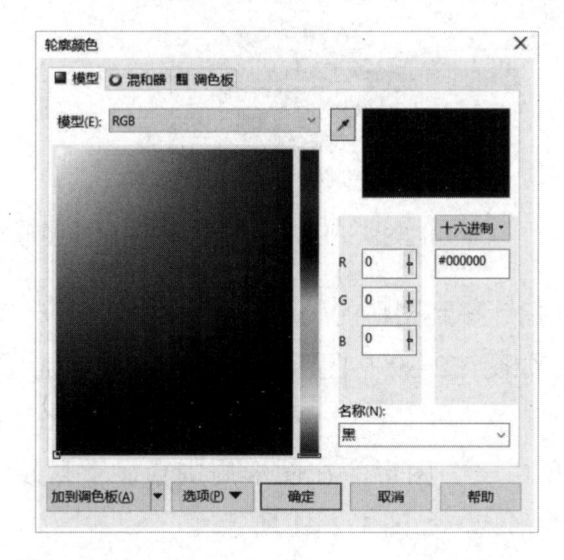

图 1-2-32　“轮廓颜色”对话框

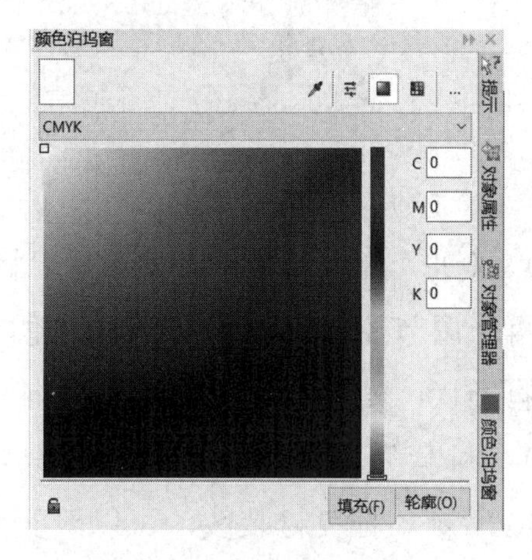

图 1-2-33　“颜色泊坞窗”对话框

4．交互式工具展开工具栏

交互式工具展开工具栏有 6 个工具，如图 1-2-34 所示。可以通过这些工具来改变图形颜色和形状。该栏内各工具的作用如下。

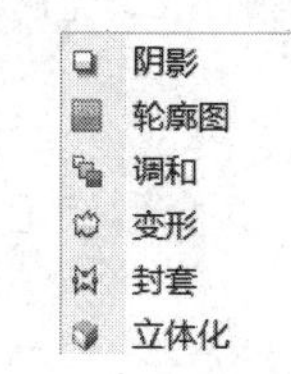

图 1-2-34　交互式工具展开工具栏

（1）“阴影”工具：单击“阴影”工具，在对象上拖曳出一个箭头，即可沿箭头方向生成该对象的阴影，如图 1-2-35 所示。利用此工具可以调整阴影的位置、颜色和颜色深浅等。

（2）“轮廓图”工具：使用该工具可以绘制逐渐变化的颜色和同心轮廓线。调整对象的开始控制柄、结束控制柄和透视滑块，可以改变图形的轮廓线形状。例如，绘制一个红色五角星，单击“轮廓图”工具，然后在图形上拖曳，可给图形填充渐变色和同心轮廓线，再拖曳调色板中的黄色色块到图形的结束控制柄上，使渐变色为从红色到黄色，如图 1-2-36 所示。

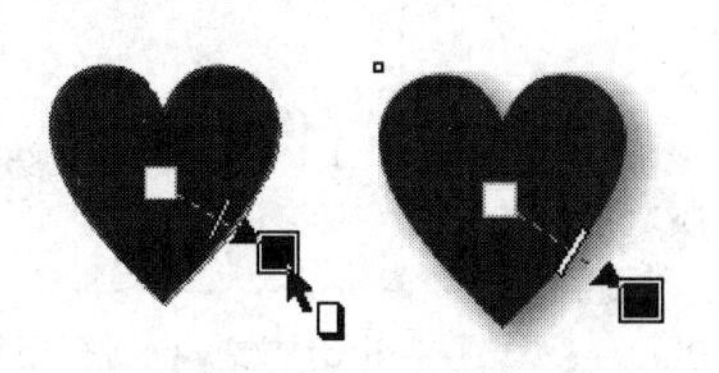

图 1-2-35　对象的阴影

图 1-2-36　“轮廓图”工具使用效果

（3）“调和”工具：又称“渐变”工具。使用该工具，可以绘制一个形状与颜色逐渐变化的图形。调整对象的开始控制柄、结束控制柄及透视滑块，均可以改变图形调和的情况。例如，绘制两个图形，如图 1-2-37 所示，单击“调和”工具，然后从一个对象拖曳到另一个对象，即可生成形状与颜色逐渐变化的图形，如图 1-2-38 所示。

图 1-2-37　绘制两个图形

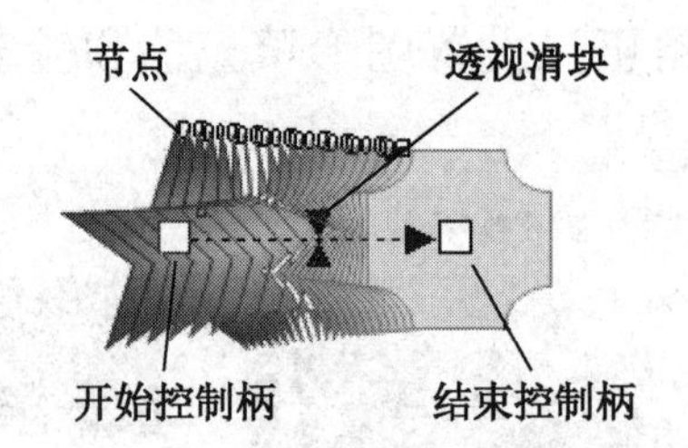

图 1-2-38　形状与颜色逐渐变化的图形

（4）“变形”工具：单击该工具，将鼠标指针移到图形的轮廓线上，再拖曳出一个箭头，会显示两个调节控制柄和蓝色变形的轮廓线，如图 1-2-39 左图所示。松开鼠标左键，即可改变对象的形状，如图 1-2-39 右图所示。

（5）“封套”工具：单击该工具，再单击一个图形，在图形周围会显示封装线，如图 1-2-40 所示。拖曳封装线，可以改变对象的形状，如图 1-2-41 所示。

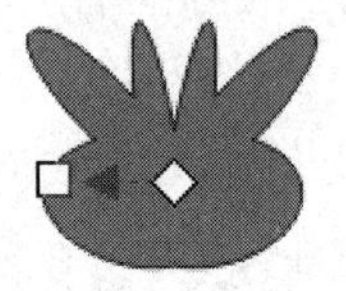
图 1-2-39　“变形”工具使用效果

图 1-2-40　封装线

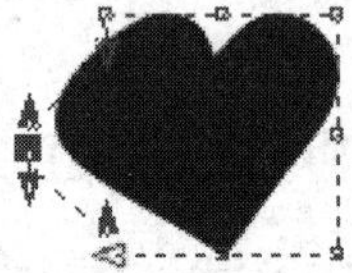
图 1-2-41　改变对象的形状

（6）“立体化”工具：选中一个图形，单击“立体化”工具，在对象上拖曳出一个箭头，即可使图形对象沿箭头方向产生三维立体形状效果，如图 1-2-42 所示。

5. “透明度”工具

“透明度”工具：在一个矩形图形上绘制一个心形图形，如图 1-2-43 左图所示。单击“透明度”工具，在心形图形上水平拖曳出一个箭头，即可使图形对象沿箭头方向产生透明度逐渐变化的透明效果，如图 1-2-43 右图所示。调整开始控制柄、结束控制柄和透视滑块的位置，可以调整填充色透明度逐渐变化的情况。

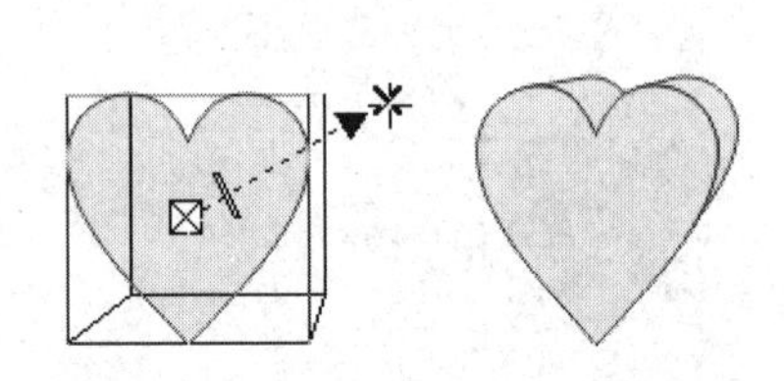
图 1-2-42　三维立体形状效果

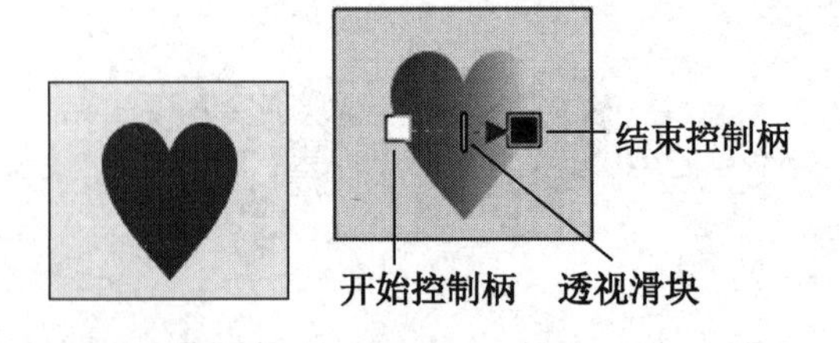

图 1-2-43　给对象填充透明度渐变色

6. “编辑填充”工具

单击“编辑填充”工具，弹出“编辑填充”对话框。在该对话框中有 8 个工具可以给图形填充图案，还有 1 个“无填充”工具，各工具的作用如下。

（1）“无填充”工具☒：选中图形，再单击该工具，可取消这个图形中的填充颜色。

（2）“均匀”工具■：单击该工具，可以弹出“均匀填充”面板，如图 1-2-44 所示。利用该面板可以设置更多的颜色作为填充颜色，并添加到调色板内。

（3）“渐变”工具■：单击该工具，可以弹出“渐变填充”面板，如图 1-2-45 所示。利用该面板可以为图形对象填充各种不同的颜色，以达到渐变的效果。

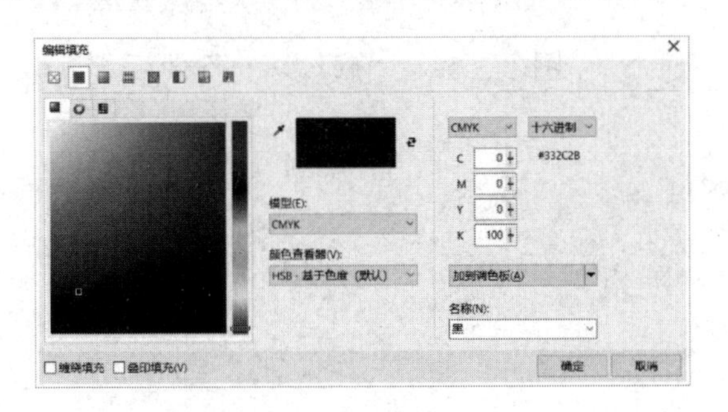

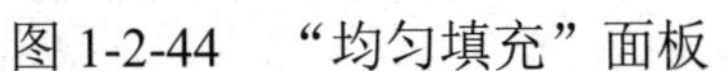
图 1-2-44　“均匀填充”面板

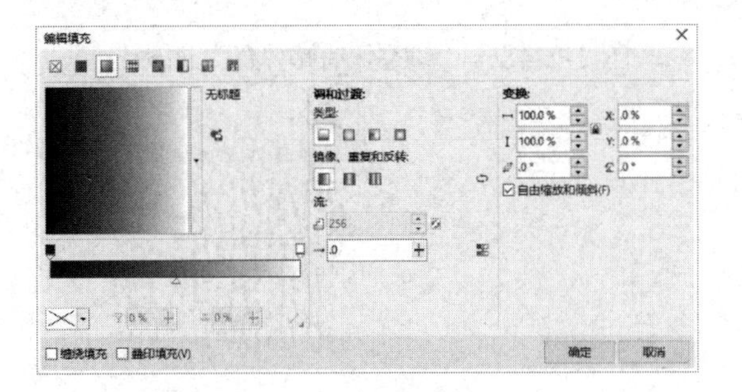

图 1-2-45　“渐变填充”面板

（4）“向量图样填充”工具▦：单击该工具，可以弹出“向量图样填充”面板，如图 1-2-46 所示。利用该面板可以给图形对象填充各种比较复杂的矢量图形。

（5）“位图图样填充”工具▩：单击该工具，可以弹出“位图图样填充”面板，如图 1-2-47 所示。利用该面板可以给图形对象填充各种比较复杂的位图图形。

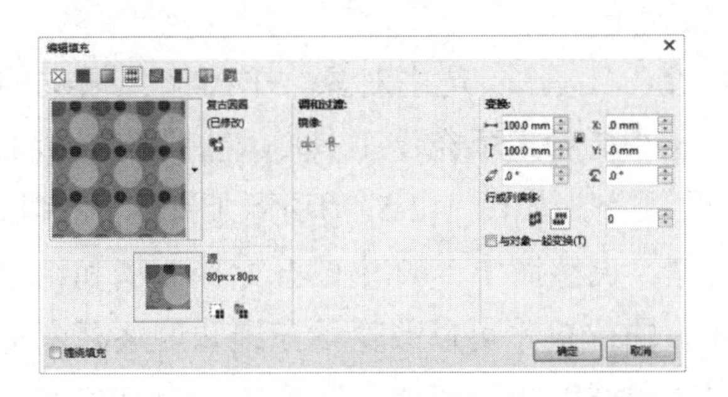

图 1-2-46　“向量图样填充”面板

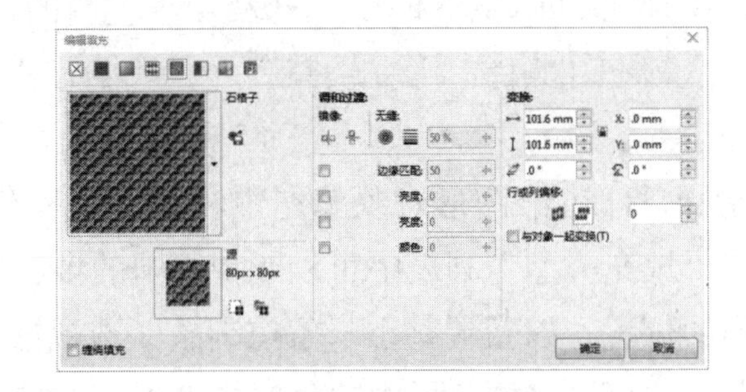

图 1-2-47　“位图图样填充”面板

（6）“双色图样填充”工具◧：单击该工具，可以弹出“双色图样填充”面板，如图 1-2-48 所示。利用该面板先打开前景色颜色挑选器，单击一种颜色，然后打开背景色颜色挑选器，单击另一种颜色，可以给图形对象填充以上两种颜色。

（7）“底纹”工具▩：单击该工具，可以弹出“底纹填充”面板，如图 1-2-49 所示。利用该面板可以给图形对象填充预置的纹理样式，还可以改变预置纹理样式。

（8）“PostScript”工具▩：单击该工具，可以弹出“PostScript 填充”面板，如图 1-2-50 所示。利用该面板也可以给图形对象填充预置的纹理样式，但底纹是用 PostScript 语言计算出来的一种极为复杂的底纹。

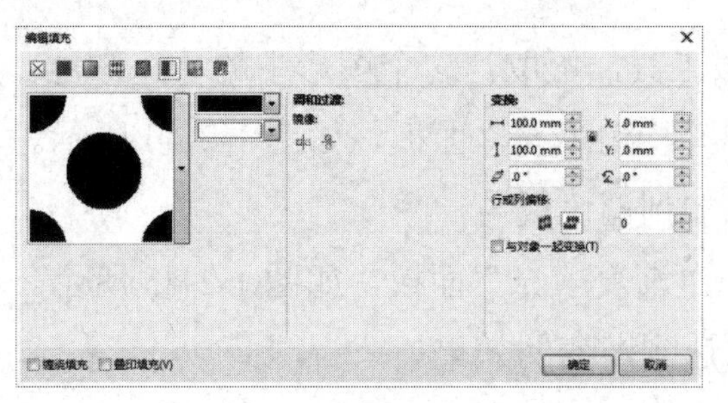

图 1-2-48 “双色图样填充”面板

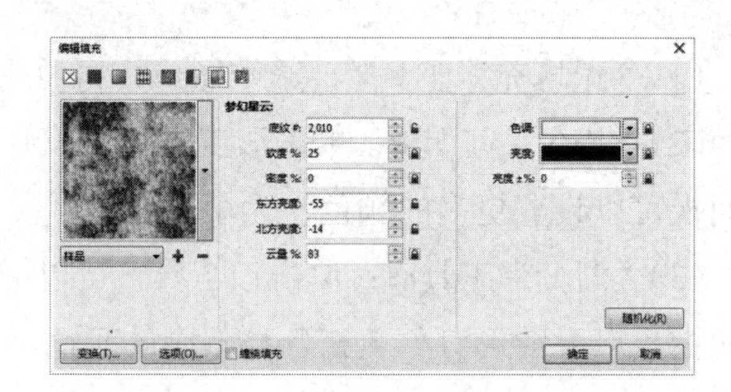

图 1-2-49 “底纹填充”面板

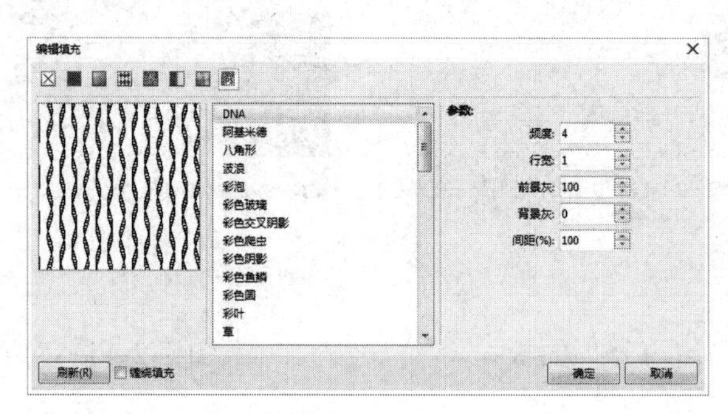

图 1-2-50 “PostScript 填充”面板

7．交互式填充工具展开工具栏

交互式填充 G
网状填充 M

图 1-2-51 交互式填充工具展开工具栏

交互式填充工具展开工具栏有两个工具，如图 1-2-51 所示。该栏中各工具的作用如下。

（1）“交互式填充”工具：选中对象，单击调色板中的某一个颜色块，再单击“交互式填充”工具，然后在图形上拖曳鼠标，即可给图形对象填充饱和度逐渐变化的颜色，如图 1-2-52 所示。此时，在其属性栏的“填充类型”列表中可以选择不同的填充类型。调整图 1-2-52 中的开始控制柄和结束控制柄的位置，以及调整小长条控制条（透视滑块）的位置，可以改变填充饱和度逐渐变化的情况，还可以将调色板中的色块拖曳到开始控制柄和结束控制柄处，以改变渐变填充色。

（2）“网状填充”工具：选中要填充的图形，单击该工具，图形内会出现许多网线，如图 1-2-53（a）所示，网格密度可在属性栏中调整。选中网格内的一个节点，同时选中与节点连接的网格线，再单击调色板中的一个色块，可在选中的节点周围填充所选中的颜色，颜色饱和度按网状曲线形状逐渐变化，如图 1-2-53（b）所示。拖曳调色板中的色块到网格内，也可以给网格填充选定的颜色。拖曳网状曲线可改变填充情况，如图 1-2-53（c）所示。

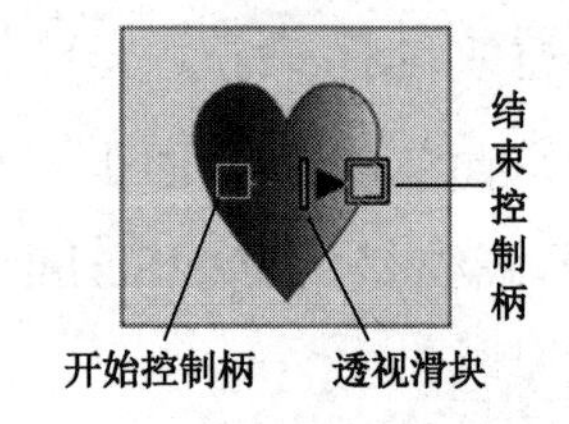

图 1-2-52 填充饱和度渐变色

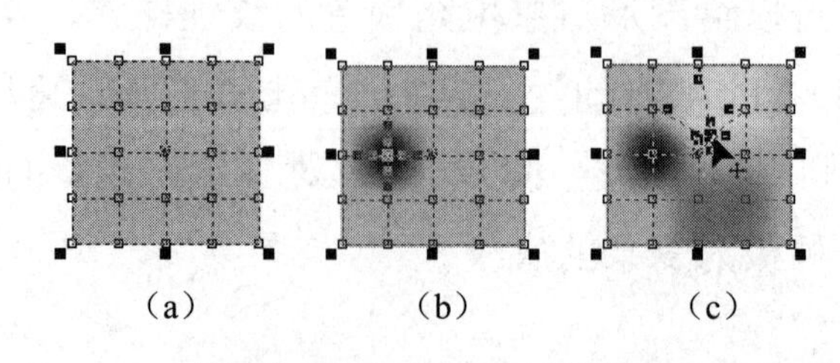

图 1-2-53 交互式网状填充

思考与练习 1-2

1．建立一个 CorelDRAW 文档，在该文档中创建 3 页，在第 1 页绘制一个红色轮廓线旋转 5 圈的对称螺旋管图形，在第 2 页绘制一个红色轮廓线、填充黄色的 6 行 5 列棋盘格图形，在第 3 页绘制一个黄色轮廓线、填充绿色的箭头图形。

2．在绘图页面中绘制一个红色轮廓线（线粗为 3mm）、填充红色的心脏图形，一个黄色轮廓线（线粗为 1mm）、填充绿色的梯形，一个红色轮廓线、填充黄色的人脸图形。

3．使用工具箱中的各种工具绘制如图 1-2-54 所示的多个图形。

4．创建一个文档，绘制 4 个不同的图形。第 1 个是红色轮廓线（线粗为 2mm）、填充黄色的心脏图形，第 2 个是“北京 2008 年奥运”蓝色立体文字图形，第 3 个是黄色轮廓线（线粗为 3mm）、填充紫色的梯形，第 4 个是由红色五边形逐渐向金色椭圆形渐变的图形。

图 1-2-54　绘制的图形

1.3　文件基本操作

1.3.1　新建/打开图形文件和导入图像

1．新建图形文件

新建图形文件有两类，一类是创建空绘图页面的图形文件，另一类是创建模板绘图页面的图形文件，下面介绍这两类新建图形文件的方法。

（1）创建空绘图页面的图形文件：在“欢迎屏幕”页面内单击“立即开始”选项卡中的“新建文档”链接文字，弹出“创建新文档”对话框，在该对话框中进行相关参数的设置，单击“确定”按钮，即可创建一个新的图形文件。

另外，选择“文件”→“新建”命令或单击标准工具栏中的“新建”按钮，也可弹出“创建新文档”对话框，创建只有一个空绘图页面的图形文件。

如果勾选“创建文档”对话框中的“不再显示此对话框”复选框，则以后不会弹出“创建新文档”对话框，而直接创建一个采用默认设置的新图形文件。

（2）创建模板绘图页面的图形文件：在“欢迎屏幕”页面内单击“立即开始”选项卡中的“从模板新建”链接文字，弹出“从模板新建”对话框。利用该对话框可以选择一种系统提供的或自己制作的绘图模板，单击“打开”按钮，即可创建一个基于该模板的图形文件。

选择“文件”→“从模板新建”命令，弹出“根据模板新建”对话框，该对话框与“从模板新建”对话框基本一样。

新建的图形文件只有一个绘图页面，可以根据需要再创建一个或多个绘图页面，还可以在各绘图页面中创建图形，然后将文件保存为图形文件。创建多个绘图页面的方法可参看 1.1 节中关于页计数器的有关内容。

2．打开图形文件

（1）如果要打开的图形文件是以前在使用中文 CorelDRAW X7 软件时最后保存的那个图形文件，则在“欢迎屏幕”页面的“立即开始”选项卡中直接单击该图形文件即可打开。

（2）选择“文件”→“打开”命令或单击标准工具栏中的“打开”按钮，弹出“打开绘图”对话框，这与通过单击“欢迎屏幕”页面的“立即开始”选项卡中的“打开其他…”按钮弹出的是同一个“打开绘图”对话框。在该对话框中选择文件类型、文件目录和文件名，勾选“预览”复选框，可以显示选中的图形文件的内容。然后单击“打开”按钮，即可将选定的图形文件打开。

中文 CorelDRAW X7 图形文件的扩展名为“.cdr”，范本文件的扩展名为“.cdt”。

3．导入图像

（1）选择“文件”→“导入”命令，弹出“导入”对话框，在右下角的下拉列表框中选择“所有文件格式”默认选项，选中一幅图像，如图 1-3-1 所示。单击“导入”按钮，关闭“导入”对话框，再单击绘图页面，即可导入选中的图像，图像大小与原图像一样。另外，在绘图页面拖曳出一个矩形，也可导入一幅与拖曳出的矩形大小一样的图像。

（2）如果在“导入”对话框右下角的“导入”下拉列表框中选择“重新取样并装入”选项，则单击“导入”按钮后会关闭该对话框，弹出“重新取样图像”对话框，如图 1-3-2 所示。可以在该对话框中设置图像的“宽度”和“高度”，如果勾选“保持纵横比”复选框，则在调整宽度或高度时可以保证宽高比不变。单击“确定”按钮，关闭该对话框。在绘图页面中拖曳或单击选中的图像，都可导入该图像，其大小与设置的大小一致。

（3）如果在“导入”对话框右下角的下拉列表框中选择“裁剪并装入”选项，则单击“导入”按钮后会关闭该对话框，弹出“裁剪图像”对话框，如图 1-3-3 所示。在该对话框中显示导入的图像，拖曳 8 个黑色控制柄，可以调整裁切图像的大小和部位，在“选择要裁剪的区域”栏中可以精确调整裁剪后图像的上边缘与左边缘距原图像上边缘和左边缘的距离，还可以调整裁剪后图像的宽度与高度。单击“全选”按钮，可以去除裁剪调整。单击“确定”

按钮，关闭“裁剪图像”对话框。在绘图页面中拖曳出一个矩形，可导入裁剪后的图像，其大小由矩形大小决定。

图 1-3-1　“导入”对话框

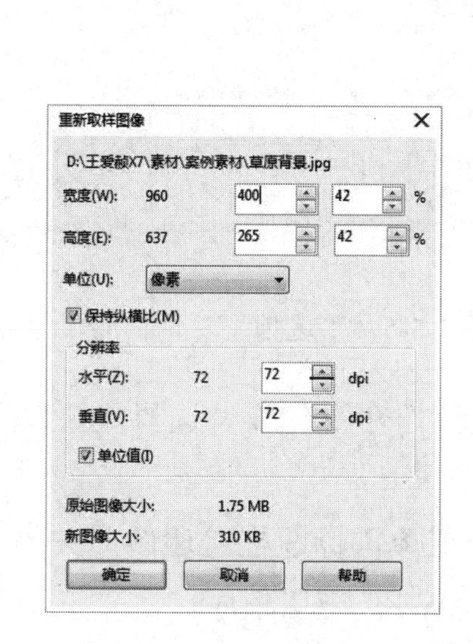

图 1-3-2　“重新取样图像”对话框

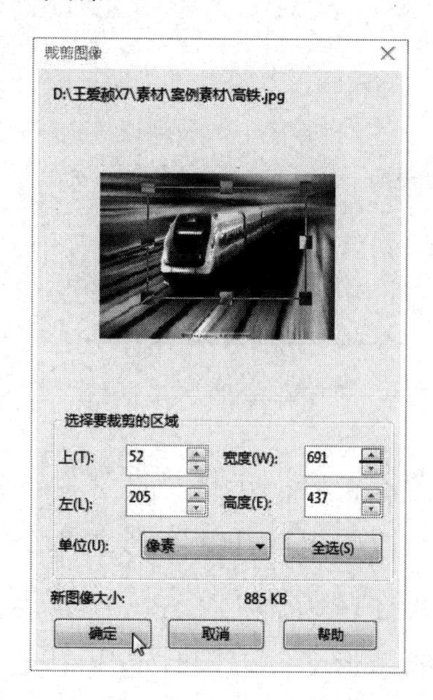

图 1-3-3　“裁剪图像”对话框

1.3.2　保存和关闭文件

1. 保存文件

（1）文件的另存为：选择“文件”→“另存为”命令，弹出“保存绘图”对话框，如图 1-3-4 所示。在“保存类型”下拉列表框中选择文件类型，在“文件名”文本框中输入文件名称，再单击“保存”按钮，保存文件。

（2）文件的保存：选择“文件”→“保存”命令或单击标准工具栏中的“保存”按钮，

即可将当前的图形文件（包括该文件的所有绘图页面）以原来的文件名保存。如果当前的图形文件还没有保存过，则会弹出“保存绘图”对话框。

（3）自动备份存储设置：选择“工具”→“选项”命令，弹出“选项”对话框。选择左侧目录栏中的“工作区”→“保存”选项，切换到“选项”对话框的“保存”选项卡，如图 1-3-5 所示。勾选“自动备份间隔”复选框，并选择自动备份存储的间隔时间和保存文件的默认文件夹等，然后单击“确定”按钮，即可完成自动备份存储的设置。

2．关闭文件

（1）关闭当前文件：选择“文件”→“关闭”命令，或者单击菜单栏右边的“关闭”按钮×，或者单击绘图页面右上角的“关闭”按钮×，都可以关闭当前的图形文件（包括该文件的所有绘图页面）。如果当前的图形文件在修改后没有被保存，则会弹出一个提示框，单击提示框中的“是”按钮后可以保存该图形，然后关闭当前图形文件。

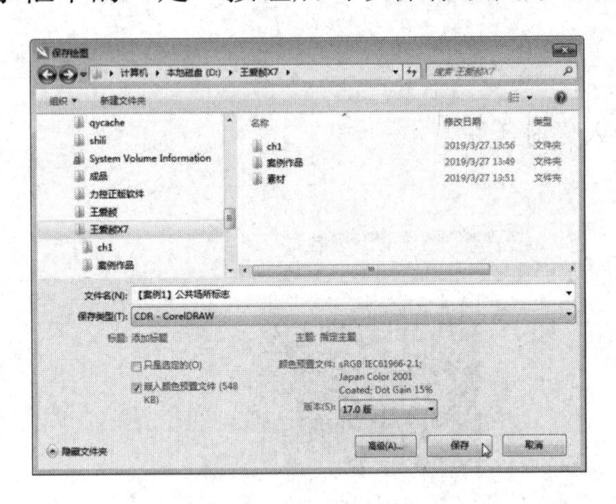

图 1-3-4　“保存绘图”对话框

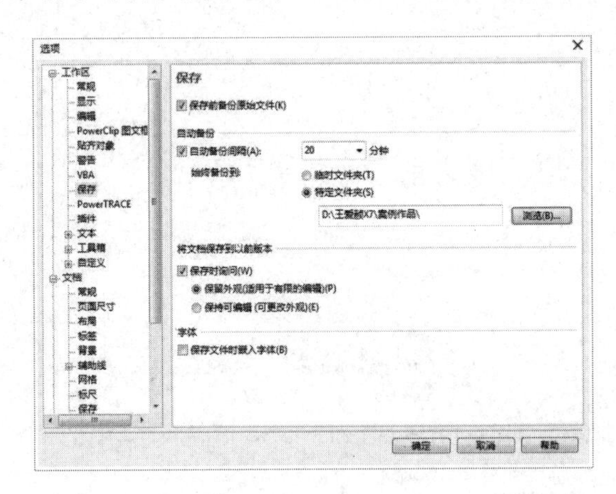

图 1-3-5　“选项”对话框的“保存”选项卡

（2）关闭全部窗口：选择“文件”→“全部关闭”命令，或者选择“窗口”→“全部关闭”命令，都可以关闭打开的图形文件。

（3）退出程序：选择“文件”→“退出”命令或单击标题栏右边的“关闭”按钮×，都可以关闭打开的图形文件，同时退出中文 CorelDRAW X7 应用程序。

1.3.3　绘图页面设置

使用工具箱中的“选择”工具，单击页面空白处，可弹出用于页面设置的属性栏，如图 1-3-6 所示，图形的页面参数可以通过该属性栏来设置。将鼠标指针移到属性栏某选项上，会显示该选项作用的文字提示。

图 1-3-6　用于页面设置的属性栏

单击“布局”主菜单项，弹出“布局”菜单，如图 1-3-7 所示。利用该菜单可以进行绘图页面的设置。右键单击“页计数器”中的某一页号（如页 1），弹出“页计数器”快捷菜单，如图 1-3-8 所示，用户可以通过“布局”菜单和“页计数器”快捷菜单对页面进行插入、重命名、删除和切换页面方向等设置。

1. 插入页面

（1）使用命令插入页面：选择“布局”→“插入页面”命令，弹出“插入页面”对话框，如图 1-3-9 所示。利用该对话框，可以对插入绘图页面的页码数、页面大小等进行设置。设置完毕后，单击“确定”按钮，即可按要求插入新的页面。

（2）使用“页计数器”插入页面：单击“页计数器”中左边的按钮，可以在图形文件的第 1 页绘图页面之前插入新的绘图页面；单击“页计数器”中右边的按钮，可以在图形文件的最后 1 页绘图页面之后插入新的绘图页面。

（3）使用“页计数器”快捷菜单插入页面：右键单击“页计数器”中的页号，弹出“页计数器”快捷菜单，单击该菜单中的“在后面插入页面”或“在前面插入页面”命令，即可在页号之后或之前插入新的绘图页面。

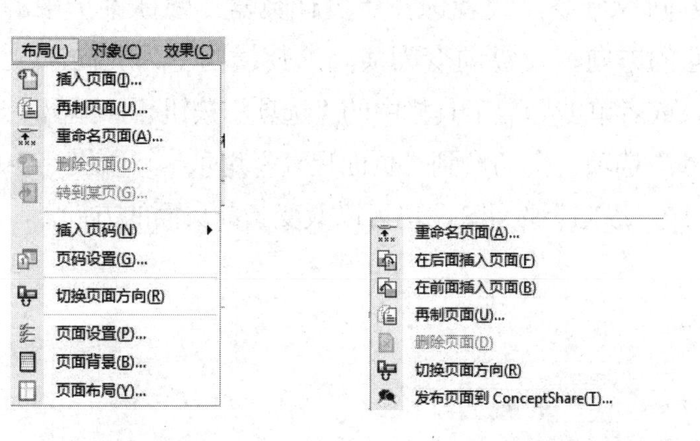

图 1-3-7 “布局”菜单　　图 1-3-8 “页计数器”快捷菜单　　图 1-3-9 “插入页面”对话框

2. 重命名页面与删除页面

（1）页面重命名：选择“布局”→“重命名页面”命令或选择“页计数器”快捷菜单中的“重命名页面”命令，弹出“重命名页面”对话框，如图 1-3-10 所示。在该对话框的“页名”文本框中输入页面的名称，单击“确定”按钮，即可设置当前的页面名称。

（2）删除页面：选择“布局”→“删除页面”命令，弹出“删除页面”对话框，如图 1-3-11 所示。在“删除页面”数字框中输入页面编号，单击“确定”按钮，即可删除指定的页面。单击“页计数器”快捷菜单中的“删除页面”命令，可直接删除右键单击选中的页面。

3．改变当前页面

（1）使用“页计数器”改变当前的页面：单击“页计数器”中的各相应的按钮，即可快速改变当前绘图页面。

（2）使用“布局”命令改变当前的页面：选择“布局”→“转到某页”命令，弹出“转到某页”对话框，如图 1-3-12 所示。在该对话框的“转到某页”数字框中输入页号，再单击“确定”按钮，即可将选定页号的页面改变为当前页面。

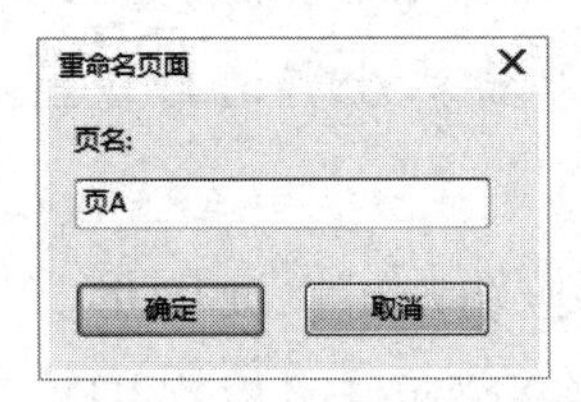

图 1-3-10 “重命名页面”对话框

图 1-3-11 “删除页面”对话框

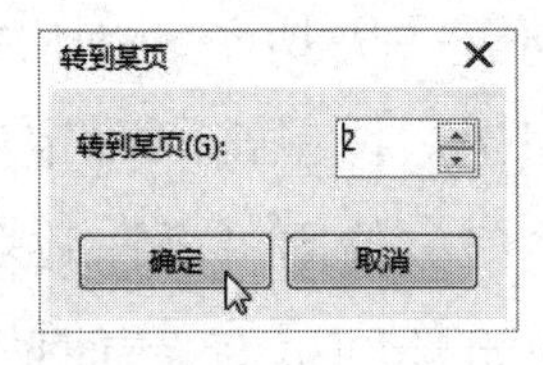

图 1-3-12 “转到某页”对话框

4．改变页面方向

（1）单击图 1-3-6 用于页面设置的属性栏中的“横向”按钮 或“纵向”按钮，即可改变当前页面的方向。

（2）选择“布局”→“切换页面方向”命令，或者选择“页计数器”快捷菜单中的“切换页面方向”命令，即可改变当前页面的方向，使纵向变为横向或使横向变为纵向。

（3）选择“工具”→“选项”命令，或者单击标准工具栏中的“选项”按钮，弹出“选项”对话框。在其目录栏中，选择“页面尺寸”选项，会切换到“页面尺寸”选项卡，如图 1-3-13 所示。单击该对话框中的“横向”按钮 或“纵向”按钮，也可以改变当前页面的方向。

图 1-3-13 “选项”对话框中的“页面尺寸”选项卡

5．页面设置

利用页面设置属性栏和“选项”对话框中的“页面尺寸”选项卡都可以进行页面设置。

单击页面设置属性栏中的“大小”下拉列表框，弹出下拉列表，选择“编辑该列表”选项，也可以弹出“选项”对话框的“页面尺寸”选项卡。

（1）在页面设置属性栏中，主要选项的作用介绍如下。

- “页面度量”两个数字框：分别用来设置页面的宽度和高度。
- “单位”下拉列表框：用来选择表示页面宽度和高度的单位。
- “大小”下拉列表框：单击该下拉列表框，弹出下拉列表，可以选择一种系统预设好的标准纸张样式，CorelDRAW 为用户预置了近 60 种标准纸张的样式。
- “宽度”和“高度”数字框：调整两个数字框中的数值，可以分别设置自定义纸张页面的宽度和高度。
- “纵向”按钮和“横向”按钮：用来切换纸张页面的方向。

（2）在“选项”对话框的“页面尺寸”选项卡中，主要选项的作用介绍如下。

- 在“大小”下拉列表中选择“自定义”选项后，“保存”按钮变为有效，在该对话框中进行页面大小等设置后，单击“保存”按钮，弹出“自定义页面类型”对话框，在其文本框中输入页面类型名称，单击“确定”按钮，即可将当前设置以输入的名称保存，以后可以在“大小”下拉列表框中选择该预设选项。
- “删除”按钮：单击该按钮，可将“大小”下拉列表框中选择的预设选项删除。
- “只将大小应用到当前页面”复选框：勾选该复选框后，可以将设置的页面大小只应用于当前页面。
- “显示页边框”复选框：勾选该复选框后，可以显示页边框。单击“添加页框”按钮，可以给页面添加一个边框。
- “渲染分辨率”下拉列表框：用来选择绘图页面中图形的分辨率。
- “出血”栏：出血是平面设计中最基本的设计元素之一。它表示在印刷完成后，在对纸张进行裁切时，国际标准允许裁切的误差量，即可向纸张的上、下、左、右的任意方向偏移 3mm，以防止在后期的裁切装订过程中露出白边。所以，在新建文件时，如果该文件用于印刷输出，就需要为该文件的上、下、左、右设置一定的出血尺寸，通常情况下各增加 3mm。

6．绘图页面标签和背景设置

（1）绘图页面标签设置：在“选项”对话框中选择目录栏内的“标签”选项，再选中右侧“标签”选项卡中的“标签”单选按钮，“选项”对话框的“标签”选项卡如图 1-3-14 所示。其中有一个“标签类型”列表框，该列表框包含 38 类近千种预置标签类型，用户可以通过选择预置类型来完成当前绘图页面的标签大小与个数等设置。

单击“自定义标签”按钮，可以弹出“自定义标签”对话框，如图 1-3-15 所示。用户可以通过该对话框对自定义标签的“布局”“标签尺寸”“页边距”“栏间距”等参数进行设定，以确定自定义标签的大小和形式，设置完成后单击✚按钮或“确定”按钮，可以将自定义的绘图页面的标签参数保存到新文件中，生成新的“标签样式”。

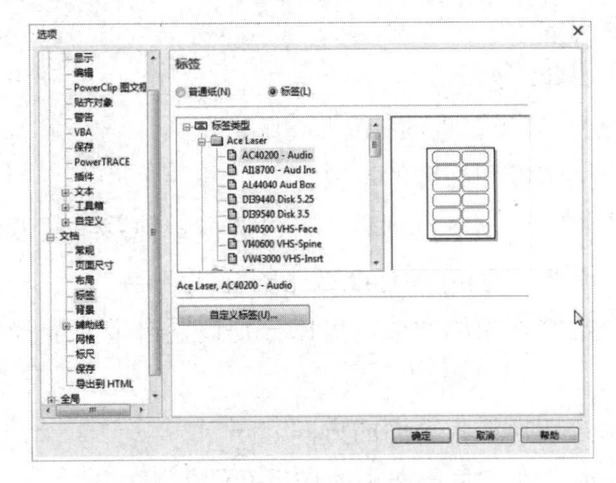

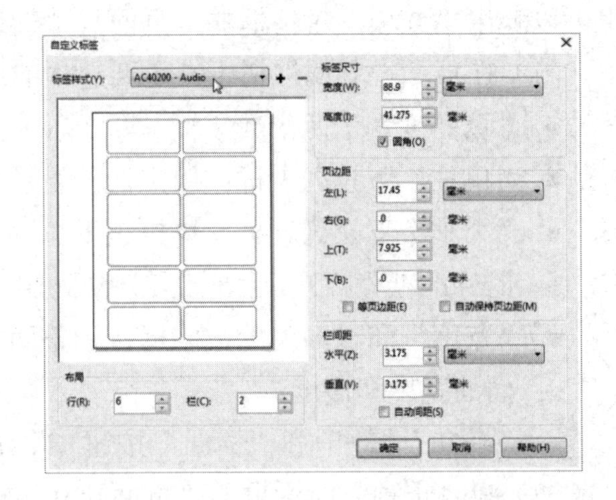

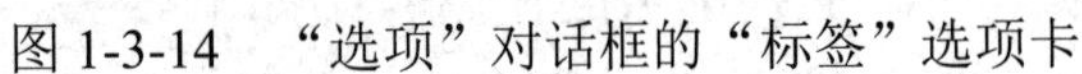

图 1-3-14　“选项”对话框的“标签”选项卡

图 1-3-15　“自定义标签”对话框

（2）绘图页面背景设置：单击“选项”对话框目录栏中的“背景”选项，切换到“背景”选项卡，如图 1-3-16 所示。通过设置“选项”对话框中“背景”选项卡的各选项，可以对当前绘图页面的背景颜色、背景图案等进行设置。

如果用户要将当前绘图页面的背景设置为位图，则可以单击“位图”单选按钮，再单击“浏览”按钮，弹出“导入”对话框，在该对话框中选择背景图像文件，单击“导入”按钮，即可导入图像，并将其作为绘图页面的背景。

图 1-3-16　“选项”对话框的“背景”选项卡

1.3.4　对齐工具及打印设置

为了使绘图更方便与准确，中文 CorelDRAW X7 提供了标尺、网格及辅助线等辅助绘图工具。“视图”菜单如图 1-3-17 所示。

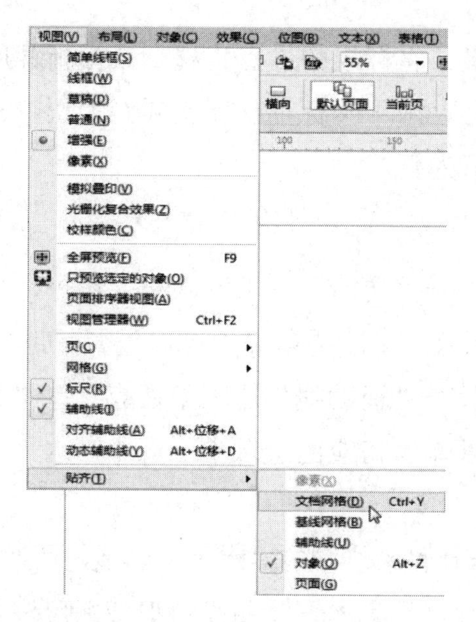

图 1-3-17 “视图”菜单

利用“视图”菜单第 4 栏中的“网格”“标尺”“辅助线”菜单选项，可以设置标尺、网格和辅助线；利用第 5 栏中的“贴齐”菜单选项，可以确定所绘制的图形与谁对齐。

1．网格和标尺

（1）网格的设置：选择“工具”→“选项”命令，弹出“选项”对话框，选择目录栏中的“网格”选项，切换到“网格”选项卡，如图 1-3-18 所示。利用它可以设置网格线显示形式、网格线间距、网格线颜色和透明度等参数。

（2）标尺的设置：在“选项”对话框中选择目录栏的“标尺”选项，切换到“标尺”选项卡，如图 1-3-19 所示。利用它可以设置标尺的刻度单位、原点位置、标尺刻度疏密、是否显示分数等。

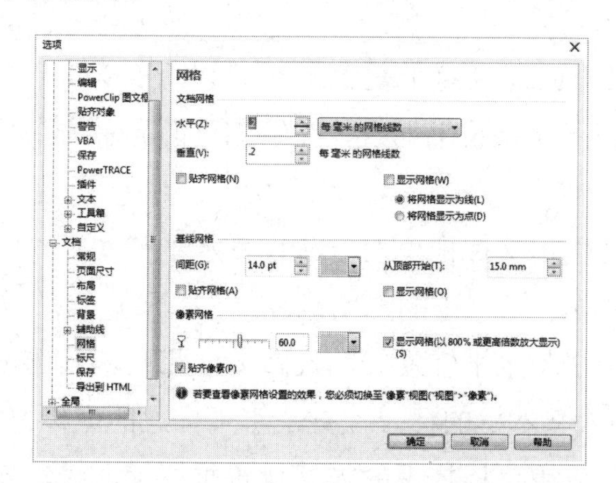

图 1-3-18 “选项”对话框的“网格”选项卡

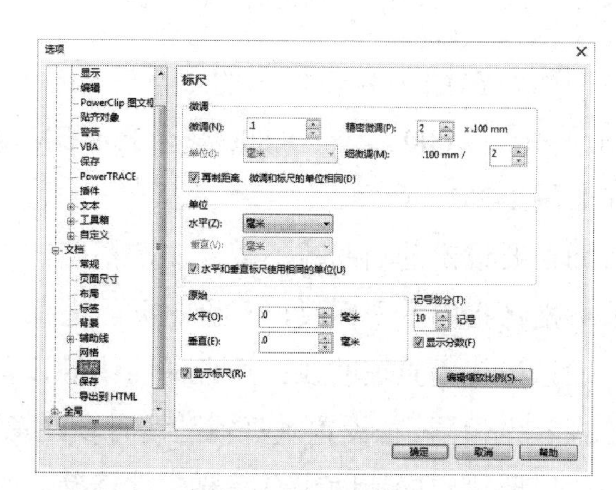

图 1-3-19 “选项”对话框的“标尺”选项卡

设置标尺的原点位置，还可以用鼠标拖曳的方法完成，就是将鼠标指针指向水平标尺与垂直标尺的交点上，拖曳出两条垂直相交的虚线，其交点位置就是鼠标指针的位置，在移动到适当位置后松开鼠标左键，将标尺的原点也移到鼠标指针所指的位置上。注意，标尺刻度有正负，以坐标原点为中心，水平坐标轴从原点向右为正，从原点向左为负，垂直坐标轴从原点向上为正，从原点向下为负。

2．辅助线

选择“工具”→“选项”→“文档”→“辅助线”命令，打开“选项”对话框的“辅助线”选项卡，如图 1-3-20 所示。在该选项卡中可以设置辅助线的颜色，以及是否显示辅助线和图形是否与辅助线对齐。在“辅助线”选项中还有“水平”“垂直”“辅助线”“预设”4 个选项，单击每个选项，可以弹出相应的选项卡。选中“水平”选项后的“选项”对话框如图 1-3-21 所示。

（1）设置水平辅助线：选择目录栏中的“水平”选项，切换到“水平”选项卡。可在该选项卡上面的文本框中输入数值，设置水平辅助线的垂直标尺位置的数字，然后单击“添加”按钮，可以精确设置水平辅助线。

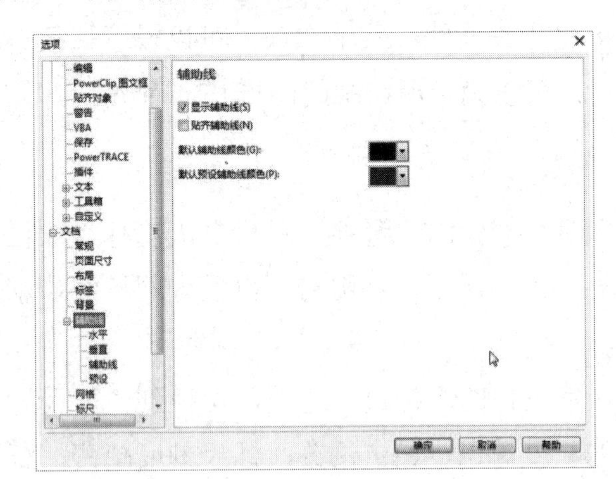

图 1-3-20　“选项”对话框的“辅助线”选项卡

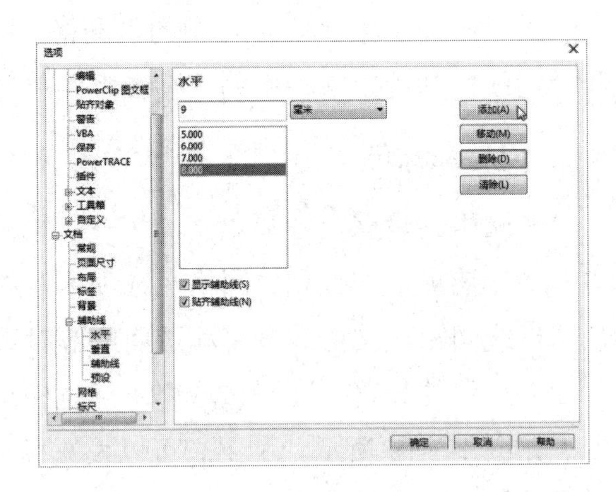

图 1-3-21　“选项”对话框的“水平”选项卡

例如，在图 1-3-21 所示的水平辅助线列表中已经设定了垂直标尺位置为 5.000 毫米、6.000 毫米、7.000 毫米、8.000 毫米和 9.000 毫米 5 条定位辅助线，在绘图页面显示的水平辅助线如图 1-3-22 所示。

如果要设定的辅助线不需要非常精确，则可以用鼠标拖曳的方法设置水平辅助线，就是将鼠标指针指向水平标尺，向绘图页面拖曳，生成一条水平的辅助线。

（2）设置垂直辅助线：垂直辅助线的设置方法与水平辅助线的设置方法相同，其选项卡中的内容也相同。在设置垂直辅助线时要注意输入文本框的标尺位置是水平标尺的坐标位置。

如果要设定的辅助线不需要非常精确，则可以用鼠标拖曳的方法设置垂直辅助线，就是将鼠标指针指向垂直标尺，向绘图页面拖曳，生成一条垂直的辅助线。

（3）设置倾斜辅助线：选择目录栏中的“辅助线”选项，切换到“辅助线”选项卡。在“指定”下拉列表框中选择定义倾斜辅助线的方式，有“角度和 1 点”及“角度和 2 点”两个选项，此处选择“角度和 1 点”选项，在水平标尺位置（X 数值框）和垂直标尺位置（Y 数值框）设置数值来确定一个点，在“角度”数值框中设置辅助线的倾斜角度，此处的设置如图 1-3-23 所示。单击“添加”按钮，即可生成一条倾斜的辅助线。

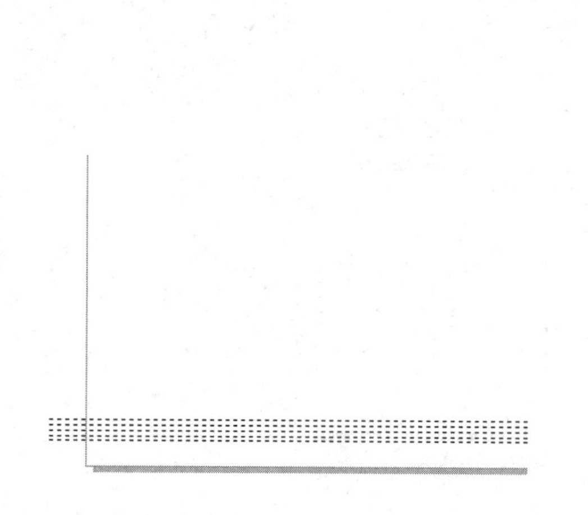

图 1-3-22　显示 5 条定位辅助线

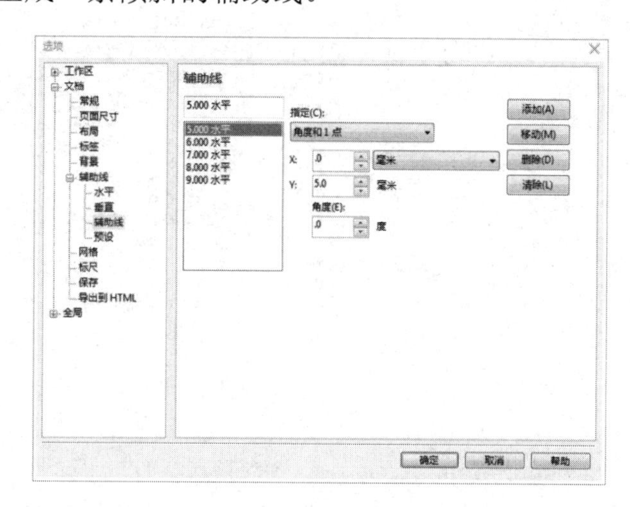

图 1-3-23　“选项”对话框的“辅助线”选项卡

也可以选中某条辅助线，拖曳调整旋转中心标记的位置，再单击该辅助线，使辅助线显示双箭头控制柄，然后拖曳双箭头控制柄，使辅助线围绕其旋转中心标记旋转。

选择“视图”→“标尺”命令、“视图”→“网格”命令和“视图”→“辅助线”命令，可以在绘图页面中显示标尺、网格和辅助线，如图 1-3-24 所示。

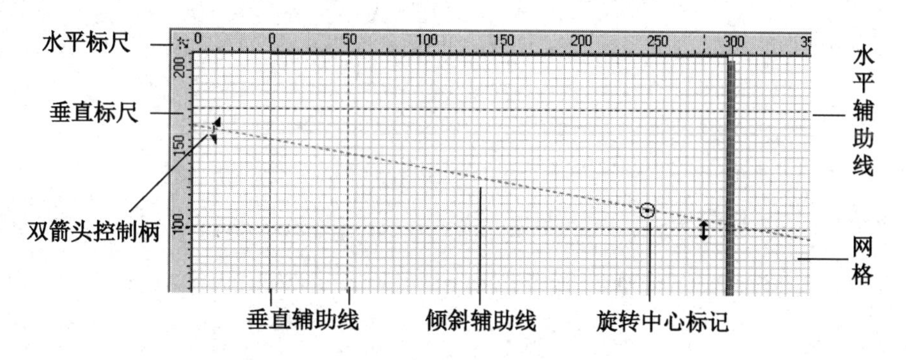

图 1-3-24　显示标尺、网格和辅助线

3．贴齐对象

选择“视图”→“设置”→“贴齐对象”命令，即可弹出“选项”对话框“贴齐对象”选项卡，如图 1-3-25 所示。在对该对话框的“模式”列表框中勾选不同的复选框，可以设置图形对象之间的对齐方式。

4．设置打印选项

选择“文件”→“打印”命令，弹出“打印”对话框，如图 1-3-26 所示。利用该对话框的“打印机”下拉列表框，可以选择打印机类型。单击“首选项”按钮，可弹出“属性”对话框，如图 1-3-27 所示。

图 1-3-25　“选项”对话框“贴齐对象”选项卡

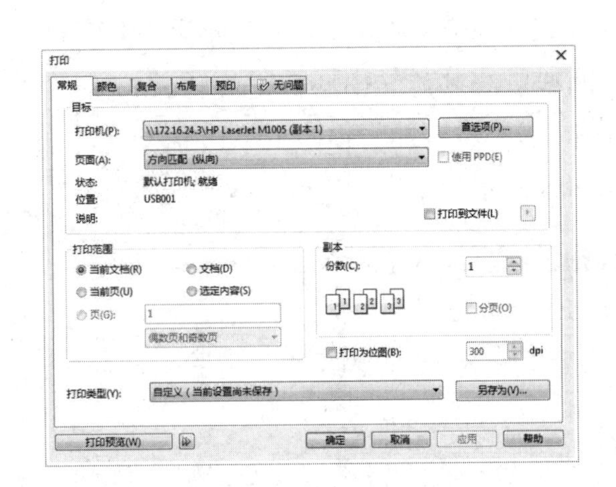

图 1-3-26　“打印”对话框

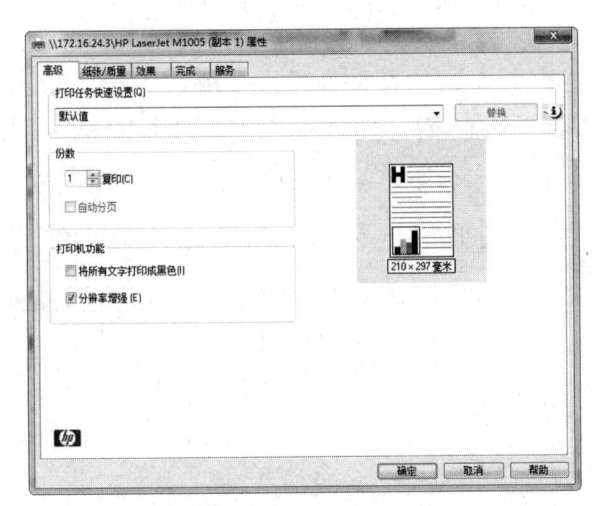

图 1-3-27　“属性”对话框

思考与练习 1-3

1．创建一个中文 CorelDRAW X7 的文档，设置绘图页面的大小为 400 像素宽、300 像素高，分辨率为 100dpi，背景颜色为黄色，绘图页面名称为“图形 1”。在绘图页面中显示标尺、网格和辅助线（一条倾斜的、一条垂直的和一条水平的）。

2．新建一个文档，设置绘图页面宽为 80mm、高为 50mm、渲染分辨率为 150dpi，背景色为一幅风景图像，有 5 个绘图页面，名称依次为“图形 1”～“图形 5”。在绘图页面中显示标尺、网格和辅助线（5 条水平辅助线、3 条垂直辅助线和 2 条倾斜的辅助线）。在各绘图页面中分别绘制一个图形，调整它们的大小和倾斜角度。将图形以名称“图形 1-5.cdr”保存。

3．在“图形 1-5.cdr”图形文件的“图形 1”绘图页面前后分别添加一个绘图页面，重新

命名各绘图页面为“图形 1”～“图形 7”。在新增的 2 个绘图页面中分别导入 4 幅图像，使这 4 幅图像刚好将整个绘图页面覆盖。

1.4　中文 CorelDRAW X7 对象操作

1.4.1　对象的选择和复制

1．选择一组对象

（1）选择对象：单击工具箱中的“选择”工具，再单击某个对象（图形、位图图像和文字等），就可以选中该对象了。按住 Shift 键并单击各对象，可以同时选中多个对象，也可以拖曳出一个矩形选取框，同时选中被圈住的多个对象。

被选中的对象周围有 8 个黑色控制柄，中间有一个中心标记×，如图 1-4-1（a）所示。拖曳被选中对象四周的控制柄，可以调整它的大小和形状；拖曳中心标记×，可以调整它的位置。再选中对象，控制柄会变为双箭头状，中心标记变为⊙状。拖曳四周的双箭头状控制柄，可以旋转或倾斜对象。拖曳中心标记⊙，可以改变对象的旋转中心。

（2）选择重叠对象中的一个对象：对于多个重叠的对象，使用“选择”工具选中其中一个对象会比较困难，此时可以先选择“视图”→“线框”命令，使图形对象只显示线框，以方便选择对象。另外，按住 Alt 键，一次或多次单击对象（即便该对象被遮挡），可以依次选中重叠对象中的不同对象。

2．调整对象

拖曳被选中对象四周的控制柄，可以调整它的大小和形状，如图 1-4-1（a）所示。拖曳中心标记×，可以调整它的位置。在选中对象后再单击该对象，控制柄会变为双箭头状，中心标记变为⊙状，如图 1-4-1（b）所示。将鼠标指针移到四角的双箭头控制柄处，鼠标指针会变为弯曲箭头状，顺时针或逆时针拖曳旋转双箭头状控制柄，可以旋转对象，如图 1-4-1（c）所示。将鼠标指针移到左右两边中间的双箭头状控制柄处，鼠标指针会变为状，垂直拖曳，可以垂直倾斜对象，如图 1-4-1（d）所示。将鼠标指针移到上下两边中间的双箭头状控制柄处，鼠标指针会变为状，水平拖曳可以水平倾斜对象，如图 1-4-1（e）所示。

3．复制与移动对象

（1）拖曳移动对象：选中要移动的对象，将鼠标指针移到对象中心处或外框线处（如果是已经填充颜色的对象，则只需要将鼠标指针移到对象处），拖曳对象移到目标处即可。

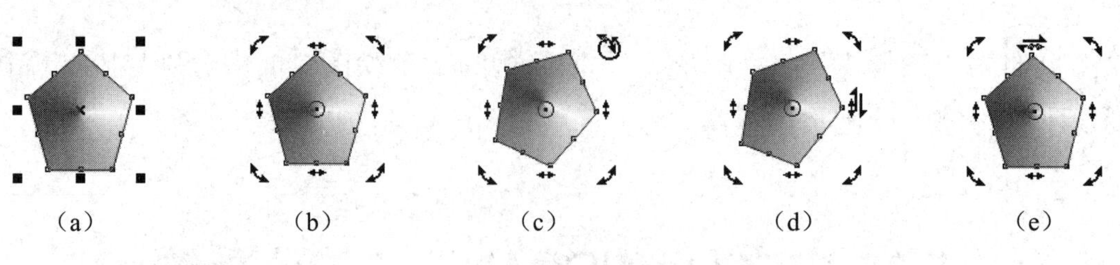

图 1-4-1　选中对象、旋转对象和倾斜对象

（2）按键复制对象：选中要复制的对象，按“Ctrl+D”组合键或按小键盘中的“+”键。

（3）菜单复制和移动对象：选中要复制或移动的对象，右键单击选中的对象到目标处，松开鼠标右键会弹出一个快捷菜单，选择“复制”命令，即可在新的位置复制一个选中的对象；如果选择“移动”命令，则可以移动被选中的对象。

（4）利用剪贴板复制和移动对象：利用标准工具栏中的“复制”“剪切”“粘贴”按钮，可以复制和移动对象。

4．属性栏精确调整对象

（1）调整位置：使用“选择”工具选中要调整的对象（如矩形图形），弹出它的属性栏，如图 1-4-2 所示。在属性栏的“X”和“Y”文本框中可以调整被选中对象的位置。

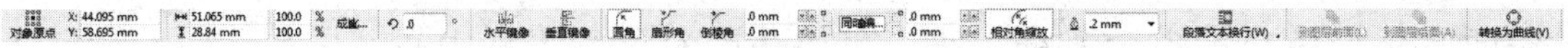

图 1-4-2　“矩形”工具属性栏

（2）调整大小：在和文本框中可以调整被选中对象的宽度和高度，在“缩放因素”文本框中可以按照百分比调整所选中对象的宽度和高度。如果“成比例的比率”按钮呈抬起状态，则可以分别改变宽度值和高度值；如果“成比例的比率”按钮处于按下状态，则在宽度数值变化时，高度数值也会随之变化。

（3）调整旋转角度：在“旋转角度”文本框中可以调整被选中对象的旋转角度。

（4）调整倾斜角度：调整旋转角度、“X”和“Y”文本框中的一个数据、和文本框中的一个数据，可以倾斜被选中的对象。

（5）镜像对象：选中图形对象，单击其属性栏中的“水平镜像”按钮，可以图形的中心为轴，生成水平的镜像图形；单击其属性栏中的“垂直镜像”按钮，可以图形的中心为轴，生成垂直的镜像图形。垂直镜像和水平镜像效果如图 1-4-3 所示。

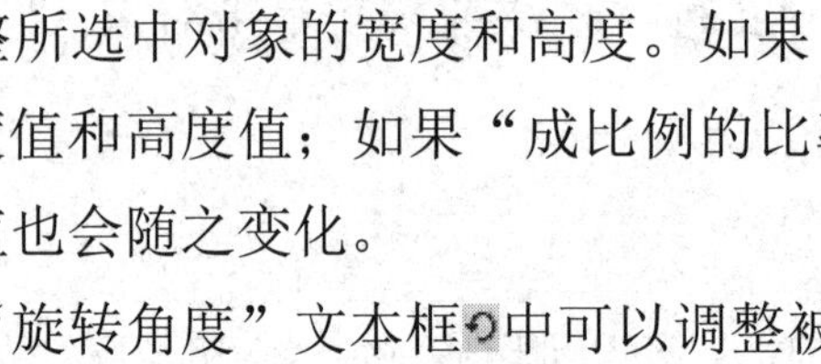

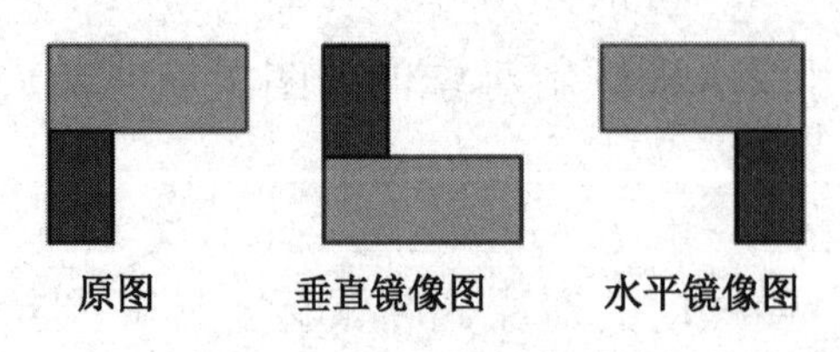

图 1-4-3　垂直镜像和水平镜像效果

按住 Ctrl 键，向与它相对的一边或一角拖曳对象周围的控制柄，会生成不同的镜像图。

1.4.2 多重对象调整

1．组合和取消组合

多个对象的组合：选中多个对象（如选中 3 个对象），单击其属性栏中的“组合对象”按钮组合对象(G)或选择“对象”→“组合”→“组合对象”命令，可将选中的多个对象组成一个组合，如图 1-4-4 所示（3 个对象的颜色没变），其属性栏为“组合”属性栏，如图 1-4-5 所示。

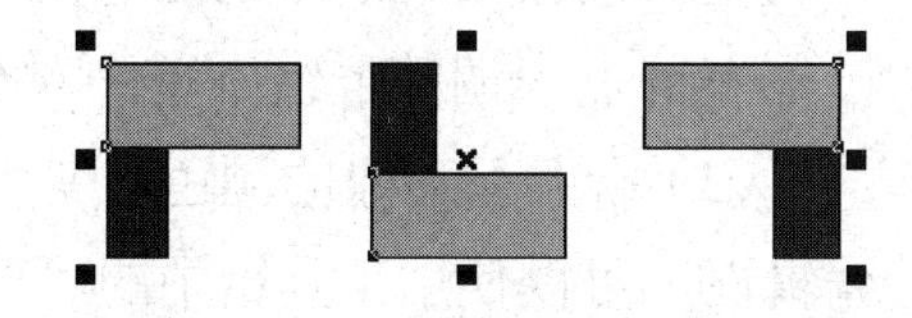

图 1-4-4 多个对象组合后的效果

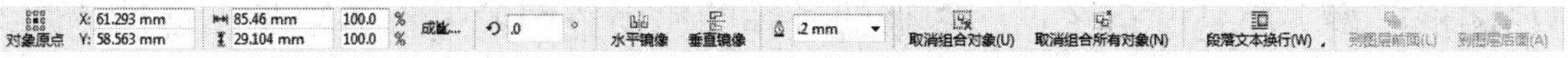

图 1-4-5 “组合”属性栏

单击该属性栏中的“取消组合对象”按钮取消组合对象(U)或选择“对象”→“取消组合”命令可取消这一层组合（本书采用的都是“默认”工作区界面），还可以选择“窗口”→“工作区”→“经典”命令，切换到“经典”工作区，“排列”菜单出现在菜单栏中，选择“排列”→“组合”→“取消组合对象”命令可取消这一层组合。单击图 1-4-5 属性栏中的“取消组合所有对象”按钮，可以取消所有层次的组合。多个对象的组合完成后，可以同时对多个对象进行一些统一的操作，例如，调整大小、移动位置、改变填充颜色、改变轮廓线颜色和进行排序等。

2．合并与取消合并

选中多个图形，单击属性栏中的“合并”按钮合并(W)或选择“对象”→“合并”命令，即可完成多个对象的合并，如图 1-4-6 所示（3 个对象的颜色均变为绿色），其属性栏变为“曲线”属性栏，如图 1-4-7 所示。

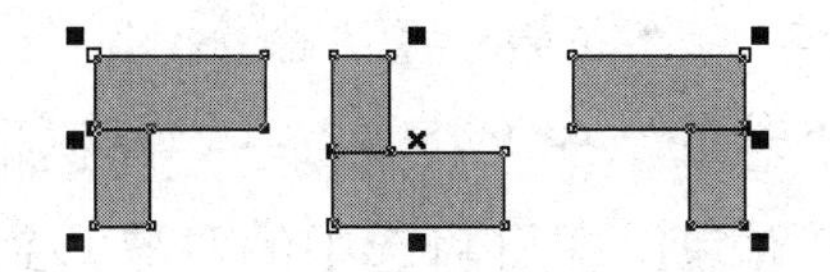

图 1-4-6 多个对象合并后的效果

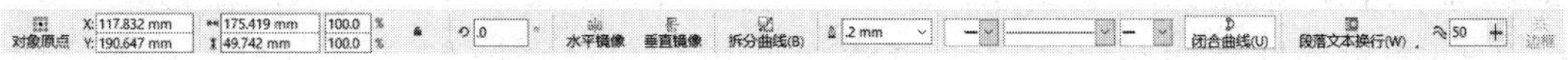

图 1-4-7 “曲线”属性栏

单击“曲线”属性栏中的“拆分曲线”按钮或选择“对象”→“拆分曲线”命令，可以取消多个对象的合并。

3．组合和合并的区别

对多个对象进行组合或合并后，可以同时对多个对象进行一些统一的操作，例如，调整大小、移动位置、改变填充颜色、改变轮廓线颜色和进行排序等。组合和合并的主要区别如下。

（1）对于组合对象，只能对其进行整体操作，如果要对组合中每个对象的各个节点都进行调整，则需要先选中组合中的一个对象，其方法是按住 Ctrl 键的同时单击该对象。可以通过拖曳节点来调整群组中单个对象的形状。

（2）合并后对象的颜色会变为同一种颜色，合并的各个对象仍保持每个对象各个节点的可编辑性，可以使用工具箱中的“形状”工具调整各个对象的节点，以改变每个对象的形状。

4．排列顺序

当多个对象相互堆叠时，存在前后顺序问题，如图 1-4-8 所示，笑脸图形在最上面，其次是心形图形，最下面是圆形图形。图形的排列顺序由绘图的过程来决定，最后绘制的图形堆叠的顺序最高（在最上面）。调整对象排列顺序常用的方法如下。

（1）选中一个对象（如心形图形），选择“对象”→“顺序”命令，弹出“顺序”菜单，如图 1-4-9 所示，选择“到图层前面”命令，即可使选中对象（如心形图形）排列在最前面，即在所有对象的最上面（最前面），调整对象排列顺序后的效果如图 1-4-10 所示。

图 1-4-8　多个对象相互堆叠

到页面前面(F)	Ctrl+主页
到页面后面(B)	Ctrl+End
到图层前面(L)	Shift+PgUp
到图层后面(A)	Shift+PgDn
向前一层(O)	Ctrl+PgUp
向后一层(N)	Ctrl+PgDn
置于此对象前(I)...	
置于此对象后(E)...	
逆序(R)	

图 1-4-9　“顺序”菜单

图 1-4-10　调整对象排列顺序后的效果

（2）选择“对象”→“顺序”→“到图层后面”命令，可使选中对象排列在最后面。

（3）选择“对象”→“顺序”→“向前一层”命令，可使选中对象的排列顺序提高一层。

（4）选择“对象”→“顺序”→“向后一层”命令，可使选中对象的排列顺序降低一层。

（5）选中一个对象，选择“对象”→“顺序”→“置于此对象前”命令，鼠标指针会变为黑色的大箭头状，单击某一个对象，即可将选中的对象移到单击对象的上层。

（6）选中一个对象，选择“对象”→“顺序”→“置于此对象后”命令，鼠标指针会变为黑色的大箭头状，单击某一个对象，即可将选中的对象移到单击对象的下层。

（7）选中两个或两个以上的对象，选择“对象”→“顺序”→“逆序”命令，即可将选中对象的排列顺序颠倒。

5．对齐和分布

（1）多重对象的对齐：选中多个图形对象，选择“对象”→“对齐与分布”命令，选择其子菜单选项，如图 1-4-11 所示，即可按选择的方式对齐对象。

（2）多重对象的分布：选中多个图形对象，选择“对象”→“对齐与分布”命令，弹出“对齐与分布”对话框，单击“分布”标签，切换到“分布”选项卡，如图 1-4-12 所示。在该对话框中进行设置后，即可按选择的方式分布对象。

6. 锁定和解锁

（1）对象的锁定：对象的锁定就是使一个或多个对象不能被鼠标拖曳移动，可以防止对象被意外修改。首先单击工具箱中的“选择”工具，选中要锁定的一个或多个对象，然后选择“对象”→“锁定对象”命令，即可将选中的一个或多个对象锁定，效果如图 1-4-13 所示。

（2）对象的解锁：单击工具箱中的“选择”工具，选中锁定的对象，选择“对象”→“解除锁定对象”命令，即可将锁定的对象解锁。选择“对象”→“解除锁定全部对象”命令，即可将多层次的锁定对象解锁。

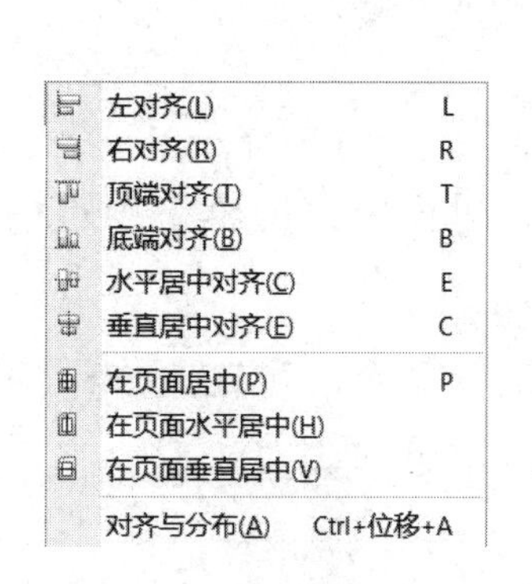

图 1-4-11 “对齐与分布”子菜单

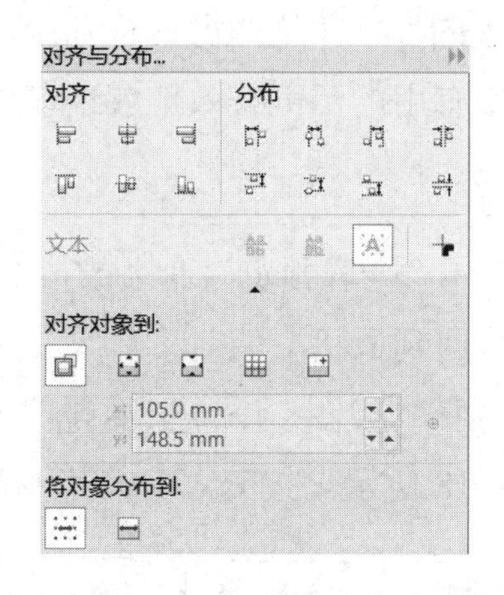

图 1-4-12 “对齐与分布”对话框

图 1-4-13 对象被锁定的效果

1.4.3 对象预览显示

1. 对象预览方式

（1）正常预览：选择“视图”→“普通”命令，绘图页面中的图形和图像会以普通的色彩形式显示，如图 1-4-14 所示。

（2）简单线框预览：选择“视图”→“简单线框”命令，图形和图像会以简单线框的形式显示，如图 1-4-15 所示。可以看到图 1-4-14 中的最右边的图像在图 1-4-15 中只剩下一条很短的线条。

（3）线框预览：选择“视图”→“线框”命令，绘图页面中的图形和图像会以简单线框的形式显示，如图 1-4-16 所示。

（4）草稿预览：选择“视图”→“草稿”命令，绘图页面中的图形和图像会以粗略的草稿形式显示，如图 1-4-17 所示。它的清晰度要比图 1-4-14 所示图像的清晰度差一些。

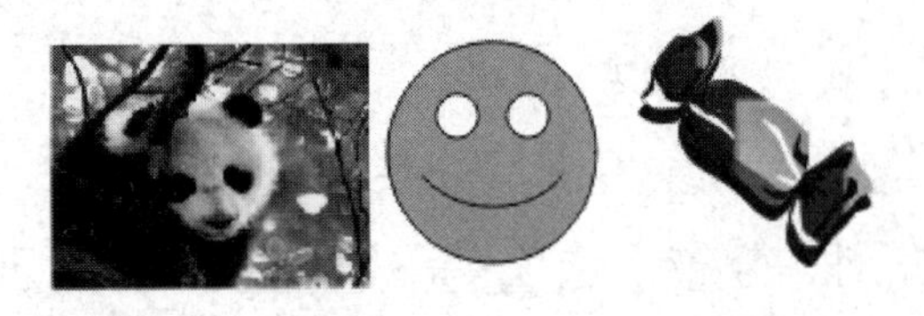

图 1-4-14　正常预览

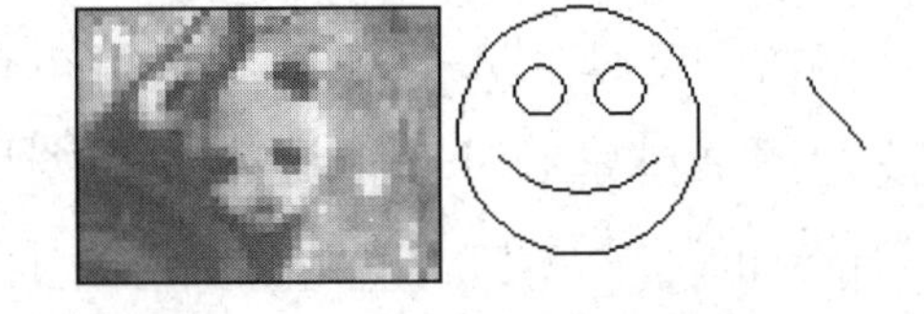

图 1-4-15　简单线框预览

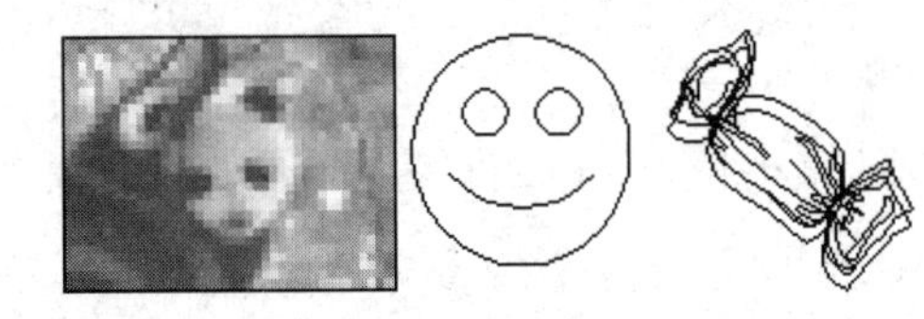

图 1-4-16　线框预览

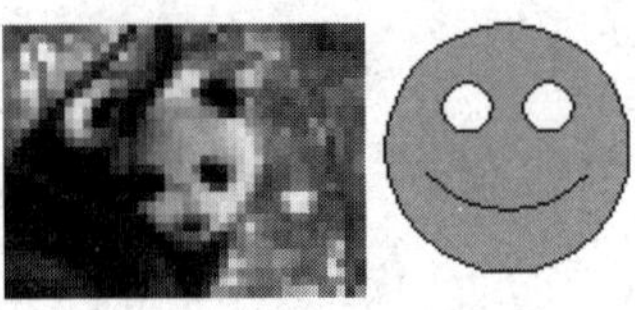

图 1-4-17　草稿预览

（5）增强预览：选择“视图”→“增强”命令，绘图页面中的图形和图像会以高质量的色彩形式显示，其清晰度要比图 1-4-14 所示图像的清晰度好一些。

（6）增强叠印预览：选择“视图”→“增强叠印”命令，可以预览叠印颜色的混合方式效果，该功能对于印前检查是非常有用的，可有效地解决印刷叠印的问题。

2．页面视图预览方式

（1）全屏预览：选择“视图”→“全屏预览”命令或按 F9 键，可在整个屏幕中预览绘图页面。按 Esc 键或其他按键，可以回到原状态。

（2）页面排序器视图预览：选择“视图”→“页面排序器视图”命令，可在工作区中预览所有绘图页面的内容，如图 1-4-18 所示。按 Esc 键或其他按键，可以回到原状态。

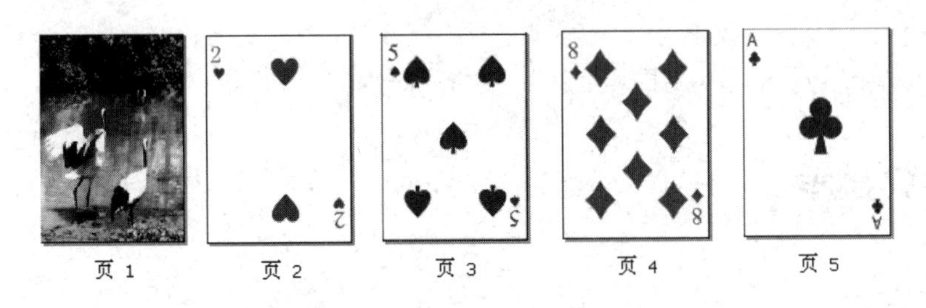

图 1-4-18　预览绘图页面

（3）只预览选定对象：选择“视图”→“全屏预览对象”命令，可以在整个屏幕中显示绘图页面内选中的对象。按 Esc 键或其他按键，可以回到原状态。

思考与练习 1-4

1．绘制一个“4 心形”图形，先绘制一个黄色轮廓线（2 个点）、渐变填充类型为射线、填充从红色到白色的心形，然后将该图形复制 3 个，再将 4 个心形图形水平、等间隔排列成一排，如图 1-4-19 所示。

2．将图 1-4-19 中第 2 个心形图形垂直颠倒，将图 1-4-19 中第 3 个心形图形水平颠倒，将图 1-4-19 中第 4 个心形图形旋转 45°。

图 1-4-19　“4 心形”图形

3．在“图形 1-5.cdr”图形文件中再添加一个绘图页面，将图 1-4-19 所示的 4 个心形图形复制并粘贴到该绘图页面内，并给 4 个心形图形填充不同的纹理或图像。旋转该绘图页面第 2 个心形图形，将第 3 个心形图形变形，将第 4 个心形图形进行倾斜处理。

4．绘制一个如图 1-4-20 所示的图形，左边椭圆形轮廓线为红色、填充绿色，右边椭圆形轮廓线为紫色、填充粉色，中间矩形轮廓线为绿色、填充黄色。对它们进行如下操作练习。

（1）选中左边椭圆形图形，改变填充色和轮廓线颜色。

（2）选中 3 个图形并垂直移动。

（3）调整椭圆形图形大小。

（4）旋转和倾斜矩形图形。

（5）复制矩形图形。

（6）将 3 个图形垂直居中对齐。

（7）将 3 个图形组合成群组。

（8）将 3 个图形合并。

（9）改变 3 个图形的前后顺序。

（10）将 3 个图形锁定和解锁。

5．绘制如图 1-4-21 左图所示的图形，然后对该图形进行复制、改变排列顺序、组合成群组和合并，得到图 1-4-21 中图和右图所示图形。对图形进行移动、旋转、倾斜、复制和镜像等操作，将图 1-4-21 所示的 3 个图形进行对齐、分布、锁定、解锁、改变排列顺序等操作。

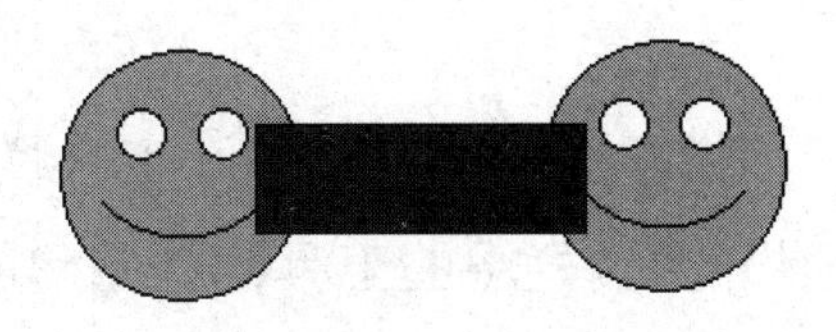

图 1-4-20　3 个图形

图 1-4-21　图形

第2章

绘制基本图形

在中文 CorelDRAW X7 中，绘图作品主要是由各种复杂图形构成的，而复杂图形是由基本图形组成的。基本图形有直线、曲线、矩形、椭圆形、多边形和完美形状图形等，其中最主要的基本图形是曲线。绘制和编辑这些基本图形是绘图中最基本的操作。中文 CorelDRAW X7 提供了很多工具，用来绘制各种基本图形。

曲线包括直线、折线和弧线等，它是由一条或多条线段组成的。一条线的起点、终点和转折点叫节点，节点有直线节点、曲线节点、尖角节点、平滑节点和对称节点。从起点到终点所经过的节点与线段组成了路径，路径分为闭合路径和开路路径，闭合路径的起点与终点重合。只有由闭合路径组成的图形才允许填充。

本章通过学习 5 个案例，了解使用矩形工具展开工具栏、椭圆形工具展开工具栏、对象工具展开工具栏、完美形状工具展开工具栏和曲线工具展开工具栏中的工具绘制图形的方法，以及利用“插入字符”对话框插入特殊图形的方法。

2.1　案例 1：公共场所标志图案

“公共场所标志图案”图形如图 2-1-1 所示。通过对本案例的学习，可以掌握绘图页面设置，使用标尺和辅助线，绘制圆形、矩形、梯形和直线图形，填充颜色，复制和移动对象，插入特殊的字符图案，组成群组对象和调整对象前后顺序等方法，以及“形状”工具的使用方法等。

图 2-1-1　“公共场所标志图案”图形

1．绘图页面的设置

（1）选择“文件”→“新建”命令，弹出“创建新文档”对话框，单击“确定”按钮，新建一个 CorelDRAW 文档。

（2）选择“布局”→“页面设置”命令，弹出“选项”对话框的“页面尺寸”选项卡。在“单位”下拉列表框中选择“毫米”，在“宽度”和“高度”数字框中分别输入 100 和 40，即设置绘图页面的宽为 100 毫米，高为 40 毫米，其他设置不变，如图 2-1-2 所示。

（3）单击“添加页框”按钮，为绘图页面添加边框。

（4）单击“大小”下拉列表框右侧的“保存”按钮，弹出“自定义页面类型”对话框，利用该对话框将页面命名为“有边框 100 毫米-40 毫米”，如图 2-1-3 所示。

（5）单击“选项”对话框目录栏中的“背景”选项，切换到“背景”选项卡，单击“纯色”单选按钮，如图 2-1-4 所示。单击“纯色”下拉列表框右边的三角按钮，弹出一个颜色板，单击该颜色板中的黄色色块，设置绘图页面背景色为黄色。

（6）单击选项卡中的“确定”按钮，关闭该对话框，完成页面大小和背景色的设置。

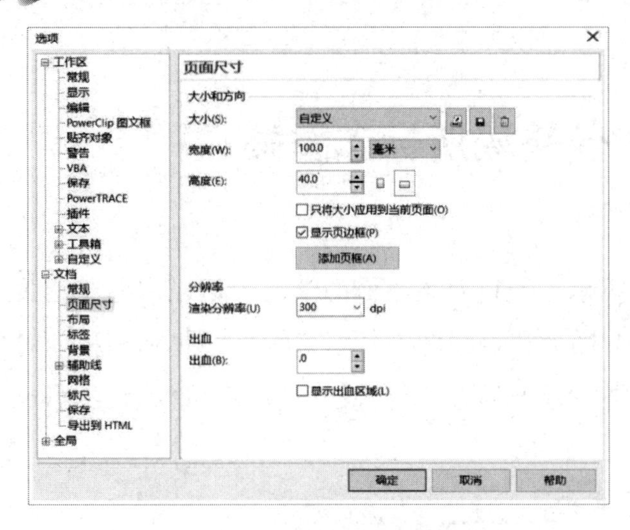

图 2-1-2 “页面尺寸”选项卡

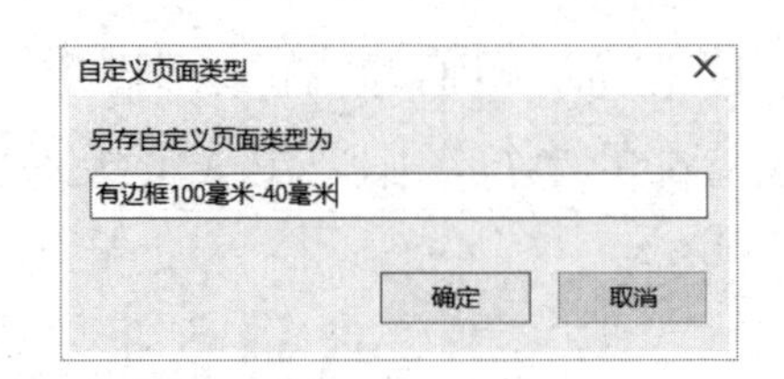

图 2-1-3 “自定义页面类型”对话框

图 2-1-4 “背景”选项卡

2．“影院”图案的绘制

（1）单击椭圆形工具展开工具栏中的“椭圆形”工具，按住 Ctrl 键，拖曳鼠标绘制一个圆形图形，单击调色板中的深蓝色色块，将圆形图形填充为深蓝色。右键单击调色板中的深蓝色色块，设置圆形轮廓线为深蓝色，如图 2-1-5 所示。在其“椭圆形”工具属性栏中的和文本框中都输入 100，设置宽和高均为 100mm。

（2）绘制一个宽为 2.8mm、高为 2.8mm 的圆形图形，将该图形填充为白色，设置轮廓线为深蓝色，如图 2-1-6 所示。

（3）按“Ctrl+D”组合键 4 次，复制 4 份，将其中一个圆形图形的宽度和高度均调整为 1.6mm。

（4）单击工具箱中的“选择”工具，将这些白色圆形移到深蓝色圆形上面，如图 2-1-7

所示。选中所有图形，选择“对象”→“组合”命令，将它们组成群组。

（5）使用“椭圆形”工具，按住 Ctrl 键，同时拖曳鼠标绘制一个宽和高均为 11mm 的圆形图形，在“椭圆形”工具属性栏的“轮廓宽度”下拉列表框中选择“1.5pt”选项或输入 1.5，设置圆形轮廓线为深蓝色，如图 2-1-8 所示。

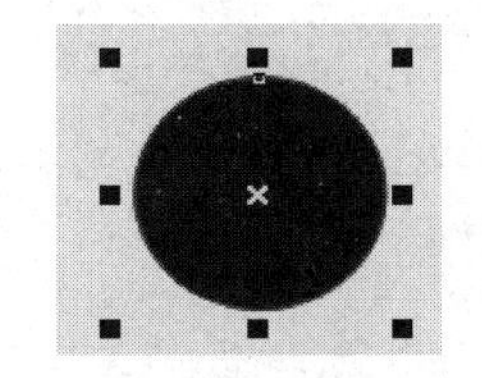

图 2-1-5　深蓝色圆形

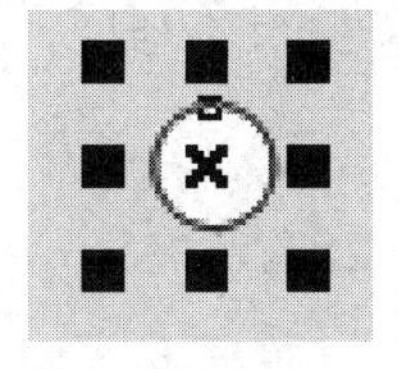

图 2-1-6　白色圆形

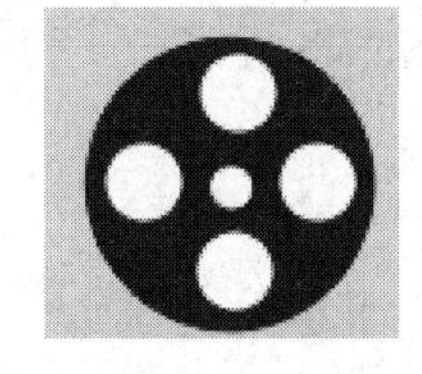

图 2-1-7　调整 6 个圆形位置

图 2-1-8　设置深蓝色圆形轮廓线

（6）单击“椭圆形”工具属性栏中的“弧”按钮，使选中的深蓝色圆形图形变成弧形图形，如图 2-1-9 所示。

（7）单击形状编辑展开工具栏中的“形状”按钮，拖曳弧形图形端点，调整弧形图形的形状，如图 2-1-10 所示。如果在调整中弧形图形变为饼形图形，则再单击“椭圆形”工具属性栏中的“弧”按钮。

（8）使用工具箱中的“选择”工具，拖曳弧形图形到图 2-1-7 所示图形的右下方，最终效果参考图 2-1-1 中的“影院”图形。再将全部图形选中，选择“对象”→“组合”命令，将选中的所有对象组成一个群组。

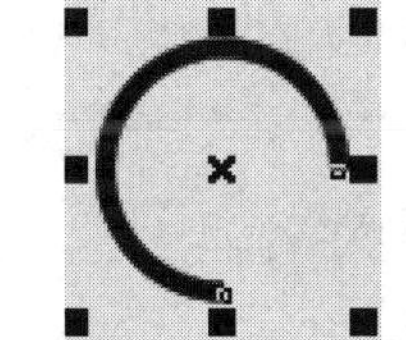

图 2-1-9　弧形图形

图 2-1-10　调整弧形

3.“家居”图案的绘制

（1）使用“矩形”工具绘制一个宽为 9.5mm、高为 7.5mm、轮廓线宽度为 1.0pt 的矩形图形，填充绿色，设置轮廓线为紫色，如图 2-1-11 第 1 个图形所示。

（2）绘制一个宽为 1.3mm、高为 0.9mm、轮廓线宽度为细线的矩形图形，填充棕色，设置轮廓线为棕色，如图 2-1-11 第 2 个图形所示。将棕色小矩形图形复制一份，如图 2-1-11 第 3 个图形所示。

（3）绘制一个宽为 6.3mm、高为 4.3mm、轮廓线宽度为 1.0pt 的矩形图形，填充绿色，设置轮廓线为棕色，如图 2-1-11 第 4 个图形所示。

（4）按照上述方法再绘制两个矩形图形，如图 2-1-12 所示。

（5）将图 2-1-11 所示的 4 个矩形图形和图 2-1-12 所示的第 1 个图形移到相应位置，如图 2-1-13 左图所示。可以在“矩形”工具属性栏的“对象位置”两个数字框 x: 75.6 mm y: 21.918 mm 中改变数值，微调选中对象的水平位置和垂直位置。

（6）将图 2-1-12 所示的第 2 个无轮廓线绿色矩形图形移到图 2-1-13 所示的左图上，将水平线遮挡住，最终效果如图 2-1-13 右图所示。

图 2-1-11　绘制 4 个矩形

图 2-1-12　绘制两个矩形图形

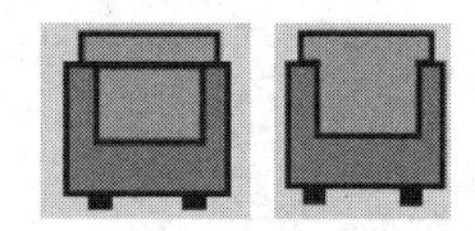
图 2-1-13　移动矩形遮挡水平线

（7）使用工具箱中的“选择”工具，将家居图形全部选中，选择“对象”→“组合”命令，将选中的所有对象组成一个群组。

4．“网吧”图案的绘制

（1）单击矩形工具展开工具栏中的“矩形”按钮，在绘图页面内拖曳鼠标，绘制一个宽为 13.6mm、高为 8.3mm 的矩形图形，设置矩形轮廓线为蓝色，不填充颜色，如图 2-1-14 所示。

（2）绘制一个宽为 4.8mm、高为 1.3mm 的矩形图形，设置矩形轮廓线为蓝色，填充蓝色，移到图 2-1-14 所示的矩形轮廓的下面，如图 2-1-15 所示。

（3）绘制一个宽为 14mm、高为 3mm 的矩形图形，设置矩形轮廓线为蓝色，填充蓝色，移到图 2-1-15 所示图形的下面，如图 2-1-16 所示。使用工具箱中的“选择”工具，拖曳选中 3 个矩形图形，选择“对象”→“对齐和分布”→“垂直居中对齐”命令，将选中的 3 个矩形图形在垂直方向居中对齐。

（4）绘制一个宽为 2.44mm、高为 1.7mm 的矩形图形，设置矩形轮廓线为蓝色，填充白色，将其移到图 2-1-16 所示图形下面矩形图形中的右侧，如图 2-1-17 所示。

图 2-1-14　矩形轮廓

图 2-1-15　矩形图形

图 2-1-16　3 个矩形图形

图 2-1-17　4 个矩形图形

图 2-1-18　倾斜的直线

（5）单击曲线工具展开工具栏中的“手绘”工具，在图 2-1-17 所示图形中矩形轮廓线内左上角单击，再拖曳鼠标到右下方处并单击，即可绘制一条倾斜的直线，如图 2-1-18 所示。在其“曲线”工具属性栏的“轮廓宽度”下拉列表框中选择 0.2mm，如图 2-1-19 所示。

图 2-1-19　“曲线”工具属性栏

（6）单击“曲线”属性栏中的“起始箭头”下拉列表框，弹出“起始箭头”面板，单击第 2 行第 1 列箭头图案，如图 2-1-20 所示，即可为直线添加起始箭头。

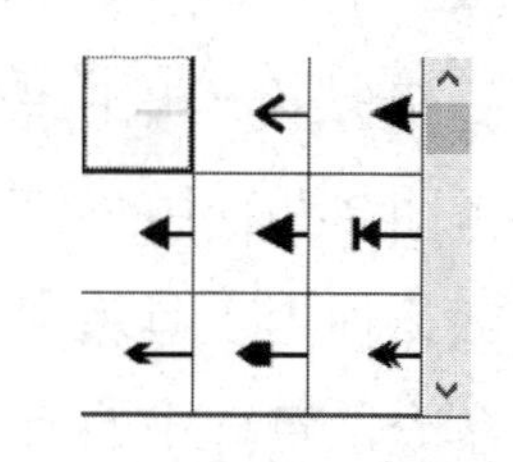

图 2-1-20　“起始箭头”面板

（7）使用工具箱内的“选择”工具，将“网吧”图形全部选中，选择“对象”→“组合”命令，将选中的所有对象组成一个群组。

5．“医院”图案的绘制

（1）单击矩形工具展开工具栏中的“矩形”工具，绘制一个宽为 11.5mm、高为 9.6mm 的矩形图形，填充蓝色，设置轮廓线为蓝色，如图 2-1-21 所示。

（2）再绘制一个宽为 4.5mm、高为 0.8mm、无轮廓线的小长条矩形图形，填充蓝色，设置轮廓线为蓝色，如图 2-1-22 所示。选中该图形，按“Ctrl+D”组合键，复制一个小长条矩形图形。

（3）使用工具箱中的“选择”工具将复制的小长条矩形图形移到原矩形图形之上，使它们完全重合。在“矩形”工具属性栏的“旋转”文本框中输入 90，按 Enter 键后，选中的小长条矩形图形旋转 90°，得到的十字图形如图 2-1-23 所示。

图 2-1-21　矩形

图 2-1-22　小长条矩形

图 2-1-23　十字图形

（4）使用“椭圆形”工具，按住 Ctrl 键的同时拖曳鼠标绘制一个宽和高均为 7.6mm 的圆形图形，在“椭圆形”工具属性栏的“轮廓宽度”下拉列表框中选择“无”选项，设置无轮廓。给圆形填充白色，然后使用工具箱中的“选择”工具，将白色圆形图形移到图 2-1-21 所示的矩形图形中间，如图 2-1-24 所示。

（5）使用工具箱中的“选择”工具，拖曳鼠标选中图 2-1-23 所示的十字图形，将十字图形移到图 2-1-24 所示的圆形图形正中间，如图 2-1-25 所示。

（6）使用矩形工具展开工具栏中的“矩形”工具，绘制一个宽为 7.2mm、高为 2.7mm、轮廓线宽度为 2.0 pt 的矩形图形，无填充色，设置轮廓线为蓝色，如图 2-1-26 所示。

图 2-1-24　圆形图形

图 2-1-25　移动十字图形

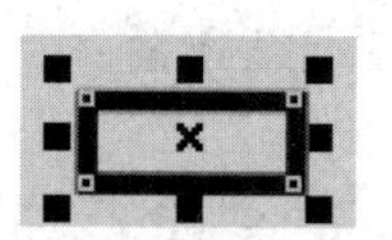

图 2-1-26　矩形

（7）使用工具箱中的“选择”工具，将图2-1-26所示矩形图形移到图2-1-25所示图形的上边中间位置。

（8）选择“对象”→“对齐和分布”→“垂直居中对齐”命令，再选择“对象”→“对齐和分布”→“水平居中对齐”命令，将选中的所有图形在垂直和水平方向都居中对齐，效果参考图2-1-1中的“医院”图形。

（9）使用工具箱中的“选择”工具，将“医院”图形全部选中，选择“对象”→“组合”命令，将选中的所有对象组成一个群组。

6.“公园”图案的绘制

（1）绘制一个宽和高均为3.4mm、轮廓线宽度为细线的圆形图形，设置圆形图形轮廓线为绿色，给圆形图形填充绿色，如图2-1-27所示。然后复制5份，调整它们的位置，如图2-1-28所示。

（2）选择“对象”→“对齐和分布”命令，弹出“对齐与分布”对话框中的“对齐”选项卡，按住Shift键，同时选中图2-1-28所示图形下面一行的三个圆形图形，在“对齐与分布”对话框的“对齐”选项卡中单击“底端对齐”按钮，如图2-1-29所示。

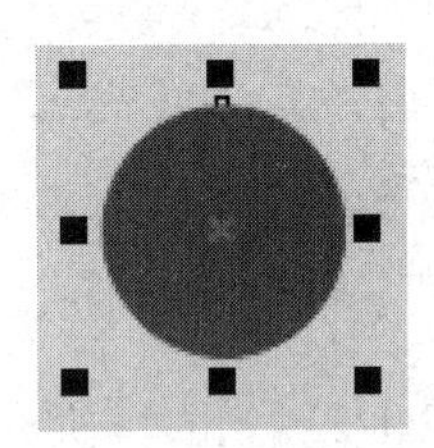

图2-1-27　圆形图形

图2-1-28　6个圆形图形

图2-1-29　“对齐与分布”对话框

（3）按照上述方法，利用“对齐与分布”对话框将图2-1-28所示图形中第2行的两个圆形图形底部对齐。单击并选中图2-1-28所示图形第1行的圆形图形，修改“椭圆形”工具属性栏“对象位置”两个数字框中的数值，微调选中对象的水平位置和垂直位置。

图2-1-30　“公园”图案

（4）绘制一个矩形图形，将矩形轮廓线设置为棕色，填充矩形为棕色，并调整它的位置，与6个圆形一起组成一棵树的图形，然后将它们组成一个群组，效果参考图2-1-1。

（5）绘制3个矩形图形，将矩形轮廓线设置为蓝色，填充矩形为蓝色，并调整矩形位置，组成公园的地面和座位的图案。然后将它们与树的图形一起组成一个群组，效果如图2-1-30所示。

7.“学校”图案的绘制

（1）单击矩形工具展开工具栏中的“矩形”按钮，绘制一个宽为2.7mm、高为1.8mm

的矩形图形，将矩形轮廓线设置为青色，并填充矩形为青色，如图 2-1-31 左图所示。

（2）选择工具箱中的“选择”工具，按“Ctrl+D”组合键两次，复制两个青色矩形，并移到原矩形图形的右边。选中图 2-1-31 中间的矩形图形，在其属性栏中将它的宽度调整为 6.7mm，将矩形轮廓线和填充颜色调整为蓝色。

（3）使用工具箱中的“选择”工具，调整右边两个矩形图形的位置，使 3 个矩形图形水平方向没有间隙。拖曳并选中所有矩形图形，选择“对象”→“对齐和分布”→“对齐与分布”命令，弹出“对齐与分布”对话框，切换到“对齐”选项卡，勾选左边的“下”复选框，单击“应用”按钮，使 3 个矩形图形下边框对齐；切换到“分布”选项卡，勾选上边的“中”复选框，单击“应用”按钮，使 3 个矩形图形间距相等，效果如图 2-1-32 所示。

（4）使用工具箱中的“矩形”工具，绘制一个宽为 6.7mm、高为 0.24mm 的矩形图形，将矩形轮廓线设置为浅灰色，并填充矩形为浅灰色。使用工具箱中的“选择”工具，将新建矩形拖曳到蓝色矩形的中间，可以在“矩形”工具属性栏中精确调整它的位置，效果如图 2-1-33 所示。

图 2-1-31　3 个矩形 　　图 2-1-32　排列 3 个矩形 　　图 2-1-33　排列 4 个矩形

（5）使用工具箱中的“选择”工具选中所有矩形，选择“对象”→“组合”命令，将选中的所有矩形图形组成一个群组，形成一个独立的对象。

（6）绘制一个宽为 1.35mm、高为 6.8mm 的矩形图形，将矩形填充为蓝色，设置为无轮廓线。按“Ctrl+D”组合键 3 次，复制 3 个蓝色矩形，并移到群组图形的上边，按照图 2-1-34 所示排列。利用“对齐与分布”对话框将它们底部对齐、使水平间距相等。

（7）单击对象工具展开工具栏中的“多边形”工具，在“多边形”属性栏的“点数或边数”数字框中输入 3，设置多边形的边数为 3，在“轮廓宽度”下拉列表框中选择 0.5pt。绘制一个三角形，调整该图形的宽为 16.2mm、高为 3.3mm，再将三角形轮廓线设置为青色，填充三角形为蓝色，如图 2-1-35 所示。

（8）选择“文本”→“插入符号字符”命令，弹出“插入字符”对话框，如图 2-1-36 所示。在该对话框的“代码页”下拉列表框中选择“所有字符”选项，在“字体”下拉列表框中选择“Webdings”字体，选中图形列表中的人物符号，在“字符大小”数字框中输入“200”。单击“插入”按钮，即可在页面中插入人物图形。单击调色板中的绿色色块，将人物图形填充为绿色，再调整人物图形的大小，并将人物图形移到合适的位置，最终效果参考图 2-1-1。

图 2-1-34　蓝色矩形

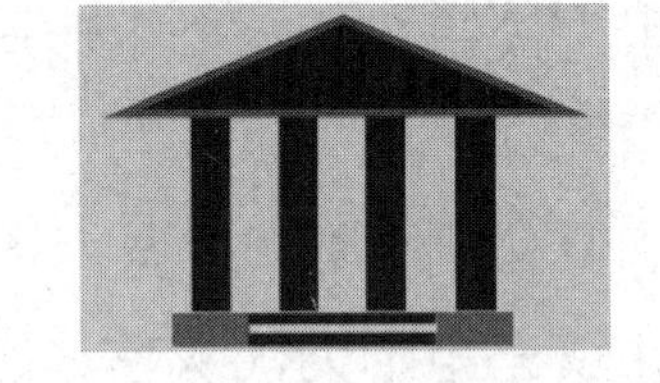

图 2-1-35　蓝色三角形图形

图 2-1-36　“插入字符”对话框

8．“酒店”图案的绘制

（1）单击“矩形”工具，绘制一个宽为 12mm、高为 16.6mm、轮廓线为细线的矩形图形，将矩形轮廓线设置为蓝色，将矩形填充为蓝色，如图 2-1-37 所示。

（2）绘制一个宽和高均为 2.5mm、轮廓线为细线的白色正方形图形，如图 2-1-38 所示。再复制 7 个白色正方形图形，排列为 2 列、4 行，利用“对齐与分布”对话框将它们左边对齐，并且垂直间距相等，如图 2-1-39 所示。

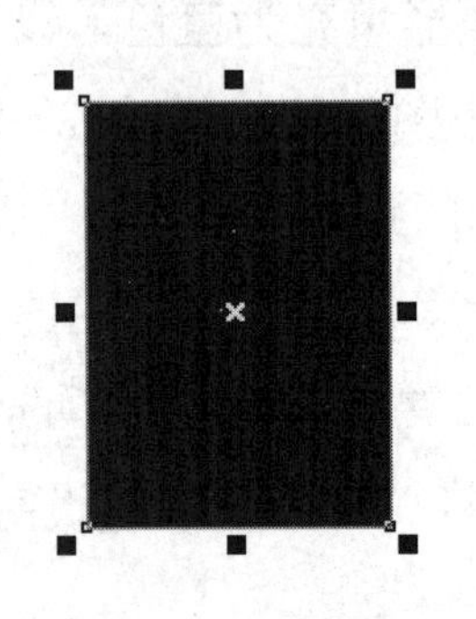

图 2-1-37　蓝色矩形

图 2-1-38　白色正方形

图 2-1-39　排列 8 个白色矩形

（3）绘制一个浅蓝色矩形和一个蓝色三角形图形，使用工具箱中的“选择”工具，将它们移到合适的位置。

（4）选中楼房图形的所有图形，选择“对象”→“组合”命令，将选中的所有对象组成一个群组。

9．文字的制作

（1）使用工具箱中的“文本”工具，弹出“文本”工具属性栏。单击绘图页面的左下角，进入美术字输入状态，此时鼠标指针变为一条竖线。在“文本”工具属性栏的“字体列表”下拉列表框中选择“华文行楷”字体，在“字体大小”下拉列表框中输入24pt，如图2-1-40所示。

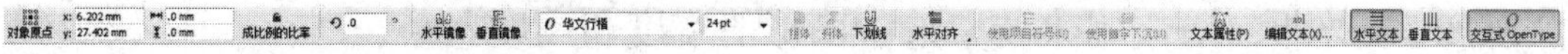

图2-1-40 “文本”工具属性栏

（2）输入文字“影院”，使用工具箱中的“选择”工具选中美术字“影院”，单击调色板内的红色色块，将文字设置为红色。

（3）选中“影院”文字，按“Ctrl+D”组合键，复制6份文字，将每一份文字分别移到各组图形的下边。使用工具箱中的“文本”工具选中复制的文字，将文字分别改为“网吧”“医院”“家居”“公园”“学校”“酒店”。

（4）使用工具箱中的“文本”工具，先单击“文字”工具属性栏中的“垂直文本”按钮，再单击绘图页面左上角，输入“公共场所标志”艺术字，然后单击调色板内的红色色块，将文字设置为红色。

（5）使用工具箱中的“选择”工具选中“公共场所标志”艺术字，按“Ctrl+D”组合键，将选中的文字复制一份，单击调色板内的灰色色块，将文字设置为灰色。选中灰色艺术字，选择“对象”→“顺序”→“到图层后面”命令，将该文字移到红色艺术字右上方，形成红色艺术字的阴影，效果参考图2-1-1。

1．几何图形的绘制

使用椭圆形工具展开工具栏、矩形工具展开工具栏和对象工具展开工具栏中的工具，可以绘制相应的几何图形。按住“Ctrl”键的同时拖曳鼠标，可以绘制等比例图形；按住“Shift”键的同时拖曳鼠标，绘制的图形是以单击点为中心点的图形；按住“Shift+Ctrl”组合键的同时拖曳鼠标，绘制的图形是以单击点为中心点的等比例图形。

使用工具箱中的“选择”工具，选中图形后可以调整图形。单击工具箱中的“形状”工具，将鼠标指针移到图形的节点处，拖曳节点可以改变图形的形状。

可以通过直接改变几何图形对象属性栏中的数据，来精确调整几何图形。在文本框中输入数值后按Enter键，即可按照新的设置改变几何图形。“矩形”工具属性栏如图2-1-41所示。“椭圆形”工具属性栏如图2-1-42所示，部分功能的作用如下。

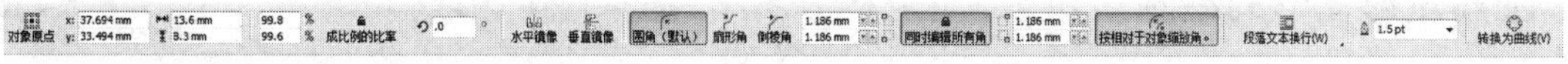

图2-1-41 “矩形”工具属性栏

图 2-1-42　“椭圆形”工具属性栏

（1）X 和 Y 文本框：分别用来调整选中图形的水平位置和垂直位置。

（2）⟷和↕文本框：分别用来调整选中图形的宽度和高度。

（3）“成比例的比率”（锁定比率）按钮：单击该按钮，在⟷（↕）文本框中输入数值后，↕（⟷）文本框中的数值会自动调整，保证选中图形的宽与高的比例不变。

（4）“旋转角度”文本框：用来调整选中图形的旋转角度。

（5）“水平镜像”按钮和“垂直镜像”按钮：分别用来使选中图形生成水平镜像和垂直镜像。

（6）“轮廓宽度”下拉列表框：用来选择或输入轮廓线的粗细数值，调整轮廓线的粗细。

（7）“到层前面”按钮：单击该按钮，可使选中的图形移到其他层图形的前面（上层）。

（8）“到层后面”按钮：单击该按钮，可使选中的图形移到其他层图形的后面（下层）。

（9）“转换为曲线”按钮：单击该按钮，可以使选中的图形转换为曲线，图形的各顶点的小圆点变为曲线节点。

2．饼形和弧形图形的绘制

（1）将椭圆形转换为弧形或饼形：使用工具箱中的“形状”工具，将鼠标指针移到椭圆形的节点处，如图 2-1-43 所示。拖曳节点，将椭圆形转换为弧形或饼形（派形），如图 2-1-44 所示。随着调整，“椭圆形”工具属性栏中的数据会发生相应的变化。

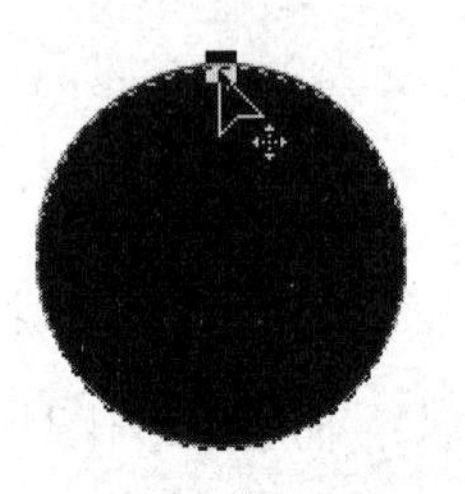

图 2-1-43　将鼠标指针移到椭圆形节点处

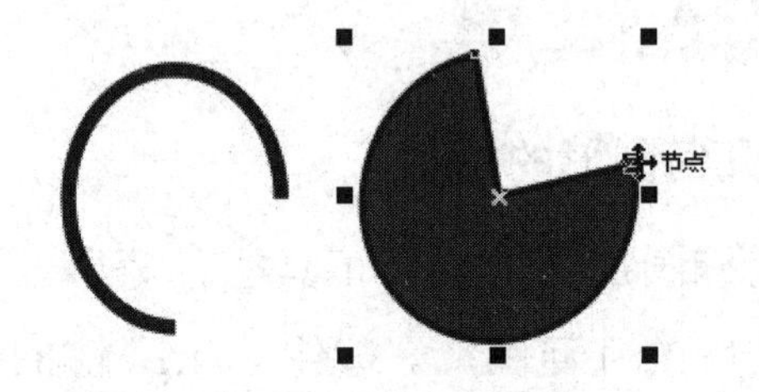

图 2-1-44　弧形图案和饼形图案

（2）图形转换：单击“椭圆形”工具属性栏中的“饼图”按钮，可以将椭圆形转换为饼形；单击“弧”按钮，可以将椭圆形转换为弧形。分别调整饼形和弧形“起始和结束角度”数字框中的数值，可以精确改变饼形和弧形的角度。

（3）方向转换：选中要转换的椭圆形对象，单击“方向”按钮，可以修改饼形或弧形张角的方向与角度（用 360° 减原来的角度）。

3．圆角矩形图形的绘制

（1）调整矩形边角圆滑度：调整两个“圆角半径”数字框中数值的大小，可以精确调整矩形4个边角的圆滑度。

如果“同时编辑所有角”按钮处于按下状态（“闭锁”状态），则4个矩形边角圆滑度同时变化，即当改变1个边角的参数时，其他3个边角同时改变；如果“同时编辑所有角”按钮处于抬起状态（“开锁”状态），则需要分别改变矩形4个边角的圆滑程度。

（2）使用“形状”工具，在4个节点被选中的情况下，拖曳其中任意一个节点，都可以同时改变矩形4个边角的圆滑程度，产生圆角效果，如图2-1-45所示。

（3）使用工具箱中的“形状”工具，在1个节点被选中的情况下，对其进行任意拖曳，只对选中节点的角度进行调整，生成圆角效果，其他的边角没有变化，如图2-1-46所示。

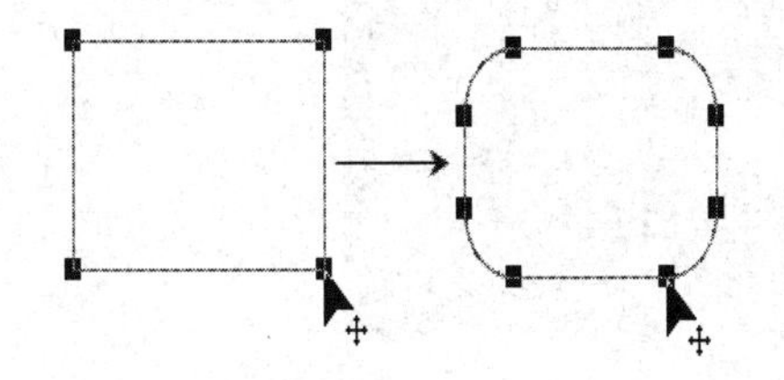

图2-1-45　同时改变矩形4个边角的圆滑程度

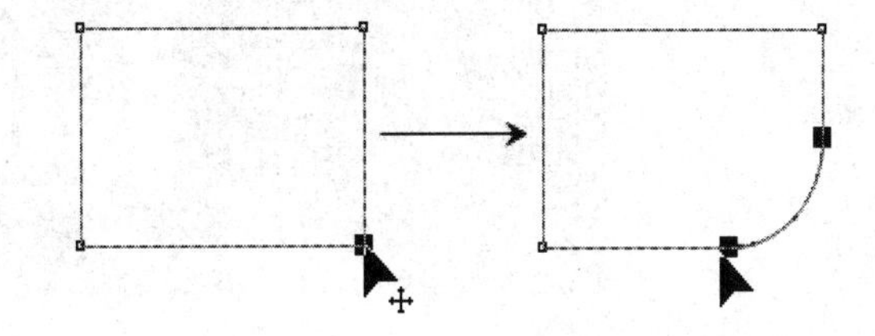

图2-1-46　选中节点的边角产生圆角效果

思考与练习2-1

1．绘制一些不同填充色和轮廓线颜色的圆形、椭圆形、正方形、矩形和多边形。

2．绘制5个“交通标志”图形，如图2-1-47所示。

图2-1-47　“交通标志”图形

3．绘制4个“公共标志图案”图形，如图2-1-48所示。

图2-1-48　“公共标志图案”图形

2.2　案例2：节日的夜晚

“节日的夜晚”图形如图2-2-1所示，画面中繁星和月亮照亮了夜空，有高楼大厦、博物馆、汽车、飞机和人物，飞机向博物馆洒下鲜花，博物馆外有围观的人群和行驶的汽车，还有 4 个探照灯照射到夜空当中，一派节日的景象。通过对本案例的学习，可以掌握绘制和调整多边形、星形、复杂星形、棋盘格和螺纹图形的方法，进一步掌握插入特殊字符图案的方法，调整多个对象前后顺序和组成群组的方法，以及使用工具箱中的“形状”工具和“调和”工具的方法等。

图 2-2-1　“节日的夜晚”图形

制作方法

1．绘图页面的设置

（1）选择“布局”→“页面设置”命令，弹出“选项”对话框，选择“页面尺寸”选项，设置绘图页面的宽度为 500mm、高度为 200mm。

（2）选择“布局”→“页面背景”命令，弹出“选项”对话框，选择“背景”选项，设置背景颜色为深灰色。

2．“博物馆”和“人物”图案的绘制

（1）单击工具箱中的“选择”工具，选择“文本”→“插入符号字符”命令，弹出“插入字符”对话框，将该对话框图形列表中的博物馆图案拖曳到绘图页面的中间，拖曳博物馆图形四周的控制柄，将图形适当调大，填充为黄色，并将轮廓线设置为棕色，如图 2-2-2 所示。

（2）选中博物馆图形，按“Ctrl+D”组合键，复制一份该图形，将复制的图形移到一旁。选择“对象”→“拆分曲线”命令，将复制的博物馆图形拆分为博物馆主体、支架和顶盖图形。将拆分的各部分图形分别移开，并将博物馆支架图形填充为红色，如图 2-2-3 所示。

（3）拖曳出一个矩形，选中所有博物馆支架图形，将选中的图形组成一个群组。将红色博物馆支架图形移到图 2-2-2 所示的博物馆图形上，如图 2-2-4 所示。

（4）拖曳出一个矩形，选中博物馆各部分图形，选择“对象”→“组合”命令，将选中的图形组成一个博物馆群组。

（5）拖曳出一个矩形，选中所有拆分的其他图形并按 Delete 键删除。

（6）将“插入字符”对话框图形列表中的几种不同形式的人物图案拖曳到绘图页面，分别调整各个人物图形的大小，并填充不同颜色，再将它们移到不同的位置，如图 2-2-5 所示。

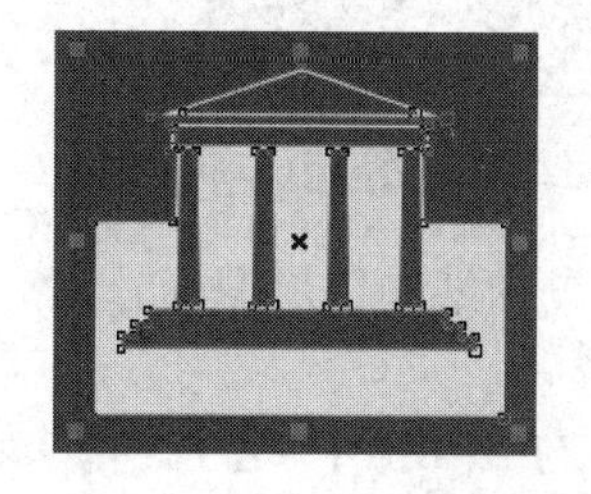

图 2-2-2 博物馆图形

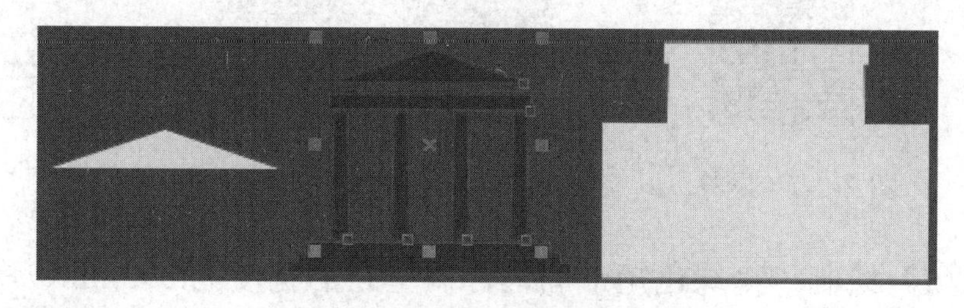

图 2-2-3 博物馆各部分图形

图 2-2-4 博物馆图形

图 2-2-5 添加人物图形

3.“楼房”和“草坪”图案的绘制

（1）单击工具箱对象工具展开工具栏中的“图纸”工具，在“图纸”工具属性栏的“列数”和“行数”两个数字框中分别输入 10 和 40，如图 2-2-6 所示。在绘图页面中创建一个 40 行 10 列的网格，再设置填充色为黄色，设置轮廓线为棕色，如图 2-2-7 所示。

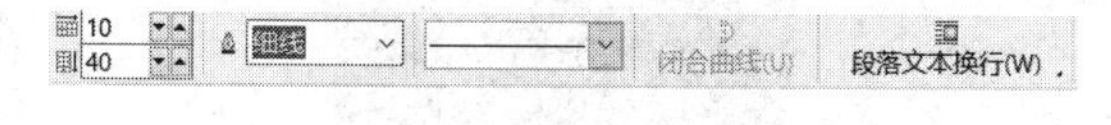

图 2-2-6 “图纸”工具属性栏

（2）按“Ctrl+D”组合键，复制一份网格图形，将复制的网格图形移到原图形的右上方。单击工具箱交互式工具展开工具栏中的“调和”工具，在两个网格图形之间拖曳，创建调和效果，如图 2-2-8 左图所示。

（3）在“交互式调和”工具属性栏的“调和对象”数字框中输入 20，增加交互式调和的偏移量，同时增加两个网格图形之间过渡图形的个数，效果如图 2-2-8 右图所示。

（4）按照上述方法，创建一个 3 行 3 列的图纸，利用“调和”工具制作如图 2-2-9 左图所示的图形，将它调小一些，并将它移到图 2-2-8 右图所示的图形上，最终效果如图 2-2-9 右图所示。

（5）拖曳出一个矩形，选中整个楼房图形，选择“对象”→“组合”命令，将选中的楼房图形和网格图形组成一个楼房图形的群组。

（6）使用工具箱中的“选择”工具，选中楼房群组图形，按“Ctrl+D”组合键 5 次，复制 5 份楼房图形，再移到相应位置。

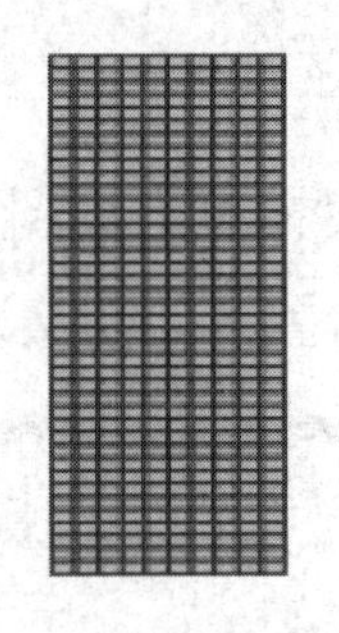
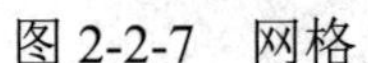

图 2-2-7 网格

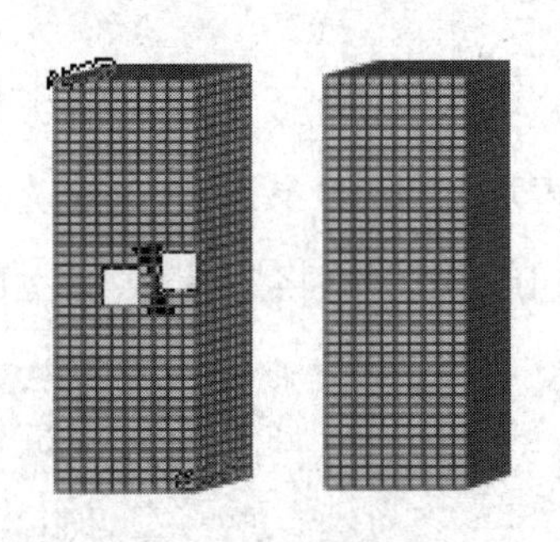

图 2-2-8 调和效果

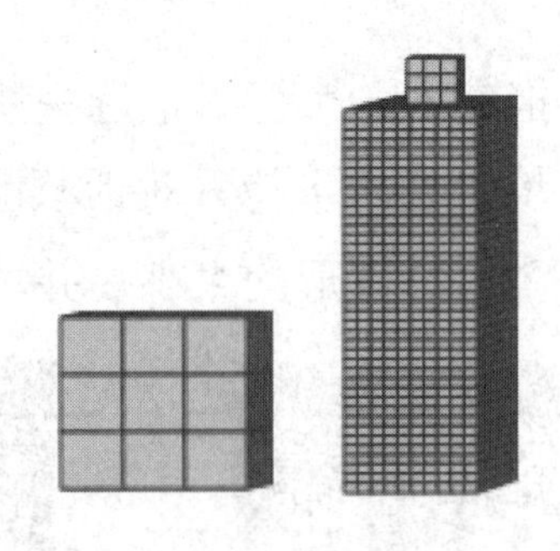

图 2-2-9 图纸和楼房图形

（7）绘制一个绿色矩形图形，调整它的宽度为393mm、高度为34mm，选择“对象”→“顺序”→“到页面后面”命令，将选中的矩形图形置于楼房群组图形的下层，效果参考图2-2-1。

4．“汽车”“飞机”“小花”“月亮”“星形”图案的绘制

（1）将“插入字符”对话框图形列表中的汽车图案拖曳到绘图页面内，将图形填充为蓝色，如图2-2-10所示。选中汽车图形，按“Ctrl+D”组合键进行复制。

（2）将复制的图形移到一旁。选择“对象”→“拆分曲线”命令，将复制的图形进行拆分。将车头填充为棕色，将车厢填充为红色，如图2-2-11所示。

（3）将复制的汽车图形移到图2-2-10所示的蓝色汽车图形上，再将该图形移到蓝色汽车图形的下层，然后将它们组成群组，如图2-2-12所示。

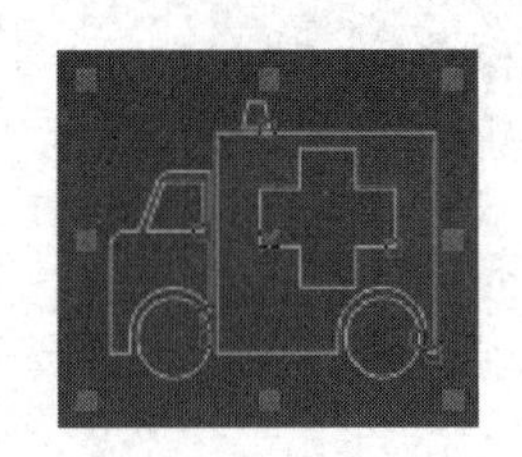

图 2-2-10 汽车图形

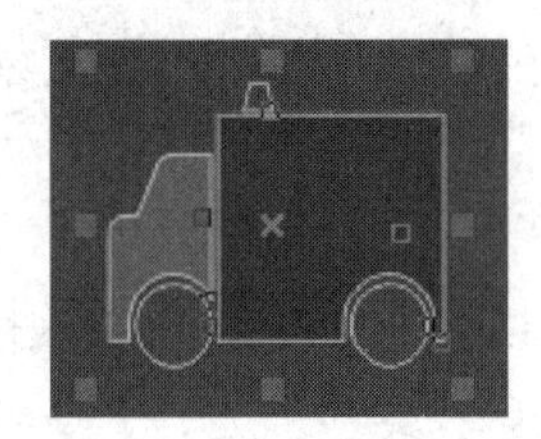

图 2-2-11 填充颜色

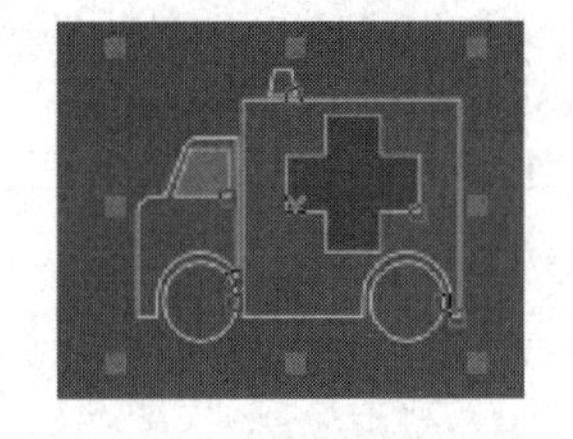

图 2-2-12 调整顺序后的效果

图 2-2-13 小花图形

（4）利用“插入字符”对话框创建一个飞机图形，并将其填充为黄色，设置轮廓线为红色，参考图2-2-1。

（5）使用工具箱对象工具展开工具栏中的“复杂星形”工具，在“复杂星形”工具属性栏的“点数或边数”数字框中输入9，在“锐度”数字框中输入3，按住“Ctrl”键，在绘图页面绘制一个九角星形图形，并将该图形填充为黄色，设置轮廓线为红色，如图2-2-13所示。调整该图形的大小，并复制多份，移到不同位置，最终效果参考图2-2-1。

（6）将“插入字符”对话框图形列表中的月亮图形拖曳到绘图页面，调整月亮图形的大小，单击其属性栏中的“水平镜像”按钮，效果如图2-2-14左图所示。选择“对象”→“拆分曲线”命令，将月亮图形拆分，并将其中的一个月亮图形填充为黄色，再组成一个群组，

删除拆分出的其他图形，如图 2-2-14 右图所示。

（7）使用工具箱对象工具展开工具栏中的“星形”工具，在“星形”工具属性栏的“点数或边数”数字框中输入 5，按住“Ctrl”键，在绘图页面绘制一个正五角星图形，调整该图形的大小，将其填充为黄色，设置轮廓线为黄色，如图 2-2-15 所示。

（8）使用工具箱中的“选择”工具，将复制的五角星图形缩小并填充为白色，将其移动到黄色五角星图形的中心，效果如图 2-2-16 所示。

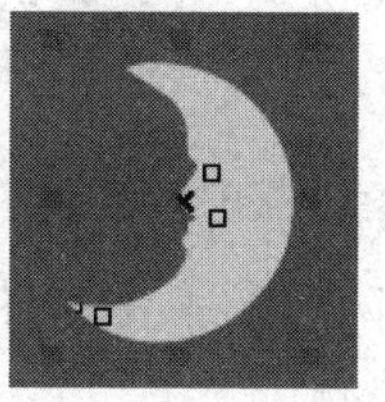

图 2-2-14　月亮图形

图 2-2-15　黄色五角星

图 2-2-16　2 个五角星

（9）单击工具箱交互式工具展开工具栏中的“调和”工具，将中间白色五角星向上拖曳到黄色五角星上，制作出白色到黄色的混合效果。再在其属性栏“调和对象”数字框中输入调和对象步长数 20，完成后的图形效果如图 2-2-17 所示。

图 2-2-17　图形的混合效果

（10）将图 2-2-17 所示的星形图形组成群组，将该图形调小一些，然后复制多份，分别移到页面上边的不同位置，效果参考图 2-2-1。

5.“探照灯”图案的绘制

（1）单击矩形工具展开工具栏中的“矩形”工具，在绘图页面绘制一个宽为 7.2mm、高为 24mm 的矩形图形，将矩形轮廓线设置为黄色，并填充矩形为黄色，如图 2-2-18 所示。

（2）选择“效果”→“添加透视”命令，进入矩形透视编辑状态。水平向右拖曳右上角控制点，水平向左拖曳左上角控制点，同时将透视焦点向上移动，如图 2-2-19 所示。

拖曳矩形网格状区域的黑色节点，可以产生双点透视的效果。如果在按住“Ctrl+Shift”组合键的同时拖曳节点，可使对应的节点沿反方向移动相等距离。

（3）单击工具箱交互式工具展开工具栏中的“透明度”工具，在矩形图形中从下向上拖曳鼠标，如图 2-2-20 所示，松开鼠标后，即可产生使矩形图形从下向上逐渐增加透明度的效果，如图 2-2-21 所示。

（4）使用工具箱中的“选择”工具，将图 2-2-21 所示的图形在垂直方向调大，获得探照灯效果。适当调整探照灯图形的旋转角度和大小，并将它移到绘图页面的左边。

图 2-2-18　黄色矩形

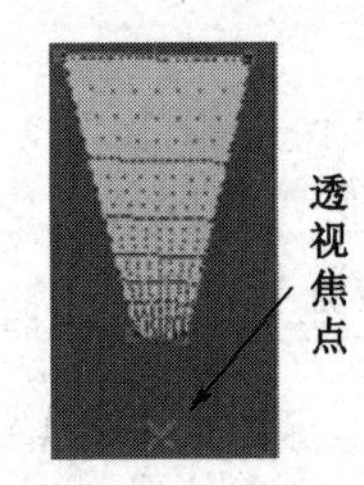

图 2-2-19　透视调整

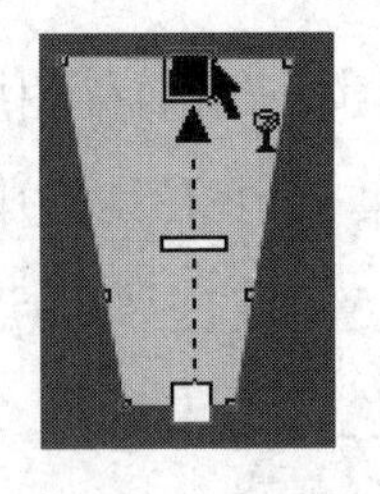

图 2-2-20　添加透明效果

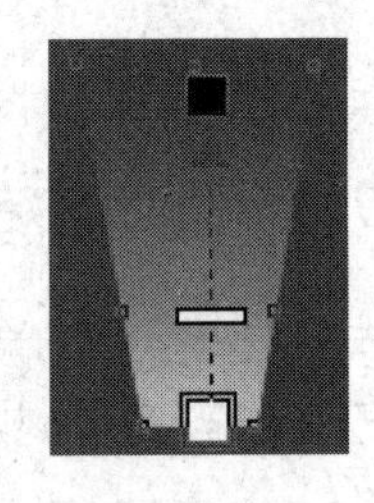

图 2-2-21　透明效果

（5）复制一份探照灯图形，单击其属性栏中的“水平镜像”工具，将复制的探照灯图形水平颠倒，再将它移到绘图页面的右边，将颜色改为粉红色。

（6）单击工具箱对象工具展开工具栏中的“螺纹”工具，在“螺旋”工具属性栏的“螺纹回圈”数字框中输入9，如图2-2-22所示。再绘制一个有9圈螺纹的图形，复制一份，并调整它们的大小，颜色分别调整为黄色和白色，如图2-2-23所示。

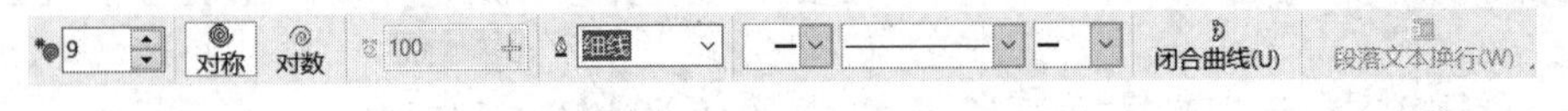

图 2-2-22　“螺纹”工具属性栏

（7）单击工具箱交互式工具展开工具栏中的“调和”工具，在两个螺纹图形之间拖曳鼠标，创建调和效果，如图2-2-24左图所示。在“调和”工具属性栏的数值框中输入50，增加交互式调和的偏移量，效果如图2-2-24右图所示。

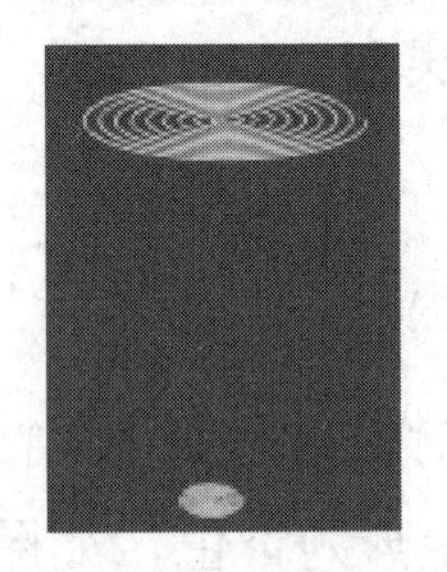

图 2-2-23　2个螺纹图形

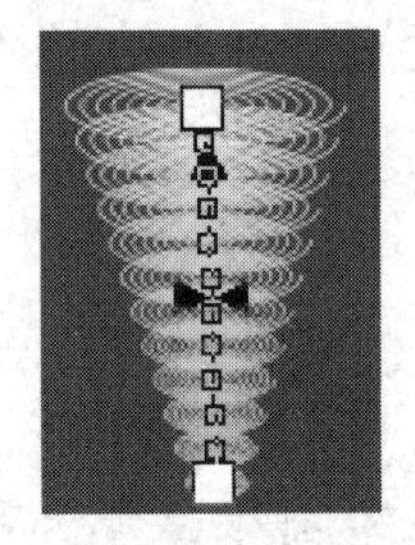

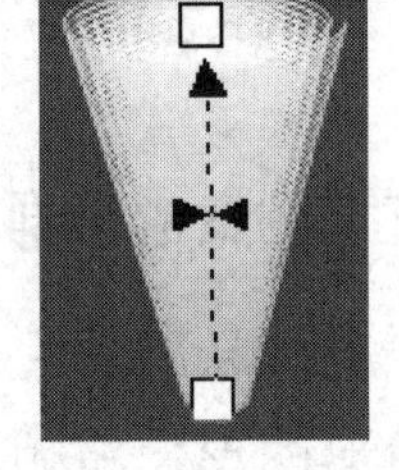

图 2-2-24　图形调和效果

（8）使用工具箱中的“选择”工具，将图2-2-24右图所示图形在垂直方向调大，获得探照灯效果。再适当调整探照灯图形的旋转角度和大小，将它移到博物馆图形的左边。

（9）复制一份探照灯图形，将该图形移到博物馆图形的右边。

（10）使用工具箱中的“文本”工具，弹出其属性栏。单击绘图页面左上角，在其属性栏中设置字体为华文隶书、字号为8pt，输入黄色文字“节日的夜晚”。然后单击工具箱交互式工具展开工具栏中的“立体化”工具，在文字对象上拖曳，使文字产生立体效果，可参考图2-2-1。

相关知识

1．星形与多边形

（1）绘制星形图形：单击工具箱对象工具展开工具栏中的“星形”工具，在“星形”工具属性栏的“点数或边数”数字框中设置角数（数值范围是3～500）；在“锐度”数字框中设置星形角的锐度（数值范围是1～99），如图2-2-25所示。在绘图页面拖曳鼠标，即可绘制一个星形图形，如图2-2-26所示。

图2-2-25 “星形”工具属性栏

当角数或边数为5、“锐度”数值为1时，星形图形为五边形，如图2-2-27所示；当“锐度”数值为99时，星形图形如图2-2-28所示。

（2）绘制多边形图形：单击工具箱对象工具展开工具栏中的“多边形”工具，调整其属性栏“点数或边数”数字框中的数值，也可以调整多边形图形的边数（数值范围是3～500）。

（3）绘制复杂星形图形：单击“复杂星形”工具，在“复杂星形”工具属性栏的“点数或边数”数字框中设置点数或边数，在页面中拖曳鼠标，即可绘制一个复杂星形。复杂星形的点数为10、锐度为3的图形如图2-2-29所示。

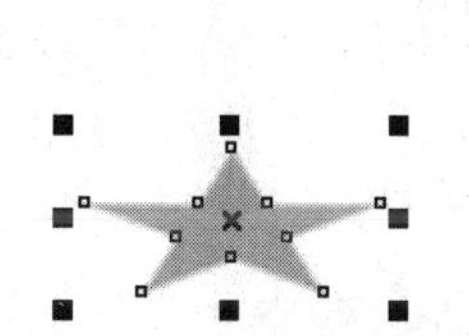

图2-2-26 绘制星形图形

图2-2-27 五边形

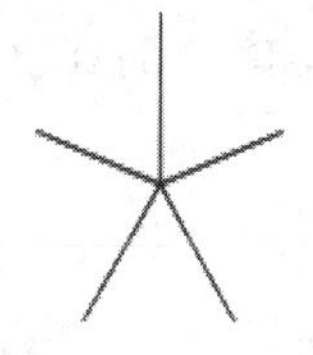

图2-2-28 星形

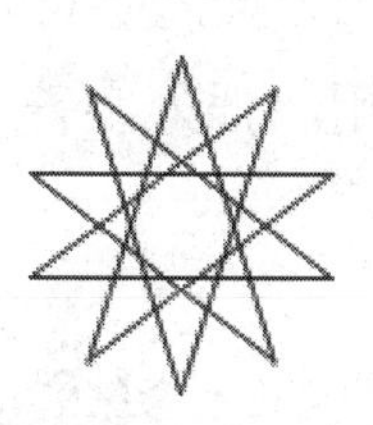

图2-2-29 复杂星形

2．网格和螺纹线图形

（1）绘制网格图形：单击工具箱中的“图纸”工具，在“图纸”工具属性栏的图纸行数和列数两个数字框中分别输入网格的行数和列数，然后在页面中拖曳鼠标，即可绘制网格图形。

（2）绘制螺纹线图形：螺纹线有两种类型，一种是“对称式”型，即每圈的螺纹间距不变；另一种是“对数式”型，即螺纹间距向外逐渐增加。

单击工具箱中的“螺纹”工具，再单击其属性栏中的“对称”按钮，在“螺纹回圈”数字框中输入圈数。在页面中拖曳鼠标，即可绘制对称式螺纹线，如图2-2-30所示。

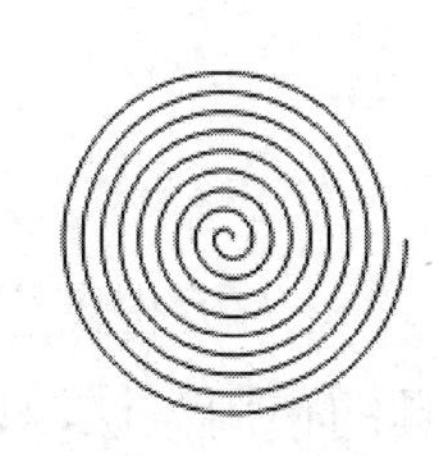

图2-2-30 对称式螺纹线

单击“螺纹”工具属性栏中的“对数”按钮，调整“螺纹扩展参数”数字框中的数值（可以拖动滑块来调整），如图 2-2-31 所示，再拖曳鼠标，即可绘制对数式螺纹线，如图 2-2-32 所示。

使用工具箱中的“形状”工具，选中螺纹线，因为螺纹线是曲线，所以曲线上的小圆点即为节点，当把鼠标指针移到图形的节点处时，鼠标指针变为大箭头状，拖曳节点，可以调整螺纹线图形的形状。

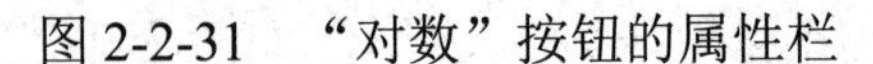

图 2-2-31 “对数”按钮的属性栏

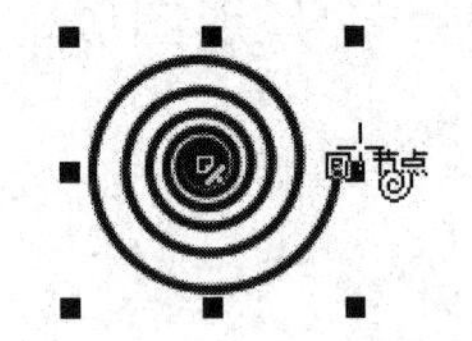

图 2-2-32 对数式螺纹线

思考与练习 2-2

1．绘制一个填充色为绿色、轮廓线为蓝色的八边形图形，然后进行透视处理。

2．绘制一个角数为 9 的复杂星形，一个 30 行、50 列的图纸网格图形，一个 12 圈对数式螺纹线。

3．利用“插入字符”对话框，制作 10 个不同形状的图形，再绘制一个“农家乐”图形。

4．利用“插入字符”对话框，制作 3 个如图 2-2-33 所示的图形。

图 2-2-33 3 个图形

2.3 案例 3：就诊流程图

“就诊流程图”如图 2-3-1 所示。通过制作该图形，可以掌握完美形状工具展开工具栏中工具的使用方法，以及曲线工具展开工具栏和连接工具展开工具栏中工具的使用方法。

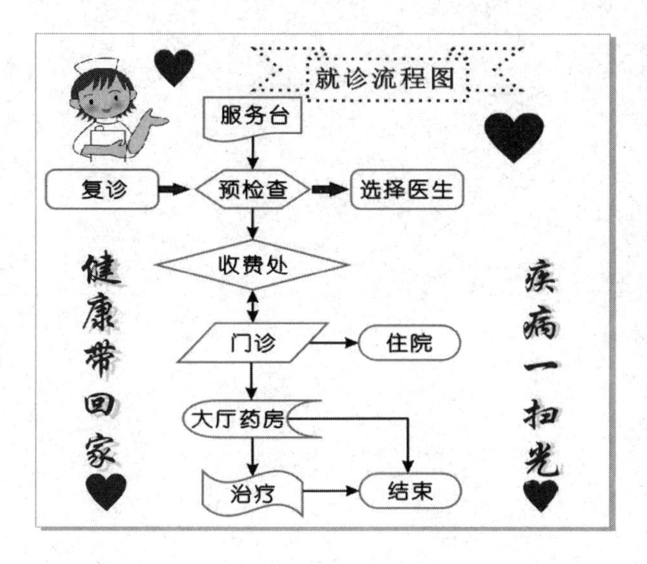

图 2-3-1 就诊流程图

制作方法

1. 旗帜图案的绘制

（1）设置绘图页面的宽度为 280mm、高度为 260mm、背景色为白色。

（2）单击工具箱完美形状工具展开工具栏中的“标题形状”工具，再单击其属性栏中的“完美形状”工具，弹出一个图形列表，单击该图形列表中的图标。在绘图页面拖曳鼠标，绘制一个旗帜图形，设置旗帜轮廓线为蓝色，效果如图 2-3-2 所示。

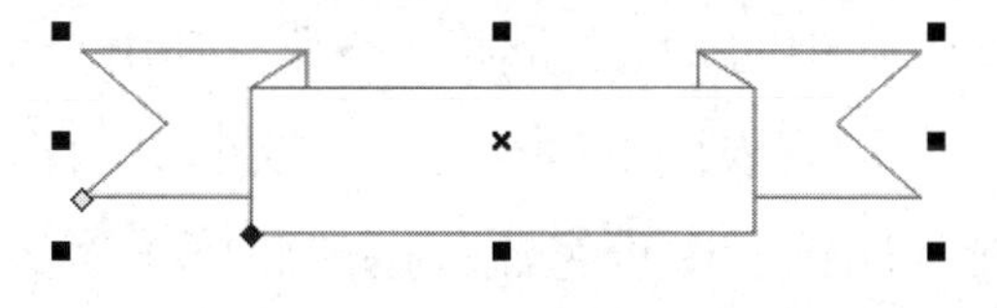

图 2-3-2 绘制旗帜图形

（3）使用工具箱中的“选择”工具，选中旗帜图形，右键单击该图形，弹出快捷菜单，选择“对象属性”选项，或者选择“窗口”→“泊坞窗”→“对象属性”命令。在“泊坞窗”停靠位区域出现如图 2-3-3 所示的“对象属性”泊坞窗，单击“线条样式”下拉列表框右侧的“…”按钮，弹出“编辑线条样式”对话框，如图 2-3-4 所示，水平拖曳三角滑块可以调整虚线的间隔量，设置一种点状线后单击“添加”按钮，即可将设计的线条样式添加到“线条样式”下拉列表框中。

（4）单击“对象属性”泊坞窗中的“轮廓宽度”下拉列表框，设置轮廓线宽度为 1.4mm，设置“轮廓颜色”为红色，设置旗帜图形轮廓线后的效果参考图 2-3-1。

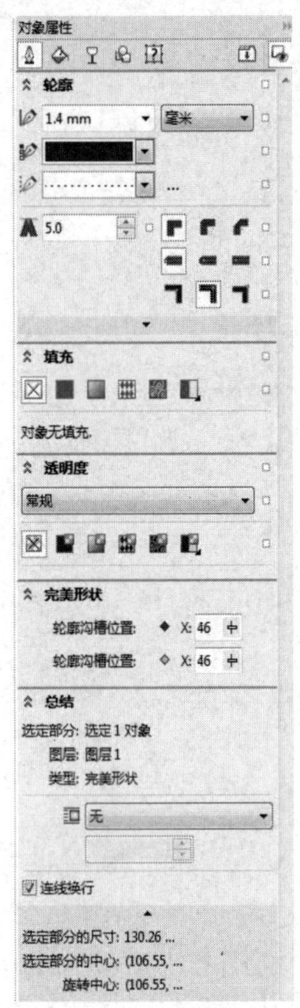

图 2-3-3 “对象属性”泊坞窗

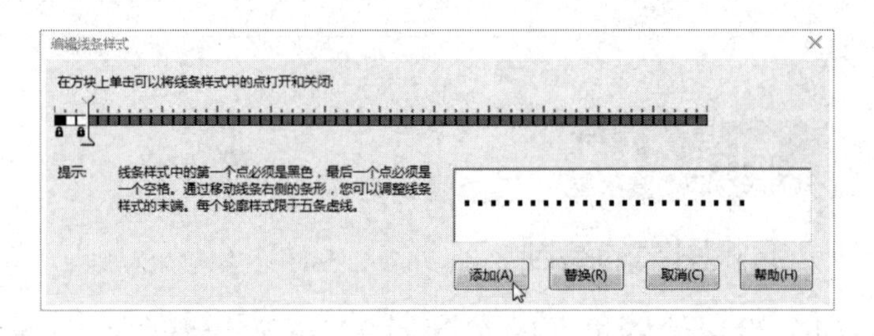

图 2-3-4 “编辑线条样式”对话框

2．流程图图案的绘制

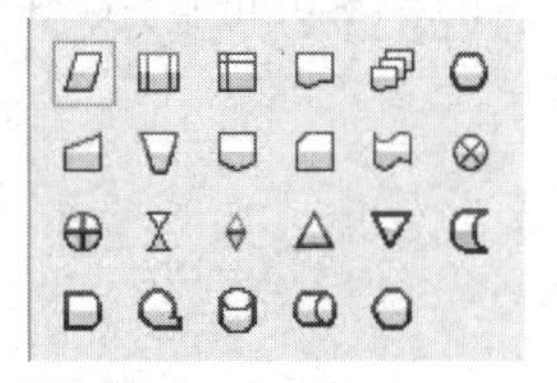

图 2-3-5 图形列表

（1）单击工具箱完美形状工具展开工具栏中的“流程图”工具，单击其属性栏中的“完美形状”按钮，弹出一个图形列表，如图 2-3-5 所示。选择该图形列表中的图案，在绘图页面拖曳鼠标，绘制一个流程图图形。在其属性栏中设置流程图的轮廓线宽度为 1.0mm，并设置轮廓线颜色为蓝色，制作的图形如图 2-3-6（a）所示。

（2）选择图形列表中的图案，绘制一个蓝色的、轮廓线宽度为 1.0mm 的流程图图形，如图 2-3-6（b）所示。选择图形列表中的图案，绘制一个蓝色的、轮廓线宽度为 1.0mm 的流程图图形，如图 2-3-6（c）所示。选择图形列表中的图案，绘制一个蓝色的、轮廓线宽度为 1.0mm 的流程图图形，如图 2-3-6（d）所示。选择图形列表中的图案，绘制一个蓝色的、轮廓线宽度为 1.0mm 的流程图图形，如图 2-3-6（e）所示。

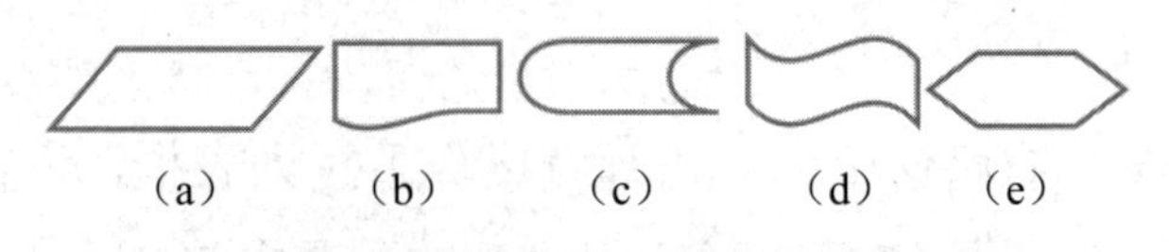

图 2-3-6 绘制流程图图形 1

（3）单击工具箱矩形工具展开工具栏中的“矩形”工具，绘制一个蓝色的、轮廓线宽度为 1.0mm 的矩形图形，如图 2-3-7 所示。在其属性栏的“圆角半径”两个数字框中都输入 10mm，将选中的矩形图形转换为圆角矩形图形，如图 2-3-8（a）所示。

（4）将图 2-3-8（a）所示的圆角矩形图形复制一份，选中复制的图形，在“矩形”属性栏的“圆角半径”两个数字框中都输入 5mm，即可得到如图 2-3-8（b）所示的圆角矩形图形。

（5）单击工具箱矩形工具展开工具栏中的“多边形”工具，在其属性栏的数字框中都输入 4，绘制一个蓝色的、轮廓线宽度为 1.0mm 的菱形图形，如图 2-3-8（c）所示。

图 2-3-7　矩形图形　　图 2-3-8　绘制流程图图形 2

（6）将图 2-3-8（a）和图 2-3-8（b）所示的图形各复制一份，排列绘制好的 11 个图形。

（7）按住“Shift”键，同时选中图 2-3-1 中间一列的 6 个对象，单击“多个对象”属性栏中的“对齐与分布”按钮，弹出“对齐与分布”泊坞窗，或者选择“窗口”→“泊坞窗”→“对齐与分布”命令，在“对齐与分布”对话框的“对齐”选项卡中，单击“水平居中”按钮，如图 2-3-9 所示，将选中的对象以水平居中的方式对齐。将其他图形也调至相应位置。

（8）选中第 2 行 3 个对象，在“对齐与分布”对话框的“对齐”选项卡中单击“水平居中”按钮，将选中的对象以水平居中的方式对齐。按照相同的方法，将第 4 行 2 个对象水平居中对齐，将第 6 行 2 个对象水平居中对齐，对齐后的效果如图 2-3-10 所示。

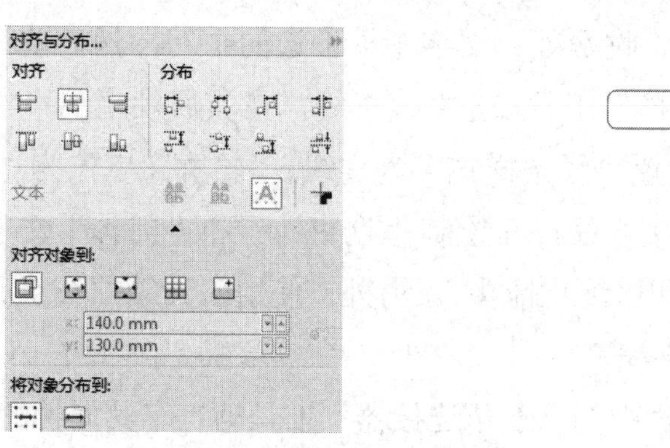

图 2-3-9　“对齐与分布”对话框

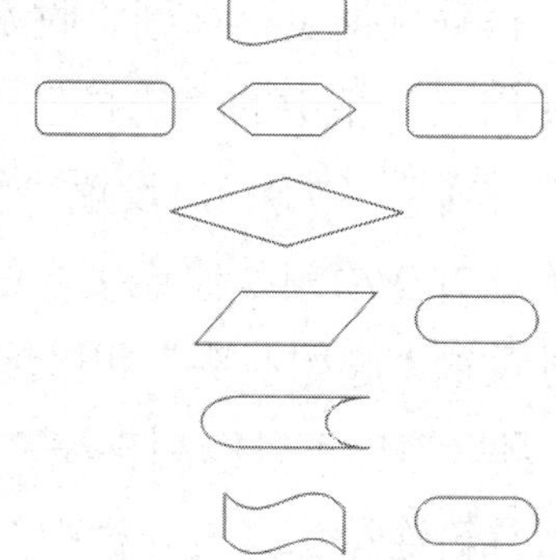
图 2-3-10　对齐后的效果

3. 绘制连线

（1）使用工具箱中的“文本”工具，在“文本”工具属性栏中设置文字的字体为宋体、字号为 36pt。在旗帜图形内输入“就诊流程图”5 个红色文字，如图 2-3-11 所示。

图 2-3-11　输入“就诊流程图”5 个红色文字

（2）使用工具箱中的“文本”工具，在其属性栏中设置文字的字体为幼圆、字号为 36pt。在页面中各流程图内分别输入“服务台”“复诊”“预检查”“选择医生”“收费处”“门诊”“住院”“大厅药房”“治疗”“结束”这些黑色文字，如图 2-3-12 所示。

（3）单击工具箱连接工具展开工具栏中的“直接连线器”工具，在其属性栏中设置连线的“起始箭头”为◄，“轮廓宽度”为 1.0mm，由“服务台”文字图框向“预检查”文字图框垂直拖曳来绘制一条直线，效果如图 2-3-13 所示。

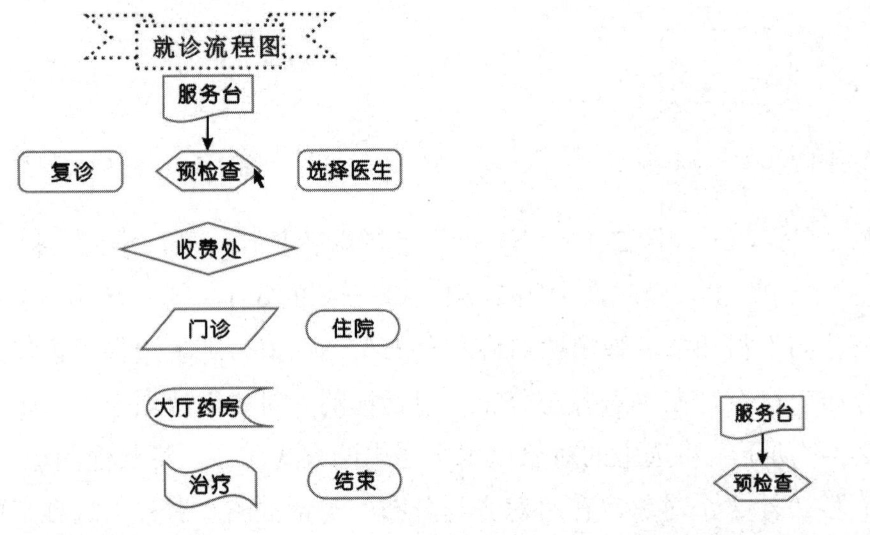

图 2-3-12　输入文字　　图 2-3-13　绘制一条连接直线

（4）单击工具箱曲线工具展开工具栏中的“手绘”工具，在“预检查”文字图框下边的中间处单击，再垂直拖曳鼠标到“收费处”文字图框下边的中间，然后单击，就能绘制一条垂直直线。使用工具箱中的“选择”工具选中该直线，在其属性栏的“终止箭头”下拉列表框中选择一种箭头（如►），设置“线条样式”为实线、“轮廓宽度”为 1.0mm。

（5）按照上述方法绘制其他连接直线，在绘制“收费处”和“门诊”文字图框之间的直线时，需要同时设置“起始箭头”和“终止箭头”。另外，使用工具箱曲线工具展开工具栏中的“2 点线”工具等也可以绘制直线。

（6）单击工具箱连接工具展开栏中的“直角连接器”工具，在其属性栏的“起始箭头”下拉列表框中选择一种箭头，设置“线条样式”为实线、“轮廓宽度”为 1.0mm，在“结束”文字图框下边的中间处单击，垂直向上拖曳来绘制一条垂直直线，到折点处后水平向左绘制一条水平直线，连接到“大厅药房”文字图框右边的中间处并单击，形成一条直角折线，如图 2-3-14 所示。

（7）使用工具箱完美形状工具展开工具栏中的“箭头形状”工具，单击其属性栏中的“完美形状”按钮，弹出一个图形列表，单击该图形列表中的按钮，然后在绘图页面拖曳鼠标，绘制一个箭头图形。

（8）使用工具箱中的“选择”工具选中箭头图形，并为其填充红色。再在其属性栏中设置箭头图形的“轮廓宽度”为0.1mm。将该箭头图形复制一份，再将它们分别移到“预检查”图形的左侧和右侧，如图2-3-15所示。

图2-3-14　绘制连线　　　　图2-3-15　绘制箭头图形

4．导入图片和制作标题文字

单击标准工具栏中的“导入”按钮，弹出“导入”对话框，选择一幅护士图像，单击“导入”按钮，然后在绘图页面左上角拖曳出一个矩形，即可将“护士”图像导入绘图页面，参考图2-3-1。

5．制作标题文字

（1）使用工具箱完美形状工具展开工具栏中的“基本形状”工具，单击其属性栏中的“完美形状”按钮，弹出它的图形列表，选择该图形列表中的图标，然后在绘图页中拖曳鼠标，绘制一个心形图形，设置它的轮廓线颜色为红色，填充该心形图形为红色。将红色心形图形复制3个，将这4个红色心形图形移到绘图页面的不同位置，参考图2-3-1。

（2）使用工具箱中的“文本”工具，单击其属性栏中的“垂直文本”按钮，在属性栏中设置字体为“华文行楷”、字号为60pt，然后输入“疾病一扫光”。再单击调色板内的红色色块，设置文字的颜色为红色。

（3）将红色文字“疾病一扫光”复制一份，选中复制的红色文字，单击调色板内的黄色色块，设置文字的颜色为黄色。

（4）选择“对象”→“顺序”→“向后一层”命令，将黄色文字移到红色文字的下层，调整黄色文字的位置。

（5）按照上述方法输入文字“把健康带回家”，并将其设置为红色。将红色文字“把健康带回家”复制一份，选中复制的红色文字，单击调色板内的黄色色块，设置文字的颜色为黄色。

（6）选择“对象”→“顺序”→“向后一层”命令，将黄色文字移到红色文字的下层，调整黄色文字的位置，效果参考图2-3-1。

相关知识

1．绘制直线和折线

绘制直线和折线主要使用工具箱曲线工具展开工具栏和连接工具展开工具栏中的部分工

具，下面重点介绍“手绘”工具、“2点线”工具、“折线”工具、“直线连接器”工具、“直角连接器”工具和“直角圆角连接器”工具的使用方法。

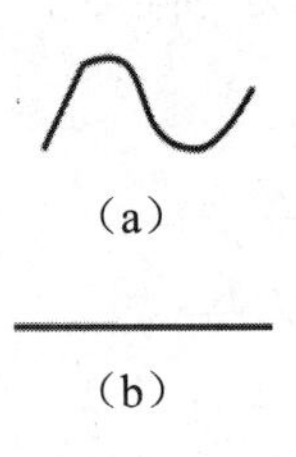

（a）

（b）

图2-3-16　曲线和直线

（1）“手绘”工具：单击“手绘”工具后，在绘图页面内可以像使用笔一样拖曳鼠标绘制一条曲线，如图2-3-16（a）所示；单击某点为起点再单击某点为终点，可以绘制一条直线，如图2-3-16（b）所示。

绘制完线条后的“曲线”工具属性栏如图2-3-17所示。前面没有介绍过的选项作用介绍如下。

- “线条样式”下拉列表框：用来选择线的样式（是实线还是各种虚线）。
- “起始箭头”下拉列表框：用来选择线的起始端箭头的样式。
- “终止箭头”下拉列表框：用来选择线的终止端箭头的样式。
- “自动闭合”按钮：使不闭合的曲线闭合，即起始端和终止端用直线相连接。

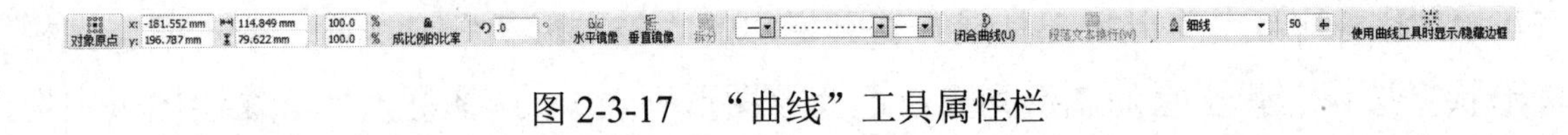

图2-3-17　“曲线”工具属性栏

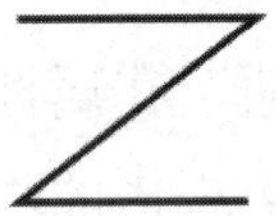

（2）“折线”工具：它的使用方法与“手绘”工具的使用方法类似，先单击折线起始端，再依次单击各端点，最后双击终点，即可绘制一条折线，如图2-3-18所示。“折线”工具属性栏如图2-3-19所示。

图2-3-18　折线

（3）“2点线”工具：可以由两个点确定一条直线。单击曲线工具展开工具栏中的“2点线”工具，“2点线”工具属性栏如图2-3-20所示。该属性栏中有3个按钮，介绍如下。

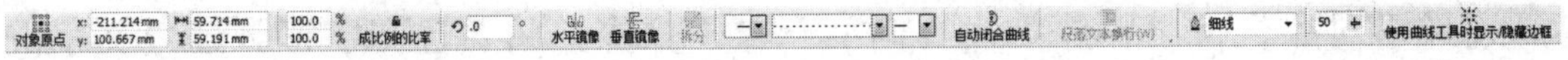

图2-3-19　“折线”工具属性栏

图2-3-20　“2点线”工具属性栏

- “2点线”按钮：鼠标指针呈状，单击直线的起点，拖曳鼠标到终点，松开鼠标左键，可绘制一条直线，如图2-3-21左图所示。
- “2点垂直线”按钮：鼠标指针呈状，单击一条直线后拖曳鼠标，即可生成一条该直线的垂直线，拖曳鼠标可以调整垂直线的整体位置，如图2-3-21中图所示。
- “2点切线”按钮：鼠标指针呈状，单击一条圆轮廓线或弧线，然后拖曳鼠标，即可生成圆或弧线的切线，拖曳鼠标可以调整切线的位置，如图2-3-21右图所示。

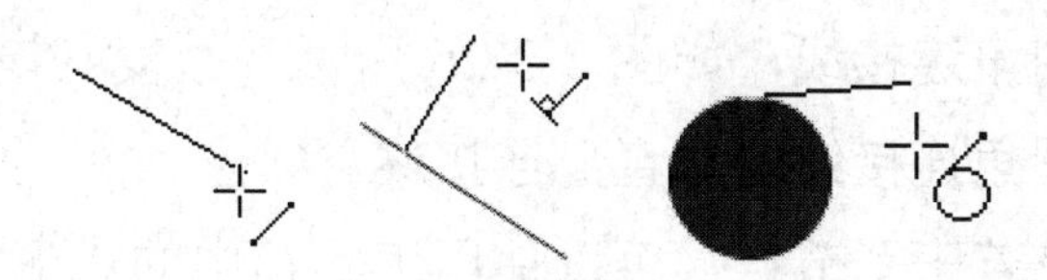

图 2-3-21　绘制直线、垂直线和切线

（4）“直线连接器”工具：单击工具箱中连接工具展开工具栏中的“直线连接器”工具，其属性栏如图 2-3-22 所示。

图 2-3-22　“直线连接器”工具属性栏

单击“直线连接器”工具后，页面内所有线的两端和其他节点显示出红色正方形轮廓线控制柄，如图 2-3-23 左图所示。在两个节点之间拖曳鼠标，即可绘制出连接线，如图 2-3-23 中图所示。在“直线连接器”工具属性栏中可以设置连接线的粗细、连接线的类型和箭头类型，绘制出的带箭头连接线如图 2-3-23 右图所示。

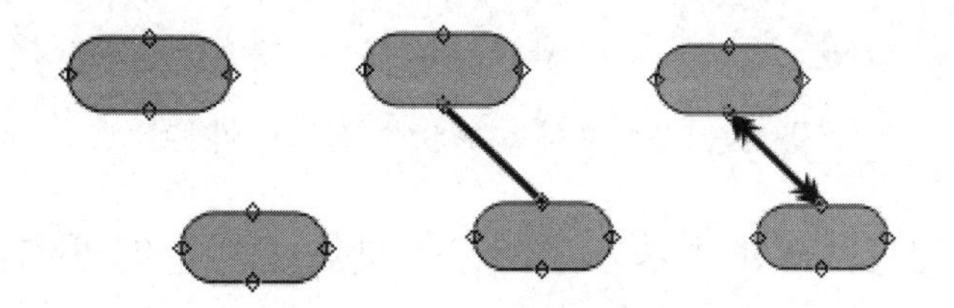

图 2-3-23　直线连接线

（5）“直角连接器”工具：单击工具箱连接工具展开工具栏中的“直角连接器”工具，“直角连接器”工具属性栏如图 2-3-24 所示。此时绘图页面内所有线的两端和其他节点显示红色正方形轮廓线控制柄，鼠标指针呈状。

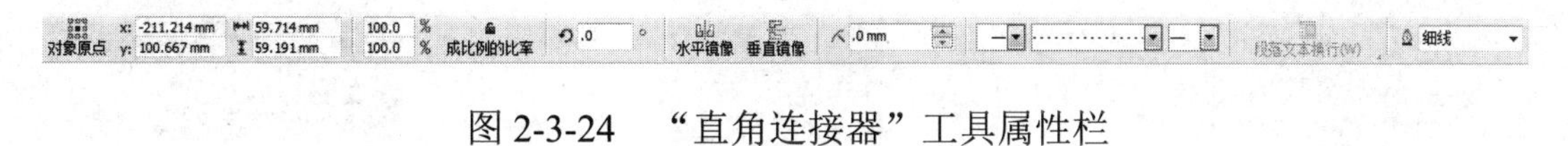

图 2-3-24　“直角连接器”工具属性栏

在两个节点之间拖曳鼠标，绘制的连接线如图 2-3-25 左图所示。在其属性栏内可以设置连接线的粗细、连接线的类型和箭头类型。使用工具箱中的“选择”工具，拖曳连接的对象，可以调整节点之间的直角连接线，如图 2-3-25 中图所示。使用工具箱内的“形状”工具，单击连接线，拖曳连接线的节点控制柄，可以调整连接线的形状，如图 2-3-25 右图所示。

使用“直角连接器”工具或“选择”工具选中连接线，然后改变其属性栏“圆形直角”数字框中的数值，调整连接线的直角角度，可使直角连接线变为圆角连接线。

（6）“直角圆角连接器”工具：该工具的使用方法与“直角连接器”工具的使用方法

一样，不过绘制的是直角圆角连接线，如图 2-3-26 所示。改变其属性栏“圆形直角”数字框中的数值，可以将直角圆角连接线变为直角连接线。

绘制出来的折线上带有若干个节点，可以使用工具箱中的“形状”工具调节。

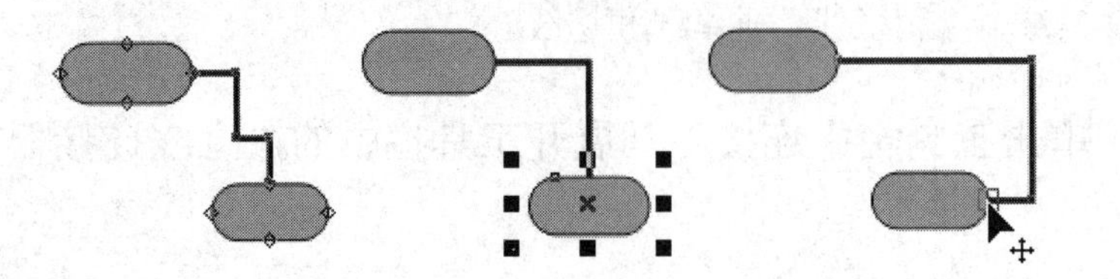

图 2-3-25 直角连接线

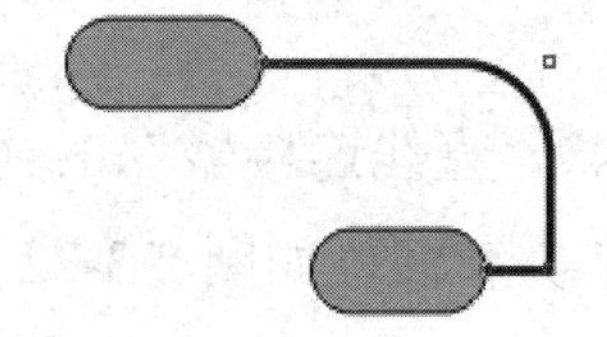

图 2-3-26 直角圆角连接线

2.“完美形状”工具

使用工具箱完美形状工具展开工具栏中的工具，可以绘制各种完美形状图形。单击完美形状工具展开工具栏中的“基本形状”工具，其属性栏如图 2-3-27 所示。选择完美形状工具展开工具栏中的不同工具，单击各工具属性栏中的“完美形状”按钮，可弹出“完美形状”图形列表。下面简单介绍各种形状图形工具的使用方法。

图 2-3-27 “基本形状”工具属性栏

（1）绘制基本形状图形：单击“基本形状”工具属性栏中的“完美形状”按钮，弹出的图形列表如图 2-3-28 所示。单击其中的一种图案后，在绘图页面中拖曳鼠标，即可绘制出相应的图形，如图 2-3-29 所示。将鼠标指针移到红色菱形控制柄（有的图形还有黄色控制柄）处，当鼠标指针变为黑色箭头状时，拖曳图形中的菱形控制柄，可以调整图形的形状，如图 2-3-30 所示。

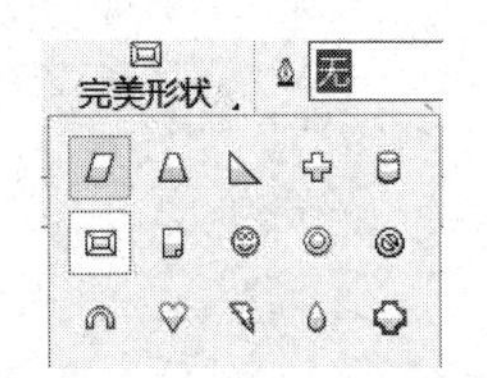

图 2-3-28 图形列表

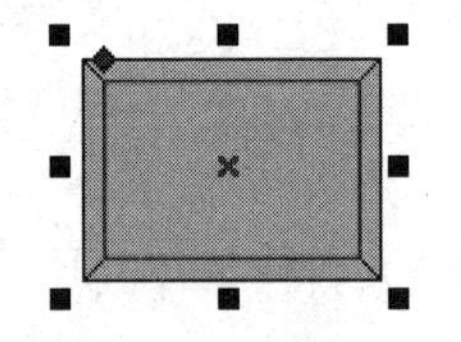

图 2-3-29 绘制图形

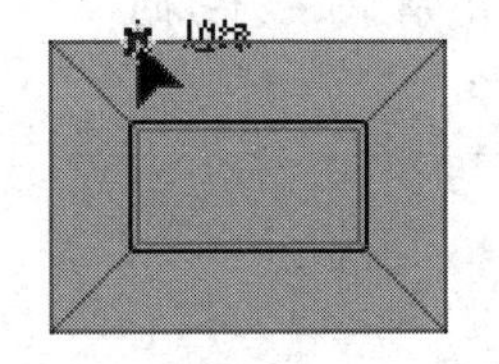

图 2-3-30 调整图形的形状

（2）绘制箭头形状图形：选择完美形状工具展开工具栏中的“箭头形状”工具后，单击属性栏中的“完美形状”按钮，弹出的箭头形状列表如图 2-3-31 所示。选中一种图案后，在绘图页面中拖曳鼠标，即可绘制相应的图形。

（3）绘制流程图形状图形：选择完美形状工具展开工具栏中的“流程图形状”工具后，单击属性栏中的“完美形状”按钮，弹出的流程图形状列表如图 2-3-32 所示。选择一种图案后，在绘图页面中拖曳鼠标，即可绘制相应的图形。

图 2-3-31 箭头形状列表

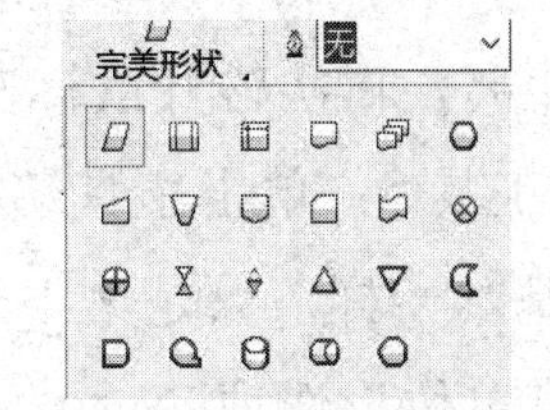

图 2-3-32 流程图形状列表

（4）绘制标题形状图形：选择完美形状工具展开工具栏中的“标题形状”工具后，单击属性栏中的“完美形状”按钮，弹出的标题形状列表如图 2-3-33 所示。选择一种图案后，在绘图页面中拖曳鼠标，可以绘制相应的图形。

（5）绘制标注形状图形：选择完美形状工具展开工具栏中的“标注形状”工具后，单击属性栏中的“完美形状”按钮，弹出的标注形状列表如图 2-3-34 所示。选择一种图案后，在绘图页面中拖曳鼠标，可以绘制相应的图形。

如果绘制的图形中有彩色菱形控制柄，则拖曳控制柄可以调整图形的形状。

图 2-3-33 标题形状列表

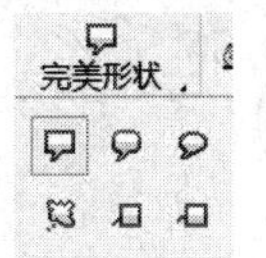

图 2-3-34 标注形状列表

3. “尺度”工具

（1）“平行度量”工具：单击工具箱尺度工具展开工具栏中的“平行度量”工具，其属性栏如图 2-3-35 所示。

图 2-3-35 “平行度量”工具属性栏

在两个要测量的点之间拖曳出一条直线，松开鼠标左键后，向一个垂直方向拖曳，绘制出两条平行的注释线，单击后的效果如图 2-3-36 所示。在属性栏中可以设置线的粗细、线的类型、数字的进制类型等，还可以给数字添加前缀与后缀等。

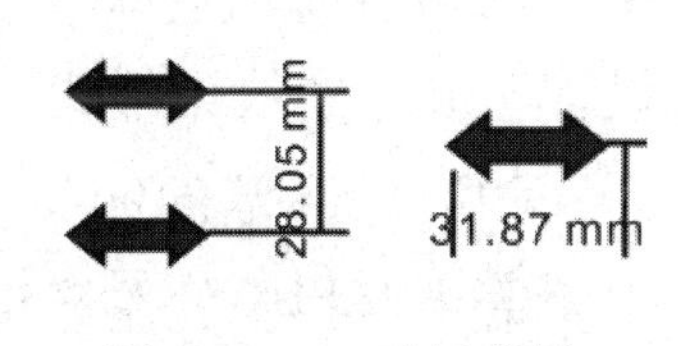

图 2-3-36 平行度量

单击“显示单位”按钮后，可以在数字后面显示单位，当“显示单位”按钮抬起后，则数字后面不显示单位。单击“文本位置”按钮，弹出它的面板，单击该面板中的按钮，可以调整注释的数字文本的相对位置。

（2）“水平或垂直度量”工具：单击工具箱尺度工具展开工具栏中的“水平或垂直度量”工具，其属性栏与图 2-3-35 所示基本一样。

从第 1 个测量点垂直向下拖曳一段距离，再水平拖曳到第 2 个测量点，松开鼠标左键后垂直向下拖曳一段距离，再次松开鼠标左键后，效果如图 2-3-37 所示。

（3）“角度量”工具：单击工具箱尺度工具展开工具栏中的“角度量”工具，其属性栏与图 2-3-35 所示基本一样，只是第 1 个下拉列表框变为“无效”，“度量单位”下拉列表框中的选项变为“角度单位”选项。

从角的一边沿边线拖曳一段距离，松开鼠标左键后，再顺时针或逆时针拖曳到角的另一边的边线延长线处，双击后效果如图 2-3-38 所示。

（4）“线段度量”工具：单击工具箱尺度工具展开工具栏中的“线段度量”工具，其属性栏与图 2-3-35 所示基本一样，只是新增一个“自动连续度量”按钮。当鼠标指针呈状时，在线段间拖曳一个矩形，松开鼠标左键后再朝与注释线垂直的方向拖曳，单击后即可生成线段的尺度标注，效果如图 2-3-39 所示。

单击“自动连续度量”按钮后，可以同时自动生成各线段的尺度标注。

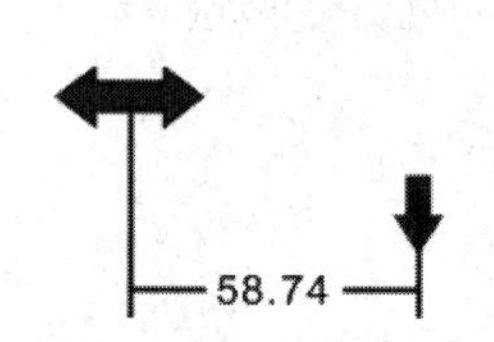

图 2-3-37　水平或垂直度量标注

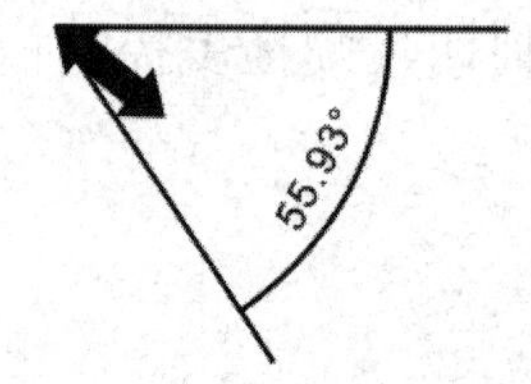

图 2-3-38　角度量标注

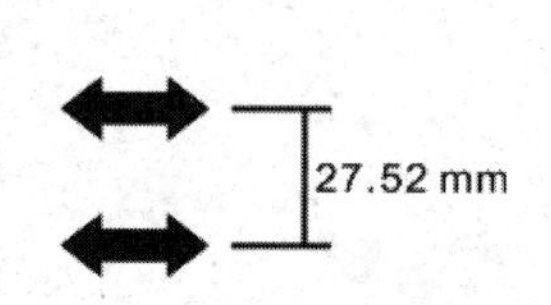

图 2-3-39　线段度量标注

（5）“3 点标注”工具：单击第 1 个点并按下鼠标左键拖曳到第 2 个点，松开鼠标左键后，单击第 2 个点再拖曳到第 3 个点，再次单击后即可绘制一条折线。

4．“轮廓笔”工具

单击轮廓工具展开工具栏中的“轮廓笔”按钮，弹出“轮廓笔”对话框，如图 2-3-40 所示。使用“轮廓笔”对话框，可以调整轮廓笔的笔尖大小、颜色和形状。

（1）轮廓笔的颜色、宽度和样式设置：使用“轮廓笔”对话框中的选项可以完成此任务。单击“编辑样式”按钮，可以弹出“编辑线条样式”对话框，根据该对话框中的提示，可以设计轮廓笔的线条形状。

（2）轮廓笔的箭头设置：使用“轮廓笔”对话框中的“箭头”栏可以完成此任务。单击“箭头”栏中的左箭头和右箭头两个下拉列表框中的按钮，可以弹出箭头图案列表框，如图 2-3-41 所示，选择其中一种箭头即可选定。选定左箭头的直线如图 2-3-42 所示。

单击“选项”下拉按钮，弹出“选项”下拉菜单，如图 2-3-43 所示。选择“选项”下拉菜单中的“编辑”或“新建”命令，可弹出“箭头属性”对话框，如图 2-3-44 所示。可以编辑箭头图案的形状，调整箭头图案的大小等。使用“选项”下拉菜单，还可以删除箭头图案。

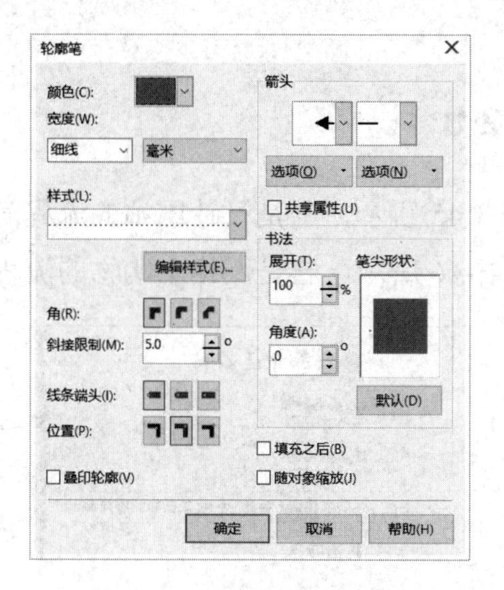

图 2-3-40 “轮廓笔”对话框

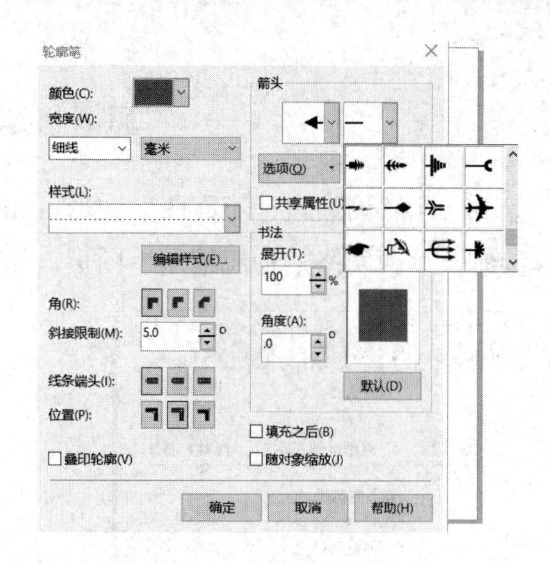

图 2-3-41 箭头图案列表框

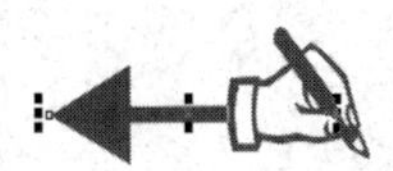

图 2-3-42 选定左箭头的直线

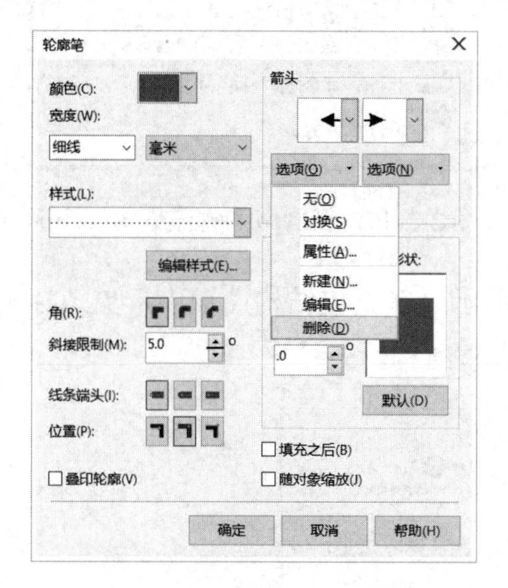

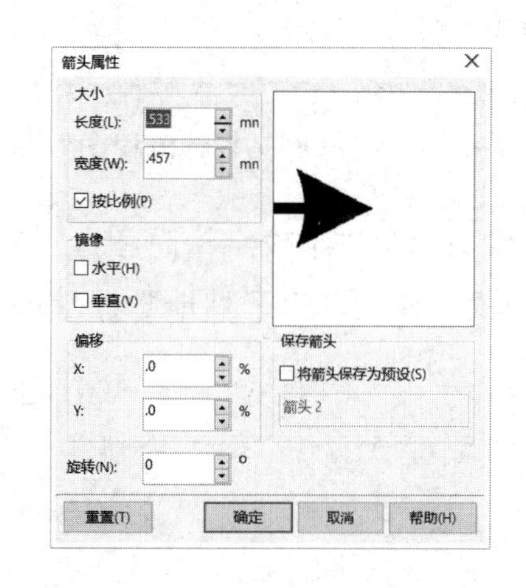

图 2-3-43 “选项”下拉列表

图 2-3-44 “箭头属性”对话框

（3）轮廓线的拐角设置：通过“角”选项来完成。

（4）轮廓线两端的形状设置：通过“线条端头”选项来完成。

（5）轮廓笔笔尖的形状与方向的设置：通过“书法”栏来完成，可以调整“展开”和“角度”选项。

（6）“填充之后”复选框：用来确定轮廓笔在填充色之前，还是在填充色之后。

（7）“随对象缩放”复选框：用来确定当图形大小变化时，轮廓线宽度是否改变。

思考与练习 2-3

1．绘制一个“网站设计流程图”图形，如图 2-3-45 所示，它是设计网站的流程简图。

2．绘制一个“网络购物流程图”图形，如图 2-3-46 所示，它是网络上购物的流程图。

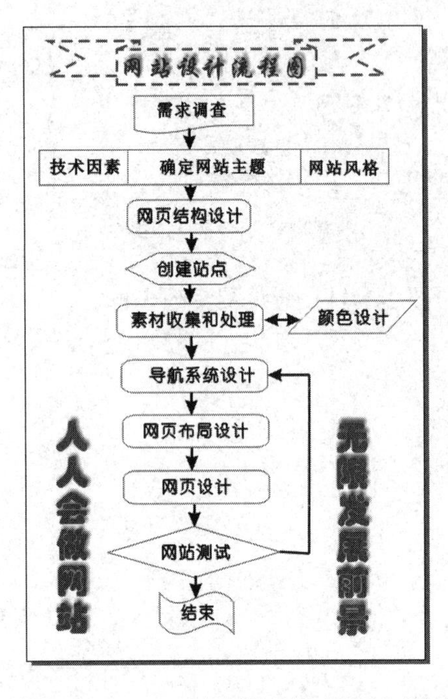

图 2-3-45 “网站设计流程图”图形

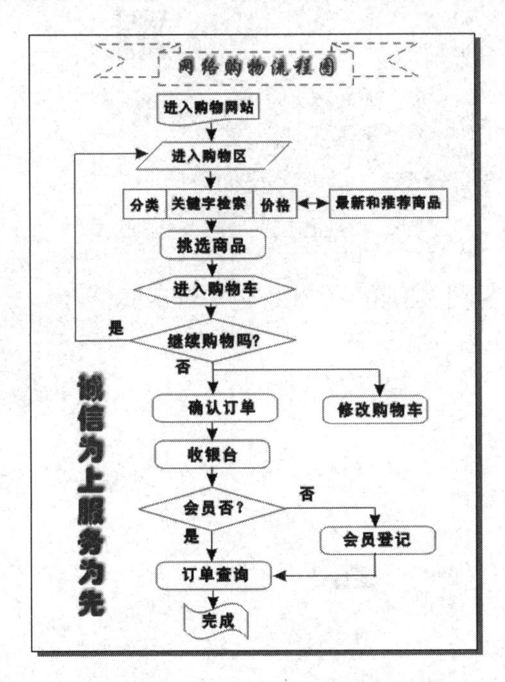

图 2-3-46 “网络购物流程图”图形

3．绘制一个“学校结构简图”，如图 2-3-47 所示。在学校结构简图中形象地标出了学校的组织结构，使人一目了然地掌握学校的部门和人事结构。

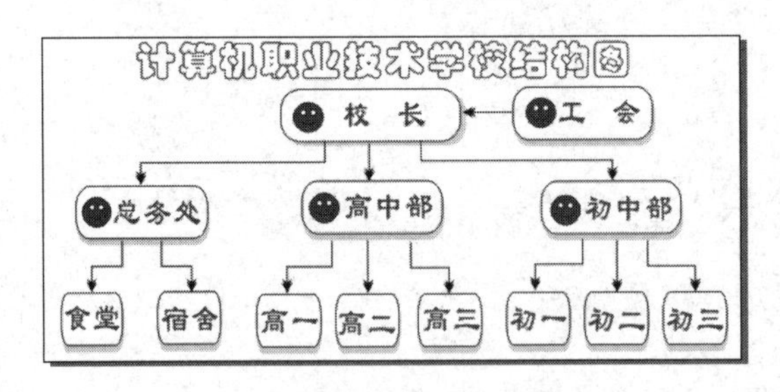

图 2-3-47 学校结构简图

2.4 案例 4：天鹅湖

“天鹅湖”图形如图 2-4-1 所示。背景的上半部分是蓝色，下半部分是从上到下由浅蓝色到深蓝色的渐变色，左右两边有两束小花，上边中间有绿色“Swan Lake”英文文字，下边有许多金鱼。图形中央展示了一对由简单的线条构成的白天鹅，白天鹅相对并浮在湖面上，还有倒影。通过对本案例的学习，可以进一步掌握手绘、形状等工具的使用方法，掌握贝塞尔工具、钢笔工具、艺术笔工具的使用方法，初步了解渐变工具和交互式变形工具的使用方法。

图 2-4-1 “天鹅湖”图形

制作方法

1．天鹅轮廓线的绘制

（1）设置绘图页面的宽为 300mm、高为 160mm、背景色为深蓝色。

（2）使用工具箱曲线工具展开工具栏中的“贝塞尔”工具或“钢笔”工具，绘制一条如图 2-4-2 所示的曲线。

（3）使用工具箱形状编辑工具展开工具栏中的“形状”工具，单击曲线上边的节点，拖曳节点或节点处的蓝色箭头状的切线，修改所绘制的曲线，如图 2-4-3 所示。修改好的曲线为天鹅的头部与颈部，如图 2-4-4 所示。

（4）选中修改好的曲线，使用工具箱曲线工具展开工具栏中的“艺术笔”工具，单击其属性栏中的“预设”按钮，在“预设笔触”下拉列表框中选择倒数第 5 种笔触，在“手绘平滑”数字框中输入 100，在“笔触宽度”数字框中输入 1.9mm，如图 2-4-5 所示。

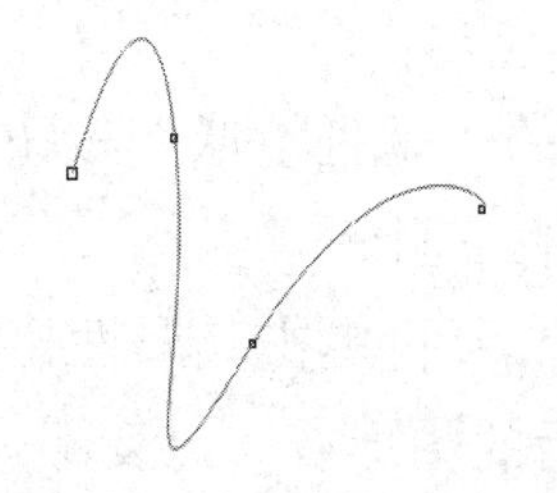

图 2-4-2 绘制曲线

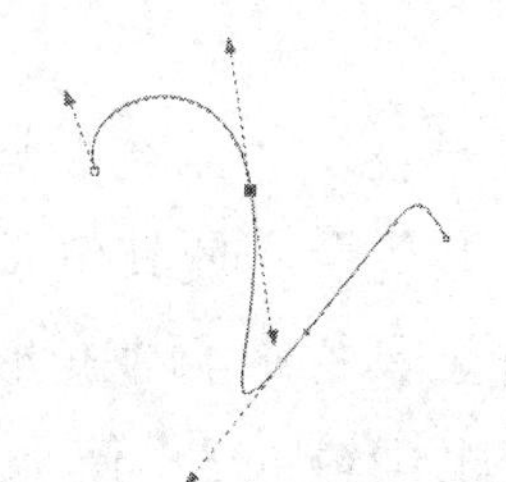

图 2-4-3 调整曲线

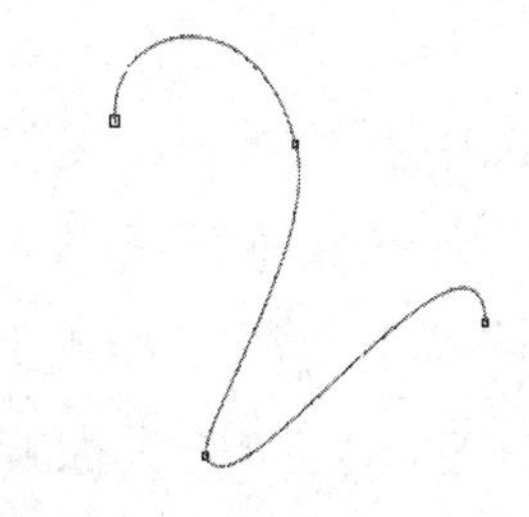

图 2-4-4 天鹅的头部与颈部曲线

图 2-4-5 “艺术笔”工具属性栏（预设）

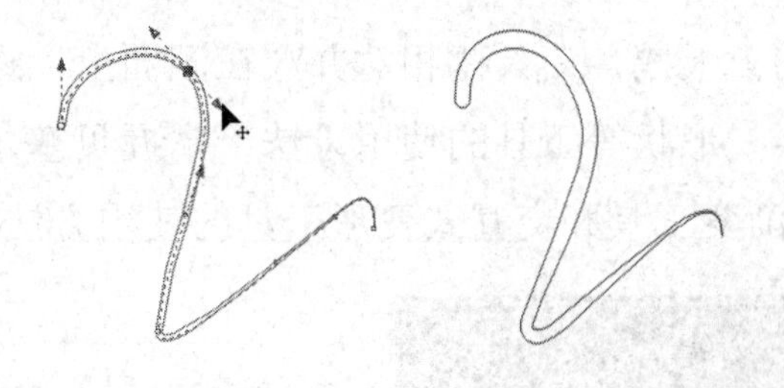

图 2-4-6　使用艺术笔后的效果及调整后的效果

（5）沿着图 2-4-4 所示的曲线，从左上角端点到右下角端点拖曳，绘制出接近图 2-4-6 左图所示的曲线。然后使用工具箱中的“形状”工具调整该曲线。调整完成后，将原曲线删除，效果如图 2-4-6 右图所示。

（6）采用同样的方法，绘制天鹅背部曲线，使用“艺术笔”工具，单击其属性栏中的“预设”按钮，在其“预设笔触”下拉列表框中选择倒数第 6 种笔触，沿着曲线绘制新的曲线，再使用工具箱中的“形状”工具进行修改。完成后的效果如图 2-4-7 所示。

（7）采用同样的方法，绘制其他曲线，再根据不同的需要，选择不同设置的“艺术笔”工具进行绘制，使用“形状”工具修改。绘制完的天鹅轮廓线如图 2-4-8 所示。

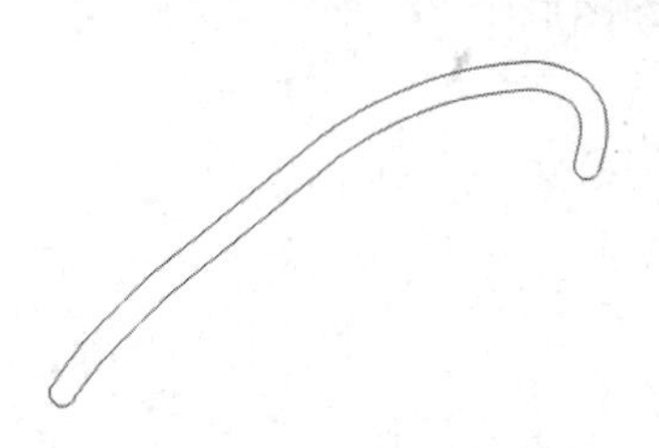

图 2-4-7　天鹅背部曲线

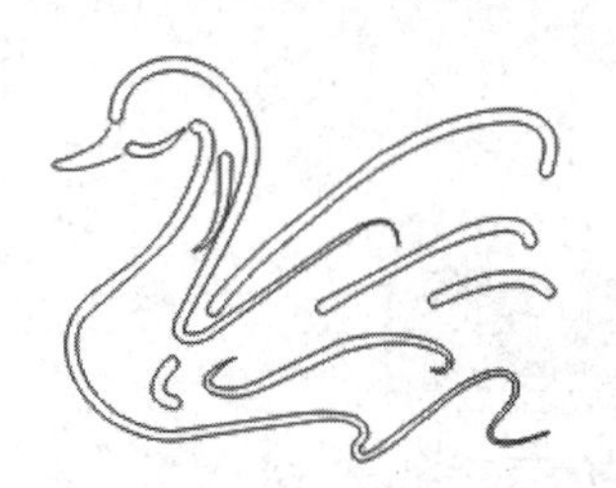

图 2-4-8　天鹅轮廓线

（8）使用“贝塞尔”工具或“手绘”工具绘制一条曲线，作为天鹅的嘴。

（9）单击工具箱中的“选择”工具，拖曳出一个矩形，将图形全部选中，再选择“对象”→“组合”命令，将选中的图形组成一个群组。

2．天鹅镜像的制作

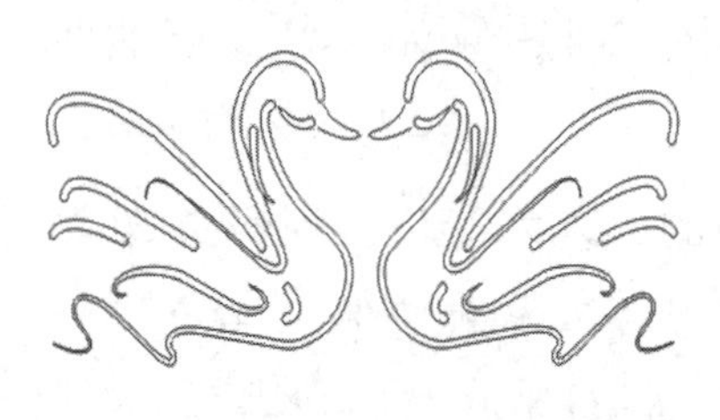

图 2-4-9　两份天鹅轮廓线

（1）按“Ctrl+D”组合键，复制一份天鹅轮廓线，选中复制的天鹅轮廓线，再单击其“组合”属性栏中的“水平镜像”按钮，将复制的天鹅轮廓线水平镜像。然后调整两份天鹅轮廓线的位置，将它们组成一个群组图形，最后效果如图 2-4-9 所示。

（2）选中群组对象，复制一份，单击其“组合”属性栏中的“垂直镜像”按钮，对复制的天鹅轮廓线做垂直镜像，再调整其位置，使其位于原图形的下面。

（3）单击工具箱交互式工具展开工具栏中的“变形”工具，再单击其属性栏中的“推拉”按钮，在“推拉失真振幅”数字框中输入 3，使垂直镜像后的图形有一点变形，“交互式变形—推拉效果”工具属性栏如图 2-4-10 所示。

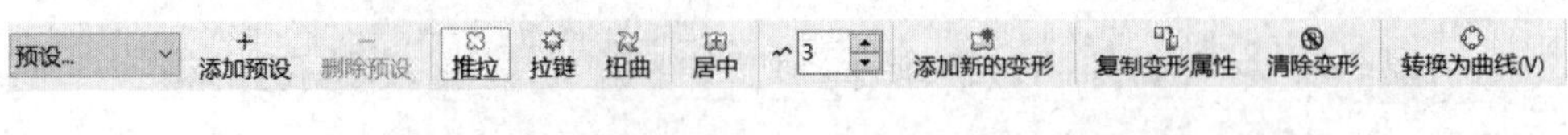

图 2-4-10　“交互式变形—推拉效果”工具属性栏

（4）调整两个群组对象的位置，如图 2-4-11 所示，将两个群组对象组成一个群组。

（5）使用工具箱中的“矩形”工具，在蓝色背景的下半部分绘制一个浅蓝色轮廓的矩形，作为湖面。单击工具箱中的“编辑填充”按钮，弹出“编辑填充”对话框，单击“渐变填充”按钮，如图 2-4-12 所示。在“调和过渡”栏的“类型”中选择“线性渐变填充”选项，设置填充的颜色为线性渐变类型。

图 2-4-11　天鹅及其倒影图形

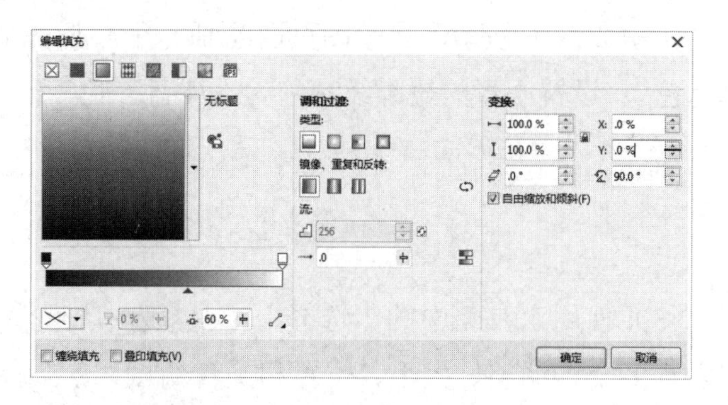

图 2-4-12　“编辑填充”对话框

（6）将鼠标定位在色块最左侧，弹出下面的颜色面板，单击该面板内的“PANTONE 634C”色块，将它设置为起始填充色；将鼠标定位在色块最右侧，弹出下面的颜色面板，单击该面板内的“PANTONE 573C”色块，设置为终止填充色；单击色块下面的节点，在“节点位置”文本框中输入 60%，在“旋转角度”数字框中输入 90.0°，在“水平偏移”和“垂直偏移”数字框中均输入 0%。单击“确定”按钮，关闭该对话框，背景图形效果如图 2-4-13 所示。

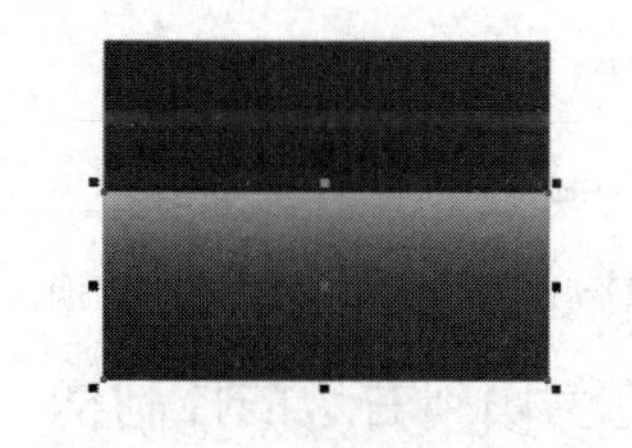
图 2-4-13　背景图形效果

（7）使用工具箱中的“选择”工具，选中整个天鹅轮廓线图形群组，将天鹅图形填充为白色。然后选择“对象”→“顺序”→“到图层前面”命令，将它们移到背景图形之上，如图 2-4-14 所示。

（8）选中填充渐变色的矩形图形，选择“对象”→“顺序”→“到图层前面”命令，将选中的图形移到天鹅和它的倒影图形对象的上层。单击工具箱交互式工具展开工具栏中的“透明度”按钮，在填充渐变色的矩形图形上垂直向下拖曳鼠标，出现一条垂直箭头线和两个控制柄，再将调色板内的灰色色块拖曳到上方的白色控制柄，改变它的颜色，也会改变渐变色矩形图形的透明度，效果如图 2-4-15 所示。

图 2-4-14　移动后的图形

图 2-4-15　添加透明效果

3．心形图案的创建

（1）使用工具箱中的“矩形”工具□，在绘图页面中绘制一个浅蓝色、轮廓宽度 2.0mm 的矩形图形，设置矩形的宽度为298mm、高度为158mm。

（2）单击工具箱中的“基本形状”工具，在其“完美形状”工具属性栏中单击“完美形状”按钮，弹出它的图形列表，选择心形图案♡，设置“轮廓宽度”为 1.0mm，此时的属性栏如图 2-4-16 所示。在绘图页面绘制一个心形图形，在属性栏中设置心形的填充色为“无填充色”，设置心形的轮廓线颜色为“冰蓝”色。

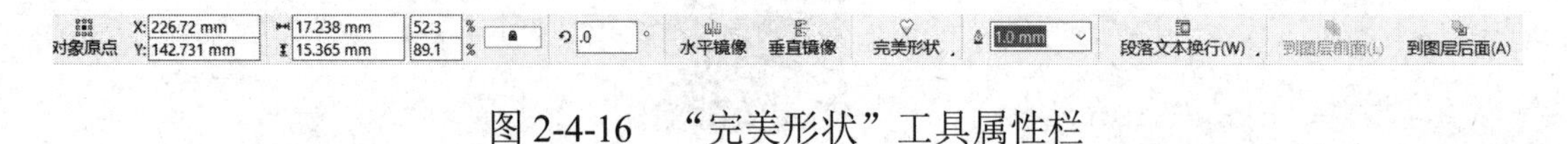

图 2-4-16 “完美形状”工具属性栏

（3）使用工具箱中的“选择”工具选中心形图形，将它复制多个，调整好大小、位置和旋转角度，然后将它们组成一个群组，放置在矩形边框的左上角。

（4）选中由多个心形组成的群组，复制一份，再单击其属性栏中的“垂直镜像”按钮，将复制的群组对象水平翻转。将该群组对象移到矩形边框的右上角，如图 2-4-17 所示。

图 2-4-17 镜像心形图形

4．英文文字的创建

（1）使用工具箱中的“文本”工具字，在其属性栏中设置文字的字体为Monotype Corsiva，输入“Swan Lake”。选中该英文，设置英文和英文的轮廓线颜色均为浅绿色。

（2）使用工具箱中的“选择”工具选中英文，单击工具箱交互式工具展开工具栏中的“阴影”工具，然后从文字中间向右边拖曳鼠标，在其属性栏中设置“阴影的不透明度”为100，在“阴影羽化”数字框中输入14，如图2-4-18所示。拖曳调色板内白色色块到右边的控制柄，设置“阴影颜色”为白色，英文效果如图2-4-19所示。

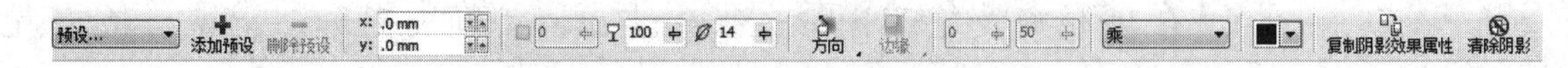

图 2-4-18 交互式工具展开工具栏

图 2-4-19 英文效果

5. 金鱼和小花图案的绘制

（1）单击工具箱曲线工具展开工具栏中的“艺术笔”工具，单击其属性栏中的“喷涂”按钮，此时的属性栏如图 2-4-20 所示。

图 2-4-20　“艺术笔”工具属性栏（喷涂）

（2）在“类别”下拉列表框中选择“植物”选项，在“喷射图样”下拉列表框中选择一种小花图案，单击“喷涂列表设置”按钮，弹出“创建播放列表”对话框，如图 2-4-21 左图所示。单击该对话框中的“清除”按钮，将“播放列表”列表框中的所有对象删除。

（3）按住 Ctrl 键，选择“喷涂列表”列表框中的“图像 1”和“图像 6”，再单击“添加”按钮，在“播放列表”列表框中添加“图像 1”和“图像 6”，如图 2-4-21 右图所示。然后单击“确定”按钮，关闭“创建播放列表”对话框。

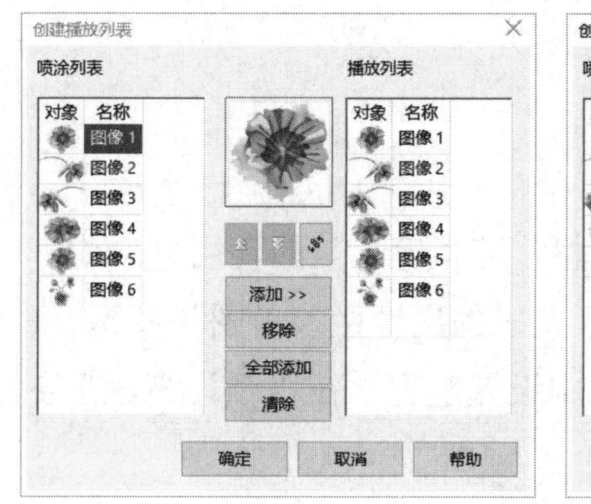

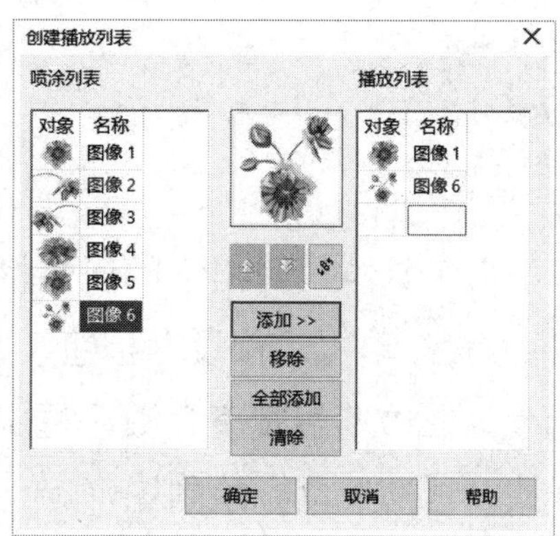

图 2-4-21　“创建播放列表”对话框

（4）在“艺术笔”工具属性栏的“喷涂对象大小”数字框中输入 30，设置绘制图形的百分数为 30%；在“喷涂顺序”下拉列表框中选择“顺序”选项；在数字框中输入 1，在数字框中输入 0.9。

（5）在绘图页面中水平拖曳鼠标，绘制一条较长的水平直线，得到相应的小花图形，如图 2-4-22 所示。如果绘制的水平直线较长，则会产生较多的小花图形；如果绘制的水平直线较短，则会产生较少的小花图形，然后调整图形的大小和位置。

（6）使用工具箱中的“选择”工具选中小花图形，选择“对象”→“拆分艺术笔组”命令，将选中的小花图形和一条水平直线分离。再选择“对象”→“取消组合”命令，将多个小花图形分离，使多个小花图形独立。

（7）选中图 2-4-23 左图所示的一组小花图形，将它移到一旁，单击其“群组”属性栏中的“垂直镜像”按钮，使小花图形垂直翻转，如图 2-4-23 右图所示。选中剩余的水平直线和小花图形，按 Delete 键，删除选中的图形。

图 2-4-22　小花图形

图 2-4-23　选中小花图形

（8）调整小花图形的大小，单击其“群组”属性栏中的“垂直镜像”按钮，对复制的小花图形做垂直镜像，然后复制一个小花图形。

（9）分别将两个小花图形移到天鹅图形的两边，单击右边的小花图形，再单击其“群组”属性栏中的“水平镜像”按钮，对小花图形做水平镜像。

（10）使用工具箱曲线工具展开工具栏中的“艺术笔”工具，单击其属性栏中的“喷涂”按钮，在“类别”下拉列表框中选择“其他”选项，在“喷射图样”下拉列表框中选择一种金鱼图案。按照上述方法，添加一些金鱼图形，最终效果参考图 2-4-1。

相关知识

1. 艺术笔工具

单击“艺术笔”工具，弹出它的属性栏，艺术笔工具的使用方法如下。

（1）“预设”方式：单击“预设”按钮，此时的属性栏参考图 2-4-5。在“手绘平滑”数字框中输入平滑度，在“笔触宽度”数字框中设置笔宽，在“预设笔触”下拉列表框中选择一种艺术笔触样式，再拖曳鼠标绘制图形。

（2）“笔刷”方式：单击“笔刷”按钮，此时的属性栏如图 2-4-24 所示。在其“类别”下拉列表框中选择一种类型，设置“手绘平滑”和“笔触宽度”的数值，在“笔刷”下拉列表框中选择一种笔触样式，再拖曳鼠标绘制图形。

图 2-4-24　“艺术笔”工具属性栏（笔刷）

（3）“喷涂”方式：单击“喷涂”按钮，此时的属性栏参考图 2-4-20。在其“类别”下拉列表框中选择一种类型，在“喷射图样”下拉列表框中选择一种喷涂图形样式。设置“喷涂对象大小”数值，在“喷涂顺序”下拉列表框中选择一种喷涂对象的顺序，在两个数字框中设置组成喷涂对象的图像个数和图像间距参数。单击“喷涂列表设置”按钮，弹出“创建播放列表”对话框，利用该对话框可以设置喷涂图像的种类。在绘图页面中拖曳鼠标，即可绘制图形。

（4）“书法”方式：又称书写方式。单击“书法”按钮，此时的属性栏如图 2-4-25 所示。设置“手绘平滑”和“笔触宽度”的数值，在“书写的角度”数字框中设置书写的角度。在绘图页面中拖曳鼠标，即可绘制图形。

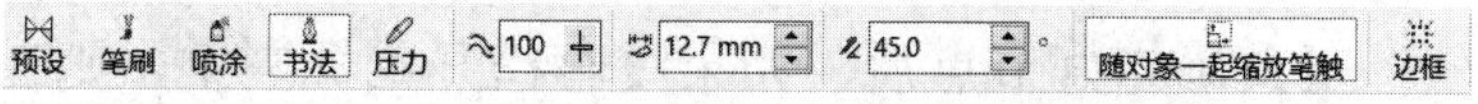

预设 笔刷 喷涂 书法 压力 100 12.7 mm 45.0 ° 随对象一起缩放笔触 边框

图 2-4-25　“艺术笔”工具属性栏（书法）

（5）“压力”方式：单击“压力”按钮，此时的属性栏如图 2-4-26 所示。在属性栏中设置“手绘平滑”和“笔触宽度”的数值，然后在绘图页面中拖曳鼠标绘制图形。在绘图时，按键盘上的↑或↓方向键，可以增加或减少笔的压力。

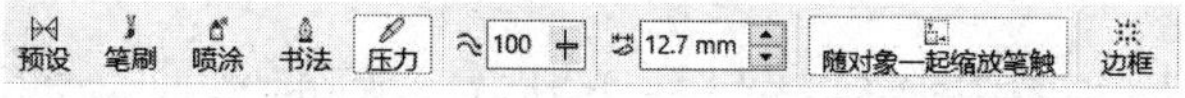

预设 笔刷 喷涂 书法 压力 100 12.7 mm 随对象一起缩放笔触 边框

图 2-4-26　“艺术笔”工具属性栏（压力）

2．“贝塞尔”工具和“钢笔”工具

（1）先绘制曲线再定切线的方法：单击“贝塞尔”工具，然后单击曲线的起点处，松开鼠标左键，再单击下一个节点处，在两个节点之间会生成一条线段；在不松开鼠标左键的情况下拖曳鼠标，会出现两个控制点和两个控制点之间的蓝色虚线，如图 2-4-27（a）所示，蓝色虚线是曲线的切线，再拖曳鼠标，可以改变切线的方向，以确定曲线的形状。

如果曲线有多个节点，则应依次单击下一个节点，并在不松开鼠标左键的情况下拖曳鼠标以生成两个节点之间的曲线，如图 2-4-27（b）所示。在绘制完曲线后，按空格键或双击鼠标，即可结束该曲线的绘制。绘制完的曲线如图 2-4-27（c）所示。

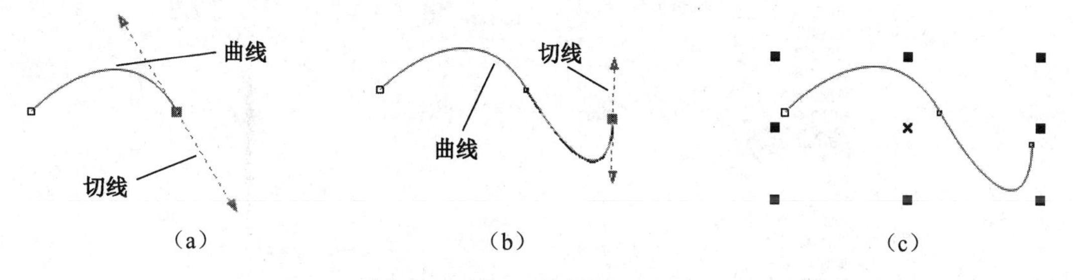

图 2-4-27　贝塞尔绘图方法 1

（2）先定切线再绘制曲线的方法：单击“贝塞尔”工具，在绘图页面中单击要绘制的曲线起点处，不松开鼠标左键，拖曳鼠标以形成方向合适的蓝色虚线的切线，然后松开鼠标左键，会生成一条直线切线，如图 2-4-28（a）所示。用鼠标单击下一个节点处，该节点与起点节点之间会生成一条曲线。如果曲线有多个节点，则应依次单击下一个节点，并在不松开鼠标左键的情况下拖曳鼠标，以生成两个节点之间的曲线，如图 2-4-28（b）所示。绘制完曲线后，按空格键或双击鼠标，即可绘制一条曲线，如图 2-4-28（c）所示。

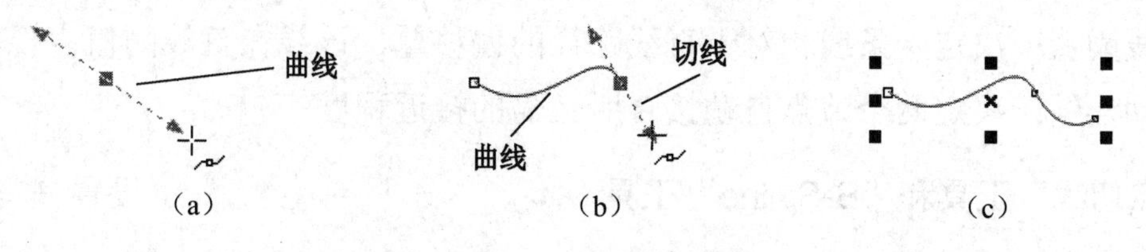

图 2-4-28　贝塞尔绘图方法 2

在使用“贝塞尔”工具确定好节点后，如果没有松开鼠标左键，则在按下 Alt 键的同时拖曳鼠标，可以改变节点的位置和两个节点之间曲线的形状。

使用“钢笔”工具绘制曲线的方法与使用“贝塞尔”工具绘制曲线的方法基本一样，只是在拖曳鼠标时会显示一条直线或曲线，而在使用“贝塞尔”工具时不显示直线或曲线，只有再次单击后才显示一条直线或曲线。

3. “手绘”工具与“贝塞尔”工具属性

绘制完成后，“选择”工具会自动呈按下状态，同时绘制的线会被选中。利用“选择”工具属性栏可以精确调整曲线的位置与大小，设置曲线两端是否带箭头和带什么样的箭头，以及曲线的粗细和形状等。

选择“工具”→“选项”命令，弹出“选项”对话框，单击该对话框目录栏中的“工具箱”→“手绘/贝塞尔工具”选项，这时的“选项”对话框如图 2-4-29 所示，可以设置“手绘”工具与“贝塞尔”工具的属性。

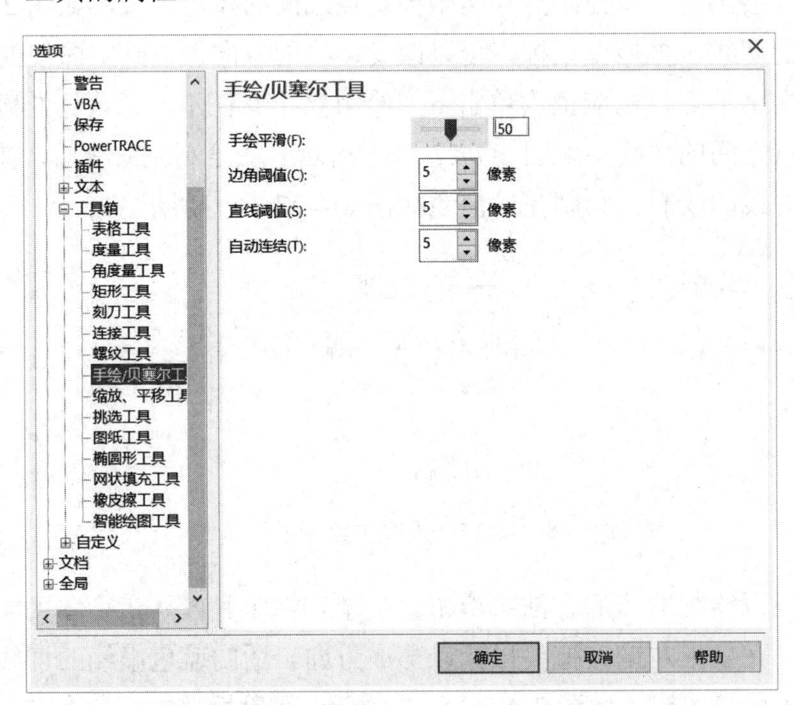

图 2-4-29 “选项”对话框

（1）手绘平滑：决定手绘曲线与鼠标拖曳的匹配程度，数字越小，匹配的准确度越高。

（2）边角阈值：决定边角突变节点的尖突程度，数值越小，节点的尖突程度越高。

（3）直线阈值：决定一条线相对于直线路径的偏移量，该线在直线阈值内视为直线。

（4）自动连结：决定两个节点自动接合所必需的接近程度。

4. “3 点切线”工具和“B-Spline”工具

绘制曲线主要使用工具箱曲线工具展开工具栏中的“3 点切线”工具、“B-Spline”

工具、“贝塞尔”工具和“钢笔”工具。下面介绍前两种工具的使用方法。

（1）使用“3点切线”工具绘制曲线：单击“3点切线”工具，然后单击第1个点并按下鼠标左键，再拖曳到第2个点，松开鼠标左键后拖曳到第3个点，形成曲线，拖曳鼠标调整曲线形状，单击第3个点后即可绘制一条曲线，如图2-4-30所示。“3点曲线”工具属性栏如图2-4-31所示。

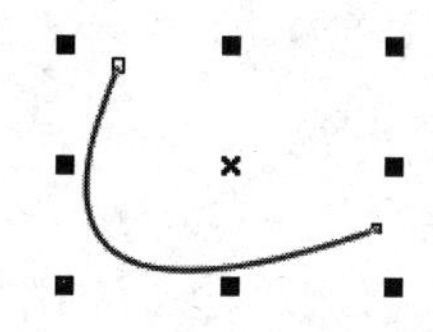

图2-4-30 曲线

图2-4-31 “3点曲线”工具属性栏

（2）使用“B-Spline”工具绘制曲线：单击“B-Spline”工具，拖曳出一条直线，如图2-4-32左图所示；单击第2点后拖曳到第3点，如图2-4-32中图所示；单击第3点后再移到下一点，如此继续，最后双击鼠标，完成曲线的绘制，如图2-4-32右图所示。

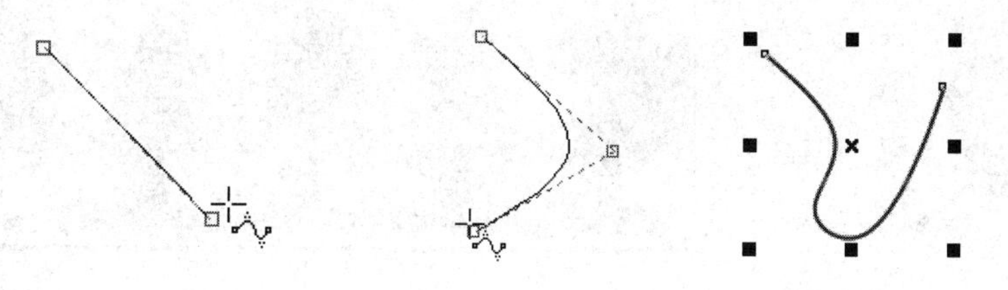

图2-4-32 曲线

5. 节点的基本操作

（1）选中节点：在对节点进行操作前，应先选中节点。在选中节点之前，应先单击工具箱中的“形状”工具。选中节点的方法有很多，下面进行简单介绍。

- 曲线起始节点和终止节点：按Home键，可以选中曲线起始节点；按End键，可以选中曲线终止节点。
- 选中一个或多个节点：单击节点，可以选中该节点；按住Shift键单击各个节点，可以选中多个节点，也可以拖曳鼠标圈住要选择的所有节点来选中多个节点。
- 选中所有节点：按住“Shift+Ctrl”组合键的同时单击所有节点，即可选中所有节点。

（2）取消选中节点：按住Shift键，单击选中的节点，可以取消选中节点。

（3）添加节点：单击曲线上非节点处的一点，单击其属性栏中的“添加”按钮，可以添加一个节点。双击曲线上非节点处的一点，也可以在双击点处添加一个节点。

（4）删除节点：选中曲线上一个或多个节点，单击其属性栏中的“删除”按钮或按Delete键，可以删除选中的节点。双击曲线上的一个节点，也可以删除该节点。

（5）调整节点位置：使用“形状”工具选中并拖曳节点，可以调整节点的位置，也可以改变曲线的形状。

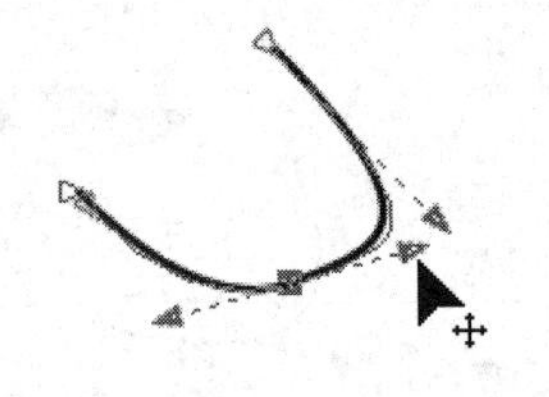

图 2-4-33　选中的节点

（6）调整节点处的切线：对于一些曲线图形，选中的节点处有切线，切线两端有蓝色箭头，可以通过拖曳切线的箭头来调整曲线的形状，如图 2-4-33 所示。如果节点处没有切线，则可以单击其属性栏中的“转换为曲线”按钮，将选中的节点转换为曲线节点，曲线节点处会产生切线。

思考与练习 2-4

1．制作一个“丘比特箭”图形，如图 2-4-34 所示。该图形是一个丘比特之箭的图形，一支绿色的箭射穿红色的心脏，红色的心脏中有黄色“思念”两个字。

2．制作一个“七色花”图形，如图 2-4-35 所示。绘制该图形运用将图形转换成曲线、旋转变换、渐变填充、组成群组、顺序调整等操作。

图 2-4-34　“丘比特箭”图形

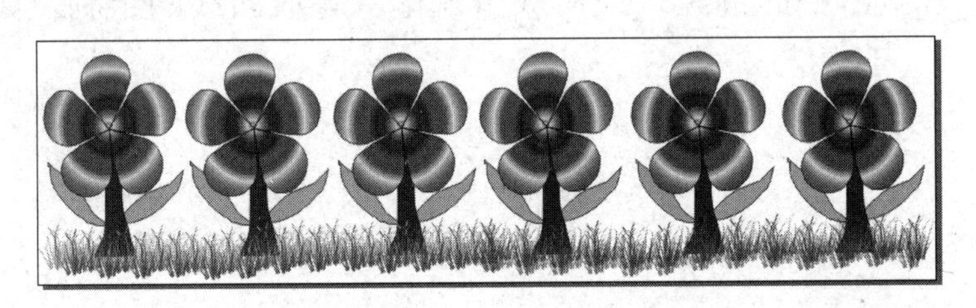

图 2-4-35　“七色花”图形

3．绘制一个如图 2-4-36 所示的“小树”图形。

4．绘制一个如图 2-4-37 所示的“花盆”图形。

5．绘制一个如图 2-4-38 所示的“水果漫画”图形。

图 2-4-36　“小树”图形

图 2-4-37　“花盆”图形

图 2-4-38　“水果漫画”图形

6．绘制一个“节日礼物”图形，如图 2-4-39 所示。该图形是由气球、糖果、礼花、晶莹剔透的珠宝和项链等组成的卡片图形。

7．绘制一个“CPU 咖啡”图形，如图 2-4-40 所示。该图形是由 C、P、U 三个字母组成的，其中咖啡杯的上半部分由字母“C”组成，咖啡杯的手把由字母“P”组成，咖啡杯的下半部分由字母“U”组成。整个创意突出地表达了一杯香浓的“CPU 咖啡”这个主题。

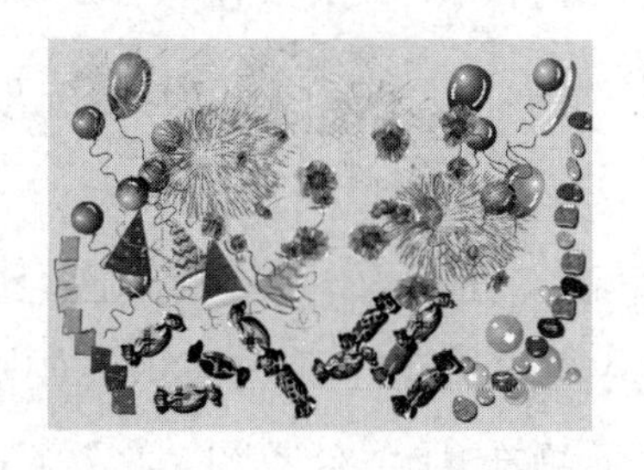

图 2-4-39 “节日礼物”图形

CPU咖啡
滴滴香浓

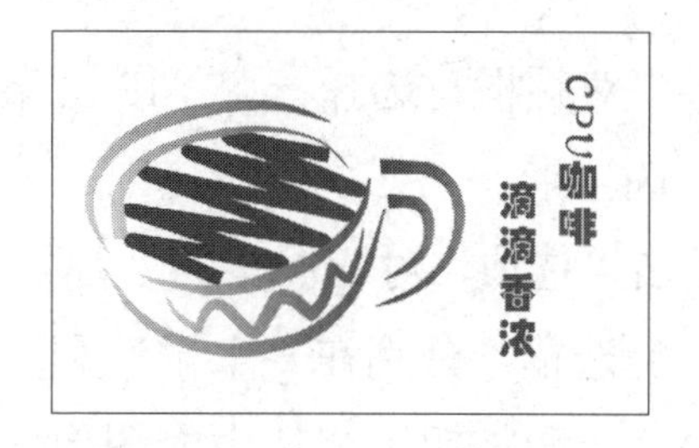

图 2-4-40 “CPU 咖啡”图形

2.5 案例 5：国画扑克牌

“国画扑克牌”图形如图 2-5-1 所示，其中（a）是扑克牌的背面，另外 4 个图（b）、（c）、（d）、（e）是扑克牌的正面。通过对本案例的学习，可以掌握调整曲线节点等操作。

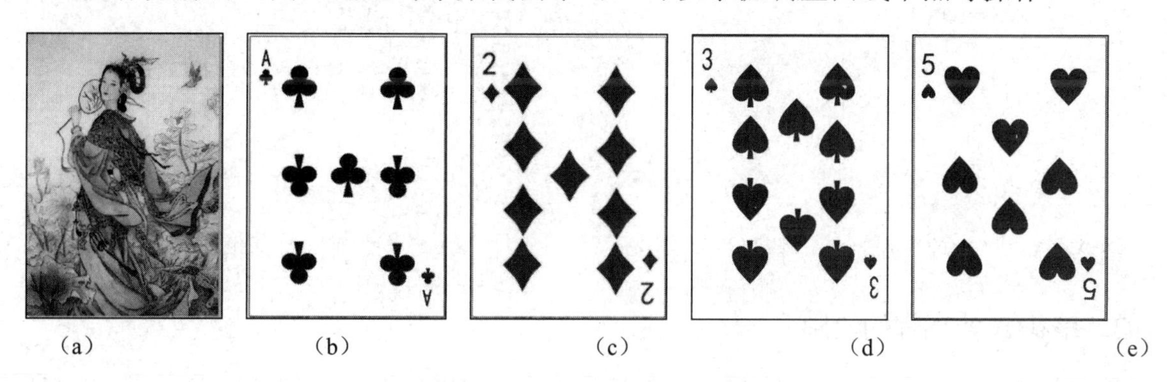

（a） （b） （c） （d） （e）

图 2-5-1 “国画扑克牌”图形

制作方法

1. 设置页面大小和背景图案

（1）设置绘图页面的宽度为 105mm、高度为 148mm。

（2）单击页面计数器中“1/1”左边或右边的图标 4 次，以增加 4 个页面，如图 2-5-2 所示。单击页计数器中的“页 1”，将绘图页面转换到第 1 页。

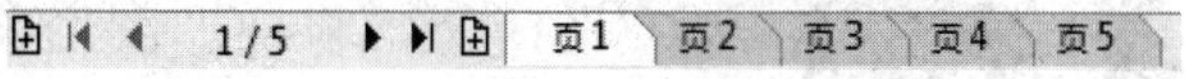

1/5
页1
页2
页3
页4
页5

图 2-5-2 页计数器

（3）选择“布局”→“页面背景”命令，弹出“选项”对话框中的“背景”选项卡。选中“位图”单选按钮，表示使用位图作为扑克牌的背景图像。再单击“Browse”（浏览）按钮，弹出“导入”对话框。选择一个“国画.jpg”图像，单击“导入”按钮，回到“选项”对话框的“背景”选项卡。

（4）单击“选项”对话框中的“背景”选项卡，再单击“自定义尺寸”按钮，不勾选“保持纵横比”复选框，分别在“水平”和“垂直”数字框中输入105.0和148.0，如图2-5-3所示。单击“确定”按钮，将选中的图像作为背景图像置于画布中，参考图2-5-1（a）。

（5）切换到“贴齐对象”选项卡。单击该对话框中的“全部取消”按钮，不勾选“模式”列表框中的所有复选框，勾选“贴齐对象”复选框，在“贴齐半径”数字框中输入5，如图2-5-4右图所示。单击“确定”按钮。这样在调整节点位置和改变曲线时会更加得心应手。

图2-5-3　“选项”对话框“背景”选项卡

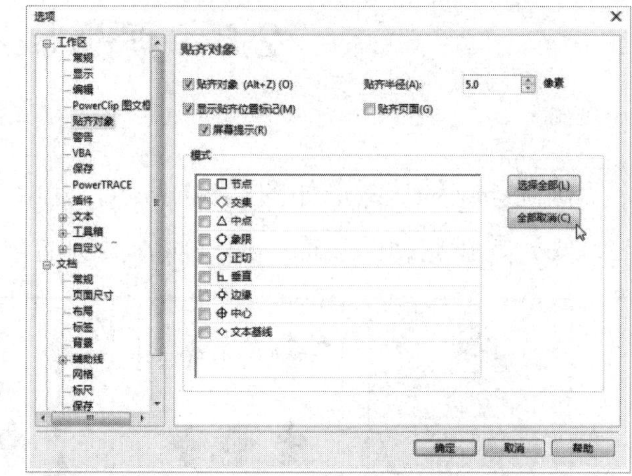

图2-5-4　“选项”对话框“贴齐对象”选项卡

2．草花A扑克牌的绘制

（1）单击页计数器中的“页2”，将绘图页面转换到第2页。使用工具箱中的“矩形”工具□，在绘图页面中绘制一个与页面大小一样的黑色轮廓线、白色填充的矩形图形。

（2）在绘图页面中绘制一个圆形图形，其内部填充黑色，再复制两个大小完全相同的圆形图形，将它们移到适当的位置，完成后的效果如图2-5-5所示。

（3）使用工具箱完美形状工具展开工具栏中的“基本形状”工具，单击属性栏中的“完美形状”按钮，弹出图形列表，选择该列表中的图标。在绘图页面中拖曳鼠标，绘制一个无轮廓线的黑色梯形图形。

图2-5-5　3个圆形

图2-5-6　草花图形

（4）使用工具箱中的“形状工具”，水平向内调整梯形图形的红色菱形控制柄，如图2-5-6左图所示。将梯形图形移到图2-5-5所示的3个圆形图形的下面。

（5）绘制一个圆形图形，并将该圆形图形拖曳到3个圆形图形的交接处，盖住其中的空隙，完成草花图形的绘制，如图 2-5-6 右图所示。

（6）使用工具箱中的“选择”工具，选中组成草花图形的所有图形，选择“对象”→“组合”命令，将选中的图形组成一个群组，形成草花群组。

（7）按“Ctrl+D”组合键 7 次，将草花群组复制 7 个，设置宽为 7mm、高为 8mm。将复制的一个草花群组缩小并将小草花群组复制 1 个，单击其“组合”属性栏中的“垂直镜像”按钮，使选中的小草花群组垂直镜像，再将 4 个大草花群组垂直镜像。

（8）将各草花群组移到相应位置，选择“对象”→“对齐和分布”命令，弹出“对齐与分布”对话框，利用该对话框将左边和右边 3 个草花群组调整为左、右对齐和等间距分布，最后将以上 3 行草花群组顶部对齐，效果参考图 2-5-1（b）。

（9）单击工具箱中的“文本”工具，再单击绘图页面的左上角，即进入美术字输入状态。同时弹出相应的属性栏，设置文字的字体为黑体、字号为 48pt 等。输入字母“A”，再设置文字颜色为黑色，按“Ctrl+D”组合键复制一份。

（10）将复制的“A”移到绘图页面的右下角，然后单击其属性栏中的“垂直镜像”按钮，将选中的“A”垂直镜像。草花“A”扑克牌参考图 2-5-1（b）。

3．方片 2 扑克牌的绘制

（1）将绘图页面转换到第 3 页。在绘图页面中绘制一个与页面大小一样的白色矩形图形。

（2）使用工具箱对象工具展开工具栏中的“多边形”工具，在其属性栏的“点数或边数”数字框中输入 4。在绘图页面绘制如图 2-5-7 所示的菱形图形。

（3）使用工具箱中的“形状”工具，单击菱形，可以看出它有 8 个节点对称分布，调节 1 个节点，其他的 3 个节点会随之变化。

（4）选中菱形图形四边中的任意一个节点，单击属性栏中的“到曲线”按钮，再单击“平滑”按钮，将选中的节点转换为曲线节点和平滑节点，再将其他 3 个边上的节点也转换为曲线节点和平滑节点。依次拖曳四条边中间的节点，使直线稍稍向内弯曲，如图 2-5-8 所示。

（5）使用工具箱中的“选择”工具，选中菱形图形，调整菱形图形的宽为 21mm、高为 28mm，为其内部填充红色，取消轮廓线，效果如图 2-5-9 所示。

（6）按“Ctrl+D”组合键 9 次，将菱形图形复制 9 个，设置宽为 9mm、高为 11mm，将复制的一个菱形图形缩小并将小菱形图形复制 1 个。

（7）将各菱形图形移到相应位置，弹出“对齐与分布”对话框，利用该对话框调整 4 行菱形图形水平对齐、2 列菱形图形居中对齐和等间距分布，效果参考图 2-5-1（c）。

（8）使用工具箱中的“文本”工具，单击绘图页面左上角，即进入美术字输入状态。同时弹出相应的属性栏，设置文字的字体为黑体、字号为 48pt，然后输入文字“2”，再设置文字颜色为红色，按“Ctrl+D”组合键复制一份。

（9）将复制的“2”移到绘图页面的右下角，然后将“2”垂直镜像，效果参考图 2-5-1（c）。

4．红桃 3 扑克牌的绘制

（1）切换到绘图页面的第 4 页。在绘图页面绘制一个与页面大小一样的白色矩形。

（2）单击工具箱完美形状工具展开工具栏中的“基本形状”工具，单击其属性栏中的“完美形状”按钮，弹出图形列表，选择该列表中的图案。按住“Ctrl”键，在绘图页面拖曳鼠标绘制一个心形图形，为其填充红色，取消轮廓线，如图 2-5-10 左图所示。

（3）选中红桃图形，在其属性栏中调整图形宽为 20mm、高为 20mm。单击其属性栏中的“垂直镜像”按钮，使红桃图形垂直镜像，如图 2-5-10 右图所示。

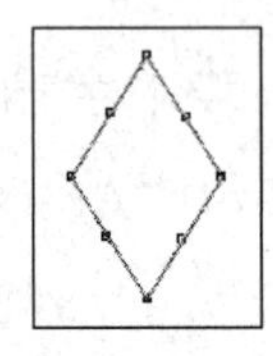

图 2-5-7　菱形图形

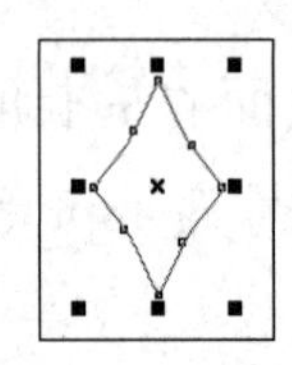

图 2-5-8　调整菱形

图 2-5-9　填充颜色

图 2-5-10　红桃图形

（4）按“Ctrl+D”组合键 8 次，将红桃图形复制 8 个，并将复制的一个红桃图形缩小（宽度和高度均为 7.8mm），然后将小红桃图形复制 1 个。

（5）选中一个大红桃图形，单击其属性栏中的“垂直镜像”按钮，将选中的大红桃图形垂直镜像，再将另外 5 个大红桃图形垂直镜像。

（6）选中复制的小红桃图形，单击其属性栏中的“垂直镜像”按钮，将选中的小红桃图形垂直镜像。

（7）将各红桃图形移到绘图页面的相应位置。将左上角的大红桃图形移到正确位置，按住 Shift 键，单击左边一列 3 个大红桃图形，再选择“对象”→“对齐和分布”命令，弹出“对齐与分布”对话框，利用该对话框将选中的图形居中对齐和等间距分布。采用相同方法，使其他两列大红桃图形居中对齐。

（8）按照前面介绍的方法，创建两个文字“3”，效果参考图 2-5-1（d）。

5．黑桃 5 扑克牌的绘制

（1）切换到绘图页面的第 5 页。在绘图页面中绘制一个与页面大小一样的白色矩形。

（2）绘制一个无轮廓线黑色心形图形，调整该图形的宽为 20mm、高为 20mm，如图 2-5-11 所示。使用工具箱中的“贝塞尔”工具或“钢笔”工具，在黑色桃形图形的下边绘制一个梯形轮廓线，如图 2-5-12（a）所示。

（3）单击工具箱中的“形状”工具，调整梯形轮廓线四个顶点节点的位置，从而调整梯形轮廓线的形状，如图 2-5-12（b）所示。在图形内部填充“黑色”，取消轮廓线，得到黑色梯形图形，如图 2-5-12（c）所示。

（4）单击工具箱中的“选择”工具，将黑色梯形图形移到黑色心形图形的下边，重叠一部分，形成一个黑桃图形，如图 2-5-13 所示。拖曳出一个矩形，选中整个黑桃图形，选择“对象”→“组合”命令，将它们组成一个群组。

图 2-5-11　心形图形

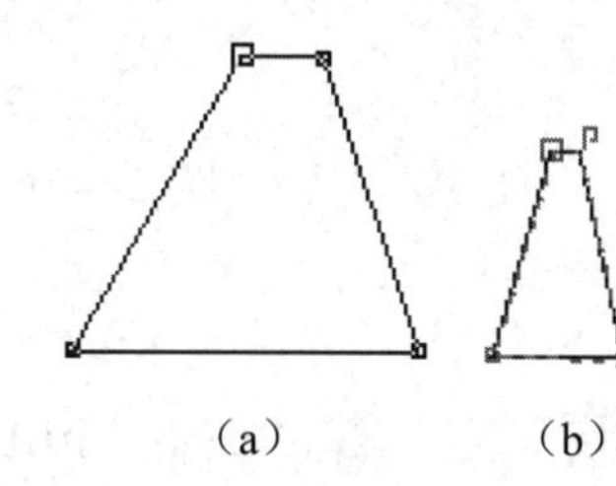

（a）　（b）　（c）

图 2-5-12　梯形轮廓线和梯形图形

图 2-5-13　黑桃图形

（5）按照上面制作红桃 3 扑克牌文字的方法制作黑桃 5 扑克牌中的文字，效果参考图 2-5-1（e）。

相关知识

1．使用“形状”工具调整曲线

在绘图页面中绘制一个图形，使用“选择”工具选中该图形，再单击其属性栏中的“转换为曲线”按钮，可将选中的图形转换为曲线。使用工具箱中的“形状”工具，单击一个节点，此时的属性栏如图 2-5-14 所示。利用该属性栏可以对节点进行操作。

图 2-5-14　“形状”工具属性栏

（1）调整节点和节点切线：使用工具箱中的“形状”工具选中一个或多个节点，拖曳节点可以调整节点的位置，同时也改变与节点连接的曲线的形状。拖曳曲线节点的切线两端的蓝色箭头，可以调整曲线的形状。如果节点处没有切线，则可单击其属性栏中的“到曲线”按钮，将选中的节点转换为曲线节点。

（2）缩放曲线图形：使用“形状”工具选中一个或多个节点，其属性栏中的“缩放”“旋转与倾斜”按钮变为有效。单击“缩放”按钮，选中的节点与曲线周围有 8 个黑色控制柄，如图 2-5-15 左图所示。此时拖曳控制柄，可以缩放与节点相连接的曲线图形，如图 2-5-15 右图所示。

（3）旋转或倾斜曲线图形：选中一个或多个节点，单击其属性栏中的“旋转与倾斜”按钮，选中的节点及相连的曲线周围出现 8 个双箭头句柄，如图 2-5-16 左图所示。此时拖曳句柄，可以旋转或倾斜与节点相连接的曲线图形，如图 2-5-16 右图所示。

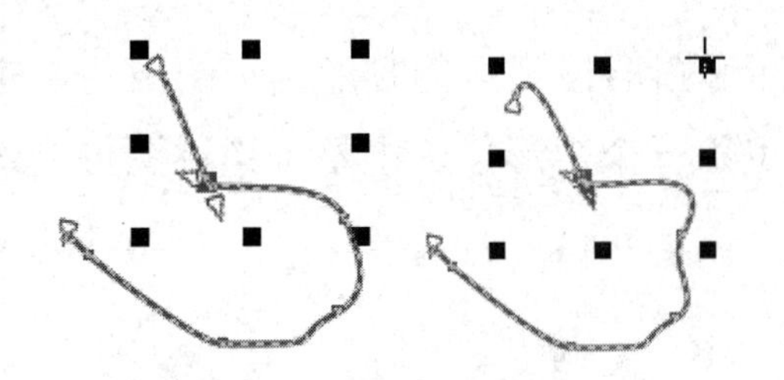

图 2-5-15　缩放图形

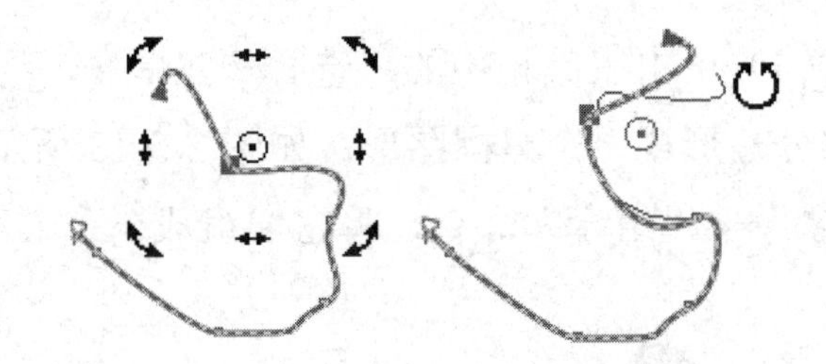

图 2-5-16　旋转或倾斜图形

2．连接节点与拆分节点

（1）接连节点：单击工具箱中的“形状”工具，按住 Shift 键，选中两个节点，此时属性栏中的“连接”按钮变为可用，单击“连接”按钮，即可合并节点，如图 2-5-17（a）所示。

另外，还可以将不同图形的起点节点和终点节点合并，如图 2-5-17（b）所示。但是，在合并前，需要先将两个图形进行结合，即先选中两个图形，再按“Ctrl+L”组合键。

（2）拆分节点：使用工具箱中的“形状”工具选中一个节点（不是起点节点或终点节点），此时属性栏中的“拆分”按钮变为可用，单击“拆分”按钮，即可拆分该节点。拖曳拆分的节点，可将两个节点分开，如图 2-5-18 所示。

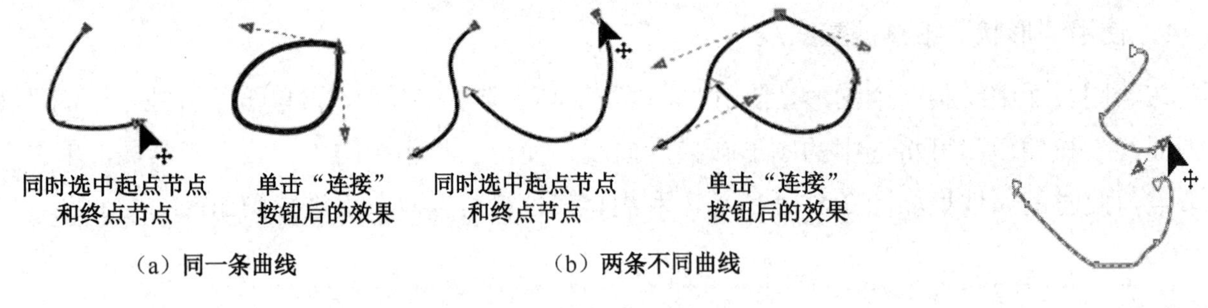

（a）同一条曲线　（b）两条不同曲线

图 2-5-17　合并节点

图 2-5-18　拆分节点

3．曲线反转、闭合和封闭

（1）反转曲线方向：一条非封闭的曲线，有起始节点与终止节点之分，可以通过按 Home 键或 End 键来选择判断。使用工具箱中的“形状”工具选中一条或多条非封闭的曲线，如图 2-5-19 左图所示。再单击属性栏中的“反转子路径”按钮，即可将选中曲线的起始节点与终止节点互换，如图 2-5-19 右图所示。

（2）曲线闭合：选中两条曲线，按“Ctrl+L”组合键将两条曲线进行结合。使用工具箱中的“形状”工具，选中两条曲线各一个节点，单击属性栏中的“闭合”按钮，即可将两条曲线连接在一起，如图 2-5-20 所示。

（3）曲线封闭：选中曲线的起始节点与终止节点，如图 2-5-21 左图所示，单击其属性栏中的“自动闭合”按钮，可生成一条连接起始节点与终止节点的直线，然后将曲线封闭，如图 2-5-21 右图所示。

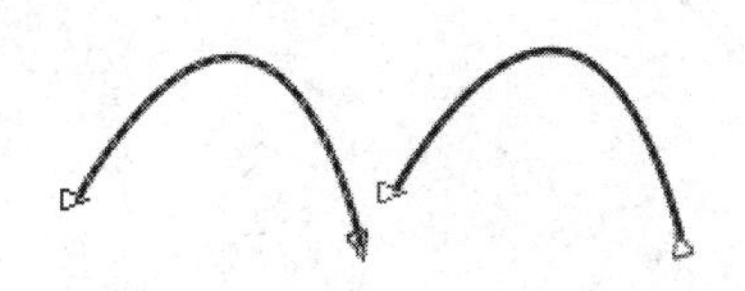
图 2-5-19 反转子路径

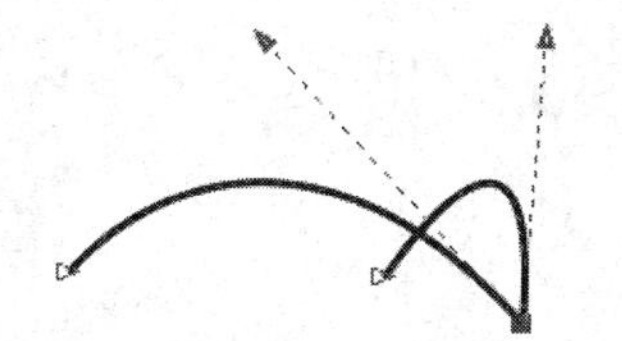
图 2-5-20 闭合曲线

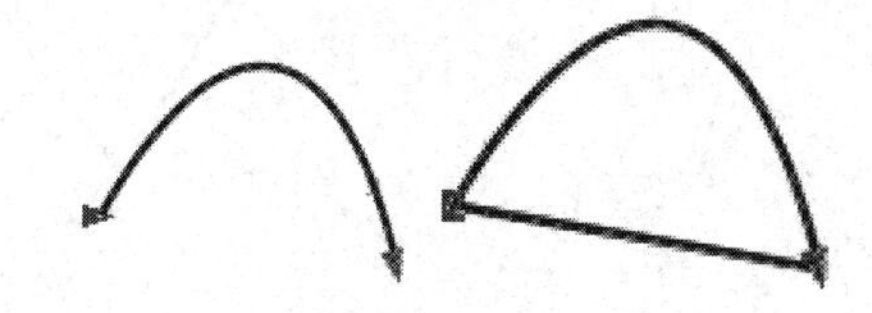
图 2-5-21 自动闭合曲线

4. 节点属性设置

节点分为直线节点和曲线节点两类，曲线节点又可分为尖突节点（又称尖角节点）、平滑节点（又称缓变节点）和对称节点。不同类型节点之间可以通过属性栏进行相互转换，转换的方法如下。

（1）直线节点和曲线节点的相互转换：使用工具箱中的“形状”工具，选中图 2-5-22 所示折线中间的节点，拖曳中间的节点，会发现随着节点位置的变化，两边直线的长短也会随之变化，但仍为直线，这说明该节点是一个直线节点。

此时，属性栏中的“到曲线”按钮变为可用，单击“到曲线”按钮，即可将直线节点转换为曲线节点。拖曳中间的节点，会发现随着节点位置的变化，该节点与上一个节点（本例中的起始节点）间的直线会变为曲线，如图 2-5-23 所示，这说明该节点是曲线节点。

选中中间的节点，此时属性栏中的“到直线”按钮变为可用，单击该按钮即可将曲线节点转换为直线节点，即该节点与上一个节点间的曲线会变为直线。

（2）尖突节点和平滑节点的相互转换：尖突节点和平滑节点都属于曲线节点。在拖曳尖突节点时，节点两边的路径完全不同，节点处呈尖突状，如图 2-5-23 所示。在用鼠标拖曳平滑节点时，节点两边的路径在节点处呈平滑过渡，如图 2-5-24 所示。

使用工具箱中的“形状”工具，选中节点。此时，如果选中的节点是尖突节点，则属性栏中的“平滑”按钮变为可用，单击“平滑”按钮，即可将尖突节点转换为平滑节点；如果选中的节点是平滑节点，则属性栏中的“尖突”按钮变为可用，单击“尖突”按钮，即可将平滑节点转换为尖突节点。

（3）对称节点：使用“形状”工具，单击图 2-5-22 所示图形的中间节点，再单击属性栏中的“平滑”按钮，使该节点变为曲线节点，则曲线节点两边的线均转换为曲线。

如果选中终点节点或起始节点，则“平滑”按钮无效。当选中中间的曲线节点时，属性栏中的“对称”按钮变为可用，单击“对称”按钮，即可将该节点转换为对称节点。

在拖曳对称节点时，对称节点两边的路径的幅度会有相同的变化，变化的方向相反，而且在同一条直线上，如图 2-5-25 所示。在拖曳平滑节点时，平滑节点一边的路径幅度会有变化。

图 2-5-22　直线节点

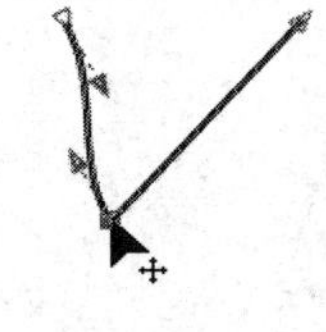

图 2-5-23　曲线（尖突）节点

图 2-5-24　平滑节点

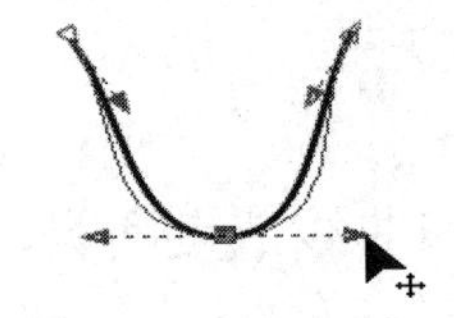

图 2-5-25　对称节点

5．节点的对齐与弹性模式设置

（1）对齐节点：将几条曲线进行结合，选中两个或两个以上的节点，例如，选中两个节点，如图 2-5-26 所示。此时属性栏中的“对齐”按钮变为可用，单击“对齐”按钮，弹出“节点对齐”对话框，如图 2-5-27 所示。

选择对齐方式后（如只勾选“垂直对齐”复选框），单击“确定”按钮，即可将选中的节点按要求（此处为垂直对齐）对齐，如图 2-5-28 所示。

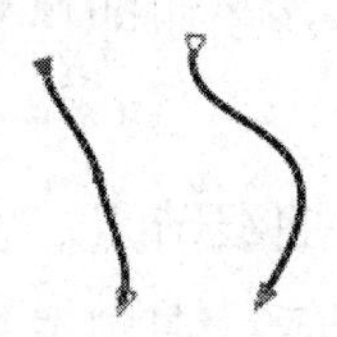

图 2-5-26　选中两个节点

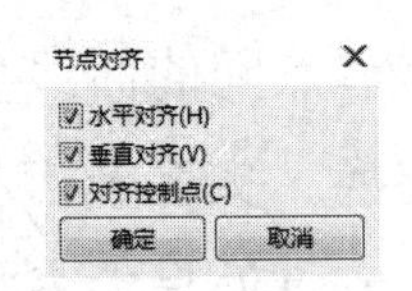

图 2-5-27　“节点对齐”对话框

图 2-5-28　将选中节点对齐

（2）弹性模式设置：使用工具箱中的“形状”工具，单击其属性栏中的“节点”按钮，选中图 2-5-26 所示图形的 4 个节点，然后拖曳一个节点，会发现整个图形随之移动，如图 2-5-29 所示。此时单击属性栏中的“弹性模式”按钮，再拖曳一个节点（如终止节点），会发现起始节点位置不变，曲线随之移动，如图 2-5-30 所示。

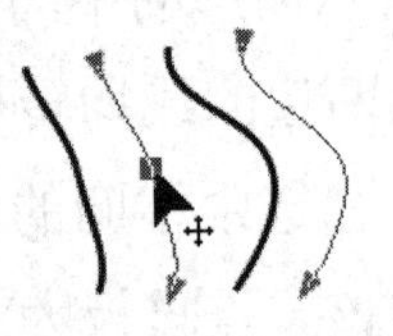

图 2-5-29　整个图形会随之移动

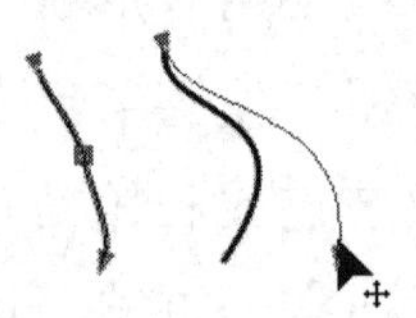

图 2-5-30　拖曳一个节点与曲线随之移动

思考与练习 2-5

1．绘制一个“扑克图案”图形（如图 2-5-31 所示），该图形由一个扑克牌背景图像和 4 个扑克牌图形组成。

图 2-5-31 “扑克图案”图形

2．使用“手绘”工具、“贝塞尔”工具、“钢笔”工具等绘制图 2-5-32 所示的图形。

图 2-5-32 “网页生活黄页内标志”图形

3．绘制一个如图 2-5-33 所示的“螃蟹”图形。

4．绘制一个如图 2-5-34 所示的“艺术”文字图形。

5．绘制一个如图 2-5-35 所示的“卡通动物”图形。

图 2-5-33 “螃蟹”图形

图 2-5-34 “艺术”文字图形

图 2-5-35 “卡通动物”图形

6．绘制一个“海岛风情”图形，如图 2-5-36 所示。这是一幅旅游宣传海报，其中绘有几个小岛、一棵椰子树和一些草丛，还有太阳悄悄地从小岛后面伸出头来。

7．绘制一个“蝴蝶风筝”图形，如图 2-5-37 所示。

8．绘制一个“手提袋”图形，如图 2-5-38 所示。

图 2-5-36 “海岛风情”图形

图 2-5-37 “蝴蝶风筝”图形

图 2-5-38 “手提袋”图形

第3章

图形的填充和透明处理

填充就是给图形内部填充某种颜色、图案、纹理等，填充方式有渐变填充、网格填充和交互式填充等。透明是对填充的进一步处理，使填充具有透明效果。

填充与透明不但适用于单一对象闭合路径的内部，而且适用于单一对象不闭合路径的内部，可以将不闭合路径封闭。如果要对不闭合路径进行填充，则需要先进行设置，方法是勾选“选项”对话框“常规”选项卡中的“填充开放式曲线”复选框。使用填充工具展开工具栏和交互式工具展开工具栏中的工具可以进行填充操作，使用交互式工具展开工具栏中的“透明度”工具可以调整对象的透明度。

本章通过学习4个案例，可以初步掌握“调色板管理器”泊坞窗、调色板、“颜色”泊坞窗和“轮廓颜色”对话框的使用方法，以及填充和“透明度”工具的使用方法。

3.1　案例 6：制作“荷塘月色”图形

“荷塘月色”效果图如图 3-1-1 所示。背景是从深蓝色到海蓝色的线性渐变色，如图 3-1-2 所示。海蓝色宁静的湖面上漂着荷花，两只黑天鹅在月光下更显美丽。通过对本案例的学习，可以进一步掌握“手绘”工具和“形状”工具的使用方法，填充工具展开工具栏中的“均匀填充”工具和“渐变填充”工具的使用方法，以及“调和”工具和“阴影”工具的使用方法等。

图 3-1-1　“荷塘月色”效果图

图 3-1-2　背景

制作方法

1．设置背景

（1）新建一个 CorelDRAW 文档，设置绘图页面的宽度和高度都为 80mm。使用工具箱中的“矩形”工具，在绘图页面中绘制一个与页面大小一样的矩形。

（2）单击工具箱中的“编辑填充”工具，打开“编辑填充”对话框，如图 3-1-3 所示。单击“渐变填充”按钮，弹出“渐变填充”对话框。选择“渐变填充”对话框中的“类型”→“线性”选项，在“旋转角度”数字框中输入 90.0°。

（3）单击左侧起始色块，弹出它的调色板，选择其中的“PANTONE 2915C”色块，如图 3-1-4 所示。单击右侧终止色块，弹出它的调色板，选择其中的“PANTONE 660C”色块，即可设置颜色从海蓝色到深蓝色的渐变，单击“确定”按钮，完成矩形内渐变色的填充。右键单击右侧调色板中的浅蓝色色块，设置矩形轮廓线的颜色为浅蓝色。

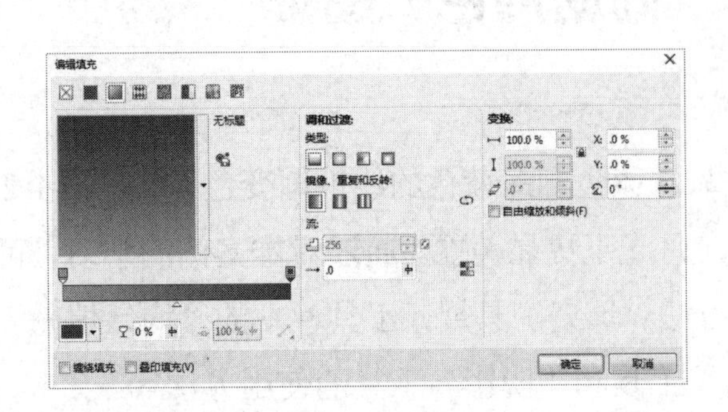

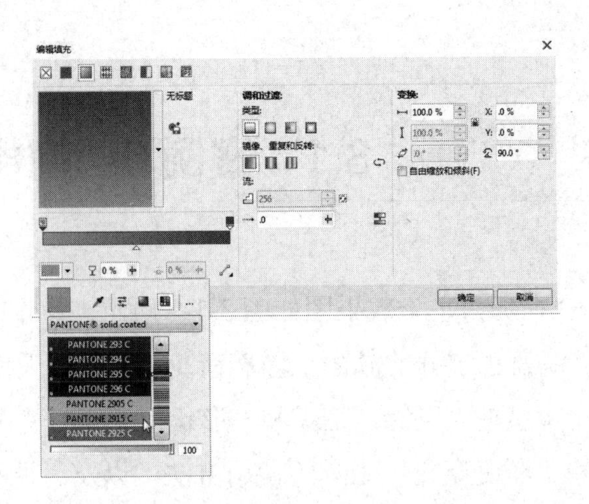

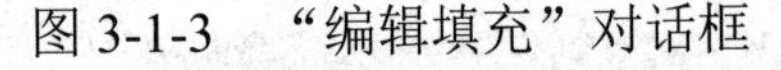

图 3-1-3　“编辑填充”对话框　　　　图 3-1-4　“编辑填充—渐变填充”（线性）对话框

（4）使用工具箱中的“矩形”工具，在绘图页面中绘制一个与页面宽度一样、高度为50mm的矩形。单击工具箱填充工具展开工具栏中的“渐变填充”工具，弹出“渐变填充”对话框，设置与图 3-1-4 的设置基本一样，设置起始颜色为浅蓝色，终止颜色为黄色，单击“确定”按钮，绘制的矩形如图 3-1-5 所示。

（5）单击交互式工具展开工具栏中的“透明度”工具，在图 3-1-6 所示的矩形中从上向下拖曳，并进行透明度处理。在其属性栏中进行设置，如图 3-1-7 所示。最后绘图页面的背景图形参考图 3-1-2。

图 3-1-5　渐变填充的矩形

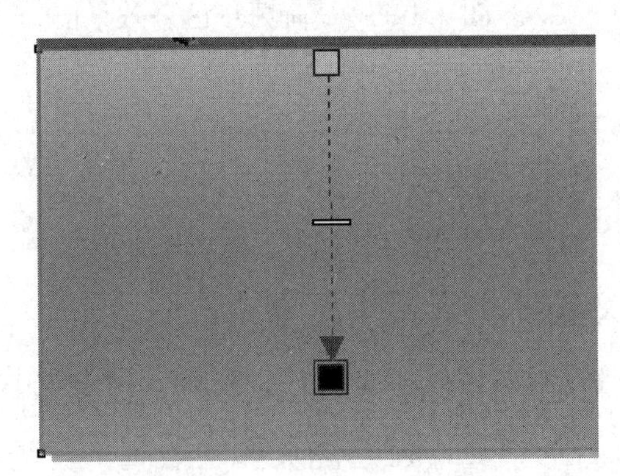

图 3-1-6　添加透明度处理

图 3-1-7　“交互式透明度”工具属性栏

2．荷花图形的绘制

（1）使用工具箱曲线工具展开工具栏中的“手绘”工具，在其属性栏的“手绘平滑”数字框中输入 100，绘制一个花瓣图形，如图 3-1-8 左图所示。

（2）单击工具箱填充工具展开工具栏中的“均匀填充”按钮，弹出“均匀填充”对话框，它与图 3-1-4 的设置基本一样。在该对话框中选择“粉红色”，单击“确定”按钮，将花瓣图形填充为粉红色，取消轮廓线，效果如图 3-1-8 中图所示。

（3）将花瓣图形复制一份并缩小，选中复制的花瓣图形，单击“均匀填充”按钮■，弹出“均匀填充”对话框，选择浅棕黄色，单击“确定”按钮，给小花瓣图形填充浅棕黄色，将它放在大花瓣图形内的右侧，如图 3-1-8 右图所示。

（4）单击工具箱交互式工具展开工具栏中的“调和”按钮，从小花瓣向大花瓣拖曳，此时的图形如图 3-1-9 左图所示。在其“交互式调和”工具属性栏的“调和对象”数字框中输入 50，按 Enter 键后，花瓣图形如图 3-1-9 右图所示。

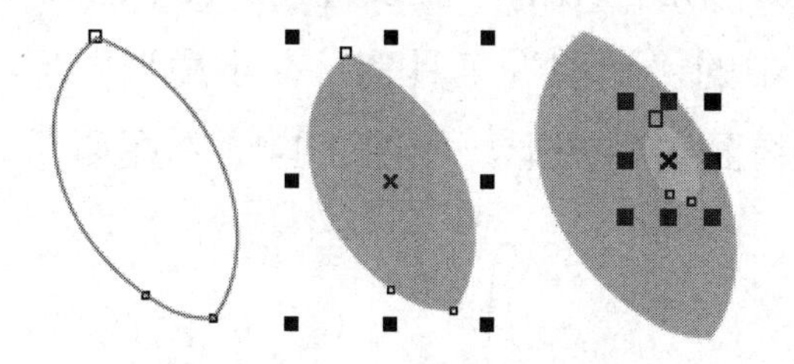

图 3-1-8 绘制花瓣图形

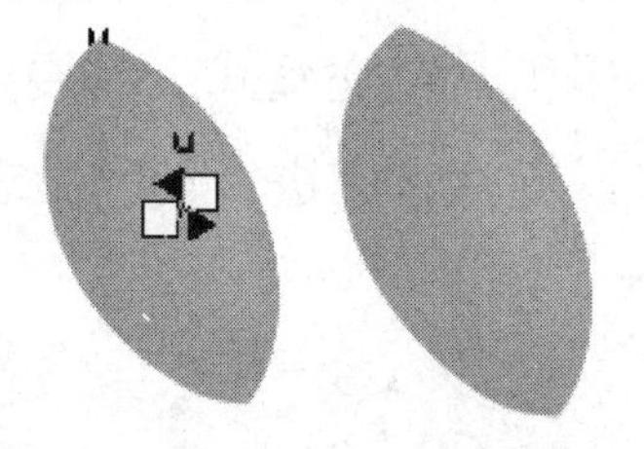

图 3-1-9 调和处理效果和花瓣图形

（5）选中花瓣图形，按“Ctrl+D”组合键，将其复制多个。调整各花瓣图形的大小、方向、旋转角度和位置，并将其排列成荷花的图形，如图 3-1-10 所示。

（6）使用工具箱中的“椭圆形”工具，绘制一个椭圆形图形，将它填充为黄色，取消轮廓线。按“Ctrl+D”组合键，复制一个椭圆形图形，将它缩小并填充为红色，然后移到大椭圆形图形的正下方，如图 3-1-11 所示。

（7）选中小椭圆形图形，选择“对象”→“顺序”→“置于此对象后”命令，此时的鼠标指标变成一个黑色的箭头，单击大椭圆形图形，将小椭圆形图形置于大椭圆形图形之后。

（8）使用工具箱交互式工具展开工具栏中的“调和”工具，从小椭圆形图形向大椭圆形图形拖曳，此时的图形如图 3-1-12 所示。

（9）使用工具箱中的“椭圆形”工具，在按住“Ctrl”键的同时拖曳鼠标，绘制一个圆形图形，并将它填充为红色，取消轮廓线。按“Ctrl+D”组合键，复制多个圆形图形，将它们排列在黄色的椭圆形内。选中多个小椭圆形和调和后的椭圆形图形，将它们组成一个群组，如图 3-1-13 所示。

图 3-1-10 荷花图形

图 3-1-11 两个椭圆

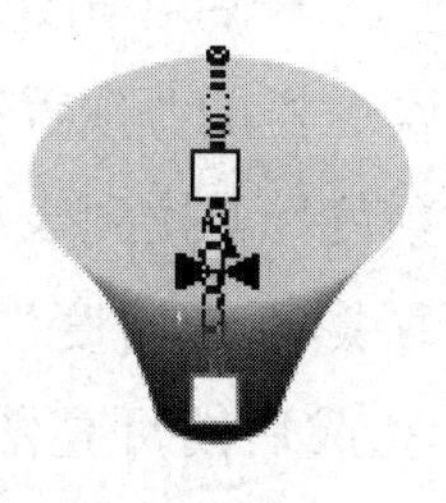

图 3-1-12 调和效果

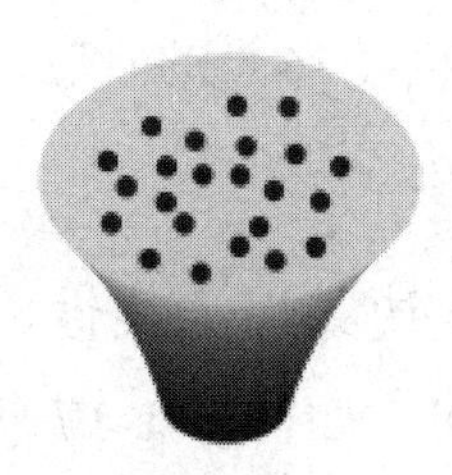

图 3-1-13 组成群组

（10）将图 3-1-13 所示的图形放在图 3-1-10 所示的荷花图形上，莲花和莲蓬图形最终效果如图 3-1-14 所示。

3．荷叶图形的绘制

（1）使用工具箱中的“椭圆形”工具，绘制一个椭圆形。使用工具箱中的“形状”工具，拖曳其中节点沿边缘旋转，调整椭圆形图形成为扇形图形，如图 3-1-15 左图所示。

（2）将扇形填充为浅绿色，取消轮廓线。按“Ctrl+D”组合键，复制一个扇形，并将它放大，并填充为深绿色。将小扇形图形移到大扇形图形的中心位置，如图 3-1-15 中图所示。

（3）使用工具箱交互式工具展开工具栏中的“调和”工具，在小扇形图形到大扇形图形之间拖曳，并将它们进行调和处理，最终得到荷叶图形，如图 3-1-15 右图所示。

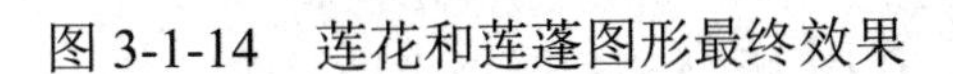

图 3-1-14　莲花和莲蓬图形最终效果

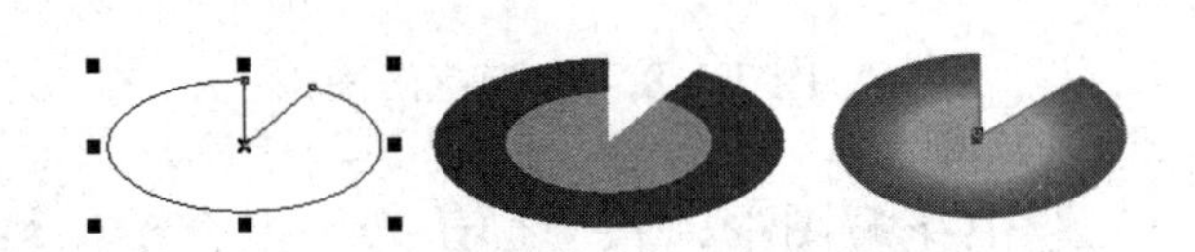

图 3-1-15　绘制荷叶图形

（4）使用工具箱中的“选择”工具，拖曳并选中荷叶图形，选择“对象”→“组合”命令，将荷叶图形组成一个荷叶群组对象，同时将荷花图形组成一个荷花群组对象。

（5）选中荷叶群组对象，多次按“Ctrl+D”组合键，复制多个荷叶群组对象，调整它们的大小和形状，并将它们移到背景的合适位置。

（6）选中荷花群组对象，按“Ctrl+D”组合键，复制多个荷花群组对象，调整好大小，并将它们移到背景的合适位置，最终效果参考图 3-1-1。

4．月亮图形的绘制

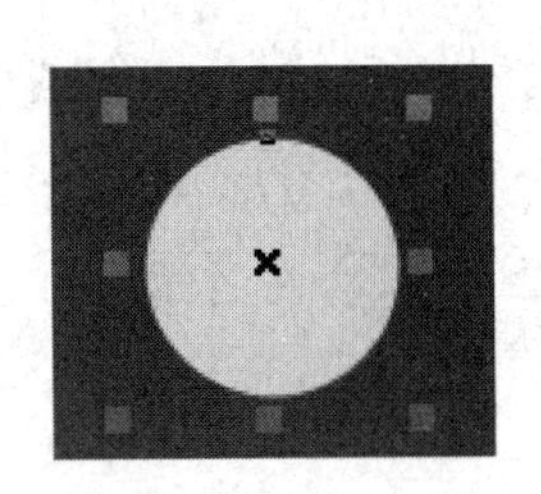

图 3-1-16　黄色圆形

（1）使用工具箱交互式工具展开工具栏中的“椭圆形”工具，按住“Ctrl”键，在绘图页面的右上角拖曳鼠标，绘制一个圆形图形。将该圆形图形填充为黄色，取消轮廓线，如图 3-1-16 所示。

（2）使用工具箱中的“阴影”工具，在它的“交互式阴影”工具属性栏的“预置列表”下拉列表框中选择“中等辉光”选项，在“阴影颜色”下拉列表框中选择黄色，设置“羽化方向”为中间，设置“羽化边缘”为线性，在“阴影不透明度”数字框中输入 98，在“阴影羽化”数字框中输入 98，如图 3-1-17 所示。完成后的月亮图形如图 3-1-18 所示。

图 3-1-17　“交互式阴影”工具属性栏 1

5．输入文字

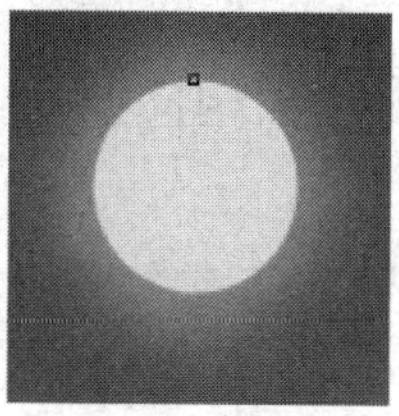

（1）单击工具箱中的“文本”工具字，在其属性栏中设置文字的字体为华文行10楷、字号为60pt、“填充色”和“轮廓线”都为红色，然后输入“荷塘月色”4个字。

（2）使用工具箱中的“阴影”工具，在“荷塘月色”文字上拖曳鼠标，并在其“交互式阴影”工具属性栏中设置“阴影颜色”为黄色，其他设置如图3-1-19所示，文字效果如图3-1-20所示。

图3-1-18　月亮图形

（3）将文字移到绘图页面的左上方，适当调整文字的大小，最终效果参考图3-1-1。

图3-1-19　“交互式阴影”工具属性栏2

图3-1-20　添加阴影的文字效果

6．导入黑天鹅图像

（1）单击标准工具栏中的“导入”按钮，弹出“导入”对话框，选择一个名为“天鹅.jpg”的图像，如图3-1-21所示，单击“导入”按钮。在画布中拖曳鼠标，将“天鹅.jpg”图像导入绘图页面。

（2）选择“位图”→“位图颜色遮罩”命令，打开“位图颜色遮罩”泊坞窗，单击其中的“颜色选择”按钮，此时鼠标指针变成吸管状，单击图片周围的蓝色，设置“容限”为66，如图3-1-22所示。单击“应用”按钮，此时的图像如图3-1-23所示，再将它移至背景的上方。

图3-1-21　“天鹅.jpg”图像

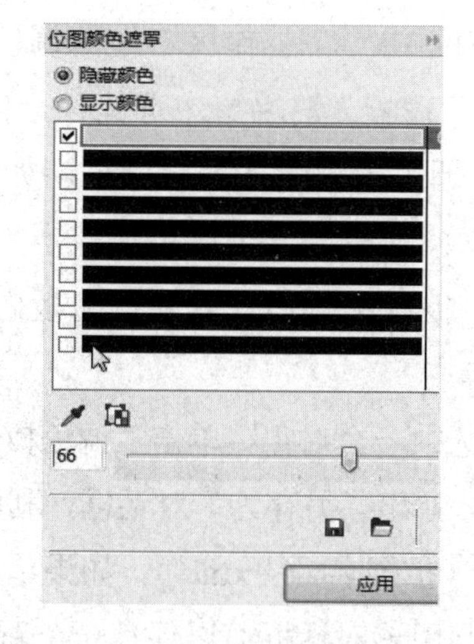

图3-1-22　“位图颜色遮罩”泊坞窗口

图3-1-23　遮罩后的图像

（3）使用工具箱中的“选择”工具，将图 3-1-23 所示的图像调小一些，然后将该图像调整到相应的位置，最终效果参考图 3-1-1。

相关知识

1．调色板管理

选择“窗口”→“泊坞窗”→“调色板管理器”命令，弹出“调色板管理器”泊坞窗，如图 3-1-24 所示。“调色板管理器”泊坞窗的最上方有 6 个按钮，这 6 个按钮的功能分别为创建一个新的空白调色板、使用选定的对象创建一个新调色板、使用文档创建一个新调色板、打开调色板、打开调色板编辑器、新建文件夹。将鼠标指针移到按钮之上可显示按钮名称。利用该泊坞窗可以打开、保存、新建和编辑调色板。

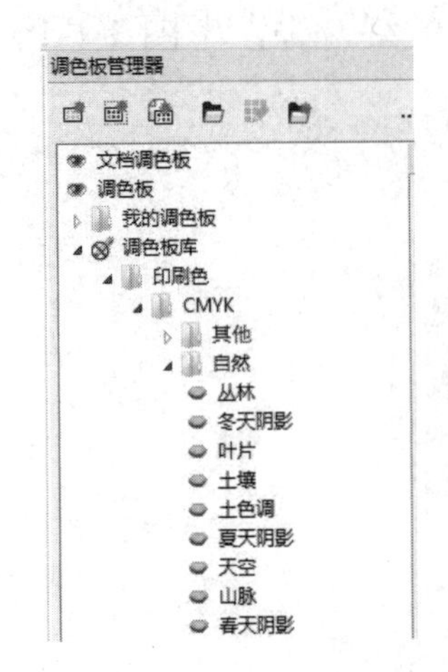

图 3-1-24　“调色板管理器”泊坞窗

（1）添加和取消调色板：单击“调色板管理器”泊坞窗中调色板名称左边的图标，使它变为图标，可以将该调色板添加到 CorelDRAW X7 工作区右边的调色板区域。单击图标，使它变为图标，可以将该调色板从 CorelDRAW X7 工作区内取消。

另外，选择“窗口”→“调色板”命令，弹出“调色板”菜单，选择其中的命令，即可增加或删除一个调色板。

（2）打开调色板：单击“调色板管理器”泊坞窗中的“打开调色板”按钮，弹出“打开调色板”对话框，如图 3-1-25 左图所示。在“文件类型”下拉列表框中可以选择调色板的类型，如图 3-1-25 右图所示。选中要打开的调色板名称，单击“打开”按钮，即可将选中的外部调色板打开，同时导入 CorelDRAW X7 工作区右边的调色板区域。

（3）编辑调色板：在“调色板管理器”泊坞窗中选择一个自定义调色板名称，再单击“打开调色板编辑器”按钮，弹出“调色板编辑器”对话框，如图 3-1-26 所示，可以看到该调色板的情况。利用该对话框中的下拉列表框，可以更换自定义调色板；单击右侧的按钮，可以给调色板添加新颜色、替换调色板内的颜色、删除调色板内的颜色，以及将调色板内的颜色色块按照指定的方式排序显示等。

（4）新建调色板：打开文档，选中一个对象，单击“调色板管理器”泊坞窗中的“使用选定的对象创建一个新调色板”按钮，弹出“另存为”对话框，利用该对话框可以将选中的对象所使用的颜色保存为一个调色板文件（扩展名为“xml”）。如果单击“创建一个新的空白调色板”按钮，弹出“另存为”对话框，利用该对话框可以保存一个新的空白调色板文件。

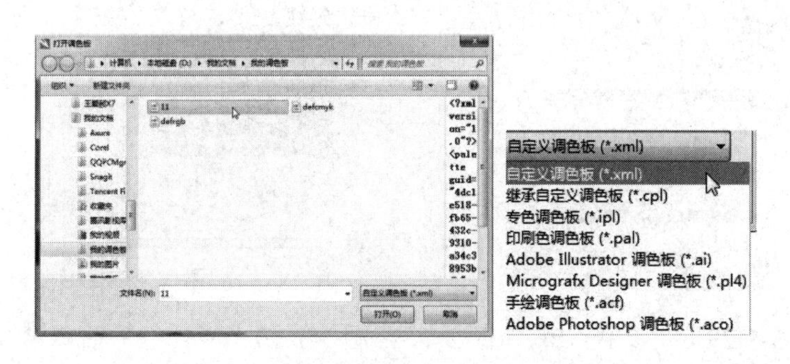

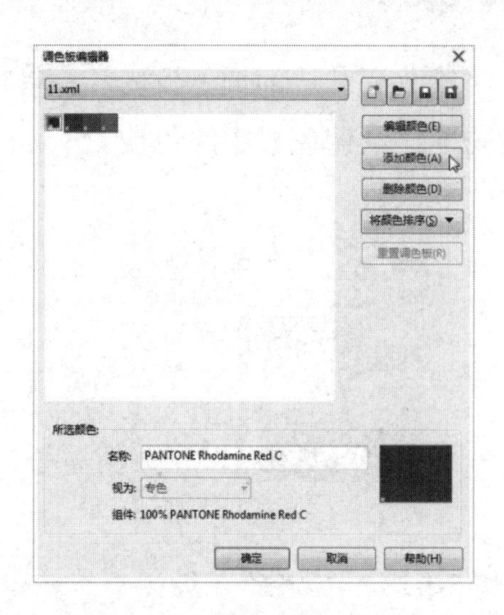

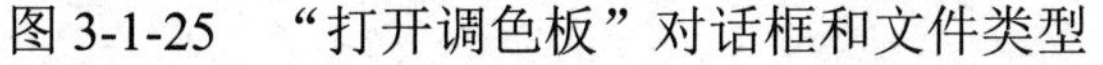
图 3-1-25 “打开调色板”对话框和文件类型

图 3-1-26 “调色板编辑器”对话框

（5）删除自定义调色板：在“调色板管理器”泊坞窗中选择一个自定义调色板名称，再单击该泊坞窗右下角的“删除所选的项目”按钮，弹出一个提示框，单击“确定”按钮，即可删除“调色板管理器”泊坞窗中选择的自定义调色板。

2．均匀填充

（1）使用调色板着色：使用“选择”工具选中图形，将鼠标指针移到调色板色块上，稍等片刻，会显示颜色名称。单击色块，即可给选中的图形填充颜色；右键单击色块，可设置选中的图形轮廓的颜色；按住“Ctrl”键并单击色块，可将单击的颜色与原来的颜色混合。

在选中一个对象后，拖曳调色板中的颜色块到对象上方，当鼠标指针指向对象内部时，可在对象内填充颜色；当鼠标指针指向对象轮廓线时，可改变对象轮廓线的颜色。

如果按住“Shift”键单击色块，则会弹出“按名称查找颜色”对话框，如图 3-1-27 所示。在该对话框的“颜色名称”下拉列表框中可以选择一种颜色的名字，单击“确定”按钮，即可将鼠标指针定位在要选择的颜色的色块处。

图 3-1-27 “按名称查找颜色”对话框

（2）“颜色”泊坞窗着色：选择“窗口”→“泊坞窗”→“彩色”命令，或者单击“轮廓”工具展开工具栏中的“彩色”（“颜色”）按钮，弹出“颜色”泊坞窗，如图 3-1-28 所示。在下拉列表框中可以选择颜色模式，在颜色条中可选择某种颜色或在相应的文本框中输入颜色数据。选好颜色后，单击“填充”按钮，即可给图形填充选定的颜色。单击“轮廓”按钮，即可改变选中对象的轮廓线颜色。

单击“显示颜色滑块”按钮，可以切换“颜色”泊坞窗，如图 3-1-29 所示，拖曳颜色条滑块，或者在文本框内输入颜色数据，都可以调整颜色。单击“显示调色板”按钮，可以切换“颜色”泊坞窗，如图 3-1-30 所示。在图 3-1-30 中单击右边垂直颜色条中的色条，可以整体改变左边的调色板内容；单击▲按钮，可以向上移动调色板中的色块；单击▣按钮，可以向下移动调色板中的色块。

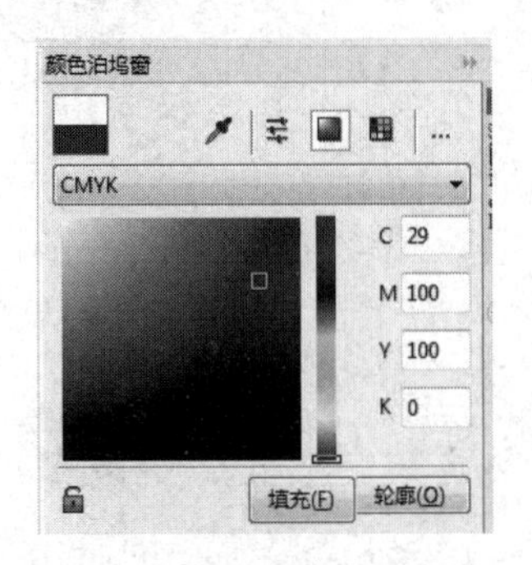
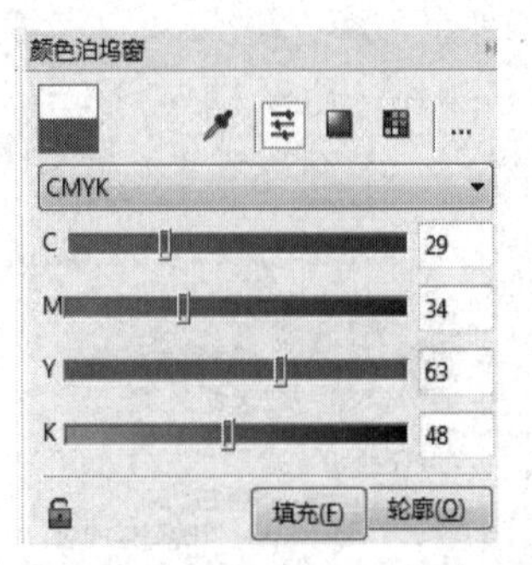

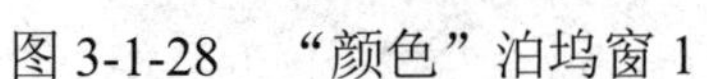
图 3-1-28　“颜色”泊坞窗 1

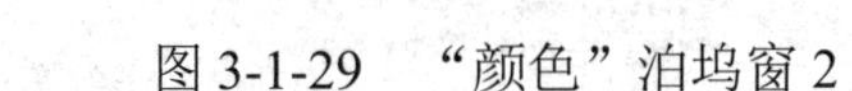
图 3-1-29　“颜色”泊坞窗 2

图 3-1-30　“颜色”泊坞窗 3

单击“颜色”泊坞窗左下角的“自动应用颜色”按钮，可以使该按钮在🔒和🔓之间切换。当按钮呈🔒状时，表示单击调色板中的色块后，选中对象的填充颜色可随之变化，而轮廓线颜色不变；当按钮呈🔓状时，表示单击调色板中的色块后，需要再单击“填充”按钮才可以改变选中对象的填充颜色，而且单击“轮廓”按钮才可以改变选中对象的轮廓线颜色。

（3）使用“均匀填充”对话框着色：使用“选择”工具选中对象，单击工具箱中的“交互式填充”工具，在其属性栏的“填充类型”下拉列表框中选择“均匀填充”选项，如图 3-1-31 所示。

图 3-1-31　“交互式填充”工具属性栏

（4）单击工具箱中的“编辑填充”工具，弹出“编辑填充”对话框，单击“均匀填充”按钮▣，弹出如图 3-1-32 所示的对话框。

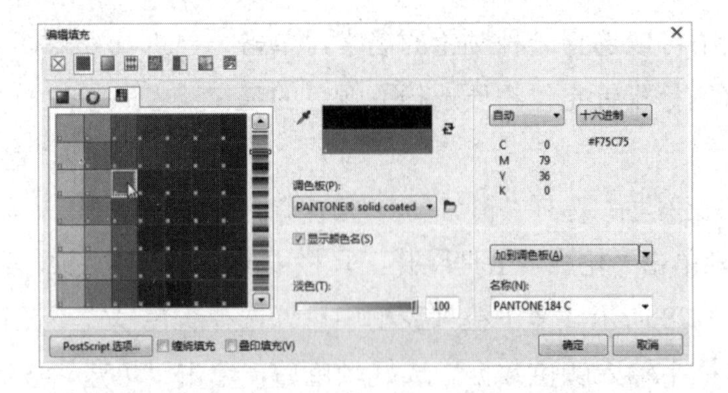

图 3-1-32　“编辑填充—均匀填充”对话框

单击“混合器”标签，可切换到“混合器”选项卡，单击“调色板”和“模型”标签，可以切换到“调色板”和“模型”选项卡。使用它们均可以选择要填充的颜色，再单击“确定”按钮，即可给选中的对象填充选定的颜色。

（5）使用“对象属性”泊坞窗着色：使用“选择”工具，右键单击对象，弹出它的快捷菜单，选择“属性”命令，弹出“对象属性”泊坞窗，如图 3-1-33 所示。使用该泊坞窗也可以选择填充的颜色。

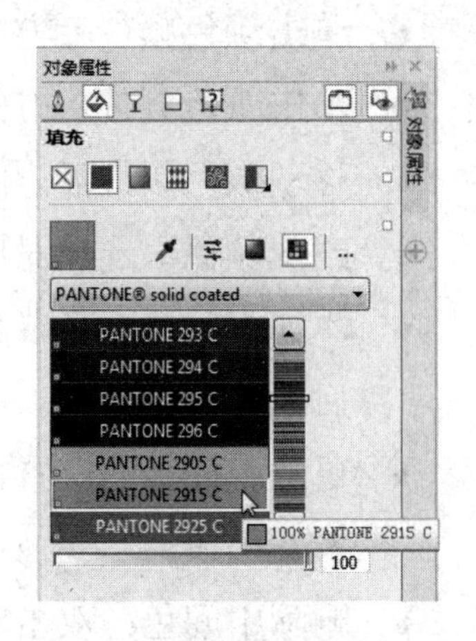

图 3-1-33 “对象属性”泊坞窗

3. 渐变填充

渐变填充也称为倾斜度填充，其包含 4 种类型：线性、椭圆形、圆锥形和矩形。“线性”渐变填充沿着对象做直线流动；“椭圆形”渐变填充从对象中心以同心椭圆的方式向外扩散；“圆锥形”渐变填充产生光线落在圆锥形上的效果；“矩形”渐变填充以同心矩形的方式从对象中心向外扩散。总之，渐变填充是给图形填充按照一定的规律发生变化的颜色。

单击工具箱中的“编辑填充”工具，打开“编辑填充”对话框，单击“渐变填充”按钮，可以给选中的对象填充渐变色，或者选择该图形对象，选择“窗口”→“泊坞窗”→“对象属性”命令，也可以给选中的对象填充渐变色。这两种方法很相似，主要的操作都是使用“编辑填充”对话框。利用“编辑填充”对话框进行渐变填充的方法如下。

- 在“类型”下拉列表框中选择渐变填充的类型，有线性渐变填充、椭圆形渐变填充、圆锥形渐变填充、矩形渐变填充 4 种类型。“圆锥形”类型的“编辑填充—渐变填充”对话框如图 3-1-34 所示，“线性”类型的“编辑填充—渐变填充”对话框可参考图 3-1-4，“矩形”类型的“编辑填充—渐变填充”对话框如图 3-1-35 所示，“椭圆形”类型的“编辑填充—渐变填充”对话框如图 3-1-36 所示。

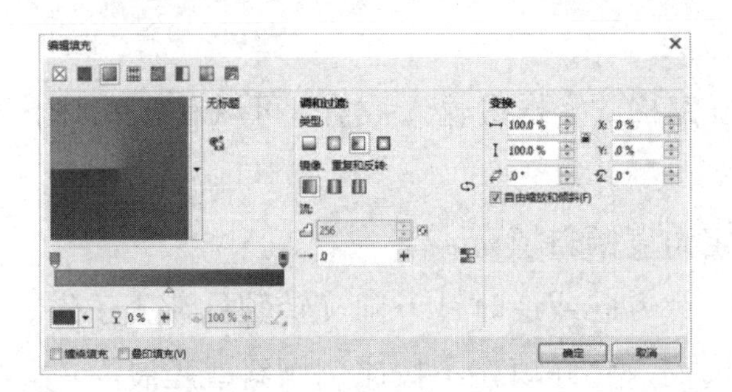

图 3-1-34 “编辑填充—渐变填充”（圆锥形）对话框

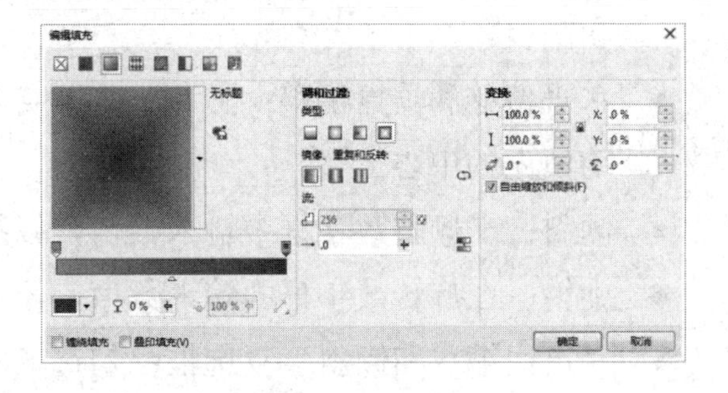

图 3-1-35 “编辑填充—渐变填充”（矩形）对话框

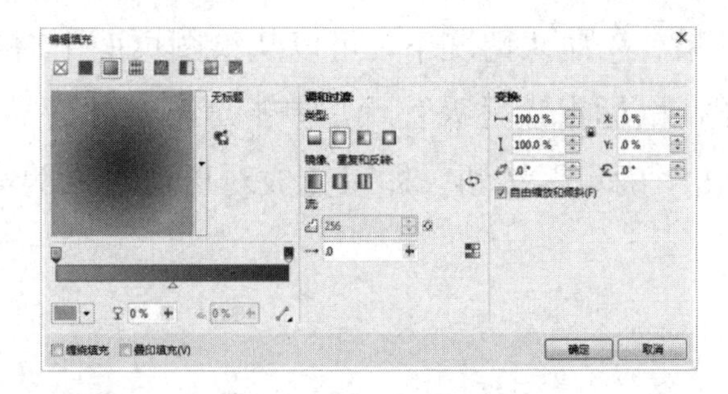

图 3-1-36 “编辑填充—渐变填充”（椭圆形）对话框

- 单击颜色频带上方的起始节点，打开节点颜色挑选器，然后选择一种颜色。
- 单击颜色频带上方的结束节点，打开节点颜色挑选器，然后选择一种颜色。
- 移动颜色频带下方的中点滑块，设置两种颜色之间的中点。
- 改变颜色：选择对应的节点，打开节点颜色挑选器，然后选择一种颜色。
- 添加中间色：双击要添加节点的颜色频带，选中新的节点，打开节点颜色挑选器，然后选择一种颜色。
- 更改中间色的位置：将对应节点拖到颜色频带上方的新位置，或者在节点位置框中输入一个值。
- 删除中间色：双击对应的节点。
- 节点透明度：可以选择对应的节点，并在节点透明度框中输入一个数值，以更改颜色的透明度。
- 指定两个节点间颜色调和的方式：选择两个节点或它们之间的中点，单击"调和方向"按钮，然后从列表中选择一个选项：线性颜色调和，是指沿直线从起始颜色开始，持续跨越色轮直至结束颜色来调和颜色；顺时针颜色调和，是指沿顺时针路径围绕色轮调和颜色；逆时针颜色调和，是指沿逆时针路径围绕色轮调和颜色。
- 镜像、重复或反转填充：在"对象属性"泊坞窗中，单击填充部分底部的下三角按钮（镜像、重复或反转填充），以显示更多填充选项。
- 加速滑块：移动加速滑块，可以指定渐变填充从一种颜色调和为另一种颜色的速度。
- "平滑"按钮：单击"平滑"按钮，可以让渐变填充节点之间的颜色过渡得更加平滑。
- 填充宽度和填充高度：在填充宽度框和填充高度框中输入数值，可以指定填充的宽度和高度。
- 水平偏移和垂直偏移：在水平偏移或垂直偏移数字框中输入数值，可以左右或上下移动填充的中心。
- 倾斜：在倾斜数字框中输入数值，以指定角度倾斜填充。
- 旋转：在旋转数字框中输入数值，沿顺时针方向或逆时针方向旋转颜色渐变序列。
- "自由缩放和倾斜"复选框：勾选该复选框，允许填充不按比例倾斜或延展。
- 取色工具：如果使用图形、调色板或桌面上已有的颜色，则可以对颜色进行取样，以达到完全匹配的效果。在默认情况下，可以从绘图页面中对单个像素进行取样，即单击调色板中的按钮，鼠标指针呈吸管状，单击屏幕上任何一处的颜色即可取样。

完成上述设置后，单击"确定"按钮，即可完成对选定对象的渐变填充。

思考与练习 3-1

1．绘制一个“立体几何”图形，如图 3-1-37 所示，它给出了几种立体图形，这些图形具有较强的立体效果，绘制这些图形需要使用“渐变填充”和“阴影”等工具。

2．绘制一个“贺卡”图形，如图 3-1-38 所示。

图 3-1-37 “立体几何”图形

图 3-1-38 “贺卡”图形

3．绘制一个“卷页效果”图形，如图 3-1-39 所示。

4．绘制一个“我的小屋”图形，如图 3-1-40 所示。

5．绘制一个“城市夜景”图形，如图 3-1-41 所示。

图 3-1-39 “卷页效果”图形

图 3-1-40 “我的小屋”图形

图 3-1-41 “城市夜景”图形

3.2 案例 7：制作新春年画

本节要制作一幅以“新春快乐”为主题的新春年画图形，效果如图 3-2-1 所示。可以看到，正中间上方是礼花，下方是两只生肖金猪拜年的“猪年大吉”图片，图片旁边是从黄色到红色渐变色变化的“新春”和“快乐”两组文字，左右两边各有一只大红灯笼，大红灯笼下方各有一串鞭炮，并且大红灯笼中间亮、四周暗、有阴影，给人一种强烈的三维效果。通过制作该图形，可以进一步掌握图形的渐变填充方法，“调和”工具和“阴影”工具的使用方法，以及图样与底纹填充的方法等。

图 3-2-1 “新春快乐”图形

1. 导入图像

（1）新建一个 CorelDRAW 文档，设置绘图页面的宽度为 200mm、高度为 100mm、背景色为红色。

（2）选择“文件”→“导入”命令，弹出“导入”对话框，选中“猪年大吉.jpg”图像文件，单击“导入”按钮，关闭“导入”对话框。

（3）在绘图页面内拖曳出一个矩形，即可导入“猪年大吉.jpg”图像，将该图像移到绘图页面中间偏下的位置，如图 3-2-2 所示。

图 3-2-2 导入“猪年大吉.jpg”图像

（4）使用工具箱中的“选择”工具选中导入的图像，选择“窗口”→“泊坞窗”→“位图颜色遮罩”命令，弹出“位图颜色遮罩”泊坞窗，如图 3-2-3 所示。

（5）选中“隐藏颜色”单选按钮，单击“颜色选择”按钮，再单击“猪年大吉.jpg”图像的白色背景，勾选第 1 个复选框，在“容限”文本框中输入 37。单击“应用”按钮，即可隐藏“猪年大吉.jpg”图像的白色背景、调整图像大小并移动到适当位置。

2. “喷涂”礼花图案

使用工具箱曲线工具展开工具栏中的“艺术笔”工具，单击其属性栏中的“喷涂”按钮，在“类别”下拉列表框中选择“其他”选项，如图 3-2-4 所示。在“喷射图样”下拉列表框中选择一种礼花图案，并进行添加。

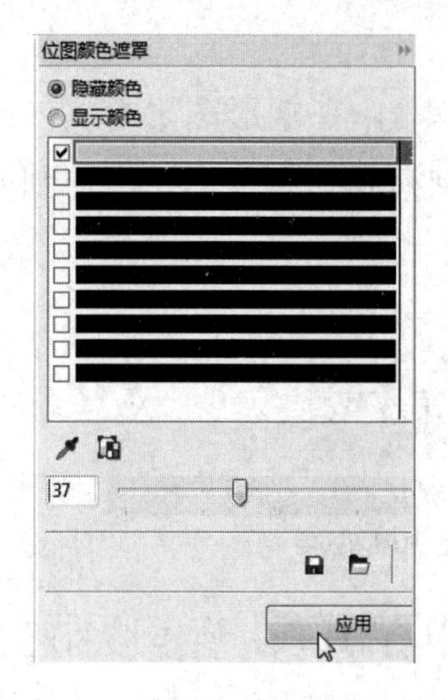

图 3-2-3 “位图颜色遮罩”泊坞窗

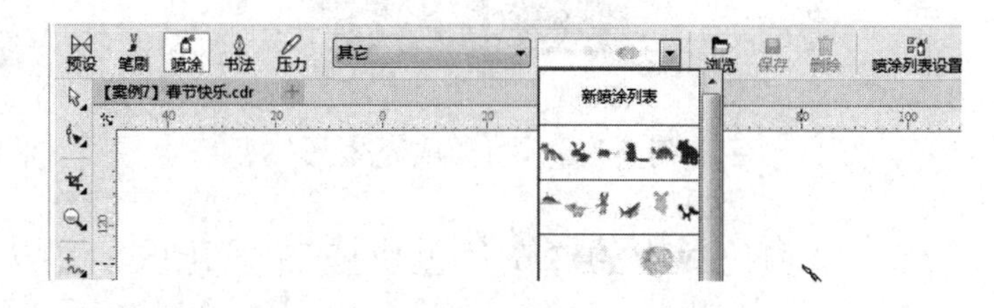

图 3-2-4 “艺术笔”工具属性栏

3．鞭炮的绘制

（1）使用工具箱中的“矩形”工具，在绘图页面外边绘制一个矩形图形。使用工具箱中的“选择”工具，选中矩形图形，单击“编辑填充”对话框中的“渐变填充”按钮，弹出“编辑填充—渐变填充”对话框，在“类型”下拉列表框中选择“线性”渐变填充类型，如图 3-2-5 所示。单击颜色频带左上角的或标记，再单击调色板中的红色色块，设置起始色为红色；单击颜色频带右上角的或标记，再单击调色板中的红色色块，设置终止色也为红色。双击颜色频带上边，可以使颜色频带上边的中间位置出现一个标记，单击调色板中的黄色色块，设置此处的颜色为黄色，角度数值设置为 90，此时矩形图形填充的线性渐变色为从红色到黄色，再到红色，效果如图 3-2-6 所示。

（2）按“Ctrl+D”组合键，将矩形复制一份，选中复制的矩形，单击“编辑填充”工具，打开“编辑填充”对话框，弹出“向量图样填充”面板，单击“图样”下拉列表框，弹出“图样”面板，选择该面板第 1 行第 3 列的图案，在“大小”栏的“宽度”和“高度”数字框中都输入 5.0mm，其他设置如图 3-2-7 所示。

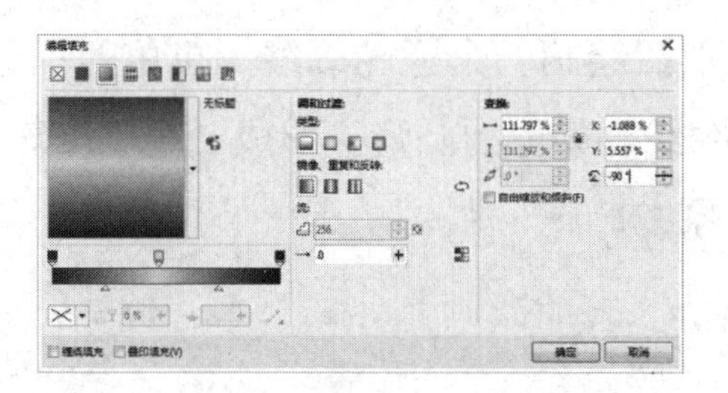

图 3-2-5 “编辑填充—渐变填充”（线性）对话框

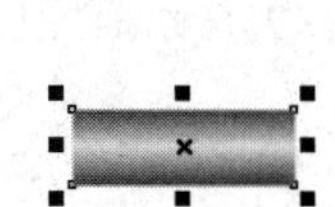

图 3-2-6 矩形

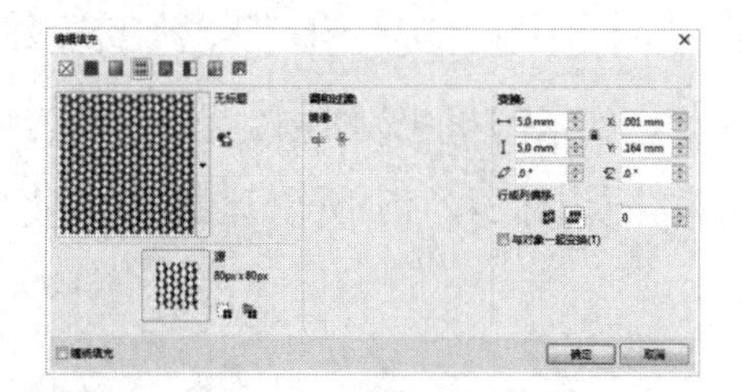

图 3-2-7 “编辑填充—向量图样填充”对话框

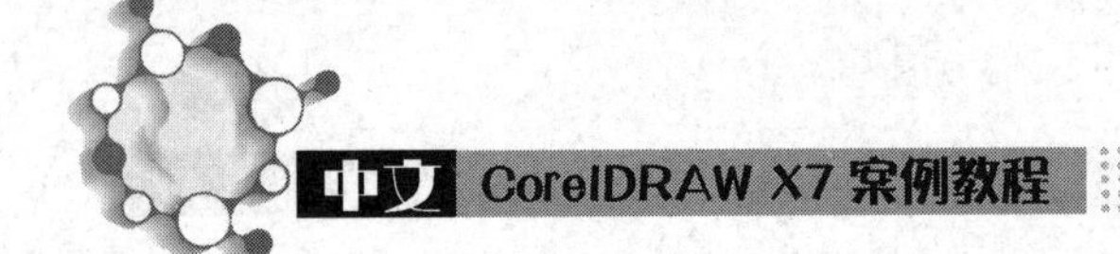

（3）单击“确定”按钮，选中的矩形填充了上述图样，得到图样填充的矩形，如图 3-2-8 所示，再将该矩形移到图 3-2-6 所示的矩形上面。

（4）单击工具箱交互式工具展开工具栏中的“透明度”工具，在矩形图形中从左向右拖曳鼠标，使该矩形图形产生透明效果，同时出现两个方形控制柄和一个条形透明控制柄，如图 3-2-9 所示。

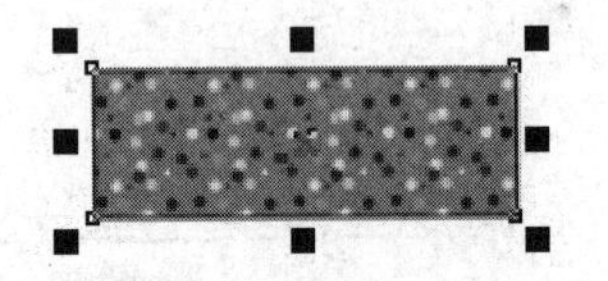

图 3-2-8　图样填充矩形

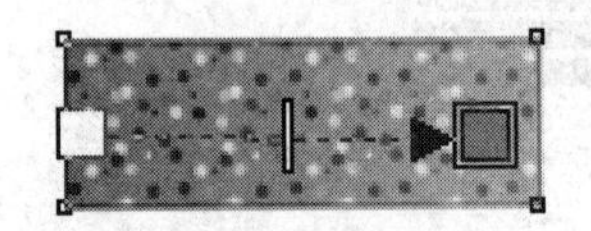

图 3-2-9　透明度处理

（5）将调色板中的深灰色色块拖曳到矩形上边的方形控制柄内两次，使矩形的透明度增加，在它的“交互式透明度”工具属性栏的“透明中心点”文本框中输入 50，其他设置如图 3-2-10 所示。绘制一个爆竹图形，再将它旋转一定角度，效果如图 3-2-11 第 1 个图所示。

图 3-2-10　“交互式透明度”工具属性栏

（6）使用工具箱中的“选择”工具，选中图 3-2-11 第 1 个图所示的爆竹图形，按“Ctrl+D”组合键 3 次，复制 3 个相同的爆竹图形。

（7）选中其中一个复制的爆竹图形，将图 3-2-6 所示的透明矩形图形移开，选中图 3-2-9 所示的填充了一种图样的矩形。再弹出图 3-2-7 所示的“编辑填充—向量图样填充”对话框，单击“图样”按钮，弹出“图样”面板，选择另一种图样图案，再单击“确定”按钮，完成矩形填充图样的更换。将图 3-2-6 所示的矩形图形移到更换了图样的矩形图形上面，效果如图 3-2-11 第 2 个图形所示。

（8）按照上述方法，将复制的其他两个爆竹图形的图样进行修改，再将 4 个爆竹图形组成群组。将 4 个爆竹群组图形复制 3 份。

（9）使用工具箱对象工具展开式工具栏中的“复杂星形”工具，在其属性栏的“锐度”数字框中输入 3，在“点数或边数”数字框中输入 9，然后绘制一个无轮廓线、黄色的星形图形，如图 3-2-12 所示。在星形图形中心绘制一个无轮廓线、黄色的圆形，形成一个“爆炸”效果，如图 3-2-13 所示。最后，将它们组成一个群组对象。

图 3-2-11　四种爆竹图形

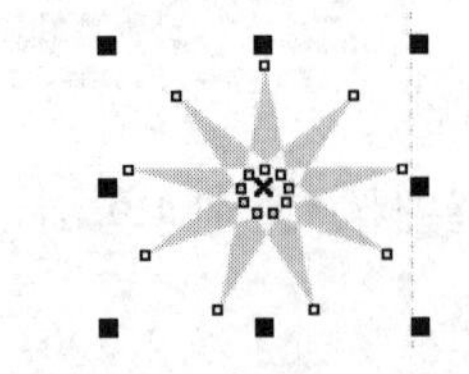

图 3-2-12　复杂的星形图形

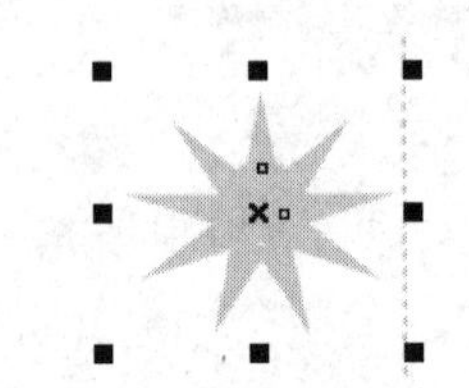

图 3-2-13　“爆炸”效果

（10）调整16个爆竹图形中8个爆竹图形的旋转角度，再调整16个爆竹图形的位置，绘制一条棕色的垂直线将16个爆竹图形连在一起，然后将图3-2-13所示的"爆炸"效果图形移到16个爆竹图形的下边，再将它们组成群组，形成一串鞭炮图形，如图3-2-14所示。

（11）将图3-2-14所示的一串鞭炮图形旋转一定角度，复制一份，再将复制的一串鞭炮图形水平镜像，然后将这两串爆竹图形分别移到绘图页面左右两边，如图3-2-15所示。

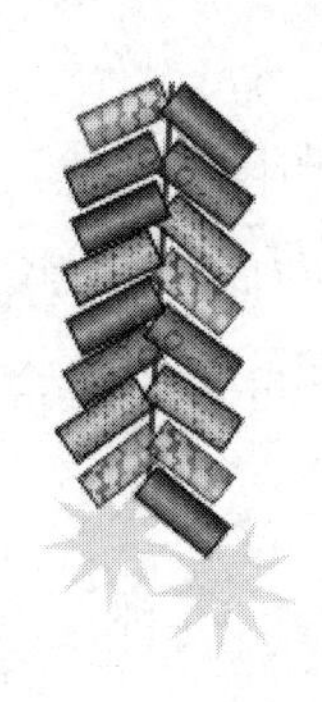

图3-2-14　一串鞭炮图形

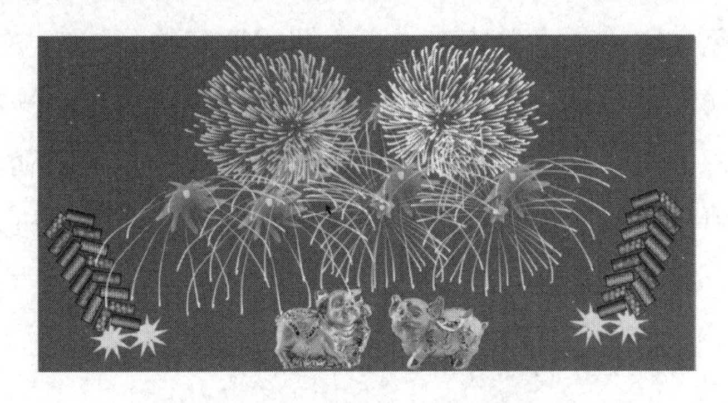

图3-2-15　"猪年大吉"、礼花和爆竹图形

4．立体文字的制作

（1）使用工具箱中的"文本"工具字，在绘图页面中输入字体为华文行楷、字号为48pt的"新春"美术字，并设置颜色为红色，如图3-2-16所示。将"新春"美术字复制一份，并设置颜色为黄色，将它调小，移到红色"新春"美术字的下方，如图3-2-17所示。

（2）使用工具箱中的"选择"工具，选中红色"新春"文字，设置该文字的轮廓线颜色为黄色。选择"对象"→"顺序"→"到图层前面"命令，将红色"新春"美术字移到黄色"新春"文字对象的前面。

（3）选中上下两组"新春"文字，单击工具箱交互式工具展开工具栏中的"调和"工具，在"交互式调和"工具属性栏的"调和对象"文本框中输入30，单击"直接调和"按钮。从红色"新春"美术字垂直向下拖曳到黄色"新春"美术字，形成一系列渐变"新春"美术字，如图3-2-18所示。

（4）使用工具箱中的"选择"工具，选中复制的一份红色"新春"文字，选择"对象"→"顺序"→"到图层前面"命令，将红色"新春"美术字移到其他对象的前面。再将该红色"新春"文字移到图3-2-18所示调和图形中红色"新春"文字上面，如图3-2-19所示。

图3-2-16　"新春"美术字

图3-2-17　两组文字

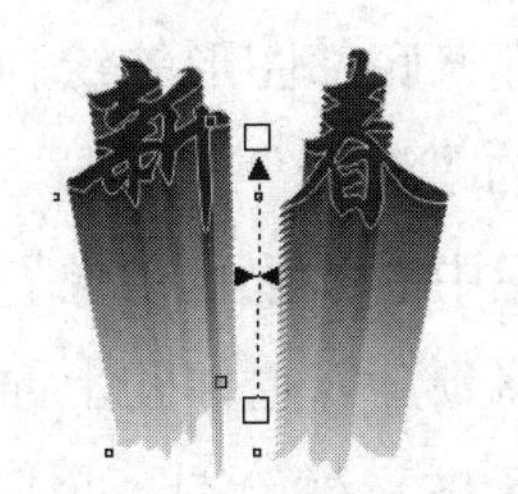

图3-2-18　调和效果

图3-2-19　选中红色文字

（5）单击工具箱中“编辑填充”工具的“底纹填充”按钮，弹出“编辑填充—底纹填充”对话框，在“底纹库”下拉列表框中选择“样品”选项，在“底纹列表”下拉列表框中选择最后一个“紫色烟雾”底纹选项，在“星云”栏设置数字框中的数值，使“红色软度%”数值为100，“绿色软度%”数值为50，“蓝色软度%”数值为14，“密度100%”数值为0，“亮度%”数值为29，即可在“预览”视图窗口看到效果，如图3-2-20所示。单击“确定”按钮，给红色文字“新春”填充“紫色烟雾”底纹。

（6）选中黄色“新春”文字，拖曳并调整它的位置，使文字调和图形倾斜一些。

（7）将“新春”文字调和图形复制一份，使它朝水平相反的方向倾斜一些。将黄色、红色和填充底纹的“新年”文字分别改为“快乐”，将它们再按照原来的方式组合在一起。

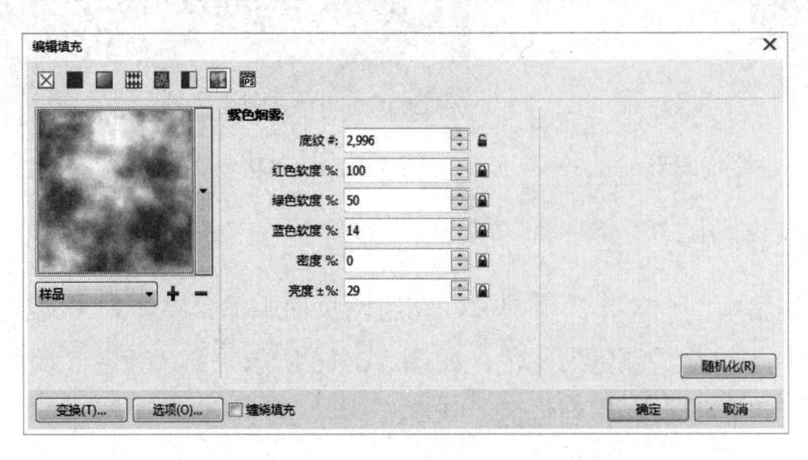

图3-2-20 “编辑填充—底纹填充”对话框

（8）将两组文字调和图形都组成群组，再分别移到“猪年大吉.jpg”图像的两边，效果如图3-2-1所示。

5．灯笼图案的绘制

（1）设置绘图页面的宽为200mm、高为100mm、背景颜色为红色。使用工具箱中的“椭圆形”工具，在绘图页面外绘制一个椭圆形图形作为灯笼的主体。然后，按“Ctrl+D”组合键，复制一份，将复制的椭圆形图形移到绘图页面的外面。

（2）使用工具箱中的“矩形”工具，在椭圆形图形的下面绘制一个矩形。单击其属性栏中的“转换为曲线”按钮，将矩形转换为可编辑的曲线。再使用工具箱中的“形状”工具，调整矩形的节点，完成灯笼底部图形的绘制，如图3-2-21所示。

（3）使用工具箱中的“选择”工具，选中刚刚调整的矩形，按“Ctrl+D”组合键，复制一份，再单击其属性栏中的“垂直镜像”按钮，使选中的对象垂直翻转，如图3-2-22所示。将垂直翻转的对象移到灯笼主体的上面。

（4）在图3-2-22所示图形处绘制一个椭圆形图形，选中这两个图形，如图3-2-23所示。选择“对象”→“造形”→“修剪”命令，形成灯笼的顶部图形，如图3-2-24所示。

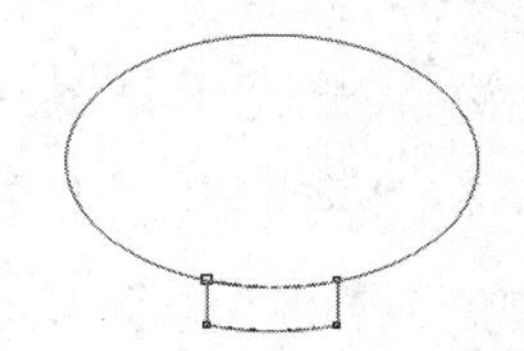

图 3-2-21　椭圆形和调整矩形

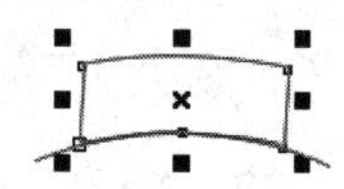

图 3-2-22　垂直翻转图形

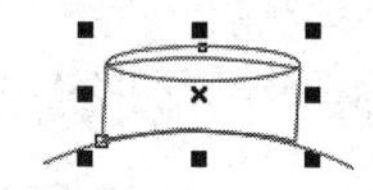

图 3-2-23　绘制一个椭圆形图形

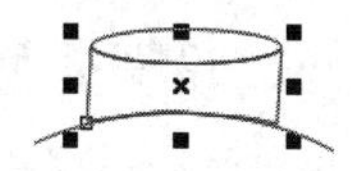

图 3-2-24　灯笼顶部图形

（5）在灯笼的中央绘制一条竖直的直线，并将所绘竖线设置为绿色，如图 3-2-25 所示。单击工具箱交互式工具展开工具栏中的“调和”按钮，在其“交互式调和”工具属性栏的“调和对象”数字框中输入 4，设置调和形状之间的偏移量。将鼠标指针移到灯笼中间的竖线上，并水平向右拖曳到椭圆形轮廓线处，形成一系列渐变曲线，制作出灯笼的骨架，如图 3-2-26 所示。

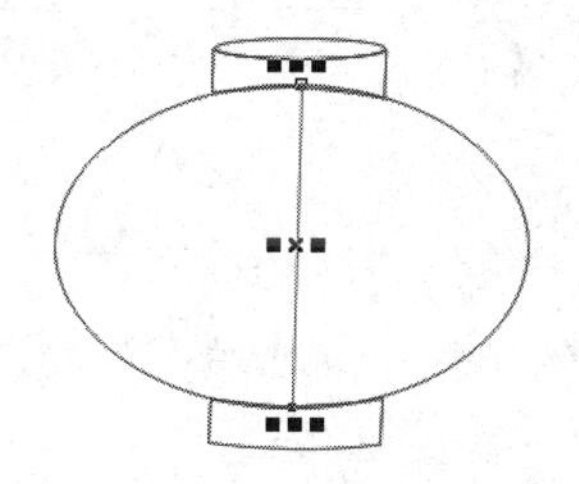

图 3-2-25　绘制直线

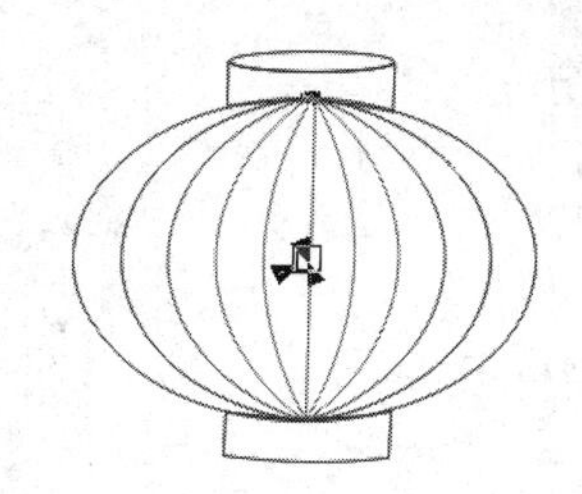

图 3-2-26　形成灯笼的骨架

（6）选中灯笼主体的骨架对象，选择“对象”→“顺序”→“到图层后面”命令。

（7）将绘图页面外面的椭圆形图形移到骨架对象上，单击工具箱编辑填充工具展开工具栏中的“渐变填充”工具，弹出“编辑填充—渐变填充”对话框。在“类型”栏中选择“辐射”选项，设置渐变填充为“辐射”；设置起始颜色为红色，设置终止颜色为黄色；设置“水平”和“垂直”数字框中的数值分别为 12.0%和 16.0%，如图 3-2-27 所示。单击“确定”按钮，给灯笼的椭圆形部分填充从红色到黄色的圆形渐变色，效果如图 3-2-28 所示。

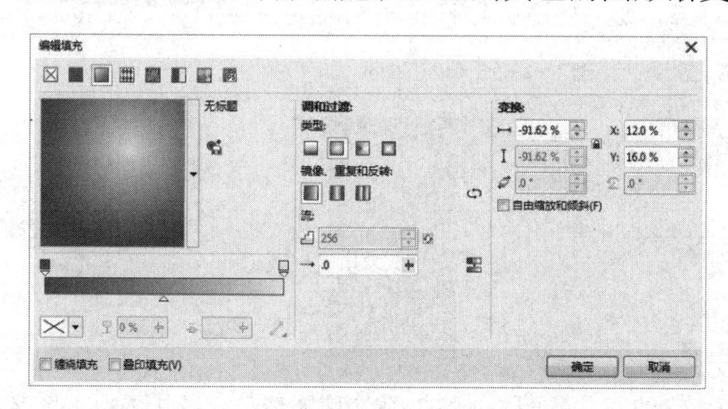

图 3-2-27　“编辑填充—渐变填充”（辐射）对话框

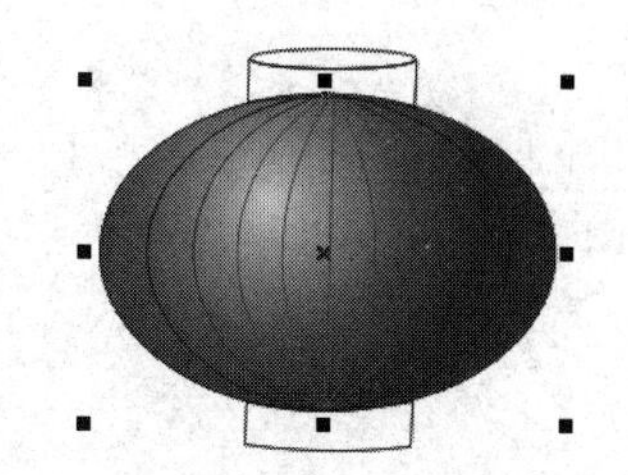

图 3-2-28　给灯笼的椭圆形部分填充红黄渐变色

（8）选中灯笼顶部和底部的矩形图形，单击工具箱编辑填充工具展开工具栏中的“渐变填充”工具，弹出“编辑填充—渐变填充”对话框。在“类型”栏中选择“线性”选项，设置渐变填充的类型为“线性”，单击颜色频带左上角的或标记，弹出调色板，如图3-2-29所示。选择红色色块，设置为起始颜色；单击颜色频带右上角的或标记，选择黄色色块，设置为终止颜色。双击颜色频带上方，可以使颜色频带上方中间位置出现一个标记，单击调色板中的黄色色块，设置此处的中间色为黄色，此时选中的矩形图形填充的线性渐变色为从黄色到白色，再到黄色，最后到红色，如图3-2-30所示。单击“确定”按钮，灯笼效果如图3-2-31所示。

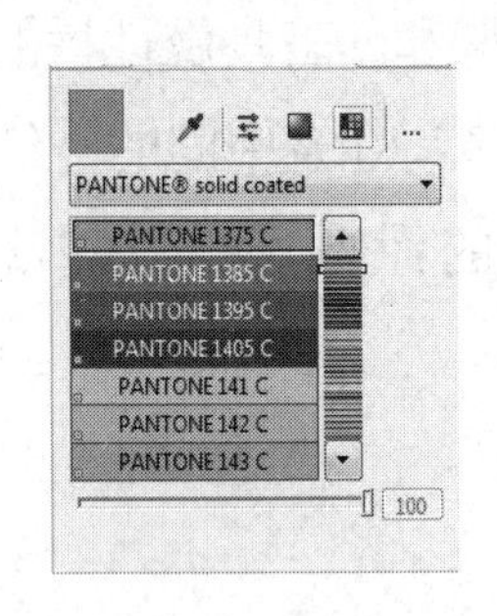

图3-2-29　调色板

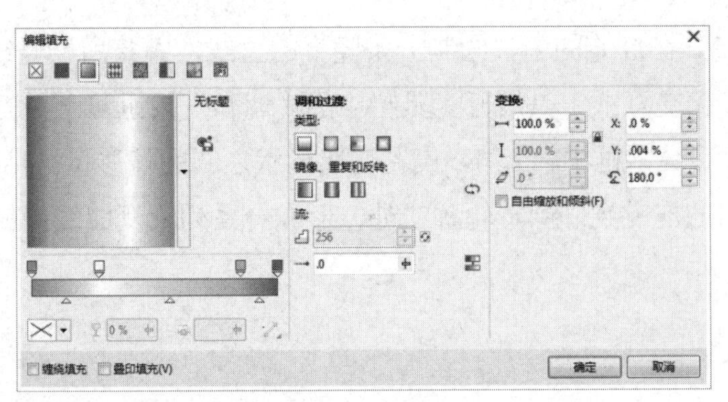

图3-2-30　“编辑填充—渐变填充”（线性）对话框

6．灯笼穗图案的绘制

（1）使用工具箱中的“手绘”工具，在灯笼的底部绘制一条垂直的红色直线，线的宽度为0.5mm，并将该垂直直线复制一份，调整两条直线的位置，如图3-2-32所示。

（2）单击工具箱交互式工具展开工具栏中的“调和”工具，在其“交互式调和”工具属性栏的“调和对象”文本框中输入30，将鼠标指针移到左边的垂直直线上，水平向右拖曳出另一条垂直直线，共形成32条垂直直线，构成灯笼穗图形，将灯笼穗颜色改为黄色，如图3-2-33所示。

（3）使用工具箱中的“选择”工具，选中红灯笼中的所有对象，选择“对象”→“组合”命令，将所选对象组成一个群组对象，如图3-2-34所示。

图3-2-31　灯笼图形

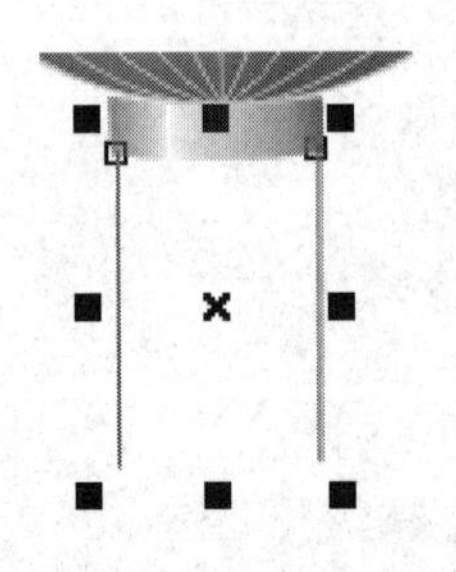

图3-2-32　两条直线

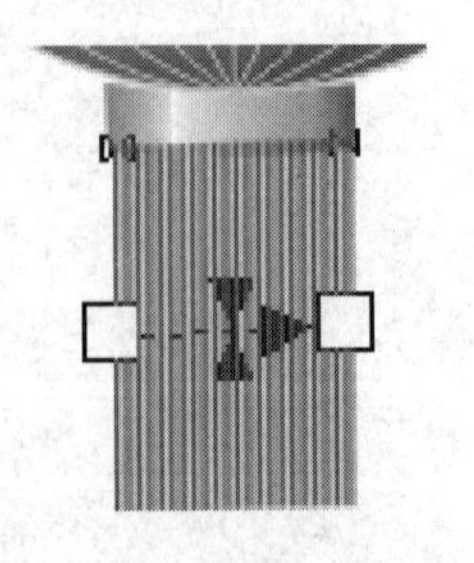

图3-2-33　灯笼穗图形

图3-2-34　灯笼群组

（4）单击工具箱交互式工具展开工具栏中的“阴影”工具，从灯笼右上角向灯笼左下

角拖曳出一个箭头，形成灯笼的黑色阴影，效果参考图 3-2-1。

（5）选中灯笼及其阴影，按“Ctrl+D”组合键，复制一份灯笼及其阴影图形，并将其移动到右边，再水平镜像，最终效果参考图 3-2-1。

相关知识

1. 双色图样填充

使用“选择”工具选中对象，单击工具箱编辑填充工具展开工具栏中的“双色图样填充”工具，弹出“编辑填充—图样填充”对话框，如图 3-2-35 所示。

该对话框中各选项的作用如下。

- 单击“图样”下拉列表框右边的按钮，弹出图样列表，如图 3-2-36 所示。选择图样列表中的某个图样，即可设置相应的填充图样。

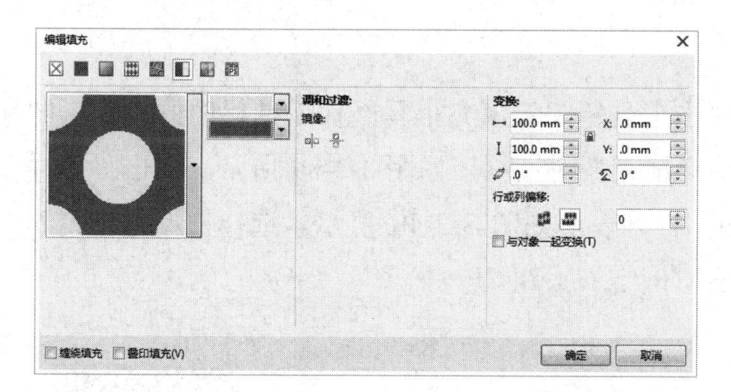

图 3-2-35 “编辑填充—图样填充”对话框

图 3-2-36 图样列表

- 在“编辑填充—图样填充”对话框中，单击“前景颜色”下拉列表框右边的按钮，弹出调色板，选择前景色；单击“背景颜色”下拉列表框右边的按钮，弹出调色板，选择背景色。在右侧“变换”栏中，可以设置“填充高度”和“填充宽度”，图案“倾斜”和“旋转”角度，以及“行偏移”和“列偏移”的数值。
- 如果勾选“与对象一起变换”复选框，则当对象进行旋转和倾斜等变换时，图样填充也会随之变化。如果在“调和过渡”栏中选择“水平镜像平铺”或“垂直镜像填充”选项，则采用相应镜像填充方式进行填充。

2. 向量图样填充

使用“选择”工具选中对象，单击工具箱编辑填充工具展开工具栏中的“向量图样填充”工具，弹出“编辑填充—向量图样填充”对话框，如图 3-2-37 所示。

该对话框中各选项的作用如下。

- 单击“图样”下拉列表框右边的按钮，弹出向量图样列表，如图 3-2-38 所示。单击向量图样列表中的某个图样，即可设置相应的填充图样。

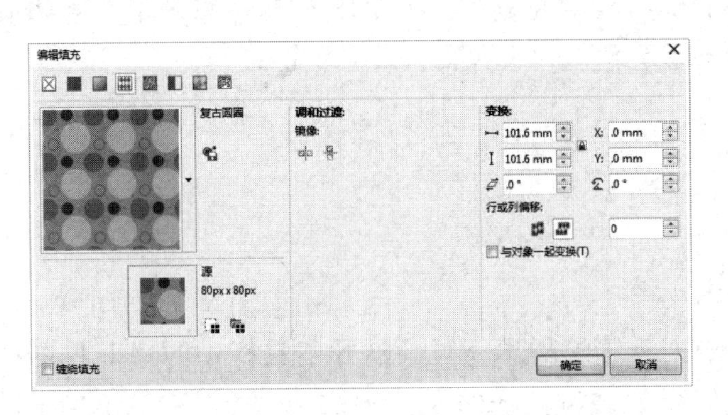

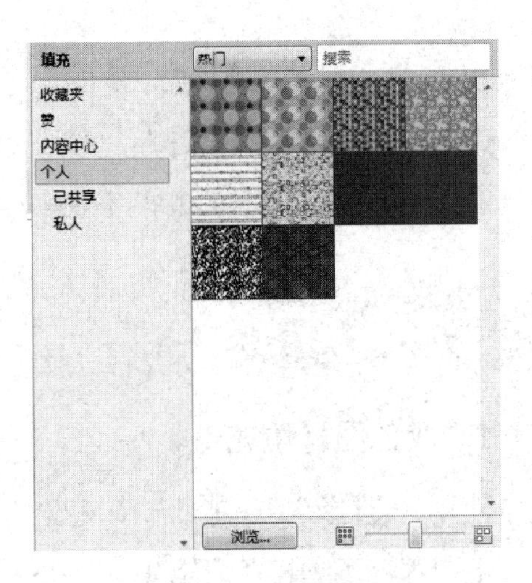

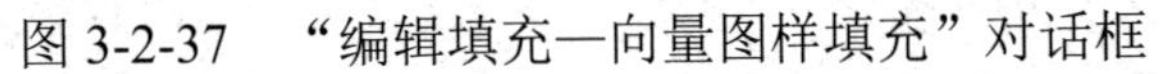
图 3-2-37 “编辑填充—向量图样填充”对话框　　　图 3-2-38 向量图样列表

- 如果勾选“与对象一起变换”复选框，则当对象进行旋转和倾斜等变换时，图样填充也会随之变化。

3．位图图样填充

使用“选择”工具选中对象，单击工具箱编辑填充工具展开工具栏中的“位图图样填充”工具，弹出“编辑填充—位图图样填充”对话框，如图 3-2-39 所示。单击“图样”下拉列表框右边的按钮，可以弹出位图图样列表，如图 3-2-40 所示。选择位图图样列表中的某种图案，再进行其他设置，然后单击“确定”按钮。

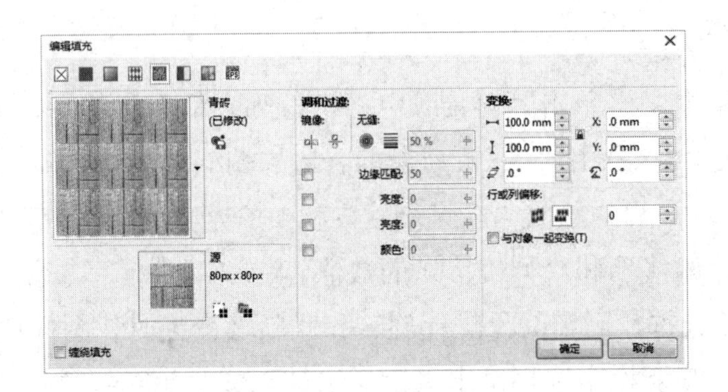

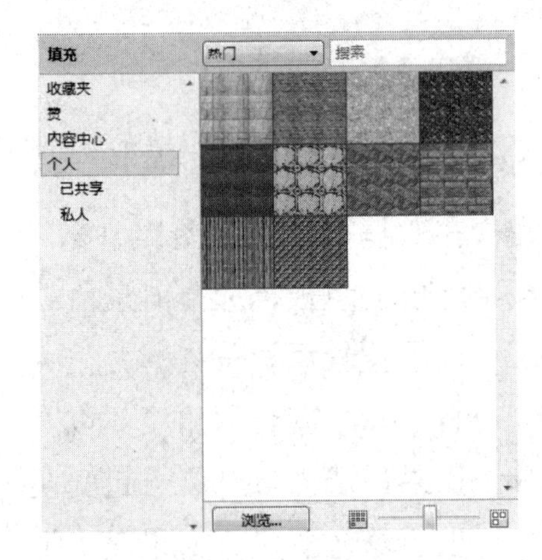

图 3-2-39 “编辑填充—位图图样填充”对话框　　　图 3-2-40 位图图样列表

4．底纹填充

底纹填充也称为纹理填充，是将小块的位图随机地填充到对象的内部，以产生天然纹理的效果。

使用“选择”工具选中对象，单击工具箱编辑填充工具展开工具栏中的“底纹填充”工具，弹出“编辑填充—底纹填充”对话框，如图 3-2-41 所示。利用该对话框可以进行各

种底纹的填充。底纹的种类有很多，还可以对底纹进行调整，各选项的作用如下。

（1）“底纹库”下拉列表框：单击该下拉列表框右侧的下拉按钮，将弹出底纹图样列表，如图 3-2-42 所示。可以选择该类型库中的某种底纹图案。

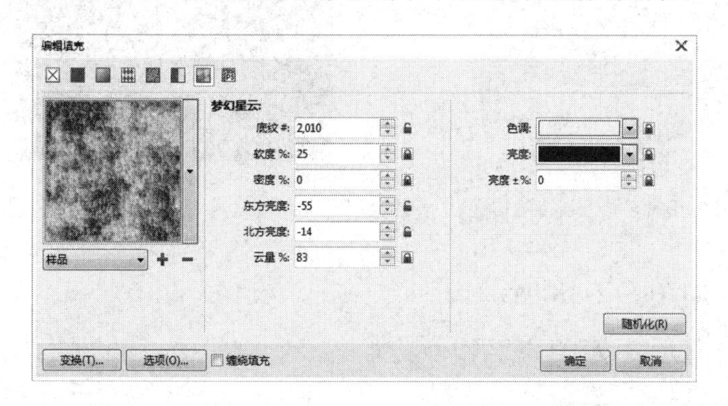

图 3-2-41　“编辑填充—底纹填充”对话框

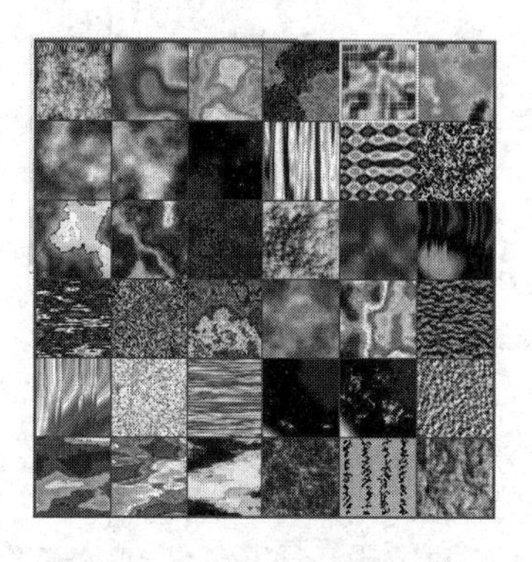

图 3-2-42　底纹图样列表

（2）“选项”按钮：单击该按钮，可以弹出“底纹选项”对话框，如图 3-2-43 所示。利用该对话框，可以进行位图分辨率和底纹最大平铺（拼接）宽度的设置。

（3）“变换”按钮：单击该按钮，可以弹出“变换”对话框，如图 3-2-44 所示。使用该对话框，可以进行底纹图案在对象内变换的设置。

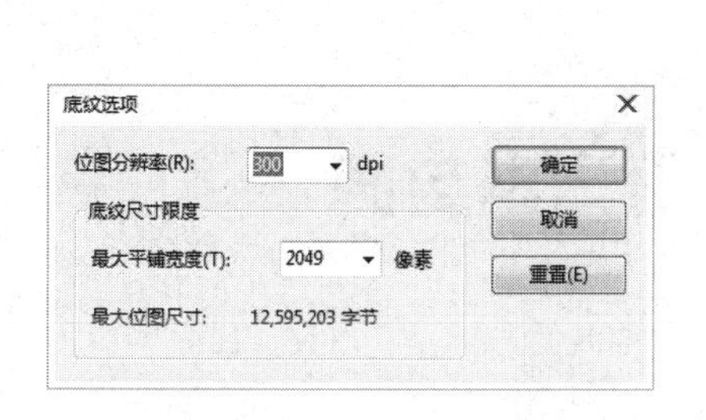

图 3-2-43　“底纹选项”对话框

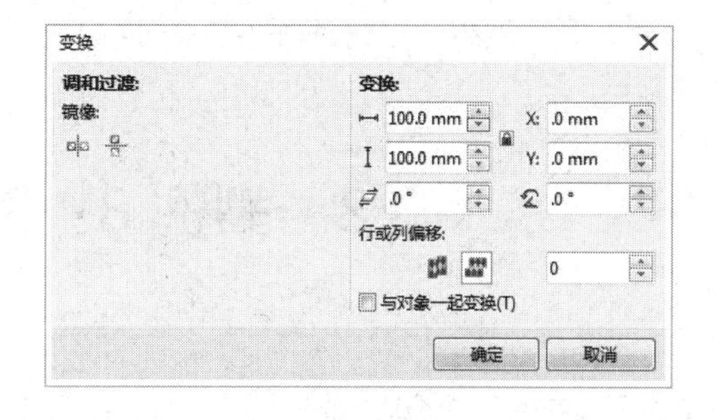

图 3-2-44　“变换”对话框

（4）“底纹名称”栏：位于对话框中间，包括多个数字框和列表框，可以用来进行底纹图案参数的设置，不同的底纹图案会有不同的参数。

（5）单击图 3-2-41 中各参数选项右边的锁状小按钮后，表示选中此参数。

（6）单击⊕按钮，可以保存新底纹图案；单击⊟按钮，可删除选中的底纹图案。

完成上述设置后，单击“确定”按钮，即可将选定的纹理图样填充到选中的对象内。

思考与练习 3-2

1．绘制一个“餐桌”图形，如图 3-2-45 所示。

2．绘制一个“茶杯”图形，如图 3-2-46 所示。

3．绘制一个“梦幻星空”图形，如图 3-2-47 所示。可以看到，在美丽的夜空中，一颗蓝色的星球在星星的衬托下显得十分美丽。

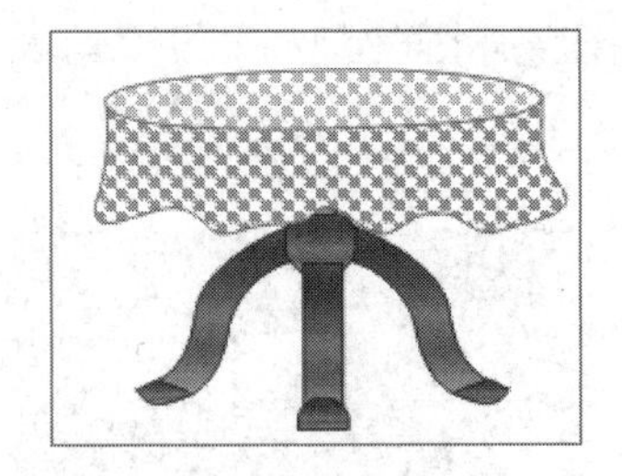

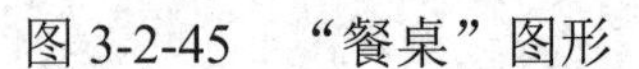

图 3-2-45　“餐桌”图形　　图 3-2-46　“茶杯”图形　　图 3-2-47　“梦幻星空”图形

4．绘制一个“树叶标本”图形，如图 3-2-48 所示。

5．绘制一个包含多枚“台球”的图形，如图 3-2-49 所示。

图 3-2-48　“树叶标本”图形

图 3-2-49　“台球”图形

3.3　案例 8：制作笔记本封面

本节需要设计一个笔记本封面，如图 3-3-1 所示。在笔记本封面上有一个笔筒和几支铅笔，灰色纹理填充的立体椭圆形背景图形上是“笔记本”三个大字。通过对本案例的学习，可以进一步掌握各种基本图形的绘制和编辑方法，以及 PostScript 填充和交互式填充的方法等。

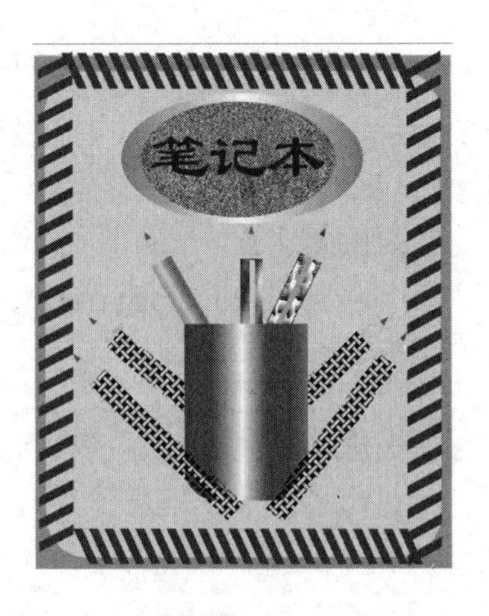

图 3-3-1　“笔记本封面”效果图

制作方法

1．笔记本的绘制

（1）设置绘图页面的宽度为 160mm、高度为 200mm。使用工具箱中的“矩形”工具□，在绘图页面绘制一个宽为 158mm、高为 190mm 的矩形图形，并为其内部填充绿松石色，然后取消轮廓线。在绿松石色矩形上绘制一个宽为 150mm、高为 180mm 的“渐粉色”矩形图形，取消轮廓线。

（2）使用工具箱中的“选择”工具选中第 2 个矩形图形，在其属性栏的 4 个“圆角半径”数字框中输入 15.638，调整矩形 4 个边角的圆滑度，此时的属性栏如图 3-3-2 所示。

图 3-3-2　“矩形”工具属性栏

（3）选中两个矩形，单击属性栏中的“对齐和分布”按钮，弹出“对齐与分布”泊坞窗，如图 3-3-3 所示。单击“水平居中对齐”按钮，将两个矩形中心对齐排列，作为笔记本的正面图形，完成后的效果如图 3-3-4 所示。

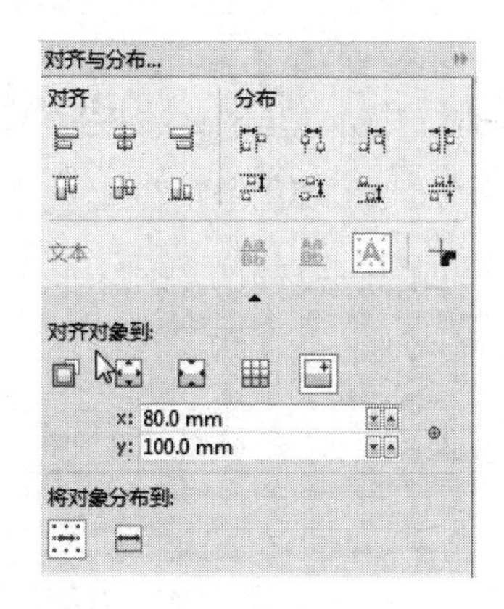

图 3-3-3　“对齐与分布”泊坞窗

图 3-3-4　绘制笔记本的正面图形

（4）使用工具箱中的“矩形”工具，绘制一个垂直狭长的小矩形，使用工具箱中的“选择”工具选中该矩形，再单击该矩形，这时矩形四周的控制柄变成双向箭头状。将鼠标指针移到上面中间的箭头处水平拖曳，使它水平倾斜。将倾斜的矩形复制一个副本，再将这两个小矩形分别移到笔记本正面图形的左上角和右上角，如图 3-3-5 所示。

（5）使用工具箱交互式工具展开工具栏中的“调和”工具，从左侧的小矩形向右侧的小矩形拖曳，调和后的图形如图 3-3-6 所示。使用工具箱中的“选择”工具选中调和过的矩形，复制一个副本，放在笔记本正面的下方中间位置。

（6）按照上述方法，制作笔记本正面左右两侧的调和图形，最后效果如图 3-3-7 所示。

图 3-3-5　绘制小矩形

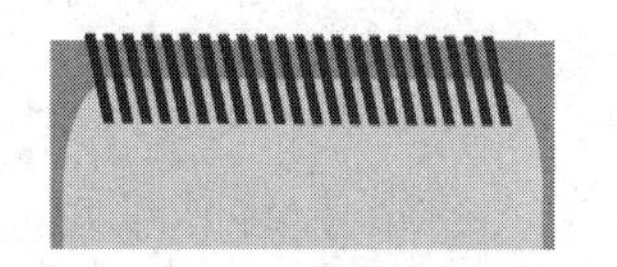

图 3-3-6　调和后的图形

图 3-3-7　笔记本的四周调和效果

（7）使用工具箱中的“椭圆形”工具，在图纸旁边绘制一个椭圆形，单击“编辑填充”工具，弹出“编辑填充”对话框，再单击“渐变填充”按钮，在“类型”下拉列表框中选择“线性”选项，设置从灰到白再到灰的线性渐变色，如图 3-3-8 所示。单击“确定”按钮，填充线性渐变色后的椭圆形图形如图 3-3-9 所示。

（8）使用工具箱中的“椭圆形”工具，在绘图页面绘制另一个椭圆形图形。单击“编辑填充”工具，弹出“编辑填充”对话框，单击“底纹填充”按钮，在“底纹库”下拉列表框中选择“样品”选项，在“底纹列表”列表框中选择“灰泥”选项，此时的对话框如图 3-3-10 所示。单击“确定”按钮，给选中的椭圆形图形填充底纹图案，再将该椭圆形移到图 3-3-9 所示的椭圆形图形之上。

（9）使用工具箱中的“选择”工具将两个椭圆形都选中。单击属性栏中的“对齐与分布”按钮，弹出“对齐与分布”对话框。在该对话框中勾选垂直“中”和水平“中”复选框，然后单击“应用”按钮，将它们中心对齐排列，效果如图 3-3-11 所示。

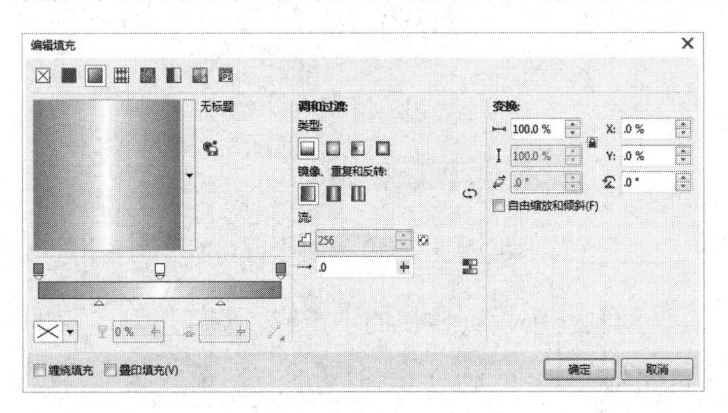

图 3-3-8 “编辑填充—渐变填充”对话框

图 3-3-9 填充线性渐变色的椭圆形图形

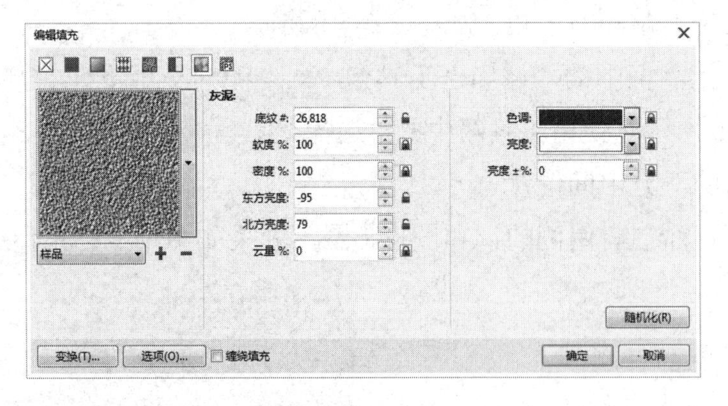

图 3-3-10 “编辑填充—底纹填充”对话框

图 3-3-11 中心对齐后的椭圆形图形

2. 笔筒的绘制和铅笔

（1）使用工具箱中的“矩形”工具，绘制一个矩形图形作为笔筒。单击工具箱填充工具展开工具栏中的“渐变填充”工具，弹出“编辑填充—渐变填充”对话框，如图 3-3-12 所示。设置“类型”为线性，将颜色频带设置为从棕色到浅褐、白、浅褐再到棕色的渐变色，

并取消轮廓线。

（2）使用工具箱中的“形状”工具，单击矩形图形，在其“矩形”工具属性栏内，单击4个“圆角半径”数字框之间的小锁按钮，使小锁按钮处于“开锁”状态，在两组“圆角半径”数字框中设置下边的数值为12mm、上边的数值为10mm，从而使矩形图形下边两个角呈圆弧状，如图3-3-13所示。将该图形移到绘图页面的外侧。

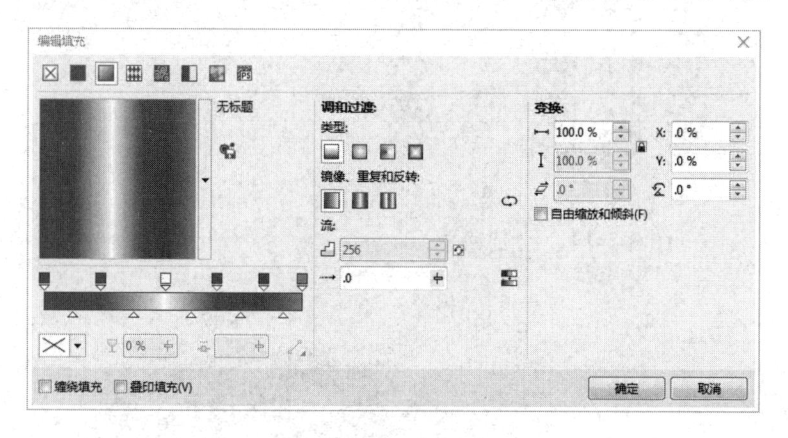

图3-3-12 “编辑填充—渐变填充”对话框

图3-3-13 笔筒图形

3．铅笔的绘制

（1）使用工具箱中的“矩形”工具，绘制一个细长的矩形，取消轮廓线，作为铅笔图形的笔身。单击工具箱“编辑填充”工具展开工具栏中的“PostScript 填充”工具，弹出“PostScript底纹”对话框，在列表框中选择一种花纹，在预览框内即可看到选择的花纹图案，单击“确定”按钮，给矩形填充选中的花纹，如图3-3-14（a）所示。

（2）使用工具箱中的“矩形”工具，在矩形的内部再绘制一个细窄的黄色矩形，作为铅笔的笔身装饰，如图3-3-14（b）所示。选择“对象”→“顺序”→“到图层后面”命令，将细窄的黄色矩形置于图3-3-14（a）所示图形的后面，如图3-3-14（c）所示。

（3）使用工具箱中的“多边形”工具，在其属性栏中设置“点数或边数”的数值为3，绘制一大一小两个三角形。为大三角形内部填充桃色、取消轮廓线，作为铅笔削出的木纹；为小三角形内部填充蓝色、取消轮廓线，作为铅笔笔尖，效果如图3-3-14（d）所示。将它们移到图3-3-14（c）所示图形之上，效果如图3-3-14（e）所示。

（4）选中组成铅笔的所有图形并复制6个，分别修改复制的铅笔图形的填充花纹，并调整其颜色。再分别将各铅笔图形组成一个群组，调整其大小、旋转角度，将它们移到不同的位置，完成后的效果如图3-3-15所示。

4．“笔记本”文字的制作

（1）使用工具箱中的“文本”工具，在属性栏中设置文字的字体为华文行楷、字号为62pt，输入文字“笔记本”，并为其填充“霓虹粉”颜色，再移到图3-3-11所示的椭圆形图形上，效果如图 3-3-16 所示。

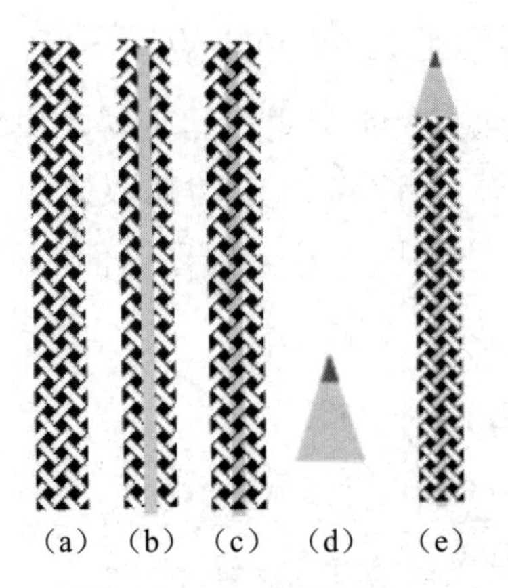

图 3-3-14　绘制铅笔

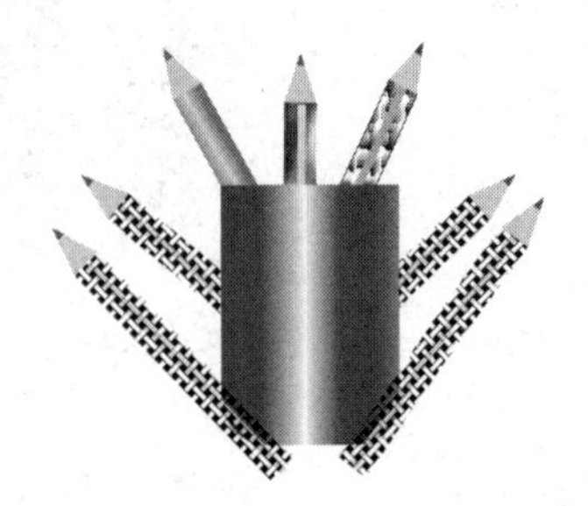

图 3-3-15　绘制的笔筒与铅笔图形

图 3-3-16　霓虹粉“笔记本”文字

（2）使用工具箱中的“选择”工具，将图 3-3-15 所示的铅笔和笔筒图形移到绘图页面内中间偏下位置，将图 3-3-16 所示的椭圆形背景图形和文字移到绘图页面中间偏上位置，完成整个图形，其效果参考图 3-3-1。

5．绘制笔筒和铅笔的另外一种方法

（1）使用工具箱中的“矩形”工具，绘制一个矩形图形，在其属性栏中，单击 4 个“圆角半径”数字框之间的小锁按钮，使小锁按钮处于“开锁”状态，在两组“圆角半径”数字框中设置下边的数值为 12mm、上边的数值为 10mm，从而使矩形图形下边两个角呈圆弧状，形成笔筒轮廓线图形，如图 3-3-17 所示。然后将该图形移到绘图页面的外边。

（2）单击工具箱交互式工具展开工具栏中的“交互式填充”工具，在笔筒轮廓线图形内拖曳，给该图形填充从白色到灰色的线性交互式填充，如图 3-3-18 所示。

（3）将调色板内的深棕色色块拖曳到交互式填充线左侧的方形控制柄上，使其颜色改为深棕色。再继续将调色板内的其他颜色色块依次拖曳到交互式填充线上，使双色渐变改为多色渐变，效果如图 3-3-19 所示。

（4）单击工具箱交互式工具展开工具栏中的“交互式填充”工具，在铅笔图形的矩形图形内水平拖曳，填充交互式线性渐变色。再将调色板内的黄色色块拖曳到交互式填充线两个控制柄之间，将棕黄色色块依次拖曳到起始控制柄和终止控制柄上，形成棕黄色到黄色再

到棕黄色的线性渐变填充，如图 3-3-20 所示。

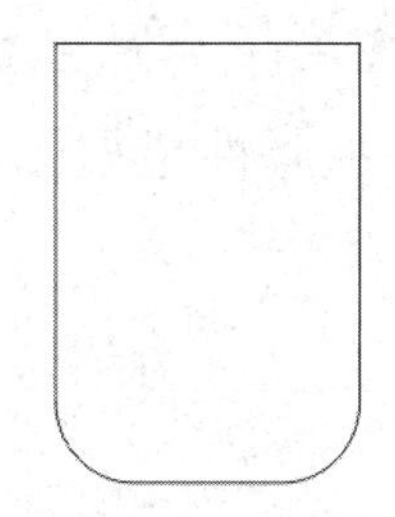

图 3-3-17　笔筒轮廓线图形

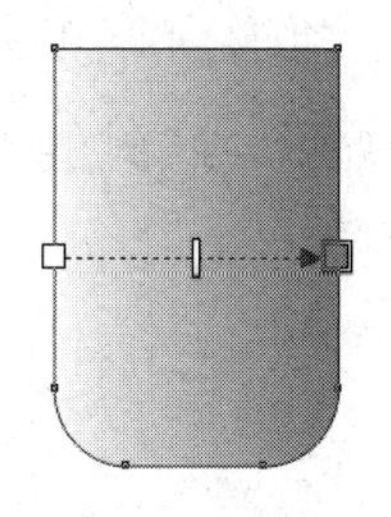

图 3-3-18　交互式填充效果

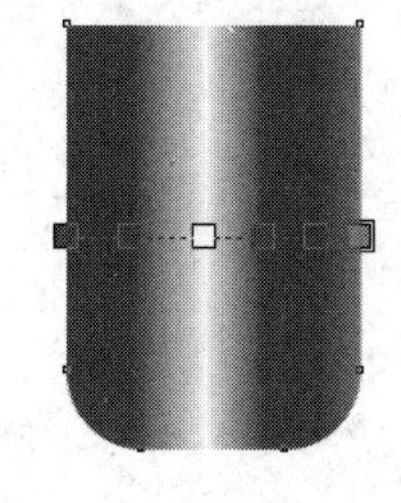

图 3-3-19　多色渐变

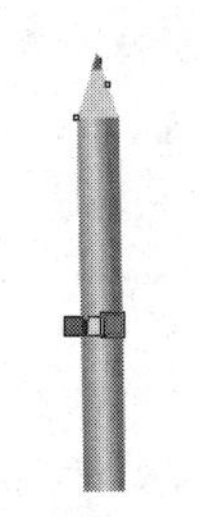

图 3-3-20　线性渐变填充

1．PostScript 填充

使用“选择”工具选中要填充花纹的图形对象，单击“编辑填充”对话框中的“PostScript 填充”按钮，弹出“编辑填充—PostScript 填充”对话框，如图 3-3-21 所示。在左上角的列表框中选择一种花纹，在“参数”栏内修改参数，勾选“缠绕填充”复选框，单击“确定”按钮，即可给选中图形填充选中的 PostScript 底纹图案。

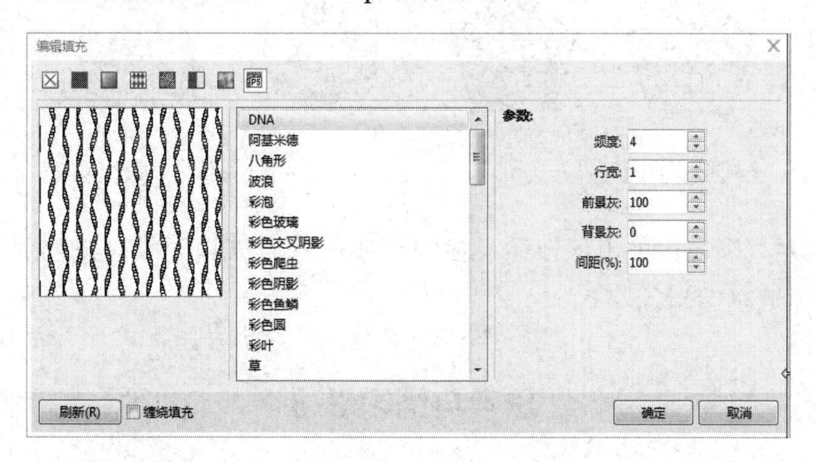

图 3-3-21　“编辑填充—PostScript 填充”对话框

2．交互式填充

可以单击工具箱交互式工具展开工具栏中的“渐变填充”工具，从调色板中拖动颜色到对象的交互式矢量手柄来添加渐变色。例如，单击工具箱交互式工具展开工具栏中的“交互式填充”工具，在图形内拖曳鼠标，可以给多边形图形填充从红色到白色的线性交互式填充，如图 3-3-22 所示。此时的“交互式双色渐变填充”属性栏如图 3-3-23 所示。其中各选项的作用如下。

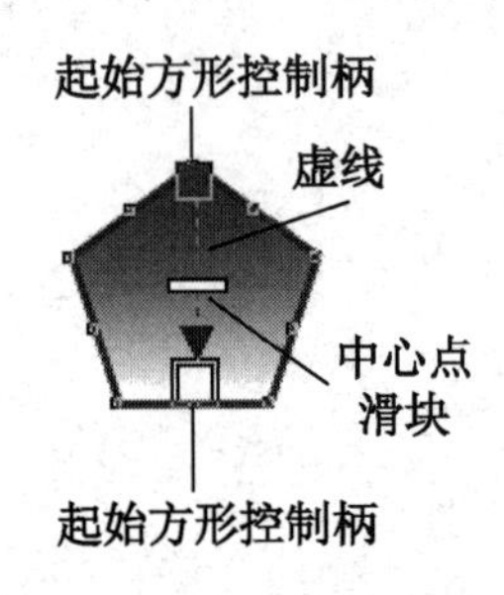

图 3-3-22　交互式填充效果

图 3-3-23　“交互式双色渐变填充”属性栏

（1）颜色下拉列表框：用来设置填充的起始颜色和终止颜色。将调色板内的红色色块和白色色块分别拖曳到起始或终止方形控制柄内，也可以产生相同的效果。如果将调色板内的色块拖曳到起始或终止方形控制柄之间的虚线上，则可以设置多个颜色之间的渐变效果。

（2）“填充类型”下拉列表框：用来选择填充类型，其中有“无填充”“均匀填充”“线性”“辐射”“圆锥”“正方形”“双色图样”“全色图样”“位图图样”“底纹填充”“PostScript 填充”填充类型。选择不同的填充类型，填充的样式也会发生变化。分别选择“辐射”“圆锥”“正方形”“双色图样”“全色图样”“底纹填充”选项后的填充效果如图 3-3-24 所示。

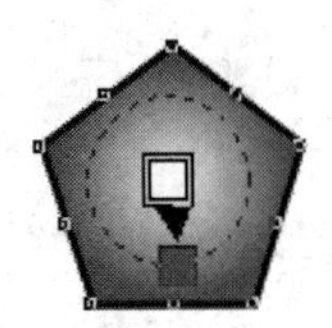
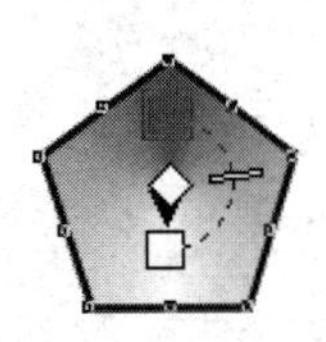
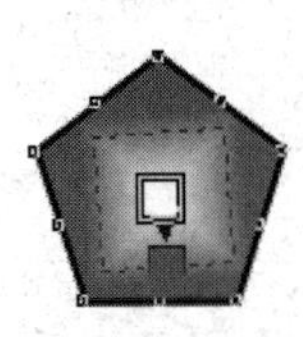
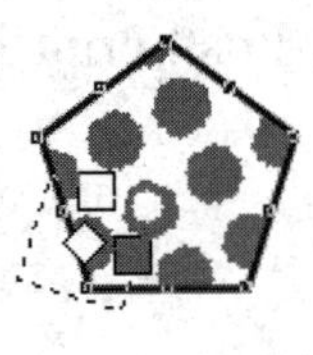
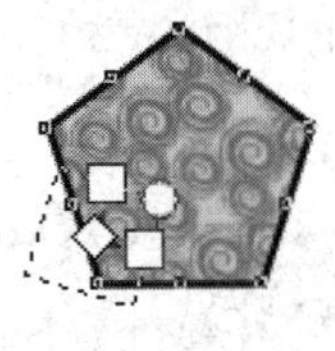
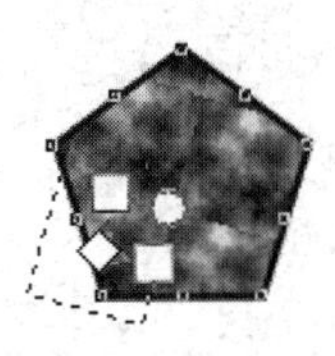

图 3-3-24　“辐射”“圆锥”“正方形”“双色图样”“全色图样”“底纹填充”填充效果

（3）“编辑填充”按钮：单击该按钮，会弹出相应的有关填充设置的对话框，利用该对话框可以进行相应的填充编辑。

思考与练习 3-3

1．绘制一个“小鸟与蝴蝶”图形，如图 3-3-25 所示。绘制该图形会使用将图形转换成曲线、旋转变换、渐变填充、组成群组与拆分等操作。

图 3-3-25 “小鸟与蝴蝶”图形

2．绘制一个“旭日之路”图形，如图 3-3-26 所示。在蓝天下，太阳从山后升起，一条马路和两旁的小树由近及远地延伸出去。绘制这个图形使用了渐变填充、透视等操作。

图 3-3-26 “旭日之路”图形

3.4 案例 9：制作立体图书

本节要制作一个立体图书，效果如图 3-4-1 所示，它是一个具有很强立体感的“中文 CorelDRAW X7 案例教程”图书的立体图形。立体图书图形由书的正面、侧面、上面和背面组成。书的正面有图书的名称和作者名称，有 CorelDRAW X7 的标志图形、计算机图形和照相机图形，还有出版社的名称；书的侧面有图书的名称和出版社名称。通过制作该图形，可以进一步掌握渐变填充、导入图像、倾斜变换、竖排文字输入和位图颜色遮罩技术等方法，以及使用渐变透明填充的方法等。

图 3-4-1 立体图书

制作方法

1. 绘制背景及输入文字

（1）设置绘图页面宽为160mm、高为180mm、背景色为白色。使用工具箱中的“矩形”工具□，绘制一个无轮廓线的矩形图形。

（2）选中矩形图形，单击工具箱中的“编辑填充”工具，在对话框中单击“渐变填充”按钮，弹出“编辑填充—渐变填充”对话框。在“调和过渡”栏中选择“线性”类型，并选择“默认线性填充”选项，在“旋转角度”数字框中输入90.0°，如图3-4-2所示。

（3）单击颜色频带左上角的标记，弹出调色板，选中金黄色（R=255，G=153，B=0），如图 3-4-3 所示，将选中的颜色添加到“编辑填充—渐变填充”对话框的调色板中，设置起始颜色为金黄色。

（4）单击颜色频带右上角的标记，选中调色板中的金黄色色块，设置终止颜色也为金黄色。双击颜色频带上边的中间位置，使双击处出现一个▼标记，选中浅黄色（R=255，G=255，B=153）色块，设置▼标记的颜色为浅黄色。

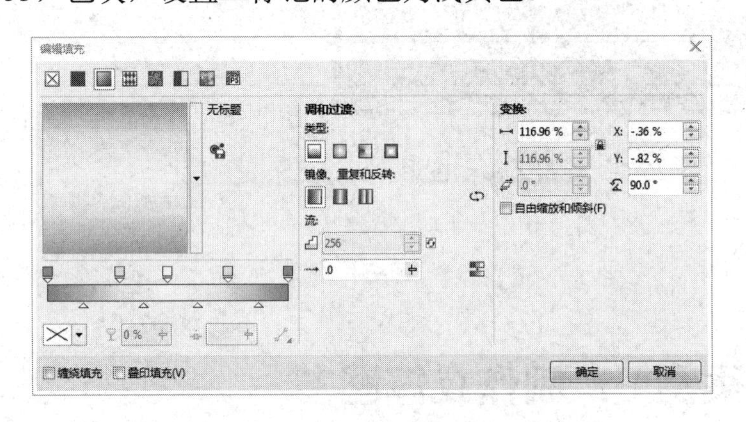

图 3-4-2 “编辑填充—渐变填充”对话框

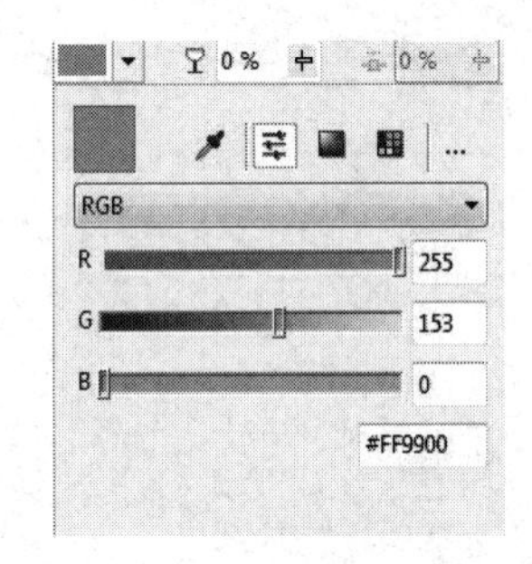

图 3-4-3 调色板

（5）双击颜色频带上边的 1/3 位置，使颜色频带上边出现一个▼标记，单击调色板中的黄色色块，设置此处颜色为黄色。再双击颜色频带上边的 2/3 位置，使颜色频带上边出现一个▼标记，单击调色板中的黄色色块，设置此处颜色也为黄色。

（6）为矩形图形从上到下填充金黄色、黄色、浅黄色、黄色、金黄色的渐变颜色，作为书侧面，如图3-4-4所示。

（7）将上面绘制的矩形复制一份，然后在水平方向调宽，作为书的正面背景图形，如图3-4-5所示。再将书正面的矩形复制一份，作为书的背面图形。

（8）使用“文本”工具字，输入字体为华文行楷、字号为40pt、绿色的“中文 CorelDRAW X7 案例教程”文字，再输入字体为隶书、字号为24pt、红色的“主编　王爱诚”文字，然后调整文字的位置，如图 3-4-6 所示。

图 3-4-4 书侧面　　图 3-4-5 书正面背景图形

图 3-4-6 输入两行文字

（9）在正面背景图形的下边再输入字体为隶书、字号为 24pt、深蓝色的“中国**出版社”文字，调整文字的位置，最终效果参考图 3-4-1。

2．插入图像和隐藏图像白色背景

（1）准备“CorelDRAW X7.jpg”“计算机.jpg”“照相机.jpg”3 幅图像，如图 3-4-7 所示。选择“文件”→“导入”命令，弹出“导入”对话框，按住 Ctrl 键，选中“CorelDRAW X7.jpg”“计算机.jpg”“照相机.jpg”图像文件，单击“导入”按钮，关闭该对话框。

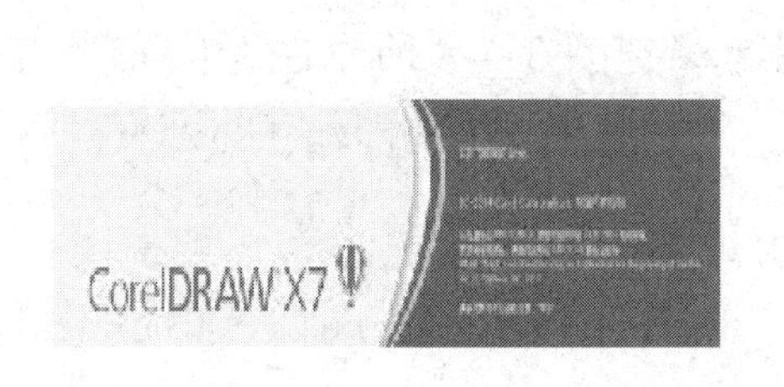

图 3-4-7 3 幅图像

（2）在绘图页面外拖曳一个矩形，导入“CorelDRAW X7.jpg”图像，再拖曳出两个矩形，依次导入“计算机.jpg”“照相机.jpg”图像。

（3）使用工具箱中的“选择”工具，将“CorelDRAW X7.jpg”图像移到绘图页面内。单击交互式工具展开工具栏中的“透明度”工具，在选中图像上从左下角向右上角拖曳，按照个人标准调整透镜控制柄（中心点滑块），交互式透明效果如图 3-4-8 所示。

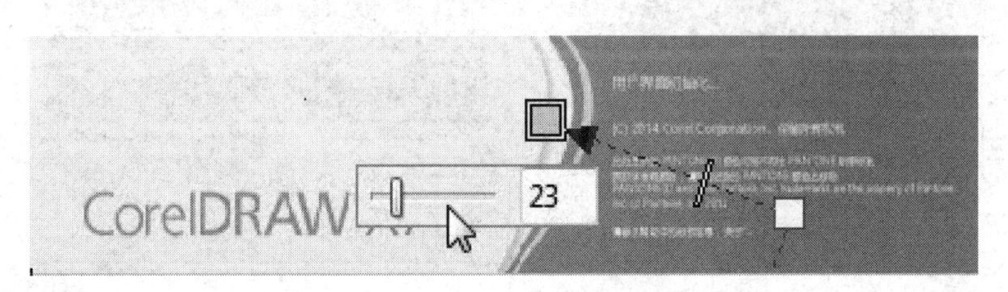

图 3-4-8 交互式透明效果

（4）将导入的“照相机.jpg”图像移到绘图页面中的合适位置，如图 3-4-9 所示。选择“窗口”→“泊坞窗”→“位图颜色遮罩”命令，弹出“位图颜色遮罩”泊坞窗。

（5）在“位图颜色遮罩”泊坞窗内，选择“隐藏颜色”单选按钮，再单击“颜色选择”按钮，然后单击“照相机.jpg”图像的白色背景，勾选第 1 个复选框，在“容限”文本框中输入 15，如图 3-4-10 所示。

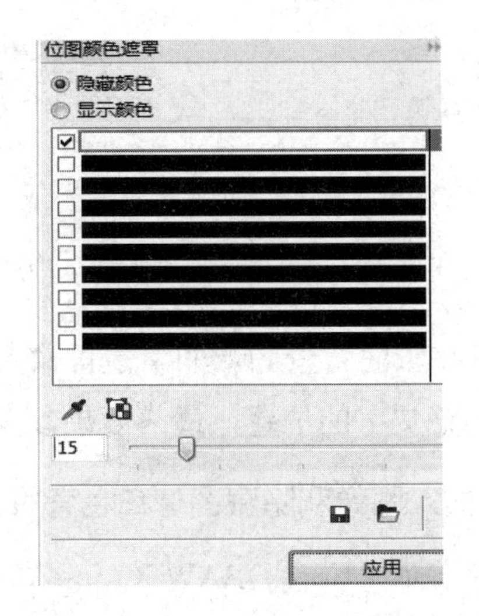

图 3-4-9　“照相机”图像　　　　图 3-4-10　“位图颜色遮罩”泊坞窗

（6）单击“应用”按钮，即可隐藏图像的白色背景，效果如图 3-4-11 左图所示。

（7）按照上述方法，将导入的“计算机.jpg”图像移到图 3-4-8 所示图像的左上方。然后在“位图颜色遮罩”泊坞窗的“容限”文本框中输入 2，单击“应用”按钮，隐藏“计算机.jpg”图像的白色背景，效果如图 3-4-11 右图所示。

（8）使用工具箱中的“选择”工具，选中图 3-4-11 左图所示的图像，单击工具箱交互式工具展开工具栏中的“透明度”工具，为选中图像添加线性透明效果。在其属性栏的“透明度类型”下拉列表框中选择“辐射”选项，调整“节点透明度”数值为 50，如图 3-4-12 所示。

图 3-4-11　隐藏白色背景

图 3-4-12　“交互式透明度”工具属性栏

（9）将调色板中的深灰色色块拖曳到圆形虚线的方形控制柄■上，将调色板内的白色色块拖曳到圆心的方形控制柄上，将起始控制柄颜色改为白色。可以拖曳调整起始控制柄■、终止控制柄□和透镜控制柄的位置。调整后的效果如图 3-4-13 所示。

（10）按照上述方法，给图 3-4-11 右图所示图像添加辐射渐变透明效果，如图 3-4-14 所示。

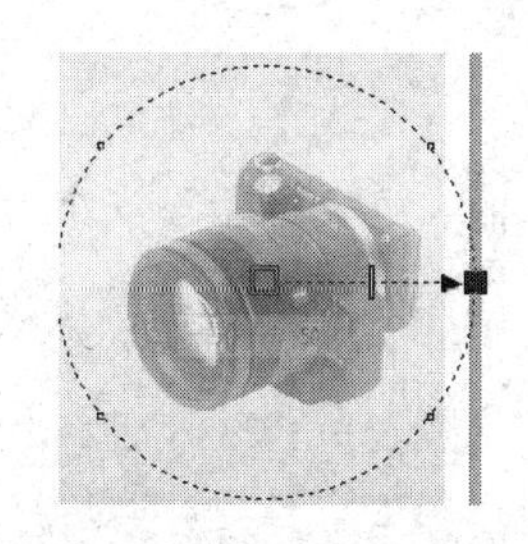

图 3-4-13　辐射渐变透明效果 1

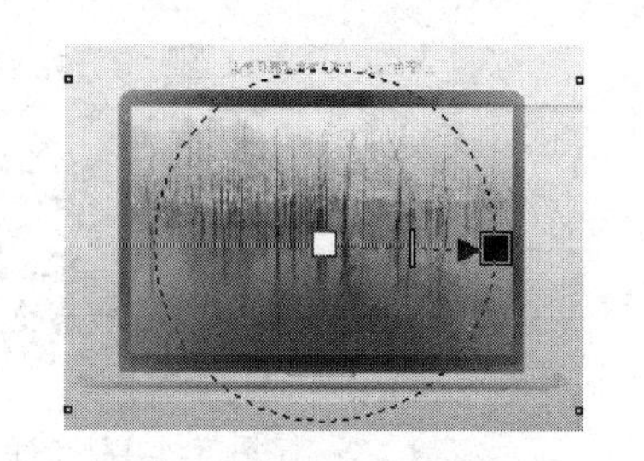

图 3-4-14　辐射渐变透明效果 2

3．制作立体图书

（1）在图 3-4-4 所示的“书侧面”图形上，输入字体为华文彩云、颜色为红色、字号为 32pt、竖排的“中文 CorelDRAW X7”文字，再输入字体为隶书、颜色为绿色、字号为 28pt、竖排的“中国信息出版社”文字。

（2）选中书侧面所有对象，将它们组成一个群组对象。

（3）双击书侧面对象，进入对象旋转和倾斜调整状态，将鼠标指针移到右边中间的控制柄处，当鼠标指针呈上下箭头状时，垂直拖曳使书侧面对象倾斜。

（4）绘制一个白色矩形，选中书侧面图形，选择“对象”→“变换”→“倾斜”命令，弹出“变换”（倾斜）泊坞窗。在该泊坞窗“倾斜”栏的“水平”文本框中输入 60.0，再单击“应用”按钮，将该矩形水平倾斜 60°，形成一个平行四边形图形，如图 3-4-15 所示。

图 3-4-15　平行四边形图形

（5）将前面复制的作为书背面的矩形图形，与书的正面图形、侧面图形和平行四边形图形组合成立体书的形状，再将平行四边形的边框线去掉。

（6）将图书的所有部分组合成群组，形成一个立体图书图形，最终效果参考图 3-4-1。

1．渐变透明度

创建透明效果就是使填充对象具有透明度。当对象具有透明度后，改变对象的填充内容不会影响其透明效果，改变对象的透明效果也不会影响其填充内容。

（1）为了能够看清楚透明效果，首先绘制一个圆形图形和一个五边形图形，并填充不同的花纹和底纹。在两个图形上绘制一个矩形图形，填充另一种底纹。

（2）选中矩形图形，单击工具箱中的“透明度”工具，在矩形图形中从左向右拖曳鼠标，使该矩形图形产生透明效果，如图 3-4-16 所示。

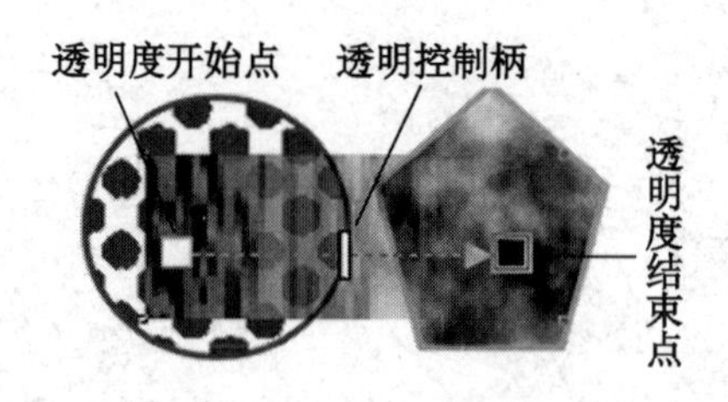

图 3-4-16　使矩形图形产生透明效果

（3）在“透明度”工具属性栏中，选择“渐变透明度”，如图 3-4-17 所示。“透明度类型”有“线性”“椭圆形”“锥形”“矩形”等类型。

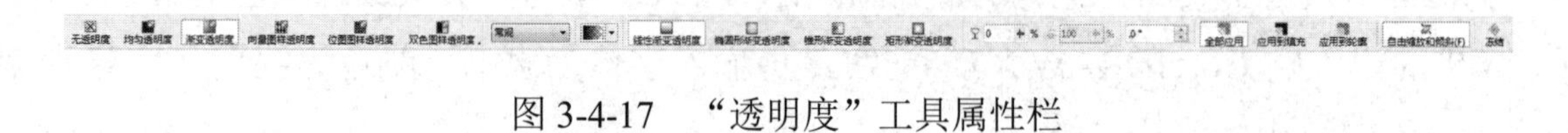

图 3-4-17　“透明度”工具属性栏

（4）拖曳图形中的控制柄和“透视”滑块，或者调整属性栏中“角度”和“边界”数字框中的数值，均可以调整透明程度与透明的渐变状态。

（5）拖曳属性栏中的“透明中心点”滑块或改变其文本框中的数据，可以调整透明度。

（6）单击“冻结”按钮后，可以使透明效果固定不变。在移动对象或改变背景对象的填充内容后，矩形图形的透明效果不变，如图 3-4-18 所示（移出矩形图形）。如果“冻结”按钮呈抬起状，则矩形图形透明效果会随着图形位置或背景填充内容的变化而改变，如图 3-4-19 所示。

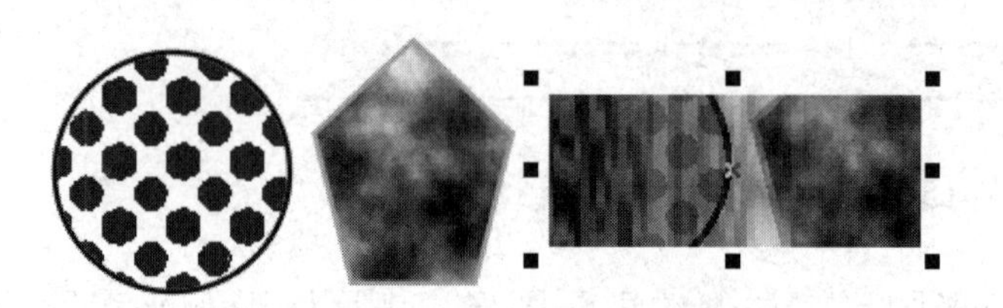

图 3-4-18　使透明效果固定不变

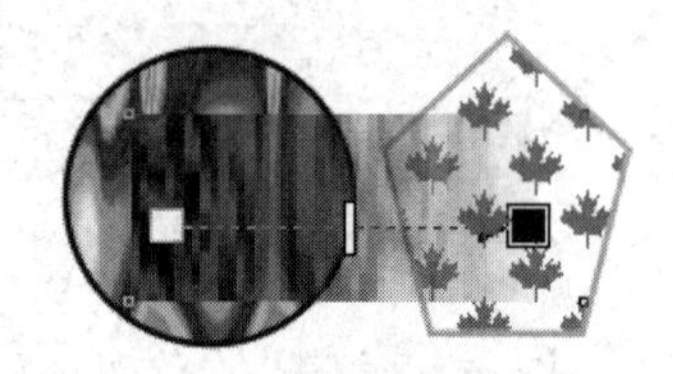

图 3-4-19　随填充内容的变化而改变

（7）单击“无透明度”按钮，可清除透明效果。

2．其他渐变透明

（1）辐射（椭圆形）渐变透明：单击工具箱交互式工具展开工具栏中的“透明度”工具，选中矩形图形，在其属性栏的“透明度类型”下拉列表框中选择“椭圆形”选项，绘图页面内的图形如图 3-4-20 所示。

（2）圆锥形渐变透明：在其属性栏的“透明度类型”下拉列表框中选择“圆锥形”选项，绘图页面内的图形如图 3-4-21 所示。

（3）矩形渐变透明：在其属性栏的“透明度类型”下拉列表框中选择“矩形”选项，绘图页面内的图形如图 3-4-22 所示。

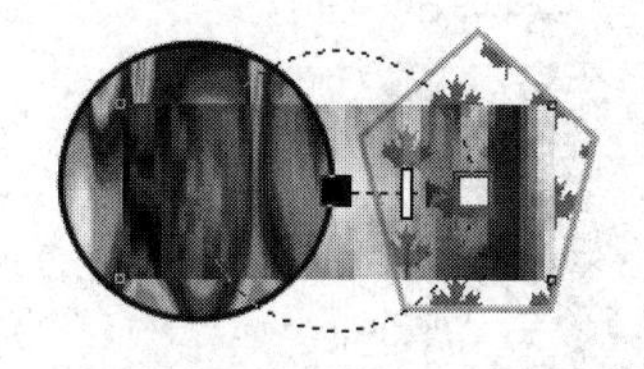

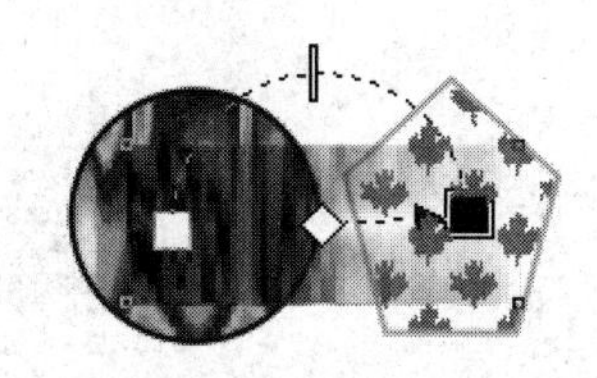

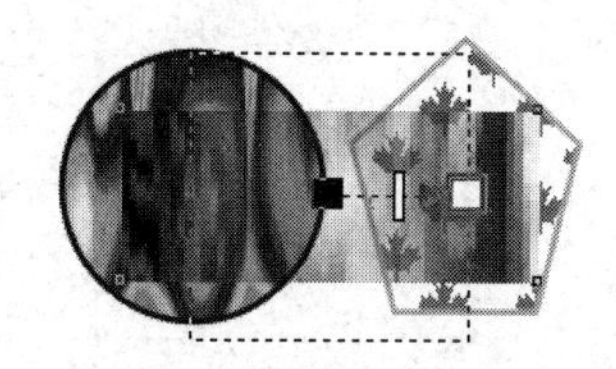

图 3-4-20 “椭圆形”渐变透明效果 图 3-4-21 “圆锥形”渐变透明效果 图 3-4-22 “矩形”渐变透明效果

（4）双色图样渐变透明：在其属性栏的“透明度类型”下拉列表框中选择“双色图样”选项，单击调色板内的绿色色块，绘图页面内的图形如图 3-4-23 所示。使用属性栏中的按钮，可以改变图形的类别和图形的种类，这与图形填充的相应操作基本一样。拖曳属性栏中的两个滑块，可以调整起点与终点的透明度。拖曳对象上的控制柄，可以调整图形在对象内拼接的情况。

图 3-4-23 双色图样渐变透明效果

（5）其他渐变透明：在其属性栏的“透明度类型”下拉列表框中还可以选择“全色图样”“位图图样”“底纹”选项，其属性栏会随之变化，但相差不大，其操作方法基本一样。

3. 网格填充

选中对象，单击工具箱交互式工具展开工具栏中的“网状填充”工具，即可给图形添加网格线，如图 3-4-24 所示。用鼠标拖曳网格线和图形的节点，可以改变网格线和图形的形状，如图 3-4-25 左图所示。拖曳调色板内不同的颜色到网格线的不同网格内，即可完成对象内的网状填充，如图 3-4-25 右图所示。

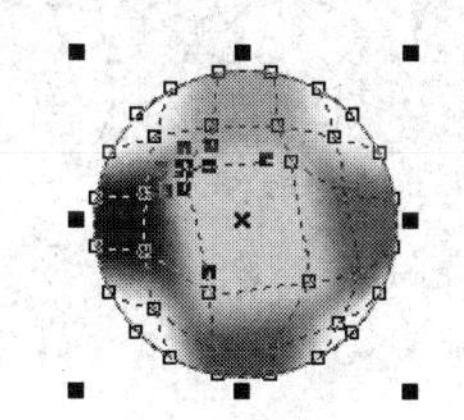

图 3-4-24 添加网格线

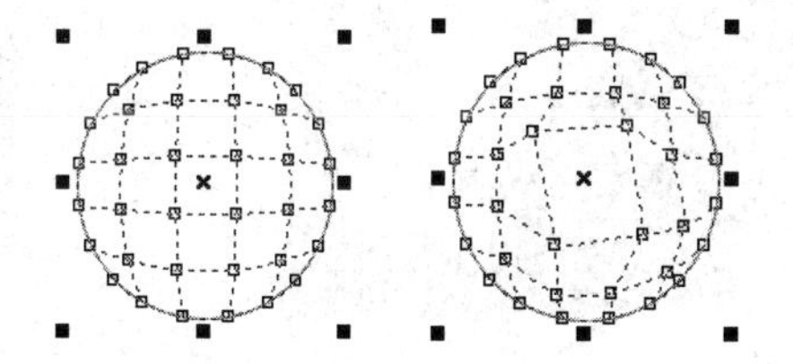

图 3-4-25 改变网格线和网状填充

“交互式网状填充”工具属性栏如图 3-4-26 所示，其中各选项的作用如下。

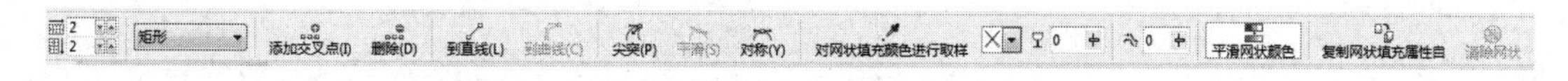

图 3-4-26 “交互式网状填充”工具属性栏

（1）“网格大小”数字框：它有两个数字框，可以改变网格线的水平线与垂直线的个数。

（2）“清除网状”按钮：单击该按钮，可以清除图形内对网格的调整，回到原状态。

（3）“复制网状填充属性”按钮：选中一个有网格线的对象，如图 3-4-27 所示，再单击该按钮，此时鼠标指针变为黑色大箭头状，单击另一个有网格线和填充色的对象，可将该对象的填充色等填充属性复制到第 1 个选中的有网格线的对象中，如图 3-4-28 所示。

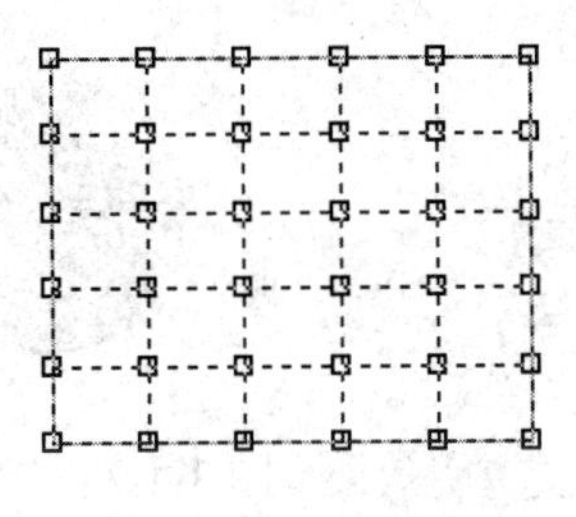

图 3-4-27　网格线

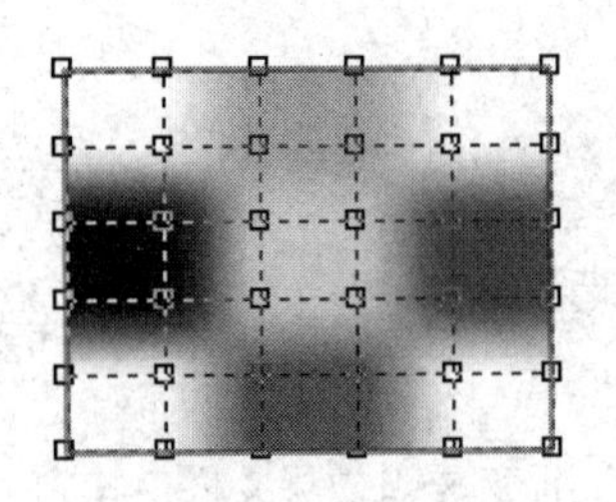

图 3-4-28　网状填充

（4）“删除”按钮：单击该按钮，可以删除当前选中的节点。

（5）“平滑”等数字框：用来改变节点属性。

（6）“添加交叉点”按钮：单击非节点处，再单击该按钮，可以创建一个新节点和与之相连的网格线。

思考与练习 3-4

1．参考本案例的制作方法，绘制另一个立体图书图形。

2．绘制一个“娱乐天地”图形，如图 3-4-29 所示。

3．绘制一个“电话本”图形，如图 3-4-30 所示。

图 3-4-29　“娱乐天地”图形

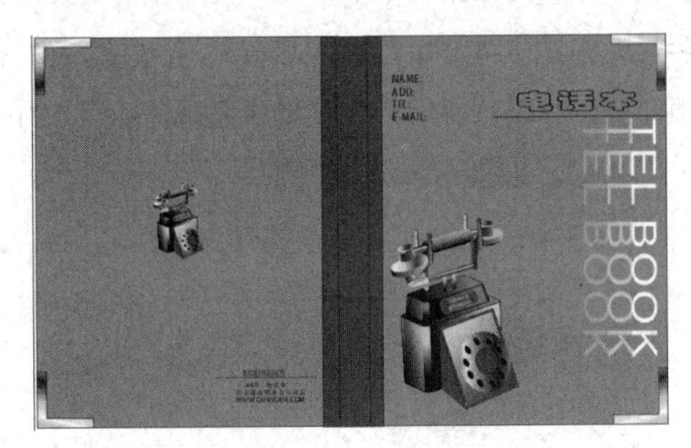

图 3-4-30　“电话本”图形

第 4 章

图形的交互式处理

本章通过 5 个案例，介绍交互式工具展开工具栏和轮廓工具展开工具栏中一些工具的使用方法。使用这些工具可以创建各种轮廓线、轮廓图，进行交互式调和处理、交互式变形处理、交互式立体化处理、交互式阴影处理，以及创建透视、封套等操作。

4.1　案例 10：制作“时光隧道”图形

“时光隧道”图形如图 4-1-1 所示，它由不同颜色的矩形图形组合而成，颜色由蓝色渐变成红色，就像一个隧道，奔跑的人和急速行驶的汽车寓意着人们在不断地与时间赛跑。制作该图形主要运用了交互式工具展开工具栏中的“调和”工具。

图 4-1-1　“时光隧道”图形

制作方法

1. 隧道的制作

（1）新建一个文档，设置绘图页面的宽度为100mm、高度为80mm、背景色为白色。

（2）使用工具箱中的“矩形”工具，在绘图页面的右上方绘制一个小矩形图形，右键单击调色板中的蓝色色块，设置小矩形的轮廓线为蓝色，无填充色。

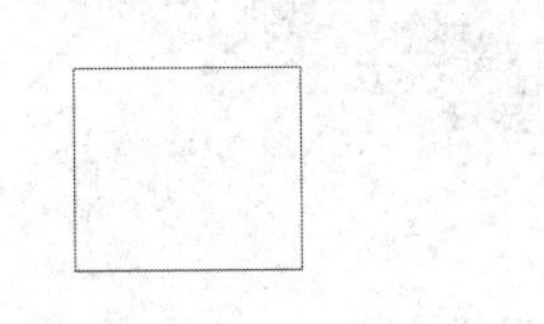

图 4-1-2　两个矩形图形

（3）在绘图页面的左下方绘制一个大矩形图形，右键单击调色板中的红色色块，设置大矩形的轮廓线为红色，无填充色，然后适当调整两个矩形图形的大小和位置，最终效果如图 4-1-2 所示。

（4）选中两个矩形，单击工具箱交互式工具展开工具栏中的“调和”工具，从右上方的矩形图形到左下方的矩形图形拖曳鼠标，在绘图页面中生成一串由小变大、由蓝色渐变为红色的矩形图形。在“调和”工具属性栏的“调和对象”（又称“步数或调和形状之间的偏移量”）数字框中输入数值100，设置调和的层次数为100，如图4-1-3所示。此时由小变大的一串矩形如图4-1-4所示。

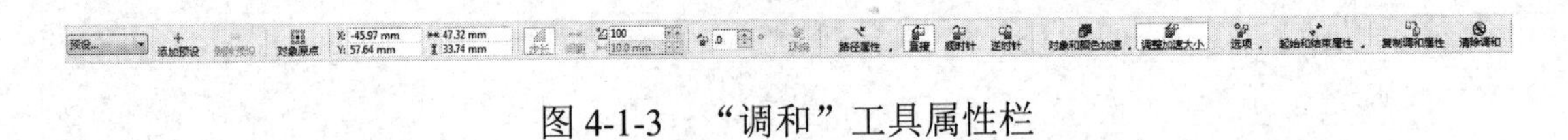

图 4-1-3　“调和”工具属性栏

（5）单击“调和”工具属性栏中的“顺时针”按钮，使由小变大的一串矩形的颜色发生变化。

（6）单击“调和”工具属性栏中的“对象和颜色加速”按钮，弹出“对象和颜色加速”面板，如图4-1-5所示，用鼠标拖曳滑块，可以改变各层次的间距变化。另外，用鼠标拖曳调和对象的两个箭头控制柄，也可以调整各层次的间距和颜色变化。调整效果如图4-1-6所示。

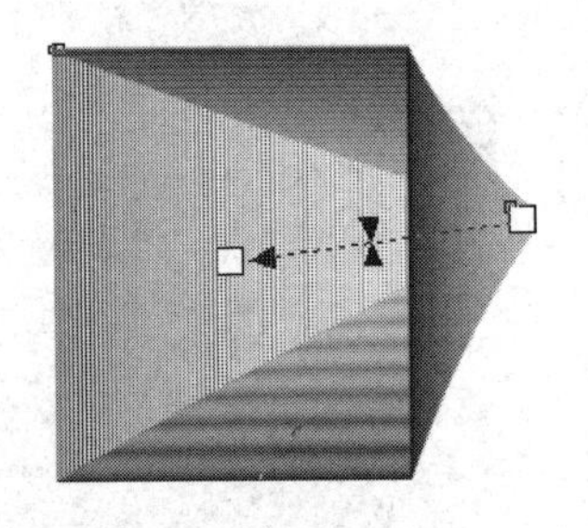

图 4-1-4　由小变大的一串矩形

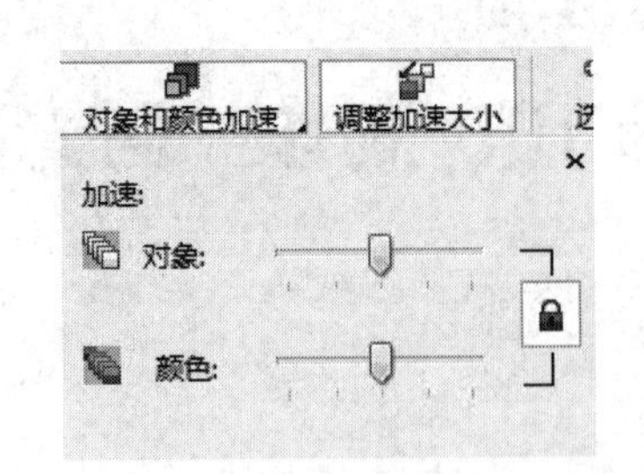

图 4-1-5　“对象和颜色加速”面板

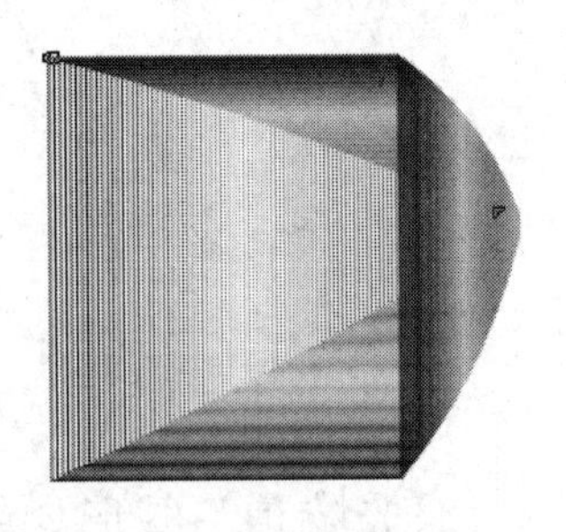

图 4-1-6　矩形图形调整效果

2. 隧道的修饰

（1）用鼠标拖曳调和对象上的正方形控制柄，可以调整起始对象或结束对象的位置。拖曳调和对象上的两个箭头控制柄，可实现各层次的间距和颜色变化。

（2）单击工具箱中的“智能绘图”工具，在其属性栏的“形状识别率”下拉列表框和“智能平滑率”下拉列表框中均选择“最高”选项，在“轮廓宽度”下拉列表框中选择“细线”选项。在绘图页面中绘制如图4-1-7所示的曲线图形。

（3）使用工具箱中的“选择”工具，选中调和对象，单击其属性栏中的“路径属性”按钮，在弹出的菜单中选择“新路径”命令，鼠标指针会变为弯曲的黑色箭头状。将鼠标指针移到曲线路径上，再单击鼠标，就将它们调和好了。

（4）单击“调和”工具属性栏中的“起始和结束属性”下拉按钮，在下拉列表中选择“显示终点”，显示终点的图形如图4-1-8所示。此时可以调整终点图形的大小、位置和形状，同时整个调和图形也会随之改变。

（5）使用工具箱中的“形状”工具，选中路径曲线，曲线上的节点也会显示出来，拖曳并调整节点位置或节点处的切线位置，都可以改变路径曲线的形状，同时整个调和图形也会随之改变，如图4-1-9所示。

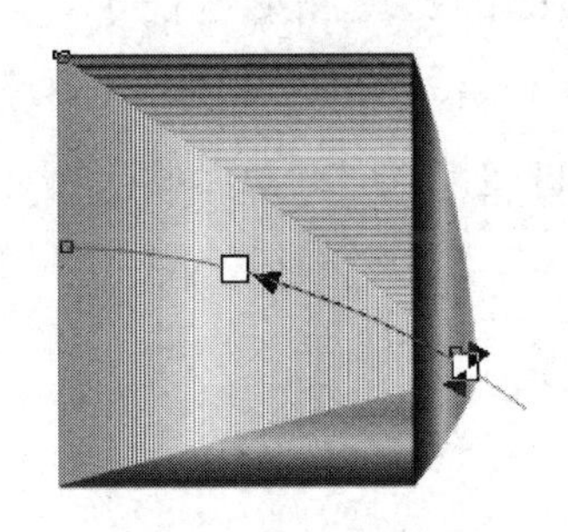

图4-1-7　绘制曲线图形

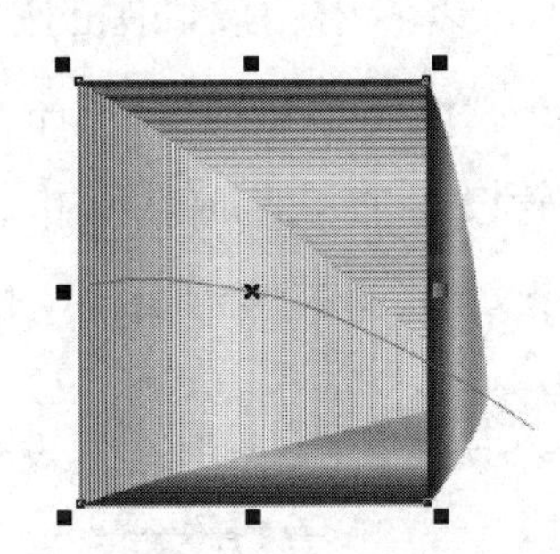

图4-1-8　显示终点的图形

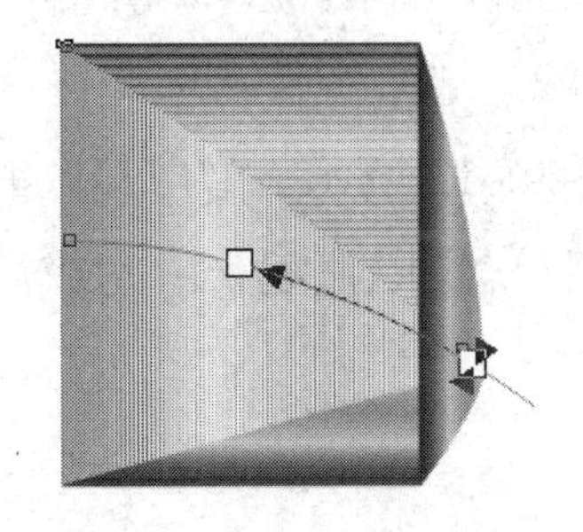

图4-1-9　调整路径形状

（6）使用工具箱中的“选择”工具，选中曲线图形，用右键单击调色板中的☒按钮，取消曲线，或者选择“对象”→“拆分”菜单命令，选中路径曲线，按Delete键将曲线删除。

（7）单击工具箱中的“贝塞尔”工具，绘制两条曲线，颜色为橙色。再单击工具箱中的“形状”工具，调节曲线，使它紧贴着各个矩形。

（8）使用工具箱中的“矩形”工具□，在绘图页面中绘制一个与绘图页面大小基本一样的矩形。使用工具箱中的“选择”工具，选中该矩形图形，单击工具箱中的“编辑填充”工具，在打开的对话框中单击“渐变填充”按钮，弹出“编辑填充—渐变填充”对话框，如图4-1-10所示。在该对话框中的“类型”栏中选择“椭圆形”选项，设置颜色频带起始颜色为棕色，终止颜色为黄色。

（9）单击“确定”按钮，完成矩形图形从棕色到黄色的辐射渐变色的填充。将整个调和图形移到绘图页面内，效果如图4-1-11所示。

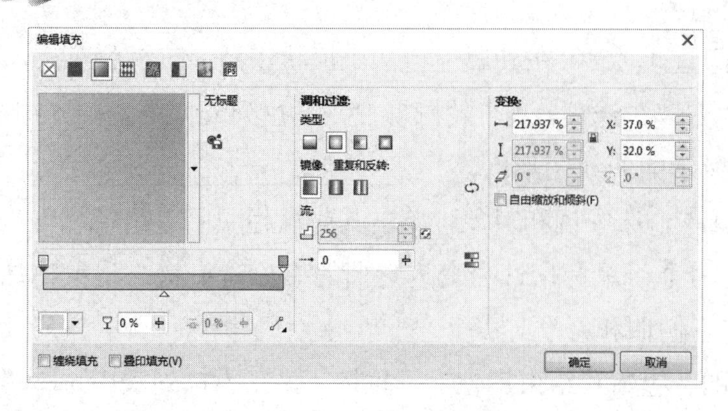

图 4-1-10 “编辑填充—渐变填充”对话框

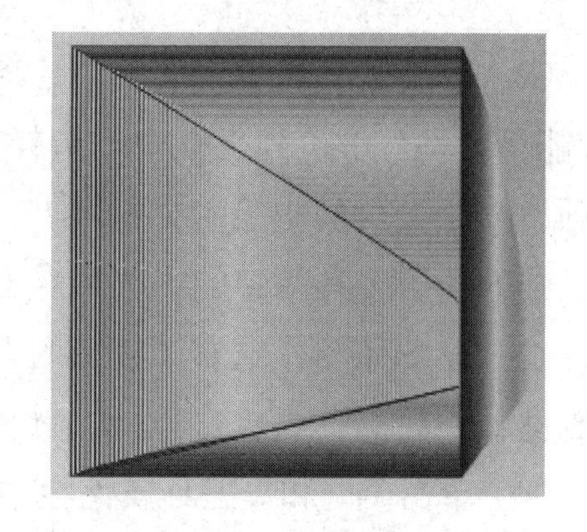

图 4-1-11 绘制好的隧道效果

3．导入图像

（1）选择“文件”→“导入”命令，弹出“导入”对话框。选中“跑步”图片，单击“导入”按钮。在画面中拖曳，将图像置入画布，然后将图像移到大矩形里面。用同样的方法导入“汽车”图像，如图 4-1-12 所示。从图中可以看出图像周围的白色把后面的隧道图形遮住了。

（2）选中图像，选择“位图”→“位图颜色遮罩”命令，弹出“位图颜色遮罩”泊坞窗，如图 4-1-13 所示。单击其中的小吸管图标（此时鼠标指针变成吸管状），再单击图像内的白色，将白色隐藏起来，完成后的效果如图 4-1-14 所示。

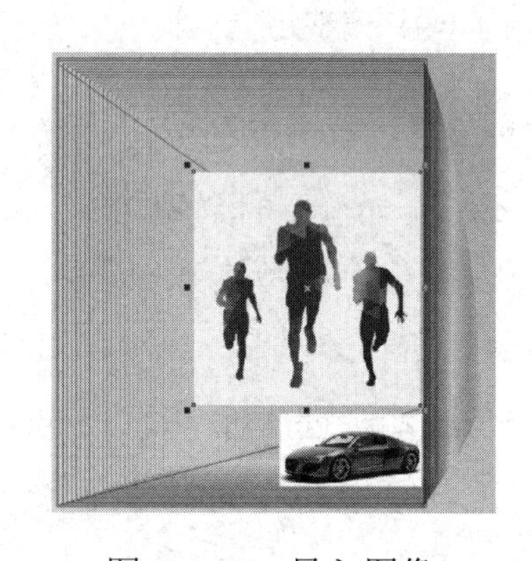

图 4-1-12 导入图像

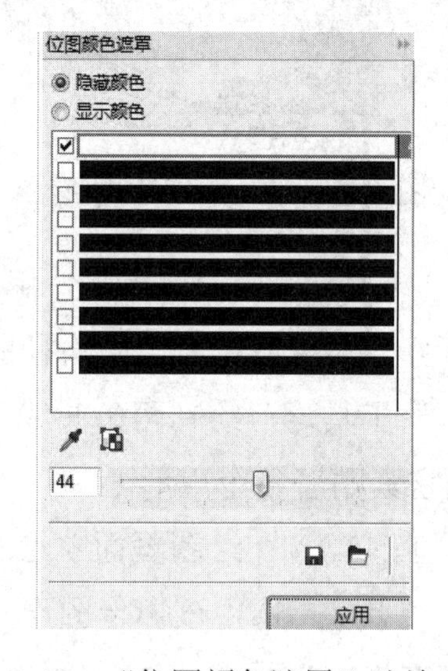

图 4-1-13 “位图颜色遮罩”泊坞窗

图 4-1-14 将白色隐藏后的效果

4．创建文字

（1）使用工具箱中的“文本”工具，在其属性栏中设置文字的字体为华文行楷、字号为 24pt。单击其属性栏中的“垂直文本”按钮，然后在页面中输入文字“我们一直在与时间赛跑”，并设置文字的轮廓线和填充色均为绿色。

（2）单击工具箱中的“选择”工具，选中文字，再单击工具箱交互式工具展开工具栏中的“阴影”工具，向右上方拖曳鼠标，使文字产生黑色阴影。同时弹出它的“交互式阴影”

工具属性栏。

（3）在“交互式阴影”工具属性栏的“预设”下拉列表框中选择第 2 个选项，设置“阴影的不透明度”为 90，“阴影羽化”为 2，在“透明度操作”下拉列表框中选择“常规”选项，在“阴影颜色”下拉列表框中设置阴影颜色为黄色，其他设置如图 4-1-15 所示。

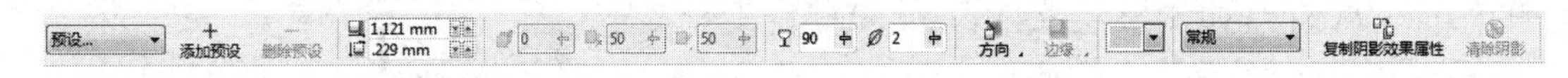

图 4-1-15 “交互式阴影”工具属性栏

（4）用鼠标在文字上向右下方拖曳鼠标，给文字添加阴影效果，最终效果参考图 4-1-1。

相关知识

1. 沿直线渐变调和

调和可以将一种图形对象渐变为另一种图形对象。渐变可以沿指定的路径进行，包括对象的大小、轮廓的粗细与填充颜色等内容的渐变。下面通过一个案例介绍创建调和的过程，以及编辑调和的基本方法。

（1）绘制两个大小、颜色、填充内容和轮廓线粗细均不同的对象，如图 4-1-16 所示。

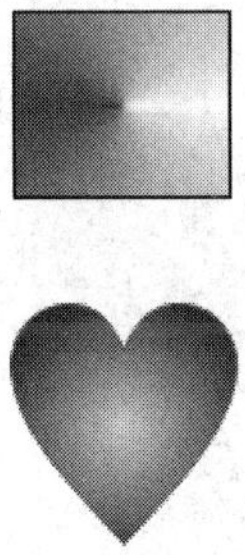

图 4-1-16 两个对象

（2）单击工具箱交互式工具展开工具栏中的“调和”工具，从一个图形拖曳到另一个图形。当“调和”工具属性栏中的“直接”按钮呈按下状时，颜色按直线规律变化；在“调和对象”（又称“步数或调和形状之间的偏移量”）数字框中输入 100，设置调和的层次数为 100；在“调和方向”数字框中输入 5.0，如图 4-1-17 所示。交互式调和效果如图 4-1-18 所示。

图 4-1-17 “调和工具”属性栏

（3）拖曳调和对象连接虚线上的两个箭头控制柄，可以调整各层次的间距和颜色的变化。使用工具箱中的“选择”工具，调整两个原对象（调和对象的起始图形和终止图形）的位置、大小、颜色、填充内容和轮廓线宽度等属性，也可以改变交互式调和图形的形状和颜色。

（4）单击“调和”工具属性栏中的“对象和颜色加速”按钮，弹出“对象和颜色加速”面板，拖曳滑块，可改变各层次的间距和颜色变化。

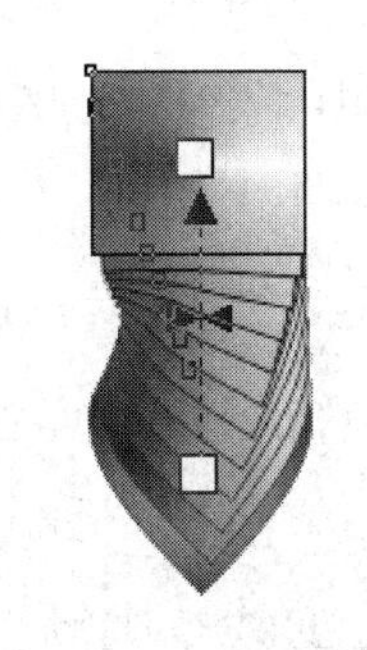

图 4-1-18 交互式调和效果

（5）当“对象和颜色加速”面板内的锁按钮呈按下状态（默认状态）时，拖曳“对象”或“颜色”滑块，两个滑块会一起变化，拖曳图 4-1-19 中的两个三角控制柄中的任何一个，两个控制柄会一起移动，颜色和间距也会同时改变。单击锁按钮，使该按钮呈抬起状态，可以单独拖曳“对象”滑块和“颜色”滑块，也可以单独拖曳图 4-1-19 中的两个三角控制柄中的任何一个，从而单独调整层次的间距和颜色变化。

（6）单击“调整加速大小”按钮，可以使各层画面的大小变化加大。

（7）改变属性栏“调和方向”数字框中的数值，可以改变调和的旋转角度，旋转角度为 90° 时的调和对象如图 4-1-20 所示。

（8）单击“顺时针”按钮，调和对象的颜色会按顺时针方向变化。单击“逆时针调和”按钮，对象的颜色会按逆时针方向变化。单击“环绕”按钮，调和对象的中间层会沿起始画面和终止画面的旋转中心旋转变化，如图 4-1-21 所示。设置“调和对象”数值为 10，在“调和方向”数字框中输入 360，单击“环绕”按钮、“顺时针”按钮后的调和效果如图 4-1-22 所示。

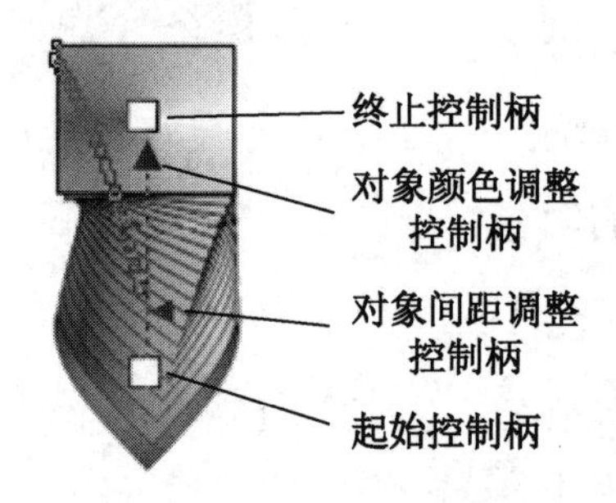

图 4-1-19　调整调和

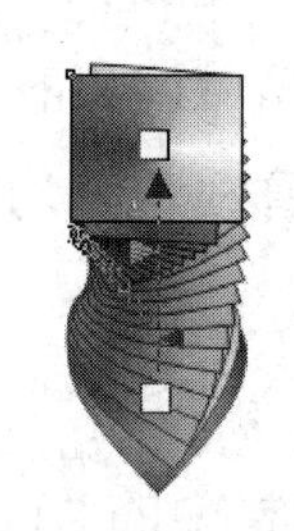
图 4-1-20　旋转角度 90°

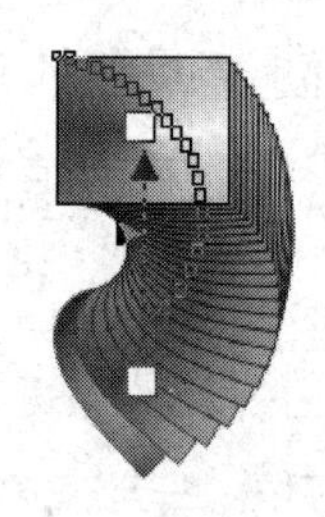
图 4-1-21　环绕变化

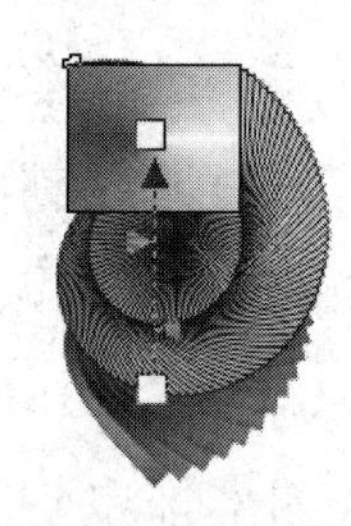
图 4-1-22　调和效果

2．沿路径渐变调和

（1）调整上文的调和对象的位置和大小，再绘制一条曲线，如图 4-1-23 所示。

（2）单击工具箱交互式工具展开工具栏中的“调和”工具，单击交互式调和渐变对象，右键单击调和对象非起始画面和非结束画面，弹出它的快捷菜单，单击该菜单中的“新路径”命令，鼠标指针呈弯曲的箭头状。单击曲线路径，即可使调和对象沿曲线路径变化，如图 4-1-24 所示。

另外，单击“调和”工具属性栏中的“路径属性”按钮，弹出“路径属性”下拉菜单，如图 4-1-25 所示。选择该菜单中的“新路径”命令，鼠标指针会变为弯曲的箭头状，再单击曲线路径，也可以使调和沿曲线路径变化。

（3）单击“路径属性”下拉菜单中的“显示路径”命令，可以选中路径曲线。如果改变了路径曲线，则渐变对象的路径也随之变化。单击“路径属性”下拉菜单中的“从路径分离”命令，可以将渐变对象与路径分离。

（4）单击“调和”工具，按住 Alt 键，从一个对象到另一个对象拖曳鼠标，绘制出一条曲线路径，松开鼠标后，即可产生沿绘制路径调和的对象。

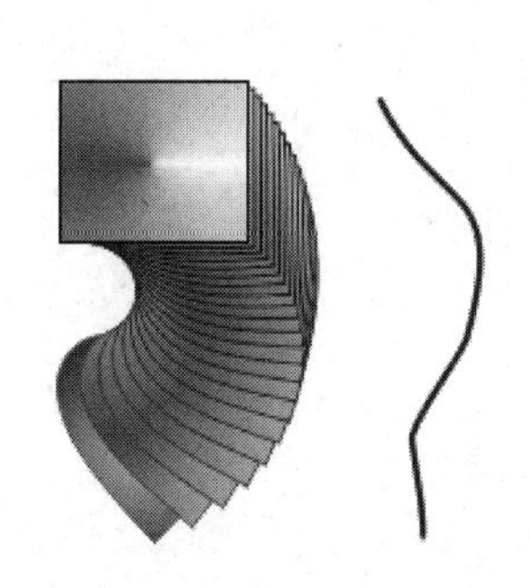

图 4-1-23　绘制曲线

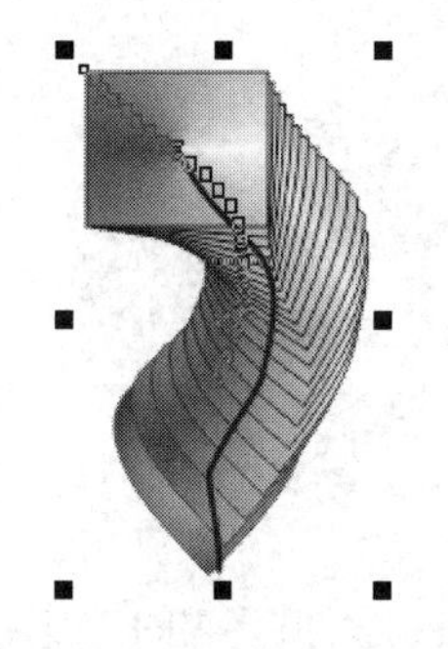

图 4-1-24　调和对象沿曲线路径变化

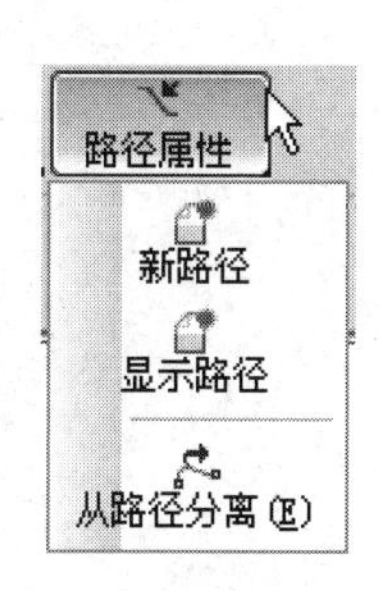

图 4-1-25　“路径属性”下拉菜单

思考与练习 4-1

1．绘制一个“五彩蝴蝶”图形，如图 4-1-26 所示。

2．绘制一个“足球世界”图形，如图 4-1-27 所示。它是一幅关于足球的宣传画，制作该图形需要使用基本绘图工具、自然笔工具，以及填充、组成/群组、渐变等操作。

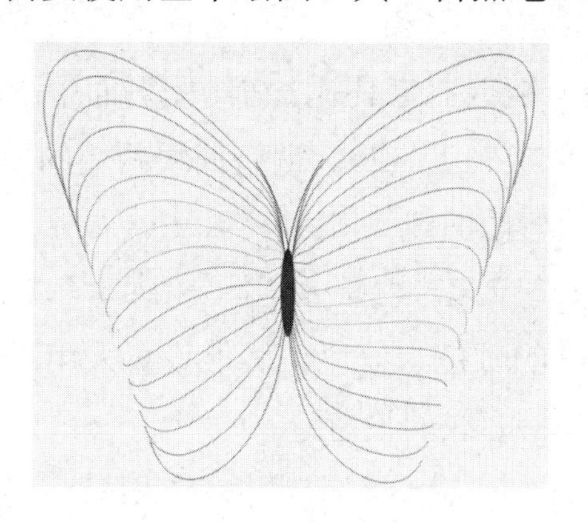

图 4-1-26　“五彩蝴蝶”图形

图 4-1-27　“足球世界”图形

4.2　案例 11：制作“世界和平”图形

“世界和平”图形如图 4-2-1 所示。利用工具箱中的“手绘”工具绘制几条曲线，再利用“调和”工具创建一系列调和曲线，将调和曲线进行变形，形成和平鸽身体；和平鸽的头部是利用工具箱中的“手绘”工具绘制的，将它们组合在一起，便形成了一个抽象的和平鸽图形；创建立体化的文字“世界和平”，与和平鸽图形、橄榄叶图片一起组成“世界和平”图形。

通过制作该图形，可以进一步掌握“调和”工具、“艺术笔”工具、“轮廓笔”工具的使用方法等，初步了解“立体化”工具的使用方法。

图 4-2-1　“世界和平”图形

1．绘制和平鸽的身体

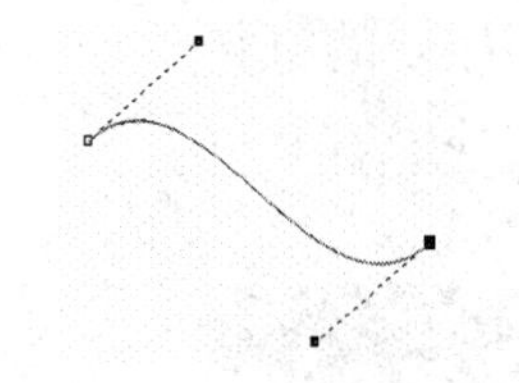

图 4-2-2　一条弯曲的曲线

（1）新建一个文档，设置绘图页面的宽为 200mm、高为 80mm、背景颜色为白色。

（2）使用工具箱中的“钢笔”工具，在绘图页面中绘制一条曲线。使用工具箱中的“形状”工具，调整曲线两端的控制柄，形成一条如图 4-2-2 所示的弯曲曲线。

（3）单击工具箱轮廓工具展开工具栏中的“轮廓笔”工具，弹出“轮廓笔”对话框，如图 4-2-3 所示。在“颜色”下拉列表框中选择外框的颜色为蓝色，其他设置采用默认值，单击“确定”按钮，关闭“轮廓笔”对话框，完成对轮廓线的设置。

（4）选中曲线并选择菜单栏中的“编辑”→“再制”命令，或者按“Ctrl+D”组合键，复制一条曲线，将第 2 条曲线移到第 1 条曲线的下面，并将第 2 条曲线的颜色设置为红色，如图 4-2-4 所示。

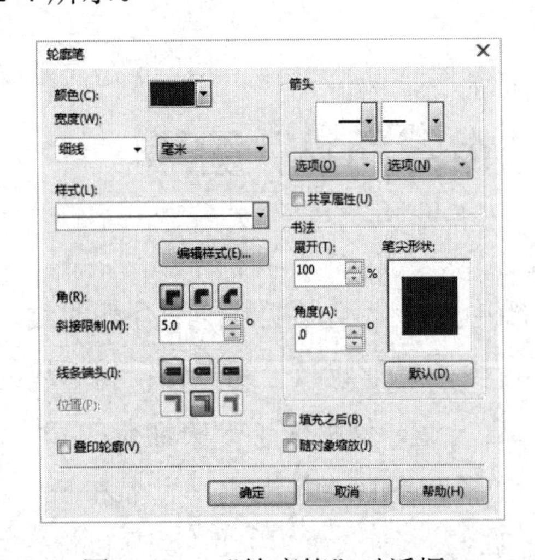

图 4-2-3　“轮廓笔”对话框

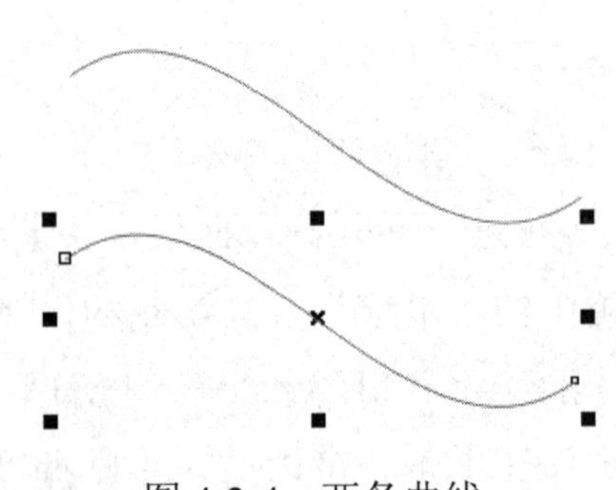

图 4-2-4　两条曲线

（5）单击工具箱交互式工具展开工具栏中的“调和”工具，从第1条曲线向第2条曲线拖曳，生成一组调和曲线。单击其“调和”工具属性栏中的“顺时针”按钮，在“调和对象”数字框中输入20，创建一组五彩调和曲线，如图4-2-5所示。

（6）选择第1条曲线，使用工具箱中的“形状”工具调整该曲线，将其变形，如图4-2-6所示，形成鸽子的翅膀轮廓曲线。再调整复制的第2条曲线，将其变形，如图4-2-7所示，形成鸽子的身体轮廓曲线。

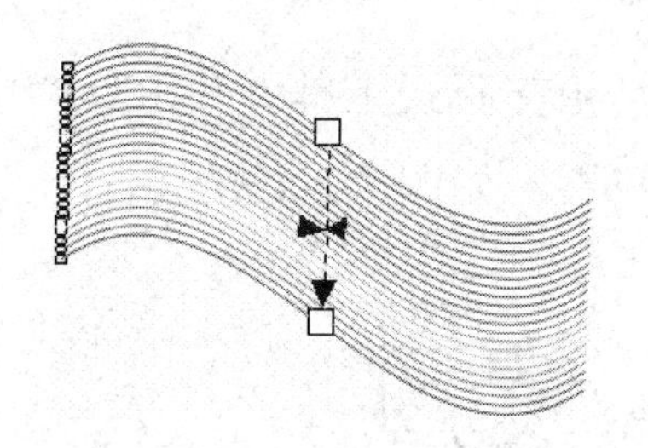
图4-2-5　五彩调和曲线

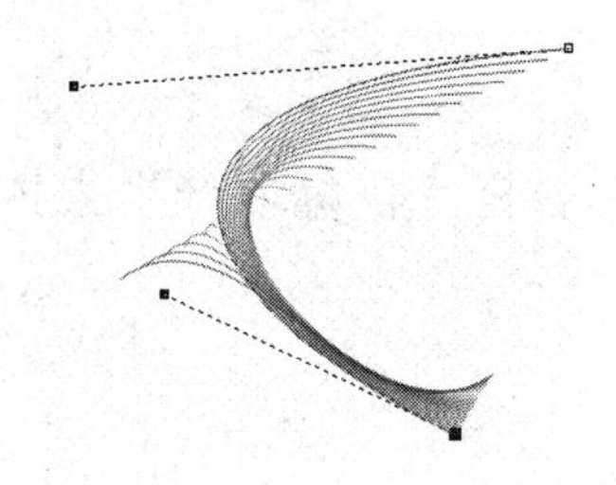
图4-2-6　将第1条曲线变形

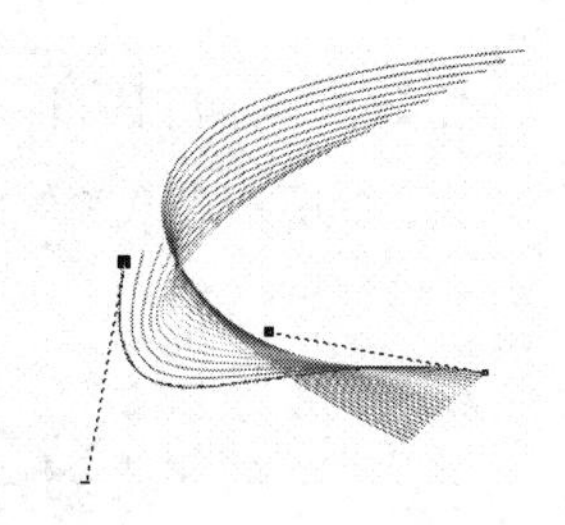
图4-2-7　将第2条曲线变形

2．绘制鸽子的头部

（1）使用工具箱中的“手绘”工具，绘制一条曲线，作为鸽子头部的上轮廓线，再将所绘制的曲线设置为红色，如图4-2-8所示。

（2）绘制一条曲线，作为鸽子头部的下轮廓线，将该曲线设置为蓝色，如图4-2-9所示。

（3）绘制出鸽子的嘴部轮廓线，填充为黄色，将轮廓线设置为土黄色，如图4-2-10所示。

（4）使用工具箱中的“椭圆形”工具，绘制一个圆形图形作为鸽子的眼睛，复制一份，将复制的圆形图形调小一些，填充黑色并移到第1个圆形图形的左下角作为眼珠。

（5）将眼睛图形移动到鸽子头部适当的位置，如图4-2-11所示。

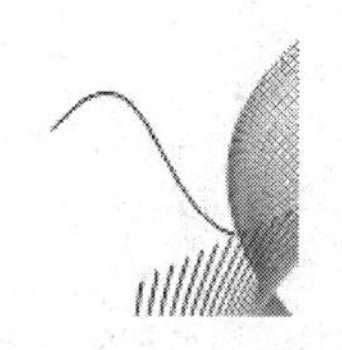
图4-2-8　鸽子头部上轮廓线

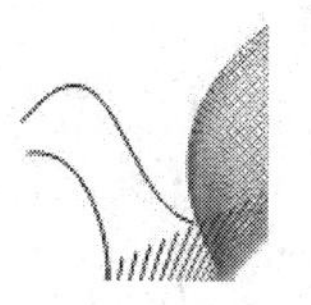
图4-2-9　鸽子头部下轮廓线

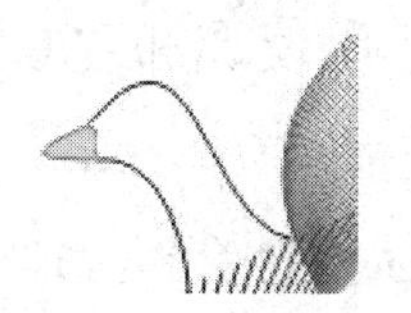
图4-2-10　鸽子嘴部轮廓线

图4-2-11　移动鸽子眼睛图形

3．导入“橄榄叶”图片

（1）选择“文件”→“导入”命令，弹出“导入”对话框。选中“橄榄叶”图片，单击“导入”按钮，将图片导入画布。

（2）选中图片，选择“位图”→“位图颜色遮罩”命令，弹出“位图颜色遮罩”泊坞窗，将白色背景隐藏。

4．创建立体化文字

（1）使用工具箱中的“文本”工具，在其属性栏中设置文字的字体为华文行楷、字号为 48pt，在页面中输入文字“世界”，然后设置文字的轮廓线颜色为黄色、填充色为红色，如图 4-2-12 所示。

（2）单击工具箱中的“选择”工具，选中文字，单击工具箱交互式工具展开工具栏中的“立体化”工具，在文字上向右上方拖曳鼠标，产生立体化效果，如图 4-2-13 所示。

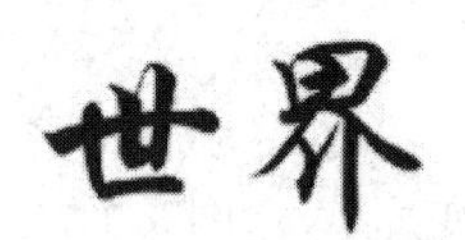

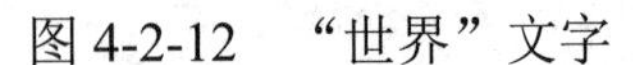

图 4-2-12 “世界”文字

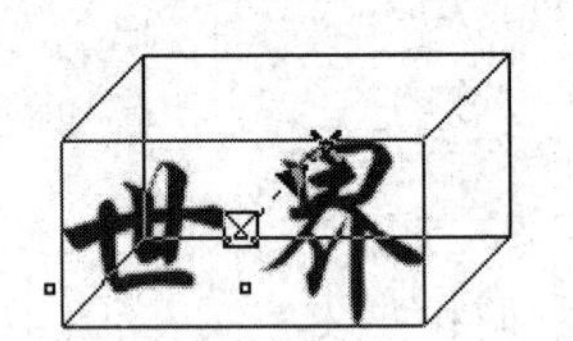

图 4-2-13 立体化文字

（3）弹出“立体化”工具属性栏，设置深度为 19，其他设置如图 4-2-14 所示。

（4）应用上述步骤，创建“和平”立体化文字，并将文字拖曳到图形适当位置，最终效果参考图 4-2-1。

图 4-2-14 “立体化”工具属性栏

相关知识

1．调和的“选项”菜单

（1）单击“调和”工具属性栏中的“选项”按钮，弹出“选项”下拉菜单，如图 4-2-15 所示。选择下拉菜单中的“沿全路径调和”选项，可以使调和对象沿完整路径渐变，如图 4-2-16 左图所示。选择下拉菜单中的“旋转全部对象”选项，可以使调和对象的中间层与路径形状相匹配，调和效果如图 4-2-16 中图所示。

（2）单击“选项”菜单中的“映射节点”按钮，鼠标指针会变为弯曲的箭头状，先后单击起始画面和结束画面的节点，可以建立两个节点的映射，不同节点的映射会产生不同的调和效果，交错节点的映射所产生的效果如图 4-2-16 右图所示。

（3）单击“选项”下拉菜单中的“拆分”按钮，鼠标指针会变为弯曲的箭头状，单击调和对象的中部，即可以将一个调和对象分割为两个调和对象，拖曳对象的中部，效果如图 4-2-17 所示。

图 4-2-15 “选项”下拉菜单

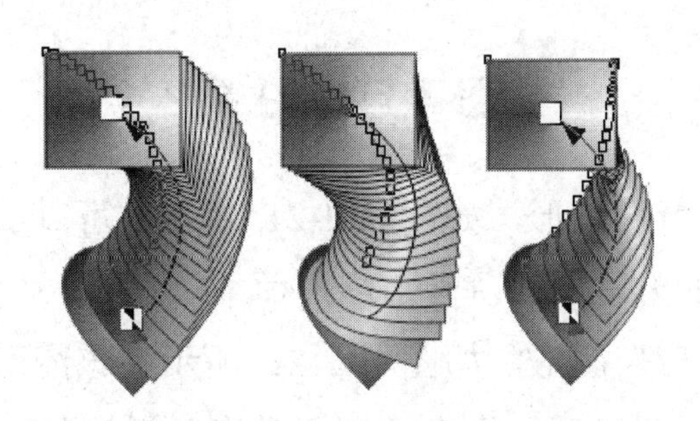

图 4-2-16 三种不同情况的调和效果

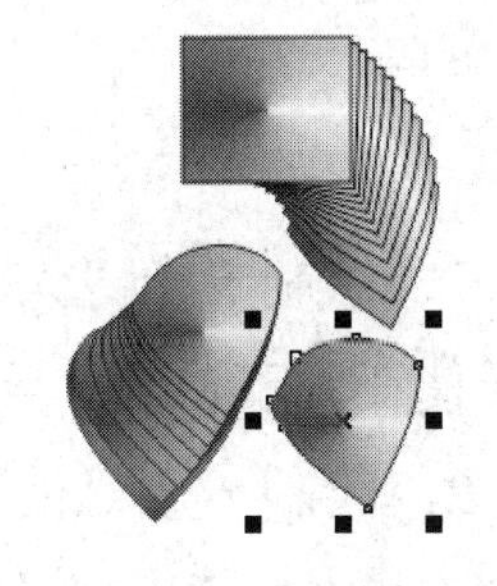

图 4-2-17 拆分调和对象

2. 复合调和与分离调和

（1）复合调和：由多个调和对象组成一个调和对象，各调和对象之间的连接有调和过程。制作的两个调和对象如图 4-2-18 所示。复合调和的操作方法如下。

- 单击工具箱中的“调和”工具，从调和对象的起始画面或结束画面处，拖曳到另一个调和对象的起始画面或结束画面处，复合调和的结果如图 4-2-19 所示。
- 单击工具箱中的“调和”工具，再单击一个调和对象，然后单击“调和”工具属性栏中的“起始和结束属性”按钮，弹出它的下拉菜单。选择该下拉菜单中的“新起点”命令，鼠标指针呈粗箭头状，单击另一个图形对象，即可改变调和的连接形式，如图 4-2-20 所示。采用此方法也可以改变复合调和的终止点。

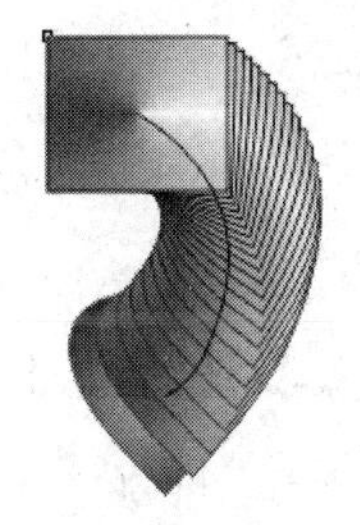
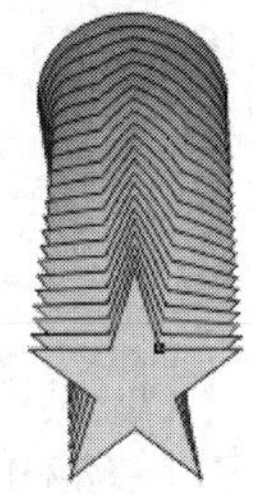

图4-2-18 两个调和对象

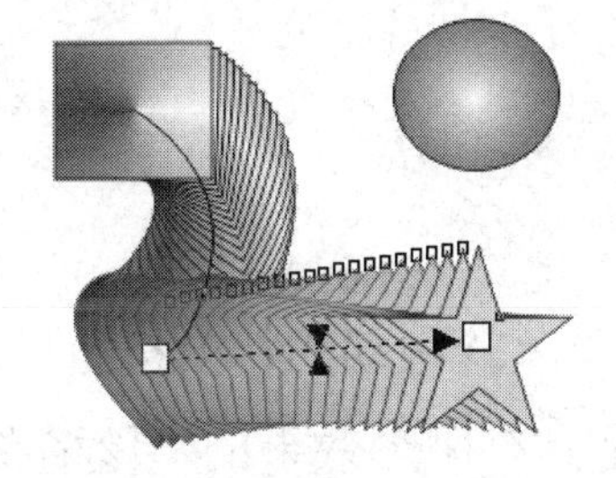

图4-2-19 复合调和结果　　图4-2-20 改变复合调和连接形式

- 在对复合调和对象进行选择时，如果要选中某一段调和对象的起始图形或结束图形，可以先使用“选择”工具单击画布空白处，再单击复合调和对象非起始画面或结束画面处，可以选中整个复合调和对象；如果按住 Ctrl 键并单击一段调和对象，则可以选中该段调和对象。

（2）分离调和：使用工具箱中的“选择”工具，选中要分离的调和对象，选择“对象”→“拆分×××”命令，再选择“对象”→“取消全部组合”命令，即可将调和对象分离。拖曳调和对象中的一层图形，可以将图形分解成独立的对象。

思考与练习 4-2

1．绘制一个“天籁之音”图形，如图 4-2-21 所示。可以看到，在蓝天和大海之间，一位天使在弹奏琵琶，无数的五彩曲线从天上飘然而下。

2．绘制一个“浪漫足球”图形，如图 4-2-22 所示。该图形是一幅足球的宣传画，可以看到一串从小到大变化的透明足球，天空中飘浮着多彩透明的曲面，以及一串逐渐变小和变色的文字。

图 4-2-21　“天籁之音”图形

图 4-2-22　“浪漫足球”图形

4.3　案例 12：特效按钮的制作

“珍稀动物特效按钮”图形如图 4-3-1 所示，该图形背景是一幅白孔雀图像，按钮正上方是具有阴影效果的“珍稀动物展示”文字，左上角是“濒危动物”矩形按钮，有“熊猫”“朱鹮”“麋鹿”“苍鹰”“雪豹”5 个透明圆形按钮。

通过制作这些按钮图形，可以进一步掌握“交互式轮廓图”工具、“调和”工具、“交互式变形”工具的使用方法。可以使用“宏”工具栏录制一个完整的制作步骤并保存为 Script 文件（扩展名为.csc），然后应用 Script 文件来制作具有相同特点的其他图形。该图形的制作方法和相关知识介绍如下。

图 4-3-1　“珍稀动物特效按钮”图形

制作方法

1．导入背景图片

新建一个文档，设置绘图页面宽为220mm、高为70mm，选择“布局”→“页面背景”命令，弹出“选项”对话框，选择页面背景为“位图”，导入“孔雀背景.jpg”图像，“选项”对话框如图4-3-2左图所示，导入效果如图4-3-2右图所示。

图4-3-2 “选项”对话框及页面背景导入效果

2．制作矩形按钮

（1）使用工具箱中的“矩形”工具□，在绘图页面绘制一个矩形图形。在“矩形”属性栏的两个“对象大小”数字框中设置宽为60mm、高为20mm，在4个“边角圆滑度”数字框中均输入95，如图4-3-3所示。

图4-3-3 “矩形”工具属性栏

（2）单击“渐变填充”工具，弹出“编辑填充—渐变填充”对话框，设置从黄色到橙色的线性渐变色，其他设置如图4-3-4所示。

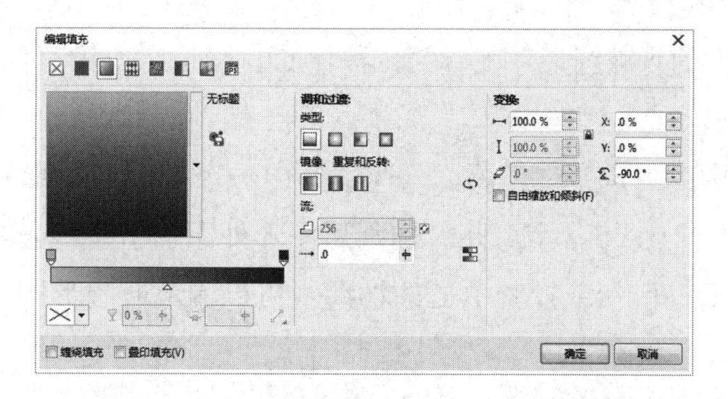

图4-3-4 “编辑填充—渐变填充”对话框

（3）单击“编辑填充—渐变填充”对话框中的“确定”按钮，给矩形图形填充从黄色到橙色的线性渐变色，效果如图 4-3-5 左图所示。

（4）使用工具箱中的“矩形”工具□，绘制一个边角圆滑度都为 95°的矩形，给该矩形填充从橙色到黄色的线性渐变色（与刚才的矩形的填充色正好相反）。然后，将刚刚绘制的矩形移到图 4-3-5 左图所示的矩形上，形成一个矩形按钮图形，效果如图 4-3-5 右图所示。

图 4-3-5　填充从黄色到橙色线性渐变色的矩形及矩形按钮图形效果

（5）使用工具箱中的“选择”工具，将图 4-3-5 所示按钮图形全部选中，将它们组成一个群组对象，调整按钮图形的大小，再复制一份，调整这两个按钮图形的位置。选中这两个按钮图形，单击其“多个对象”属性栏中的“对齐与分布”按钮，弹出“对齐与分布”（分布）对话框。勾选该对话框中的“上”复选框，然后单击“应用”按钮，将两个按钮图形顶部对齐。单击“关闭”按钮，关闭该对话框。

3．标题文字的制作

（1）单击工具箱中的“文本”工具字，输入颜色为绿色、字号为 28pt、字体为隶书的“濒危动物”文字，将其移到矩形按钮图形上。

（2）输入字体为隶书、颜色为蓝色、字号为 36pt 的“珍稀动物展示”文字。使用交互式工具展开工具栏中的“阴影”工具，在“珍稀动物展示”文字上向右上方拖曳鼠标，松开鼠标左键后，文字添加了阴影效果，将调色板内的黄色色块拖曳到上边的终止控制柄■上，使阴影颜色改为黄色，阴影效果如图 4-3-6 所示。拖曳控制柄，可以改变阴影的位置和形状。拖曳透镜控制柄，可以调整阴影不透明度。

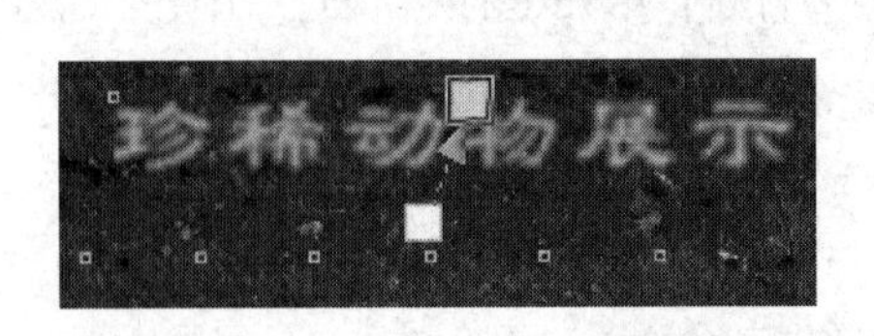

图 4-3-6　“珍稀动物展示”文字及其阴影效果

4．圆形特效按钮的制作

（1）使用工具箱中的“椭圆形”工具，按住 Ctrl 键，在绘图页面中绘制一个圆形图形，再绘制两个椭圆形图形。

（2）使用工具箱中的“选择”工具，选中其中一个椭圆形图形，再单击工具箱交互式工具展开工具栏中的“套封”工具，此时椭圆形图形外添加了虚线套封线，如图 4-3-7 所示。拖曳其上的 8 个小方形控制柄或控制柄处的切线，可以调节椭圆形图形的形状，调整后的效果如图 4-3-8 所示。

（3）调整 3 个图形的大小和位置，效果如图 4-3-9 所示。

（4）将最大的圆形图形填充为深蓝色，将变形的椭圆形图形填充为天蓝色，将没变形的圆形图形填充为白色，并将轮廓线统一设置为“无”，完成后的图形如图4-3-10所示。

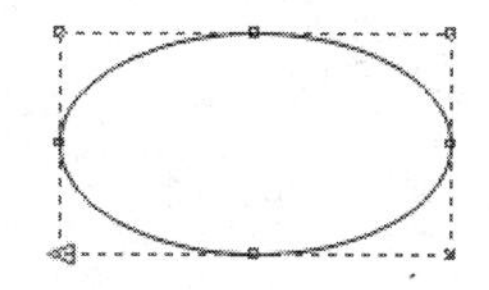

图4-3-7　椭圆形套封

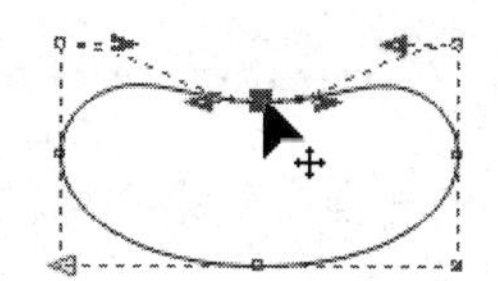

图4-3-8　调节椭圆形形状

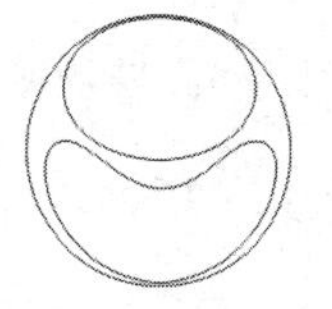

图4-3-9　调整3个图形

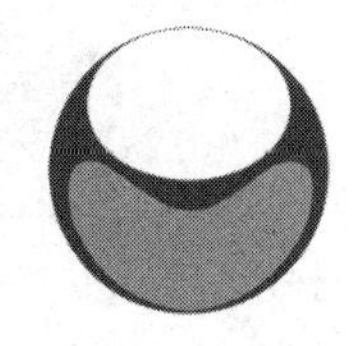

图4-3-10　填充颜色

（5）使用工具箱中的“调和”工具，在其属性栏的“调和对象”数字框中输入100，从椭圆形中央拖曳鼠标到底部椭圆形上，使图形产生调和过渡效果。

（6）单击工具箱交互式工具展开工具栏中的“透明”工具，其属性栏设置如图4-3-11所示。从白色椭圆形图形的顶端拖曳鼠标到其底端，让按钮的高光部分柔和过渡，完成后的透明效果如图4-3-12所示。

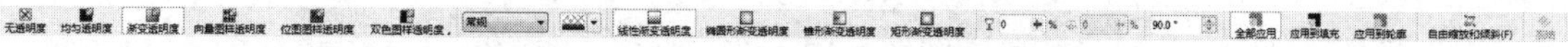

图4-3-11　“交互式透明”工具属性栏

（7）使用工具箱中的“选择”工具，选中圆形按钮图形，并复制4个，将5个圆形图形（及5个变形椭圆形图形）的颜色分别设置为红色（浅红色）和绿色（浅绿色）等，然后将它们等间距、顶部对齐地放置，如图4-3-13所示。

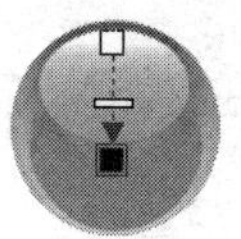

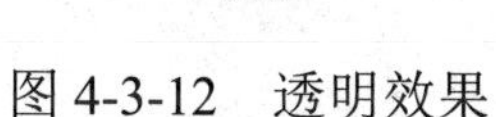

图4-3-12　透明效果

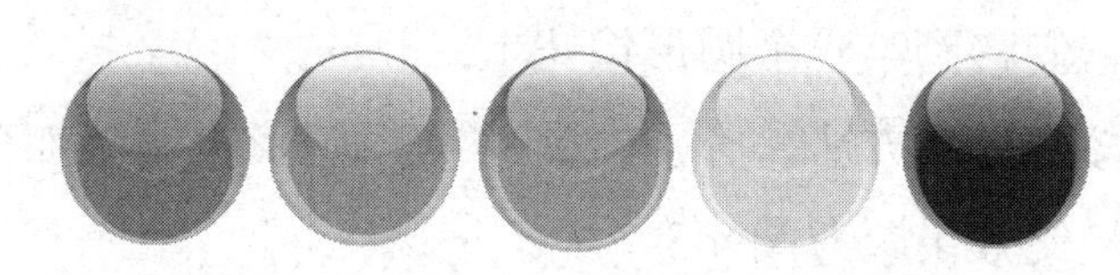

图4-3-13　5个圆形按钮图形

5．特效文字的制作

（1）单击工具箱中的“文本”工具，在其属性栏中设置文字的字体为黑体、字号为40pt、颜色为浅棕色，单击“水平文本”按钮，然后在绘图页面中输入“熊猫”文字。

（2）复制4份“熊猫”文字，再分别将它们改为“朱鹮”“麋鹿”“苍鹰”“雪豹”，颜色也进行改变，效果如图4-3-14所示。

（3）单击工具箱中的“选择”工具，选中“熊猫”文字，然后选择“对象”→“拆分美术字”命令，将文字变成单独的个体，选中“熊”字，如图4-3-15所示。

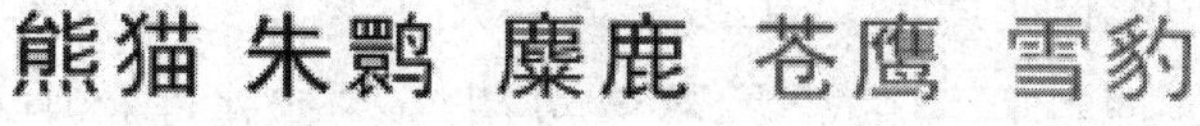

熊猫 朱鹮 麋鹿 苍鹰 雪豹

图4-3-14　输入、复制和修改文字

熊猫

图4-3-15　拆分文字

（4）单击工具箱交互式工具展开工具栏中的“变形”工具，弹出其属性栏，单击“推拉”按钮，在“推拉振幅”数字框中输入 15，如图 4-3-16 所示。此时的“熊”字如图 4-3-17 左图所示。

图 4-3-16 “交互式变形工具－推拉效果”属性栏

（5）单击工具箱中的“选择”工具，选中“猫”字，然后单击工具箱交互式工具展开工具栏中的“变形”工具，再单击其属性栏中的“拉链”按钮，在“拉链失真振幅”数字框中输入 14，在“拉链失真频率”数字框中输入 5，如图 4-3-18 所示。此时的“猫”字如图 4-3-17 右图所示。

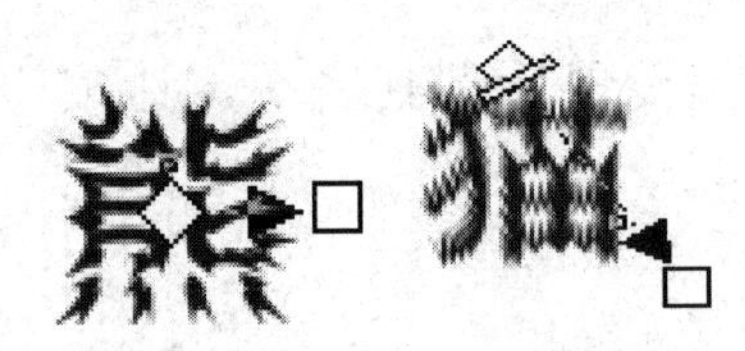

图 4-3-17 变形文字

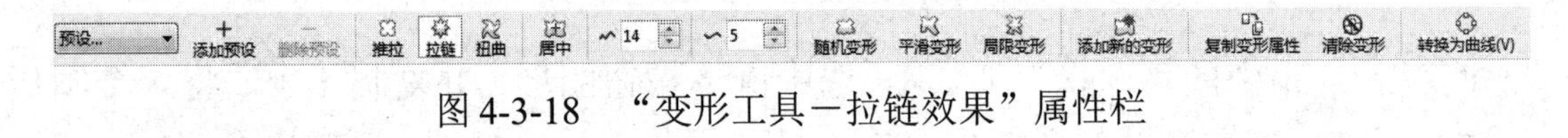

图 4-3-18 “变形工具－拉链效果”属性栏

（6）使用工具箱中的“选择”工具，选中变形的“熊”字和“猫”字，调整它们的大小，并将它们移到第一个圆形按钮上。

（7）按照上述方法，分别给另外 4 个圆形按钮添加变形文字，然后分别将各按钮图形组成群组，最终效果参考图 4-3-1。

6. 批量制作变形文字

图 4-3-19 “宏”工具栏

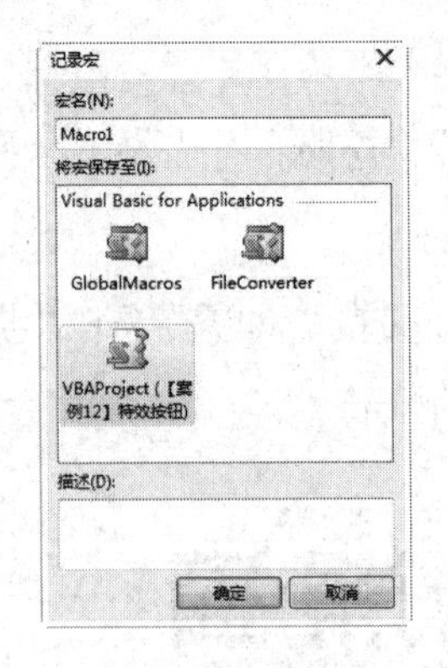

图 4-3-20 “记录宏”对话框

如果对不同颜色的文字进行相同的变形加工，则可以使用“宏”工具栏中的工具来快速完成，具体方法如下。

（1）选择“窗口”→“工具栏”→“宏”命令，弹出“宏”工具栏，如图 4-3-19 所示。

（2）使用工具箱中的“选择”工具，选中“熊猫”美术文字。单击“宏”工具栏中的“开始录制”按钮，弹出“记录宏”对话框，在“宏名”文本框中输入“Macro1”，其他设置如图 4-3-20 所示。单击“确定”按钮，开始录制后面的操作。

（3）单击工具箱交互式工具展开工具栏中的“变形”工具，再单击其属性栏中的“拉链”按钮，在其属性栏中设置“拉链失真振幅”数值为 11，“拉链失真频率”数值为 38，单击“随机变形”和“平滑变形”按钮，如图 4-3-21 所示。变形文字效果如图 4-3-22 所示。

（4）单击“宏”工具栏中的“停止记录”按钮，终止宏的操作录制。

（5）使用工具箱中的“选择”工具，选中“朱鹮”美术字。单击“宏”工具栏中的“运行宏”按钮，弹出“运行宏”对话框。选中该对话框中列表内刚录制的“RecordedMacros.Macro1”宏名称选项，如图4-3-23所示。单击“运行”按钮，稍等片刻，即可制作出与文字“熊猫”具有相同特点的变形文字“朱鹮”。

图4-3-21　“变形工具—拉链效果”属性栏

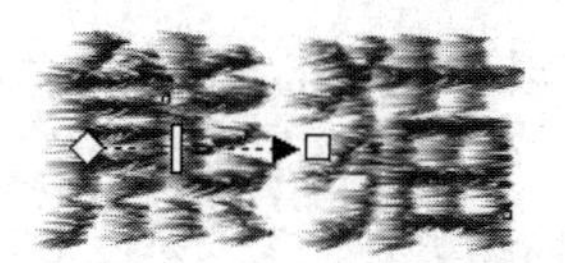

图4-3-22　变形文字效果

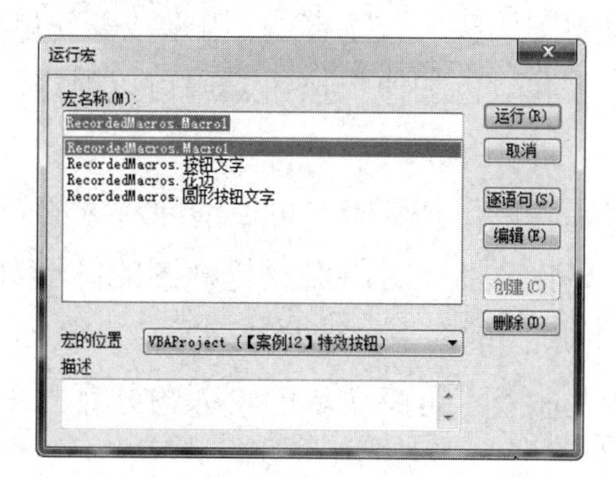

图4-3-23　“运行宏”对话框

（6）采用与上述一样的方法，将其他文字修改成与“熊猫”具有相同特点的变形文字。

相关知识

1．创建和分离轮廓图

轮廓图是指在对象轮廓线的内侧或外侧的一组形状相同的同心轮廓线图形。

（1）创建轮廓图：绘制如图4-3-24左图所示图形，单击工具箱交互式工具展开工具栏中的“轮廓图”工具，在图形中拖曳，形成轮廓图，在“交互式轮廓图”工具属性栏内，单击“内部”按钮，在“轮廓图偏移”数字框中输入1.0mm，在“轮廓图步长”数字框中输入9，在“轮廓色”下拉列表中选择“线性轮廓色”选项，如图4-3-25所示。此时的图形如图4-3-24右图所示。

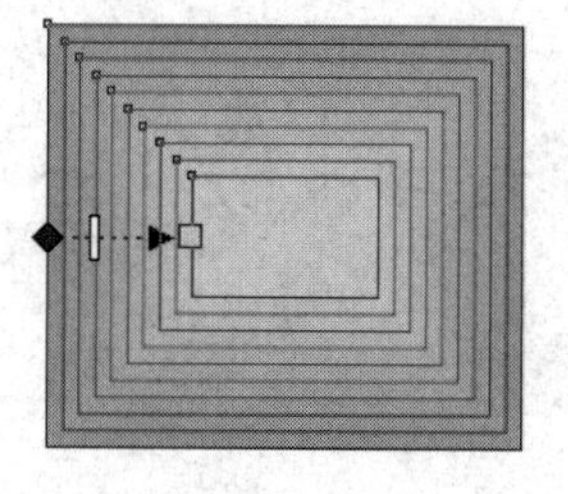

图4-3-24　绘制图形与形成轮廓图

图 4-3-25 “交互式轮廓图”工具属性栏

“交互式轮廓图”工具属性栏中一些选项的作用如下。

- “到中心”按钮：可以创建向对象中心扩展的轮廓图。
- “内部”按钮：可以创建向对象内部扩展的轮廓图。
- “外部”按钮：可以创建向对象外部扩展的轮廓图。
- “轮廓图步长”数字框：用来改变轮廓图的层数。
- “轮廓图偏移”数字框：用来改变轮廓图各层之间的距离。
- “对象和颜色加速”按钮：可以弹出“对象和颜色加速”面板，用来调整轮廓线和颜色的变化速度。
- “清除轮廓”按钮：可以清除对象的轮廓图。

（2）分离轮廓图：可将对象轮廓图的图形分离，使它成为独立的对象。使用“选择”工具选中有轮廓图的对象，选择“对象”→“拆分轮廓图群组”命令，再选择“对象”→“取消全部组合”命令，可将对象的轮廓图分离出来。

2．变形工具

单击工具箱交互式工具展开工具栏中的“变形”工具，其属性栏会因为单击其中的不同按钮而有一些变化，按钮有三个，简要介绍如下。

（1）“推拉”按钮：单击该按钮后，此时的属性栏参考图 4-3-16。在要变形的对象上拖曳鼠标，即可将对象变形，如图 4-3-26 所示。

- 拖曳对象上的菱形控制柄，可改变对象变形的中心点；拖曳对象上的方形控制柄，可以改变对象的变形量和变形方向，同时其属性栏数字框中的数字也会随之变化。
- 单击“中心”按钮，可以使变形的中心点与对象的中心点对齐。
- 复制变形属性：使用“选择”工具选中要变形的对象，单击“变形”按钮，再单击其属性栏中的“复制变形属性”按钮。此时鼠标指针变为大箭头状，单击变形对象，即可将它的变形属性复制到选中对象。此方法也适用于其他类型的变形。

（2）“拉链”按钮：单击该按钮后，此时的属性栏参考图 4-3-21。在要变形的对象上拖曳鼠标，即可将对象变形，如图 4-3-27 所示。同时，属性栏“拉链失真振幅”数字框中的数字也会随之变化。

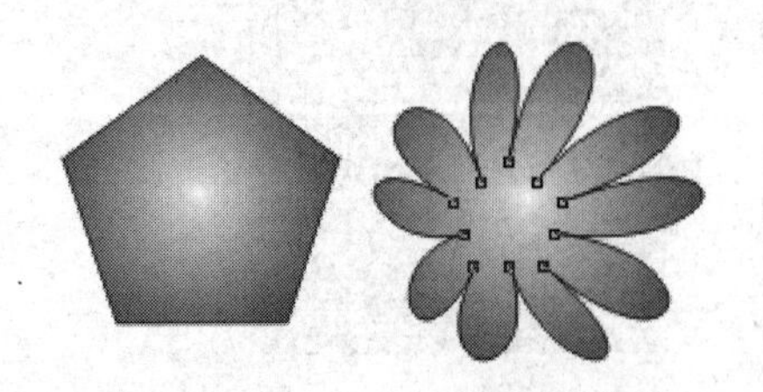

图 4-3-26 将对象推拉变形

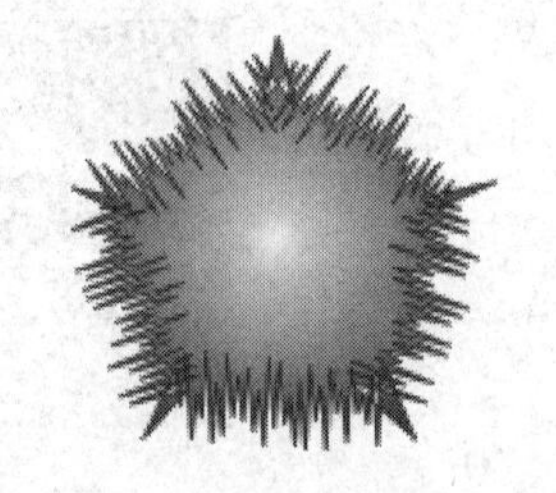

图 4-3-27 拉链变形对象

- 拖曳对象上的透镜控制柄，可以改变对象变形的齿数。同时，属性栏“拉链失真频率”数字框中的数字也会随之变化。
- 单击“随机变形”按钮，可使变形的齿幅度随机变化；单击“平滑变形”按钮，可使变形的齿呈平滑状态；单击“局部变形”按钮，可以使对象四周局部变形。

（3）“扭曲”按钮：单击该按钮后，此时的属性栏如图 4-3-28 所示。在对象上拖曳鼠标，即可将对象变形，如图 4-3-29 所示。

图 4-3-28 “变形工具—扭曲效果”属性栏

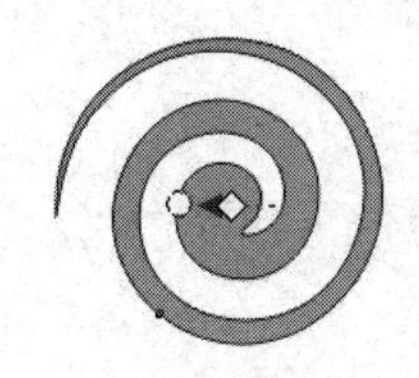

图 4-3-29 扭曲变形对象

- 拖曳对象上的圆形控制柄，可以改变对象扭曲变形的扭曲角度，同时属性栏中“复加角度”数字框中的数字也会随之变化。
- 修改“完全旋转”数字框中的数字，可以改变旋转圈数。单击“顺时针”按钮，可使变形顺时针旋转；单击“逆时针”按钮，可使变形逆时针旋转。

思考与练习 4-3

1. 绘制一个“变形文字”图形，如图 4-3-30 所示。
2. 绘制一个“变形图形”图形，如图 4-3-31 所示。

图 4-3-30 “变形文字”图形

图 4-3-31 “变形图形”图形

3. 绘制一个“水晶按钮”图形，如图 4-3-32 所示。
4. 绘制一个“立体按钮”图形，如图 4-3-33 所示。该图形中有矩形按钮和透明圆形按钮。

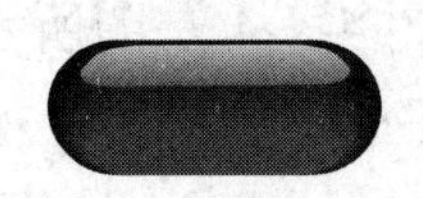

图 4-3-32 “水晶按钮”图形

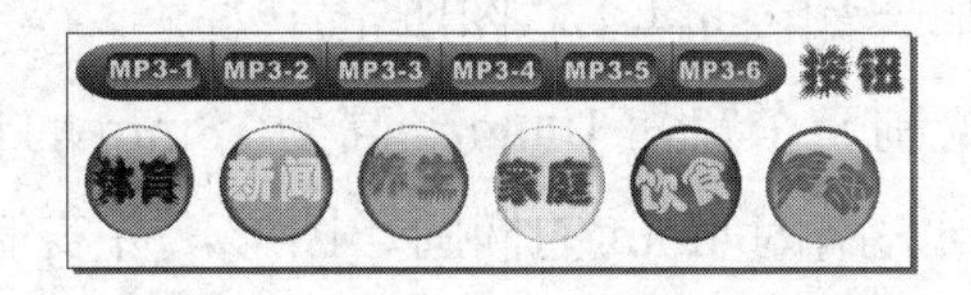

图 4-3-33 “立体按钮”图形

4.4 案例 13：绘制“立体图形”

“立体图形”图形如图 4-4-1 所示。该图形中有球体、圆锥体、圆柱体、圆管体、正方体、立体五角星等立体图形。通过制作该图形，可以进一步掌握渐变填充、焊接造型等操作，同时掌握“立体化”工具和“阴影”工具的使用方法等。

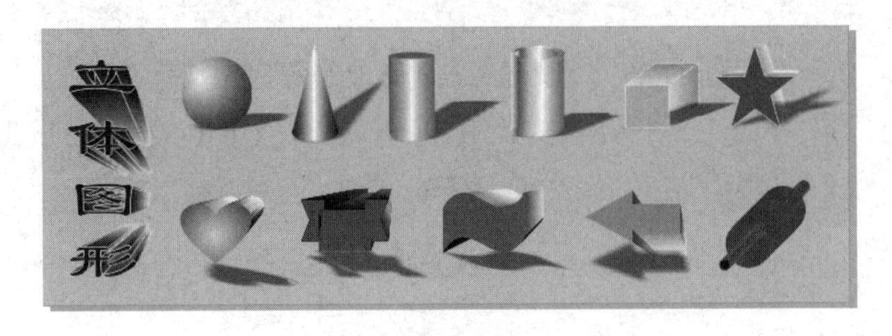

图 4-4-1 “立体图形”图形

1．页面设置

选择“布局”→“页面设置”命令，打开“选项”对话框，设置绘图页面的宽度为 180mm、高度为 60mm。选择“布局”→“页面背景”命令，打开“选项”对话框，设置背景为“纯色”，颜色选择冰蓝色。

2．球体和圆锥体的制作

（1）使用工具箱中的“椭圆形”工具，在绘图页面外绘制一个宽和高均为 16mm 的圆形图形，设置无轮廓线，填充红色，如图 4-4-2 左图所示。

（2）选中圆形图形，单击工具箱中的“编辑填充”工具，打开“编辑填充”对话框，单击“渐变填充”按钮，弹出“编辑填充—渐变填充”对话框。在“类型”栏中选择“辐射”选项，在“从”下拉列表框中选择红色，在“到”下拉列表框中选择白色，在“填充挑选器”显示框内拖曳，使白色光点位于显示框左上方，如图 4-4-3 所示。单击“确定”按钮，制作出球形图形，如图 4-4-2 右图所示。

（3）绘制一个宽为 10mm、高为 18mm 的长方形图形，如图 4-4-4 左图所示。再绘制一个宽为 10mm、高为 4mm 的椭圆形图形，并复制一份，如图 4-4-4 右图所示。调整好各个对象的大小和比例，其中一个椭圆形和矩形图形摆放成如图 4-4-5 左图所示的圆柱体轮廓线状态。

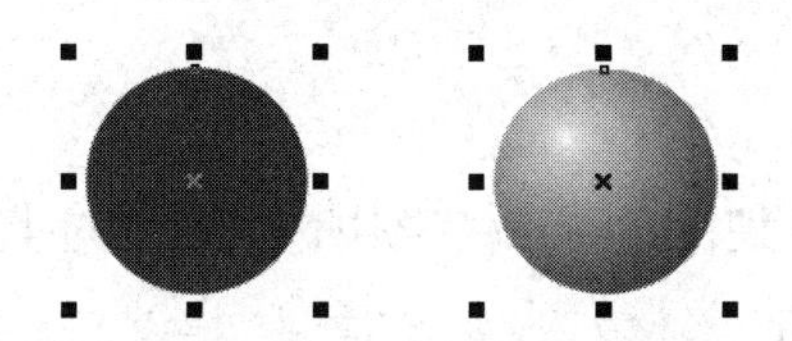

图 4-4-2　圆形图形及渐变填充后的球体图形

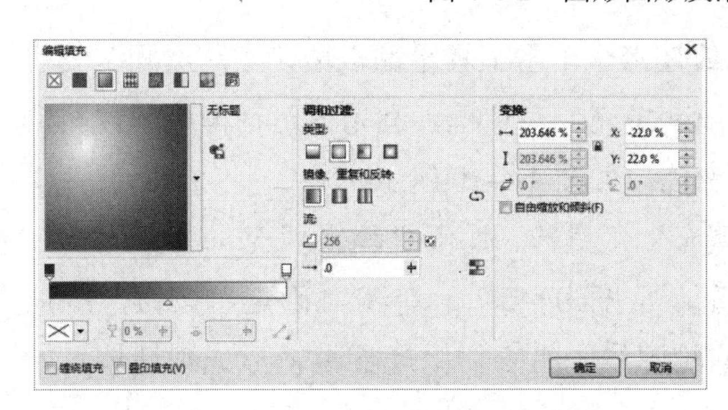

图 4-4-3　“编辑填充—渐变填充”对话框

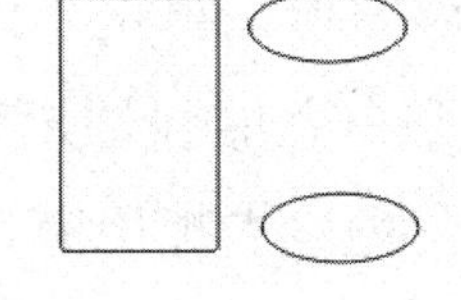

图 4-4-4　矩形和椭圆形

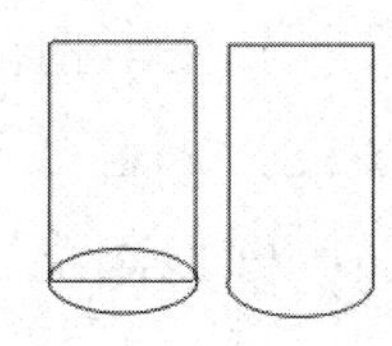

图 4-4-5　图形焊接

（4）同时选中椭圆形和矩形图形，选择“对象”→“造型”→“合并”命令，将选中的椭圆形和矩形图形焊接在一起，如图 4-4-5 右图所示。将图 4-4-5 右图所示图形复制一份，以备后面制作圆锥体时使用。

（5）选中如图 4-4-5 右图所示的轮廓线图形，单击“渐变填充”按钮，弹出“编辑填充—渐变填充”对话框。利用该对话框给轮廓线图形填充从紫色到白色再到紫色的线性渐变色，如图 4-4-6 所示。

（6）单击工具箱中的“形状”工具，即可在图 4-4-6 所示图形的轮廓线上显示选中的多个节点。如果图形的左右两边有节点，则按住“Shift”键选中这两个节点，再单击其属性栏中的“删除”按钮，删除选中的节点。

（7）选中左上角的节点，观察其属性栏中的“到直线”按钮是否有效，如果有效，则说明选中的节点是曲线节点，可以单击“到直线”按钮，将选中的节点转换为直线节点。

（8）水平向右拖曳左上角的节点到中间处，再水平向左拖曳右上角的节点到中间处，形成立体圆锥图形，如图 4-4-7 所示。使用工具箱中的“选择”工具选中立体圆锥图形，取消其轮廓线，如图 4-4-8 左图所示。

（9）单击工具箱交互式工具展开工具栏中的“阴影”工具，在立体圆锥下方向右上方拖曳鼠标，即可产生阴影效果，如图 4-4-8 右图所示。

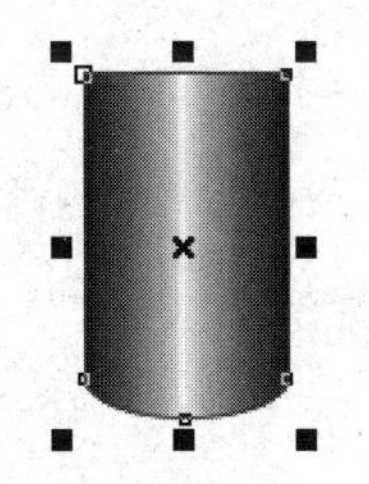

图 4-4-6　图形填充

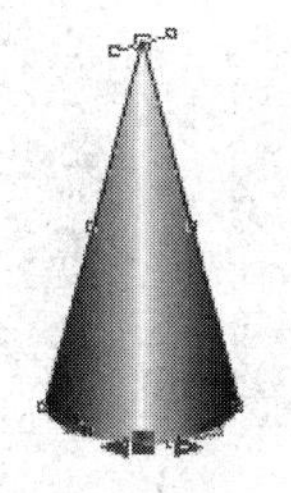

图 4-4-7　圆锥图形

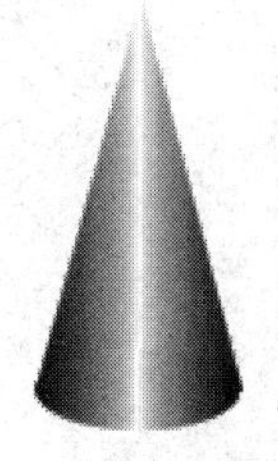

图 4-4-8　圆锥体及阴影效果

3．圆柱体和圆管体的制作

（1）将另一个椭圆形图形移到图 4-4-5 右图所示图形的上面，如图 4-4-9 左图所示。选中图 4-4-9 所示的所有图形，选择“对象”→“造型”→“修剪”命令，将选中的图形修剪成如图 4-4-9 右图所示圆柱形轮廓线图形。

（2）选中图 4-4-9 右图所示的圆柱形轮廓线图形，单击工具箱编辑填充工具展开工具栏中的“渐变填充”工具，弹出“编辑填充—渐变填充”对话框。利用该对话框将圆柱面填充成橙色、金黄色、白色、金黄色、橙色的渐变色，如图 4-4-10 所示。

（3）选中顶部椭圆形图形，单击“渐变填充”工具，弹出“编辑填充—渐变填充”对话框，设置从浅棕色到白色的线性渐变填充，角度为-45°。单击“确定”按钮，给顶部的椭圆形图形填充渐变色。去掉所有图形的轮廓线，将它们组成群组，形成圆柱体，如图 4-4-11 左图所示。

（4）单击工具箱交互式工具展开工具栏中的“阴影”工具，从圆柱体下方向右上方拖曳鼠标，即可产生阴影效果，如图 4-4-11 右图所示。

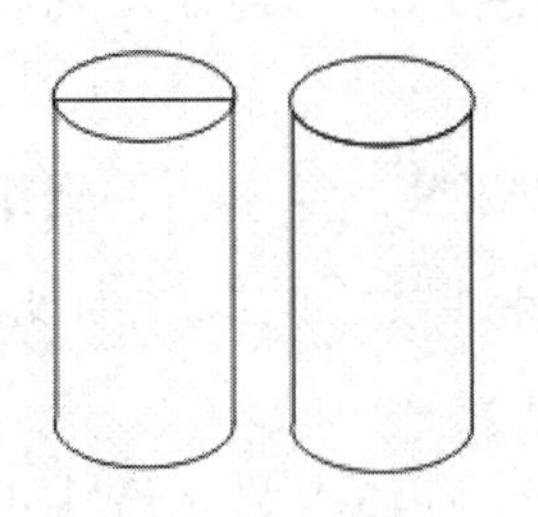

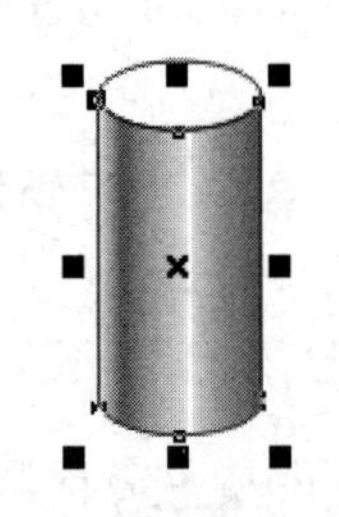

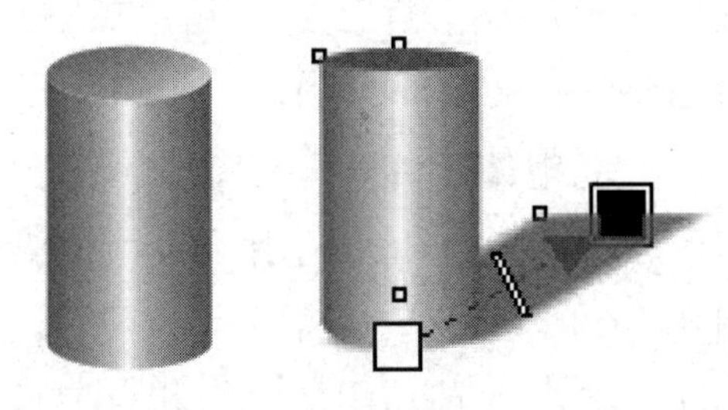

图 4-4-9　修剪图形　　图 4-4-10　填充渐变色　　图 4-4-11　圆柱体及阴影效果

（5）将圆柱体图形复制一份，将其中一个作为圆柱体图形。在另一个圆柱体图形上面绘制一个较小的椭圆形图形，使两个椭圆形的中心点对齐，如图 4-4-12 所示。

（6）选中小椭圆形图形，利用“编辑填充—渐变填充”对话框给小椭圆形图形填充橙色、金黄色、白色、金黄色、橙色的渐变色，然后去掉小椭圆形图形的轮廓线，形成圆管体，如图 4-4-13 左图所示。

（7）单击工具箱交互式工具展开工具栏中的“阴影”工具，从圆管体下方向右上方拖曳鼠标，即可产生阴影效果，如图 4-4-13 右图所示。

图 4-4-12　中心点对齐

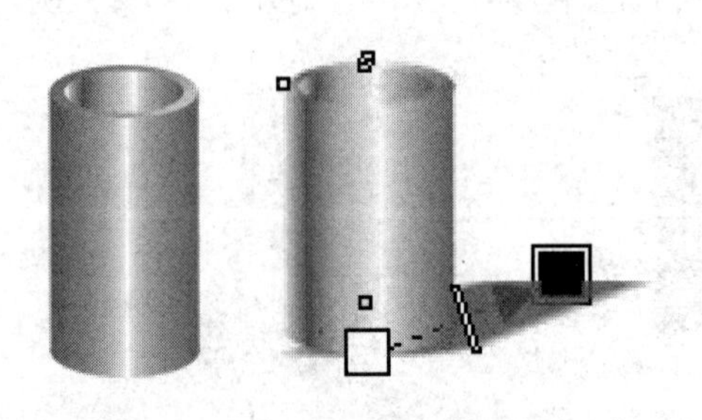

图 4-4-13　圆管体及阴影效果

4．立方体的制作

（1）绘制正方形图形，填充绿色，将轮廓线设置为黄色。单击交互式工具展开工具栏中的“立体化”工具，从正方形左下方向右上方拖曳鼠标，创建立方体，如图4-4-14所示。

（2）在“交互式立体化”工具属性栏的“灭点属性”下拉列表框中选择“灭点锁定到对象”选项。单击“颜色”按钮，弹出“颜色”面板，如图4-4-15所示。单击该面板中的“使用递减的颜色”按钮；单击“从”按钮，弹出它的面板，设置“从”颜色为绿色；单击“到”按钮，弹出它的面板，设置“到”颜色为浅绿色。

（3）右键单击调色板内的黄色色块，设置立方体图形的轮廓线为黄色，如图4-4-16所示。

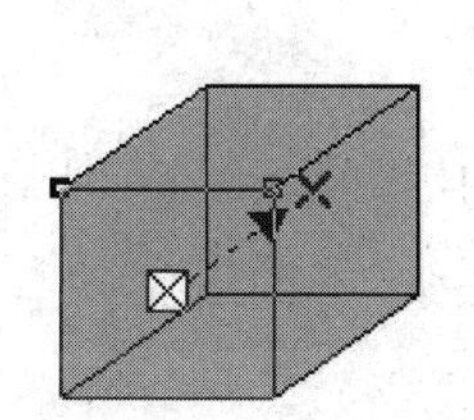

图4-4-14　立方体

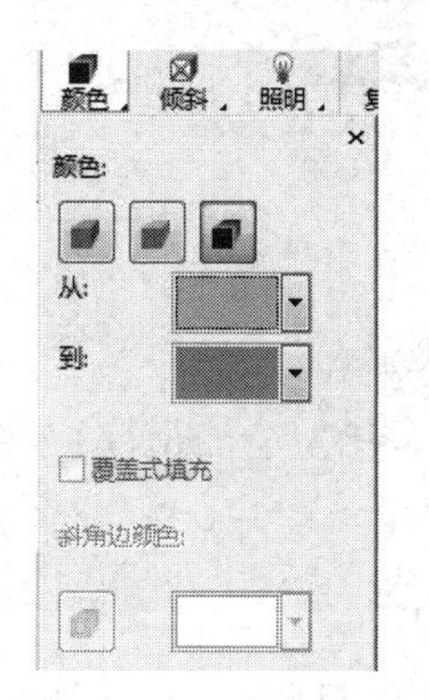

图4-4-15　“颜色”面板

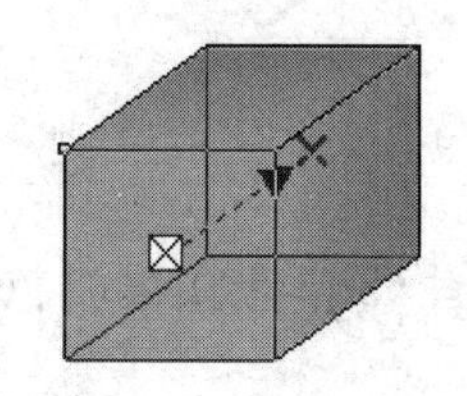

图4-4-16　立方体轮廓线为黄色

5．立体五角星的制作

（1）单击工具箱对象工具展开工具栏中的“星形”工具，在其属性栏的“点数或边数”数字框中设置星形角个数为5。在绘图页面中绘制一个五角星图形，将五角星图形填充成红色，设置轮廓线为无，如图4-4-17所示。

（2）使用“立体化”工具，从星形图形的中间处向右上方拖曳鼠标，创建立体效果。在“交互式立体化”工具属性栏中，单击“立体化类型”按钮，弹出它的面板，选择该面板中的第1个图标，如图4-4-18所示。

图4-4-17　五角星图形

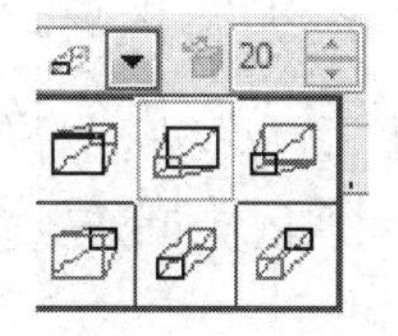

图4-4-18　“立体化类型”面板

（3）在“灭点属性”下拉列表框中选择“灭点锁定到对象”选项，在“灭点坐标”两个数字框中都输入100。此时，五角星图形立体化效果如图4-4-19所示。

（4）单击“交互式立体化”工具属性栏中的“颜色”按钮，弹出它的“颜色”面板，单击该面板中的“使用递减的颜色”按钮，如图4-4-20所示；单击“从”按钮，弹出它的面板，设置“从”颜色为红色；单击“到”按钮，弹出它的面板，设置“到”颜色为白色。

（5）使用工具箱中的“选择”工具，选中立体五角星图形，右键单击调色板内的黄色色块，将图形的轮廓线设置为黄色，在其属性栏中设置笔触宽度为 1px，效果如图 4-4-21 左图所示。

（6）将立体五角星图形组成群组。单击工具箱交互式工具展开工具栏中的“阴影”工具，从立体五角星下方向右上方拖曳鼠标，即可产生阴影效果，如图 4-4-21 右图所示。

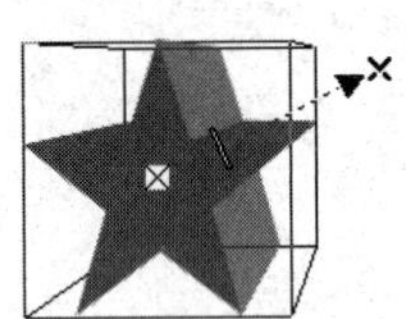
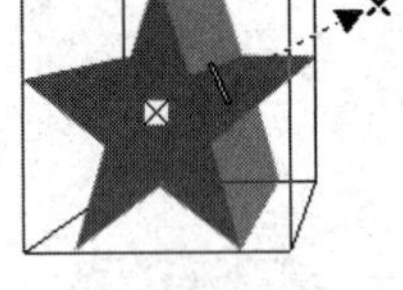

图 4-4-19　立体化效果

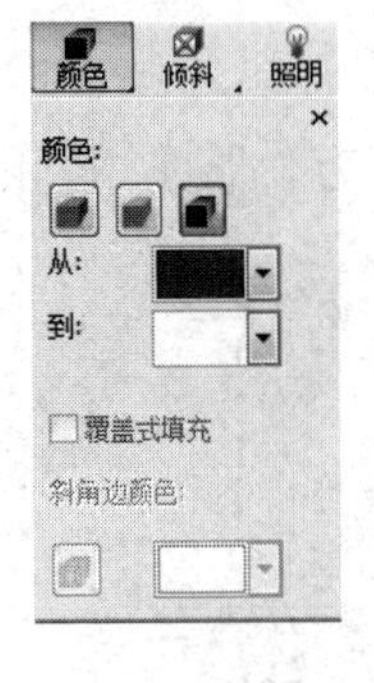

图 4-4-20　“颜色”面板

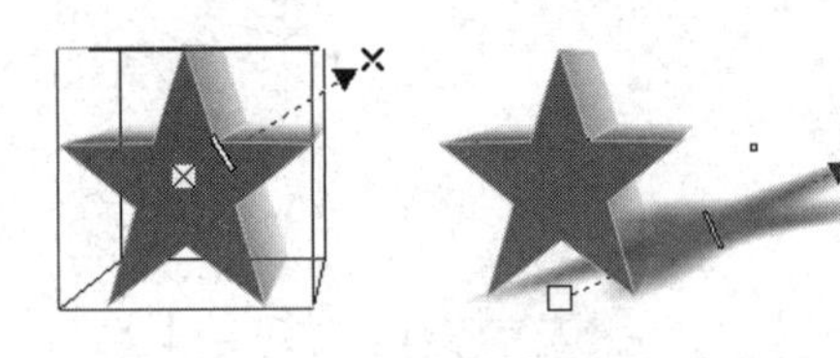

图 4-4-21　立体化调整及添加阴影效果

6．其他立体图形及阴影效果的制作

（1）使用工具箱完美形状工具展开工具栏中的“基本形状”工具和“标题形状”工具，在其属性栏的“完美形状”图形列表中选中一种图形，然后在绘图页面外拖曳鼠标，即可绘制一个相应的形状图形。按照这种方法绘制 4 个形状图形，分别给它们填充渐变色或单色，如图 4-4-22 所示。

（2）选中心形图形，单击交互式工具展开工具栏中的“立体化”工具，再单击其属性栏中的“复制立体化属性”按钮，此时鼠标指针呈黑色箭头状。选中立体五角星图形（正面五角星图形以外任何部分），将立体五角星图形的立体化属性复制到选中的心形图形上，使心形图形立体化，如图 4-4-23 左图所示。

（3）单击“立体化”工具，选中立体心形图形，将画面显示比例调小一些，使画面中可以看到灭点控制柄 ×，调整灭点控制柄 × 和透镜控制柄，从而调整立体形状。

（4）单击属性栏中的“颜色”按钮，弹出它的“颜色”面板，再单击“到”按钮，弹出它的面板，设置“到”颜色为黄色，效果如图 4-4-23 右图所示。

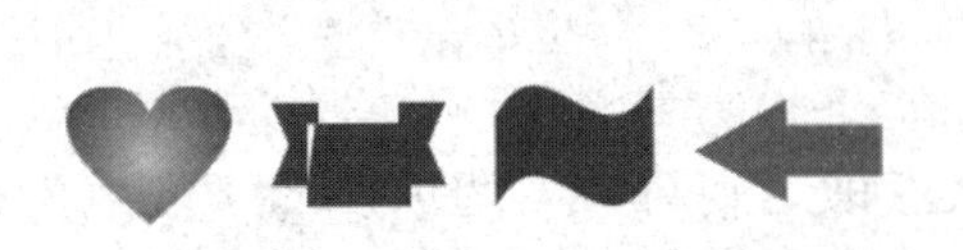

图 4-4-22　4 个形状图形

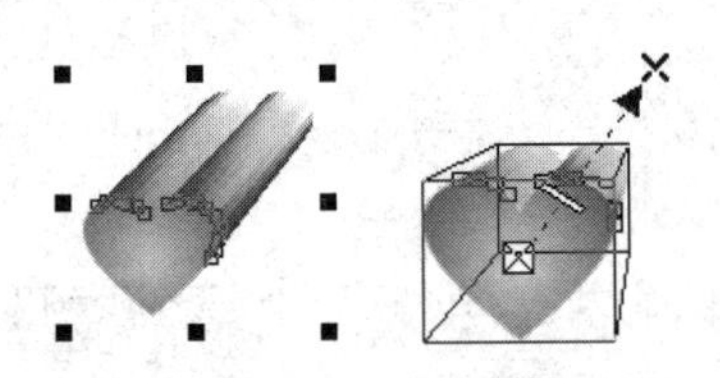

图 4-4-23　立体心形图形

（5）选中立体心形图形，将它组成群组。单击“阴影”工具，再单击“交互式立体化”

属性栏中的“复制阴影的属性”按钮，此时鼠标指针呈黑色箭头状。单击立体五角星的阴影，将该阴影属性复制到选中的立体心形图形，给立体心形图形添加阴影。

（6）使用“阴影”工具，调整立体心形图形阴影的大小、位置和颜色等。

（7）按照上述方法，将图 4-4-22 所示其他三个图形立体化，效果参考图 4-4-1。

7．立体圆筒的制作

（1）绘制一个轮廓线为紫色的圆形图形，复制一份，将两个圆形图形放置成如图 4-4-24 左图的样子。

（2）单击工具箱交互式工具展开工具栏中的“调和”工具，在其属性栏的“调和对象”数字框中设置步长为 60，从一个圆形图形对象拖曳到另外一个圆形图形对象，形成一个圆筒图形，如图 4-4-24 右图所示。

（3）采用同样的方法，制作两根棍子图形，如图 4-4-25 所示。

（4）把两根棍子图形连接在一起，设置两根棍子图形不同的层次，移到圆筒的中间，看似一根棍子穿过圆筒，效果如图 4-4-26 所示。

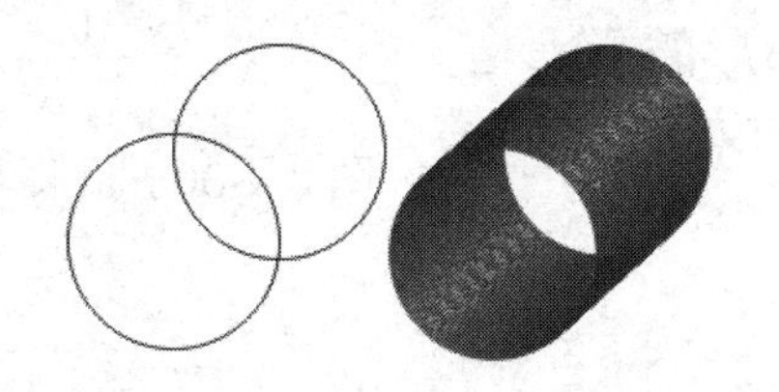

图 4-4-24　调和效果

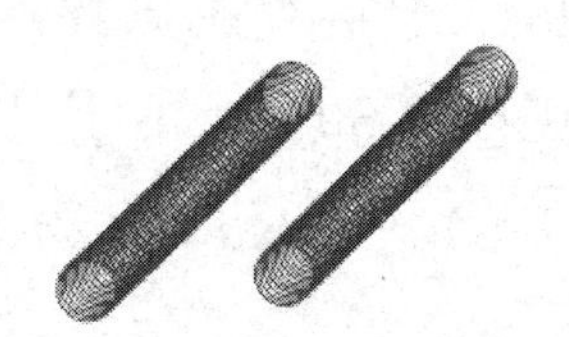

图 4-4-25　两根棍子图形

图 4-4-26　棍子穿过圆筒效果

8．立体文字的制作

（1）单击工具箱中的“文本”工具，选择垂直文本，在绘图页面外输入字体为隶书、字号为 72pt 的“立体图形”文字。给文字填充红色，设置轮廓线颜色为黄色。

（2）使用工具箱交互式工具展开工具栏中的“立体化”工具，从文字左下方向右上方拖曳鼠标，创建立体文字，如图 4-4-27 所示。

（3）在“交互式立体化”属性栏中，在“灭点属性”下拉列表框中选择“灭点锁定到对象”选项。单击“交互式立体化”属性栏中的“颜色”按钮，弹出“颜色”面板，单击该面板中的“使用递减的颜色”按钮；单击“从”按钮，弹出其面板，单击该面板中的红色色块，设置“从”颜色为红色；单击“到”按钮，弹出其面板，单击该面板中的黄色色块，设置“到”颜色为黄色。效果如图 4-4-28 所示。

（4）单击“交互式立体化”属性栏中的“照明”按钮，弹出“照明”面板，依次单击①号、②号和③号光源按钮，添加 3 个光源，并调整 3 个光源的位置，如图 4-4-29 所示。

（5）使用工具箱中的“选择”工具，将所有立体图形和立体文字及其阴影移到绘图页面的适当位置，调整它们的大小，最终效果参考图 4-4-1。

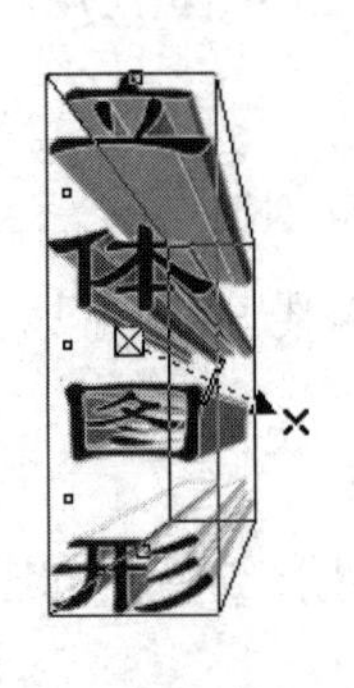

图 4-4-27　立体文字

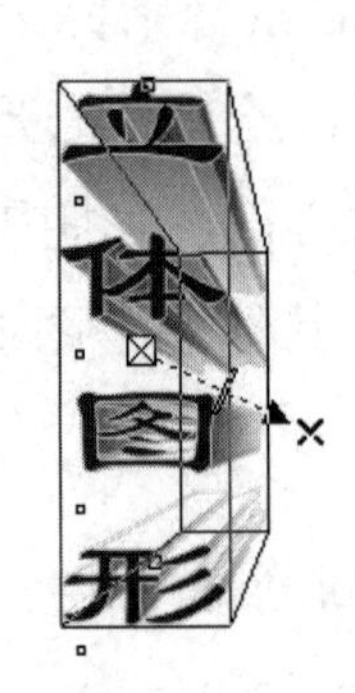

图 4-4-28　使用递减颜色及灭点位置

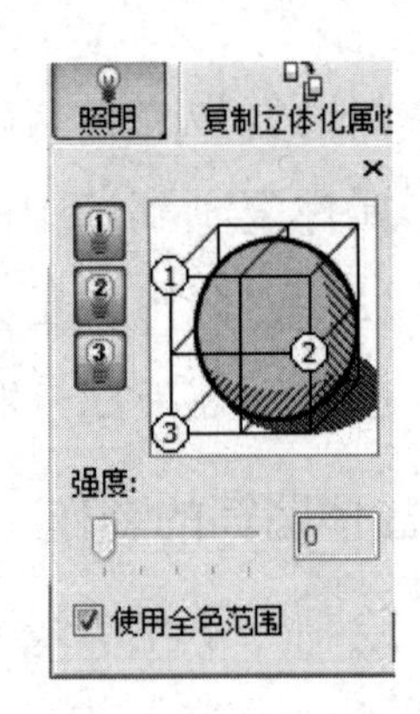

图 4-4-29　“照明”面板

相关知识

1．创建和调整立体化图形

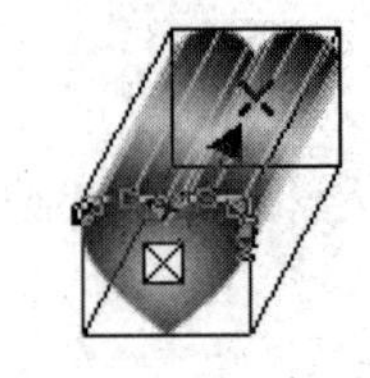

图 4-4-30　立体化图形

（1）绘制心形图形并填充红色，设置心形轮廓线为黄色。单击工具箱交互式工具展开工具栏中的“立体化”工具，在心形图形上拖曳鼠标产生立体化图形效果，如图 4-4-30 所示，其“交互式立体化”工具属性栏如图 4-4-31 所示。

图 4-4-31　“交互式立体化”工具属性栏

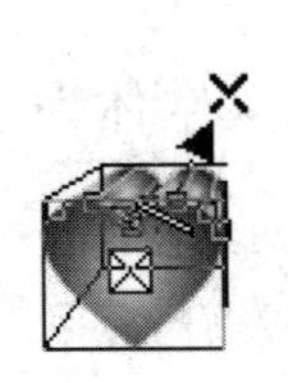

图 4-4-32　改变延伸深度

（2）拖曳透镜控制柄，可改变图形立体延伸深度，如图 4-4-32 所示，同时属性栏中“深度”数字框中的数字也会变化。改变该数字框中的数字，也可以调整立体化延伸深度。

（3）×图标是灭点控制柄（又称消失点控制柄），它指示了立体化图形的汇聚点，拖曳它可以改变汇聚点的位置，同时“交互式立体化”工具属性栏的“灭点坐标”数字框中的数字也会发生变化。“灭点坐标”数字框右侧是“灭点属性”下拉列表框，共有 4 个选项，决定了灭点的锁定位置和灭点的复制。这些选项的含义如下。

- “灭点锁定到对象”选项：灭点保持在对象的当前位置不变。
- “灭点锁定到页面”选项：灭点保持在页面的当前位置不变。
- “复制灭点，自...”选项：将灭点复制到另一个对象，产生两个相同的灭点。
- “共享灭点”选项：可以与其他对象共有一个灭点。

（4）选中对象，透镜控制柄周围出现带 4 个箭头的圆圈，鼠标指针呈状，如图 4-4-33 所示，此时，可调整对象围绕透镜转圈和伸缩；当把鼠标指针移到 4 个箭头处时，鼠标指针呈转圈的双箭头状，可拖曳调整以使对象围绕自身的轴线旋转，如图 4-4-34 所示。

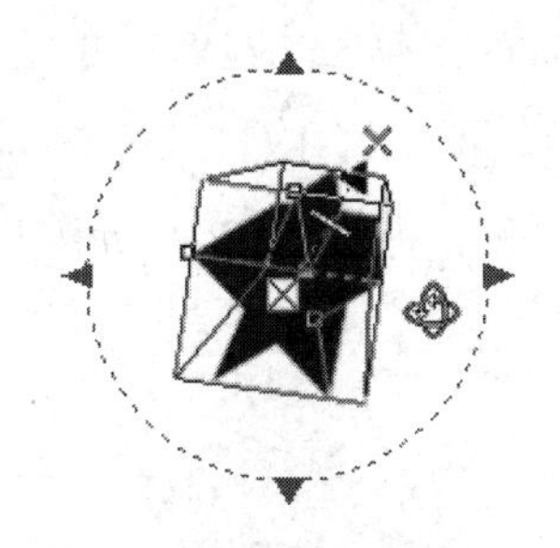

图 4-4-33 转圈和伸缩对象

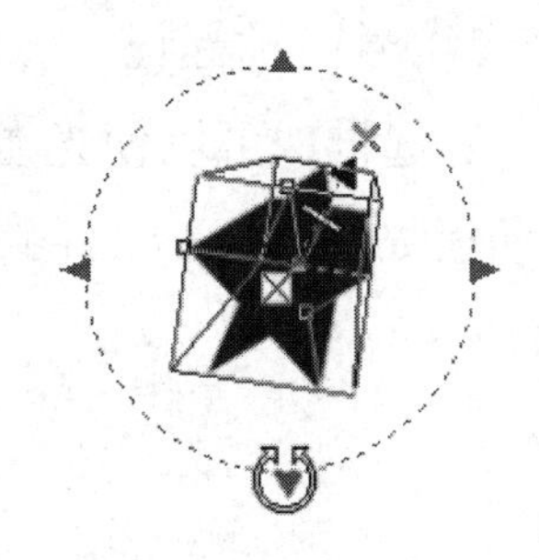

图 4-4-34 旋转对象

2．"交互式立体化"工具属性栏

（1）"VP 对象/VP 页面"按钮：单击该按钮后，灭点坐标以页坐标形式描述，页坐标原点在绘图页面的左下角。当该按钮呈抬起状时，灭点坐标原点在对象的⊠处。

（2）"旋转"按钮：单击该按钮可以弹出"旋转"面板，如图 4-4-35 所示。可以在圆盘上调整对象的三维空间位置。

（3）"预设"下拉列表框：可用来选择不同的立体化样式。当调整好一种立体化样式后，可以单击"添加预设"按钮，弹出"另存为"对话框，将它保存为一种预置样式。当灭点和灭点坐标数字框无效（呈灰色）时，单击该按钮可使它们恢复有效。

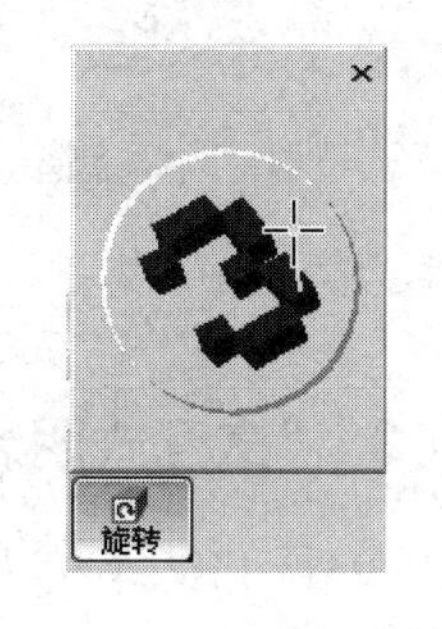

图 4-4-35 "旋转"面板

（4）"立体化类型"按钮：单击下拉按钮，弹出"立体化类型"图形面板，单击其中的任意一种图案，都可以选择一种立体化类型。

（5）"颜色"按钮：单击该按钮后，可以弹出"颜色"面板。使用它可以调整立体化图形表面颜色。在该面板内，单击"使用对象填充"按钮，可以使用图形原来的填充物填充；单击"使用纯色"按钮，下边的"使用"列表框变为有效，用来确定填充的颜色，可使用单色填充；单击"使用递减的颜色"按钮，下边的"从"和"到"列表框均变为有效，用来确定渐变的两种颜色（如从红色到黄色），使用渐变色填充，效果如图 4-4-36 所示。

（6）"倾斜"（又称"斜角修饰边"）按钮：单击该按钮后，可以弹出"倾斜"面板，如图 4-4-37 所示。勾选第 1 个复选框，再拖曳其下方显示框内的小方形控制柄，可以调整立体化图形的斜角深度和角度，同时下方数字框中的数字也会变化。也可以直接调整两个数字框中的数值。

修饰图形边角后的图形如图 4-4-38 左图所示。修饰对象后，再选中"只显示斜角修饰边"复选框，此时的图形如图 4-4-38 右图所示。

（7）"照明"按钮：单击该按钮后，可以弹出"照明"面板，如图 4-4-39 左图所示。使用它可以给对象添加光源。单击①号光源按钮，“照明”面板如图 4-4-39 中图所示（还没有②号光源标记）。拖曳①号光源标记，可以改变光源位置；拖曳滑块，可以改变光线强度。勾选“使用全色范围”复选框，可以使光源作用于全彩范围。单击②号光源标记，可添加光源。设置两个光源后的面板如图 4-4-39 右图所示，设置两个光源后的图形如图 4-4-40 所示。

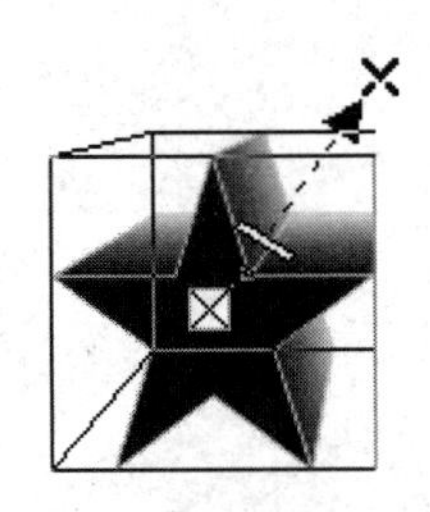

图 4-4-36　使用渐变色填充

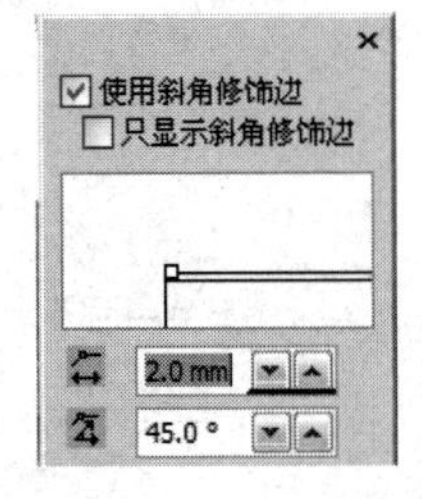

图 4-4-37　“倾斜”面板

图 4-4-38　修饰边角和只显示斜角修饰边图形

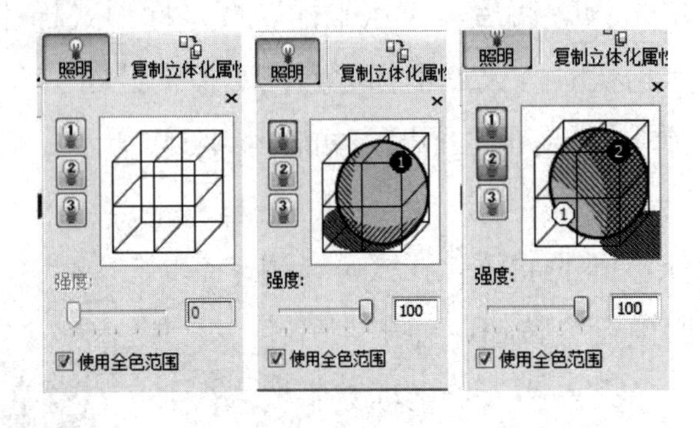

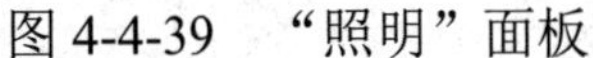

图 4-4-39　“照明”面板

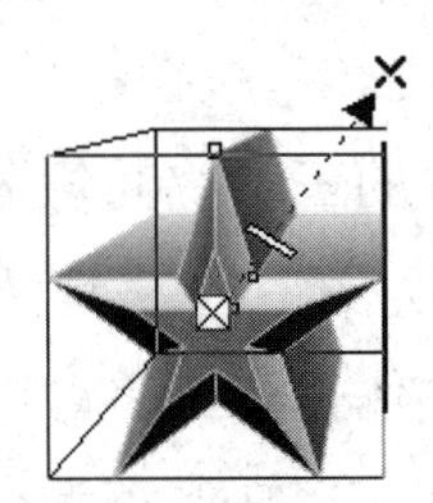

图 4-4-40　设置两个光源后的图形

3.“交互式阴影”属性栏

单击工具箱交互式工具展开工具栏中的“阴影”工具，在图形上拖曳鼠标可产生阴影效果。选择“对象”→“拆分阴影群组”命令，可以将阴影拆分成独立的对象。

此时的“交互式阴影”工具属性栏如图 4-4-41 所示，其中一些选项的作用如下。

图 4-4-41　“交互式阴影”工具属性栏

（1）“预设”下拉列表框：用来选择阴影样式。

（2）“阴影偏移”数字框：改变这两个数字框中的数据，可以设置阴影的偏移位置。如果拖曳黑色方形控制柄，那么“阴影偏移”两个数字框内的数据会随之变化。

（3）“阴影角度”带滑块的数字框：调整滑块或输入数字，可以改变阴影的起始位置、形状和方向。拖曳白色方形控制柄也可以有相同的效果。

（4）“阴影的不透明”带滑块的数字框：用来改变阴影的不透明度。拖曳长条透镜控制柄也可以有相同的效果。

（5）“阴影羽化”带滑块的数字框：调整滑块或输入数字，可以调整阴影边缘的模糊度。

（6）“阴影淡出”带滑块的数字框：调整滑块或输入数字，可以改变阴影颜色的深浅。

（7）“阴影延展”带滑块的数字框：调整滑块或输入数字，可以改变阴影的延伸效果，它的作用与拖曳黑色方形控制柄的作用一样。

（8）“阴影颜色”下拉按钮：单击它可弹出一个调色板，用来确定阴影的颜色。

（9）“方向”按钮：单击它可弹出“方向”面板，可以调整阴影边缘的羽化方向。

（10）“边缘”按钮：在给阴影添加羽化方向后该按钮才有效。单击它可以弹出“边缘”面板，从而调整阴影边缘的羽化状态。

思考与练习 4-4

1．绘制一个“立体文字”图形，如图 4-4-42 所示。

2．绘制一个“圆柱体和圆管体”图形，如图 4-4-43 所示。

图 4-4-42 “立体文字”图形

图 4-4-43 “圆柱体和圆管体”图形

3．绘制一个“三维世界”图形，如图 4-4-44 所示。

4．绘制一个“礼品盒”图形，如图 4-4-45 所示。

5．绘制一个“冰箱”图形，如图 4-4-46 所示。

图 4-4-44 “三维世界”图形

图 4-4-45 “礼品盒”图形

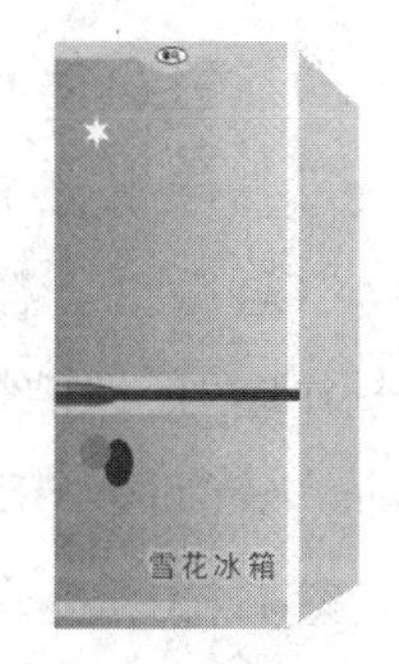

图 4-4-46 “冰箱”图形

4.5 案例 14：秋之韵

“秋之韵”图像如图 4-5-1 所示。可以看到，在一幅“秋之韵”背景图像（如图 4-5-2 所示）上，制作“秋之韵”立体文字和一个放大镜，同时文字“韵”在放大镜上面。放大镜上有高光并且显示出淡蓝色的镜片。

通过对本案例的学习，可以进一步掌握制作有阴影的文字的方法，使用“轮廓”工具和“交互式透明度”工具的方法，使用“透镜”泊坞窗的方法，以及创建几种透镜类型的方法等。

1．导入背景图像

（1）设置绘图页面的宽度为 100mm、高度为 80mm。单击标准工具栏中的“导入”按钮，弹出“导入”对话框，在该对话框中选择“秋之韵.jpg”图像文件，单击“导入”按钮，关闭“导入”对话框。

（2）在绘图页面拖曳出一个与绘图页面大小一样的矩形，导入选中的“秋之韵.jpg”图像，将该图像作为背景图像。

图 4-5-1 “秋之韵”图像

图 4-5-2 “秋之韵.jpg”背景图像

2．制作文字

（1）使用工具箱中的“文本”工具，在绘图页面外输入字体为华文行楷、字号为 44pt、颜色为红色的美术字“秋之韵”，并移到背景图像的上方。

（2）选中文字，单击其“文本”工具属性栏中的“字符格式化”按钮，弹出“字符格式化”对话框。在该对话框的“字距调整范围”数字框中输入 30.0%，将文字的字距拉大；单击并展开“字符效果”栏，单击“下画线”栏右边的按钮，在下拉列表中选择“单线”选项。此时的“秋之韵”美术字如图 4-5-3 所示。

（3）按“Ctrl+D”组合键，将文字复制一份。选中复制的文字并拖曳到原文字的右下方，单击调色板中的白色色块，将复制的文字填充成白色。

（4）将白色文字调整到红色文字的后面，形成带白色阴影的立体字，如图 4-5-4 所示。

图 4-5-3 “秋之韵”美术字

图 4-5-4 带白色阴影的立体字

（5）使用工具箱中的“调和”工具，在其属性栏的“调和对象”数字框中输入 20，从红色文字中央拖曳鼠标到白色文字上，使之产生立体过渡效果，如图 4-5-5 所示。

图 4-5-5　“秋之韵”立体文字过渡效果

3．制作放大镜

（1）使用工具箱中的“椭圆形”工具，按住“Ctrl”键的同时，在绘图页面中拖曳鼠标绘制一个圆形图形。设置该圆形图形无填充、棕色轮廓线。

（2）单击轮廓工具展开工具栏中的“画笔”工具，弹出“轮廓笔”对话框，在该对话框中设置轮廓“宽度”为 2mm，其他设置保持不变，如图 4-5-6 所示。单击“确定”按钮，得到放大镜的镜框图形，如图 4-5-7 所示。

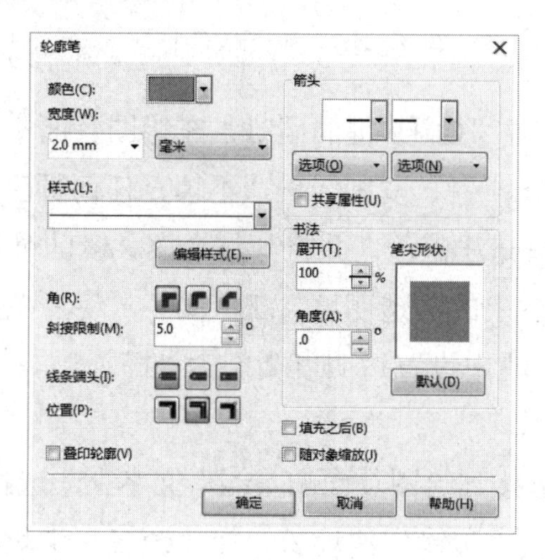

图 4-5-6　“轮廓笔”对话框

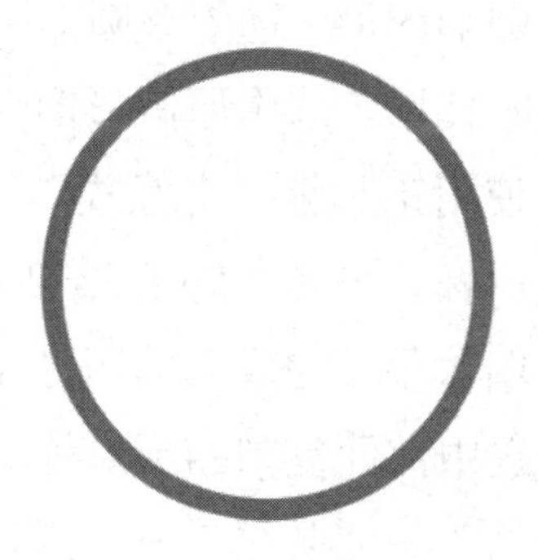

图 4-5-7　放大镜的镜框图形

（3）使用工具箱中的“矩形”工具，在绘图页面外绘制一个矩形图形。单击工具箱填充工具展开工具栏中的“渐变填充”工具，弹出“编辑填充—渐变填充”对话框，设置的填充色为橙色、橙色、白色、橙色、橙色的渐变色，如图 4-5-8 所示。单击“确定”按钮，给矩形图形填充设置好渐变色。

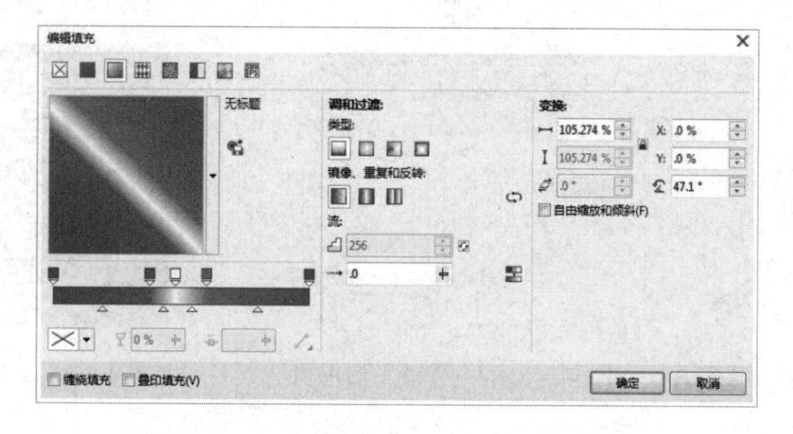

图 4-5-8　“编辑填充—渐变填充”对话框

（4）在“矩形”工具属性栏中设置矩形的“旋转角度”为 48°，再移到圆形轮廓线的右下方，作为放大镜的杆，如图 4-5-9 所示。

（5）再绘制一个矩形图形，为其内部填充橙色、橙色、白色、橙色、橙色的渐变色。在“矩形”工具属性栏中设置矩形 4 个角的“边角圆滑度”都为 60，设置矩形的“旋转角度”为 48°，再移到放大镜杆的下方，作为放大镜的把，完成后的图形如图 4-5-10 所示。将绘制的放大镜的镜框、杆和把三部分图形组成一个群组。

图 4-5-9　放大镜的杆

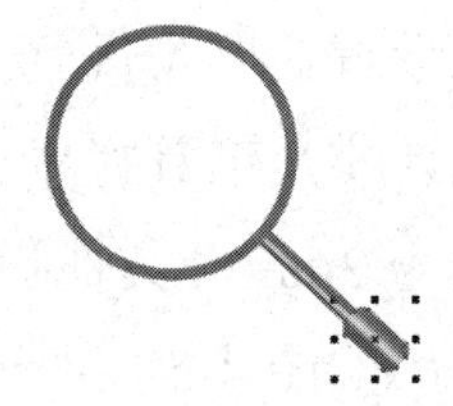

图 4-5-10　放大镜的把

（6）使用工具箱中的“椭圆形”工具，按住“Ctrl”键的同时，在绘图页面中拖曳鼠标绘制一个圆形图形。选中该圆形图形，按住“Ctrl”键，复制一份，不填充任何颜色，在制作放大效果时使用。选中原圆形图形，为该图形填充浅蓝色，并将其作为放大镜的镜片。

（7）使用工具箱“交互式”工具展开工具栏中的“透明度”工具，从镜片图形的中央向外拖曳鼠标。在其“交互式透明度”工具属性栏中设置透明度类型为“椭圆形”，使镜片产生射线透明效果，完成后的图形如图 4-5-11 所示。

（8）选中前面复制的圆形轮廓线，将该图形移到绘图页面的“韵”文字上。选择“窗口”→“泊坞窗”→“效果”→“透镜”命令，弹出“透镜”泊坞窗，在“透镜”泊坞窗的下拉列表框中选择“放大”选项，设置“数量”数字框中的数值为 1.5，如果“应用”按钮无效，则可以单击锁按钮，让锁按钮变为，此时“应用”按钮变为有效，如图 4-5-12 所示。单击“应用”按钮，文字放大的效果如图 4-5-13 所示。

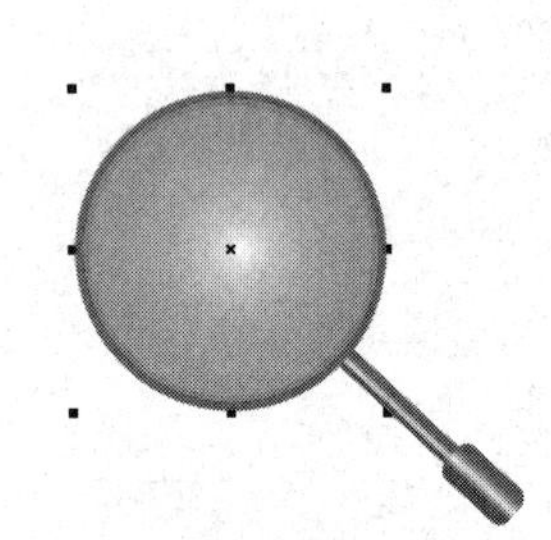

图 4-5-11　射线透明效果镜片

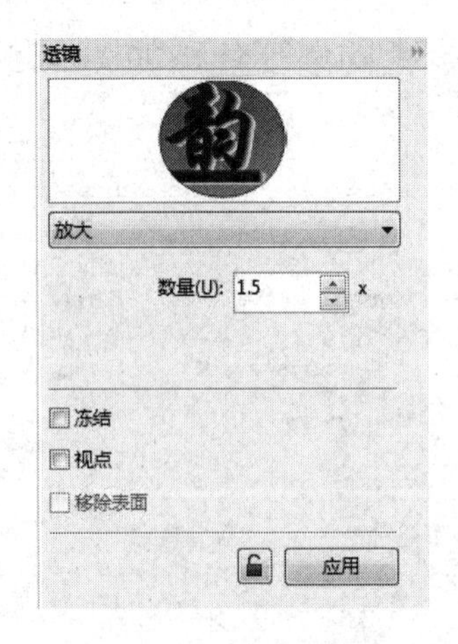

图 4-5-12　“透镜”泊坞窗

图 4-5-13　文字放大的效果

（9）使用工具箱中的“手绘”工具，绘制一个三角形，如图 4-5-14 所示。使用工具箱中的“形状”工具，将三角形调整成水滴形状。再使用工具箱中的“椭圆形”工具，在水滴图形的下方绘制一个圆形图形，完成后的图形如图 4-5-15 所示。

（10）同时选中这两个对象，将其移动到镜片的右上方，调整其大小，单击调色板中的白色色块，用白色填充这两个对象。使用工具箱交互式工具展开工具栏中的“透明度”工具，从图 4-5-15 所示的图形左上方向右下方拖曳鼠标。在其“交互式透明度”工具属性栏中设置透明度类型为“线性”，使水滴图形产生线性透明效果。

（11）右键单击调色板中的“无”色块，取消所选图形的轮廓。选中镜片图形，右键单击调色板中的“无”色块，取消所选镜片图形的轮廓，制作出的放大镜图形如图 4-5-16 所示。

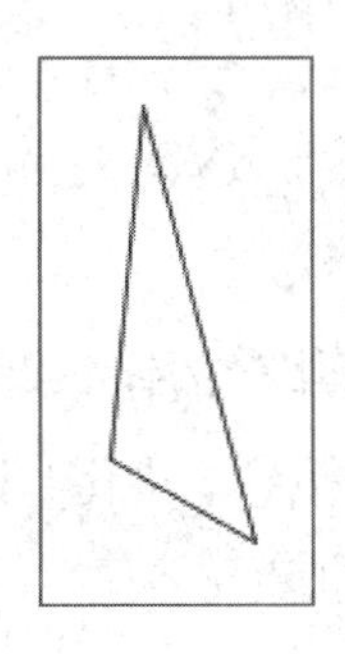

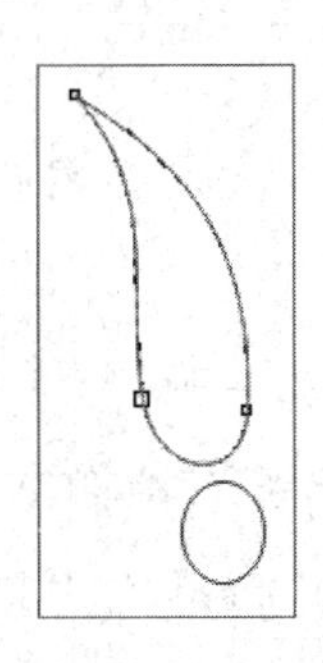

图 4-5-14　三角形　　图 4-5-15　绘制一个圆形　　图 4-5-16　放大镜图形

（12）使用工具箱中的“选择”工具，将所有放大镜图形选中，将它们组成一个群组，再将放大镜图形移动到放大的“韵”立体文字上。

1．创建透镜

使用透镜可以使图像产生各种丰富的效果。透镜可以应用于图形和位图，但不能应用于已经应用了立体化、轮廓线或渐变功能的对象。

（1）输入字体为隶书、颜色为绿色的美术字“透镜”，导入一幅图像，再绘制一个圆形图形，设置轮廓线颜色为红色、粗细为 1mm，填充为白色，将其作为透镜图形，如图 4-5-17 所示。为创建透镜和观看透镜效果做好准备。

如果透镜图形在其他对象的下方，则需将透镜图形移到其他对象的上方。

（2）将圆形图形移到美术字和图像上，选择“效果”→“透镜”命令，弹出“透镜”泊坞窗。在“透镜”泊坞窗的下拉列表框中选择一种透镜（此处选择“颜色添加”），单击“颜色”下拉按钮，弹出“颜色”面板，选择红色，将“比率”数字框中的数值改为 60（可以改变透镜作用的大小），如图 4-5-18 所示。

（3）单击“应用”按钮，可将选中的圆形图形设置为透镜，透镜的效果是使透镜内的对象颜色偏紫色，如图 4-5-19 所示。

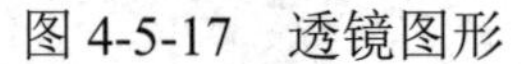
图 4-5-17　透镜图形

图 4-5-18　“透镜”泊坞窗

图 4-5-19　颜色效果

（4）勾选“冻结”复选框，单击“应用”按钮，再移动透镜位置，透镜内的对象仍保持不变，如图 4-5-20 所示。

（5）勾选“视点”复选框，“视点”复选框右侧会增加一个“编辑”按钮，单击该按钮，会在复选框的上方显示两个数字框，同时“编辑”按钮变为“结束”按钮，如图 4-5-21 所示。利用它们可以改变视角的位置。另外，还可以通过拖曳透镜内新出现的 × 标记（表示视点）来改变视角的位置。单击“应用”按钮，效果如图 4-5-22 所示。移动透镜位置后，透镜内的对象仍保持不变。

（6）在改变视角的位置后，再勾选“移除表面”复选框，单击“应用”按钮，透镜下除显示透镜效果图外，还会显示原对象。移动透镜位置后，透镜内的对象仍保持不变。

图 4-5-20　透镜内对象不变

图 4-5-21　两个数字框

图 4-5-22　改变视角

2．几种类型透镜的特点

（1）“变亮”选项：选择该选项后，调整比率，可以使透镜内的图像变亮或变暗。例如，设置比率为 50%，单击“应用”按钮，透镜效果如图 4-5-23 所示。

（2）“色彩限度”选项：选择该选项后，单击“颜色”按钮，弹出“颜色”面板，选择颜色（如黄色），再调整比率，即可获得类似照相机所加的滤光镜效果，就像通过有色透镜观察

图像一样。加入绿透镜，比率为 80%，单击“应用”按钮，透镜效果如图 4-5-24 所示。

图 4-5-23 变亮透镜效果

（3）“自定义彩色图”选项：选择该选项后，将滤光镜颜色设置为两种颜色间的颜色（如从黄色到红色），用来确定图像和背景色。单击“应用”按钮，效果如图 4-5-25 所示。

（4）“鱼眼”选项：选择该选项后，再调整比率（如将比率设置为 200%），单击“应用”按钮，可以使透镜下的文字和图像呈鱼眼效果，如图 4-5-26 所示。

（5）“热图”选项：选择该选项后，再调整调色板旋转角度（如将比率设置为 45%），单击“应用”按钮，可以使透镜下的图形随调色板的颜色发生变化，如图 4-5-27 所示。

图 4-5-24 色彩限度效果

图 4-5-25 自定义彩色图效果

图 4-5-26 鱼眼透镜效果

图 4-5-27 热图透镜效果

（6）“反显”选项：选择该选项后，可使透镜下的对象呈负片效果，如图 4-5-28 所示。

（7）“灰度浓淡”选项：选择该选项后，调整颜色，使透镜下的图像呈选定颜色效果，如图 4-5-29 所示。

图 4-5-28 反显透镜效果

图 4-5-29 灰度浓淡透镜效果

（8）“透明度”选项：选择该选项后，再调整比率和颜色，可使透镜下的图像呈半透明效果。例如，设置颜色为红色、比率为 50%，单击“应用”按钮后，透镜效果如图 4-5-30 所示。

（9）“线框”选项：选择该选项后，可使透镜下的图形和文字的轮廓线颜色和填充颜色改变。设置“透视”文字轮廓线为红色、“线框”透镜类型，再设置填充色为黄色、轮廓线为棕色，单击“应用”按钮，把透镜下的文字轮廓线颜色改为棕色、填充色改为黄色，效果如图 4-5-31 所示。

图 4-5-30　透明度透镜效果

图 4-5-31　线框透镜效果

3. 封套

图 4-5-32　一个圆形

绘制一个圆形图形，如图 4-5-32 所示。选中该图形，单击交互式工具展开工具栏中的“封套”工具，“交互式封套”工具属性栏如图 4-5-33 所示。此时，对象周围会出现封套网线，如图 4-5-34 所示。拖曳封套网线的节点，图形可以产生变形的效果。“交互式封套”工具属性栏中的一些选项的作用如下。

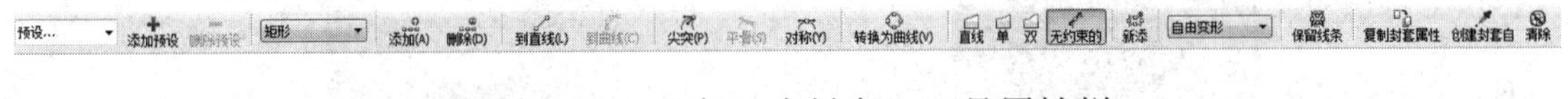

图 4-5-33　“交互式封套”工具属性栏

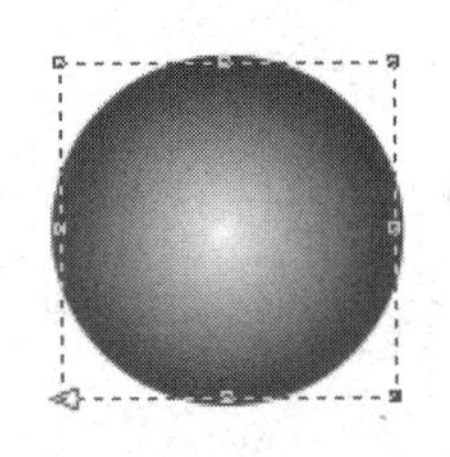
图 4-5-34　封套网

（1）在“预设”下拉列表框中选择一种封套样式，即可改变封套网线的形状。

（2）单击“直线”工具，可以将曲线节点转换为直线节点。拖曳封套网线的直线节点，可以产生直线变形的效果，如图 4-5-35 所示。

（3）单击“交互式封套”工具属性栏中的“单”工具，再拖曳封套网线的节点，可以产生单弧线变形的效果，如图 4-5-36 所示。

（4）单击“交互式封套”工具属性栏中的“双”工具，再拖曳封套网线的节点，可以产生双弧线变形的效果，如图 4-5-37 所示。

（5）单击“无约束的”（又称“非强制模式”）按钮，再拖曳封套网线的节点，可以移动节点位置，拖曳节点切线的箭头可调整切线的方向，从而改变切点两边曲线的形状，如图 4-5-38 所示。

（6）在调整封套网格状区域后，单击“添加预设”按钮，弹出“另存为”对话框，利用该对话框可以将该封套网格图样保存。

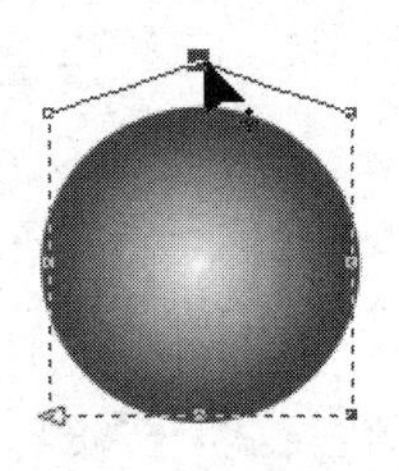

图 4-5-35　直线变形效果

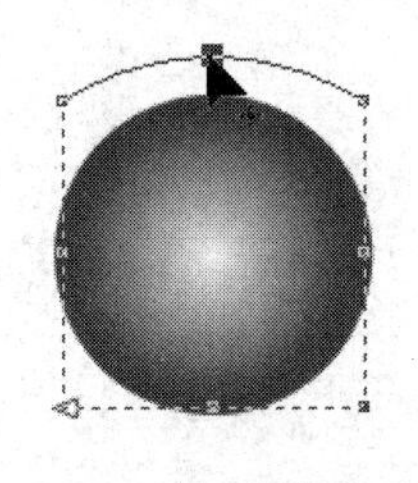

图 4-5-36　单弧线变形效果

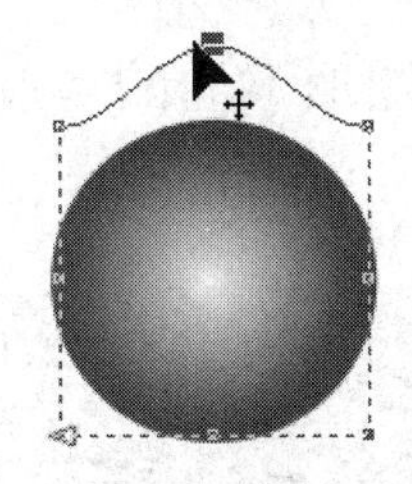

图 4-5-37　双弧线变形效果

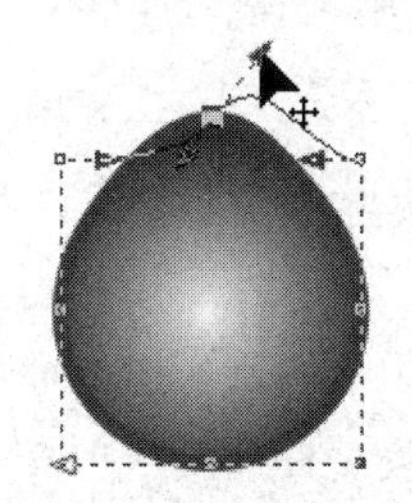

图 4-5-38　非强制变形效果

（7）选择“映射模式”下拉列表框中的选项（水平、原始的、自由变形、垂直）后，可以限制在拖曳封套网线时对象形状的变化方向。

（8）单击“保留线条”按钮，在调整封套网线的节点时，封套网线会随之变化，对象中的直线不会随之改变。

4．新增透视点

（1）绘制一个图形或输入美术字，使用“选择”工具选中该图形。

（2）选择“效果”→“增加透视点”命令，选中的对象周围会出现一个矩形网格状区域，如图 4-5-39 所示。拖曳矩形网格状区域的黑色节点，可产生双点透视效果，如图 4-5-40 所示。如果在按住“Ctrl+Shift”组合键的同时拖曳节点，可使对应的节点沿反方向移动等距离。

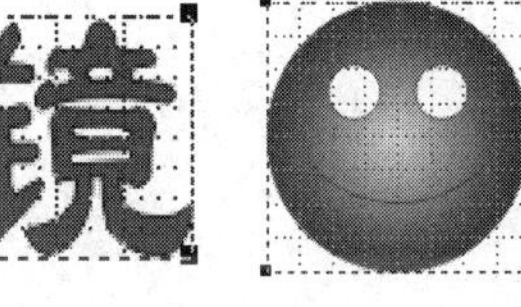

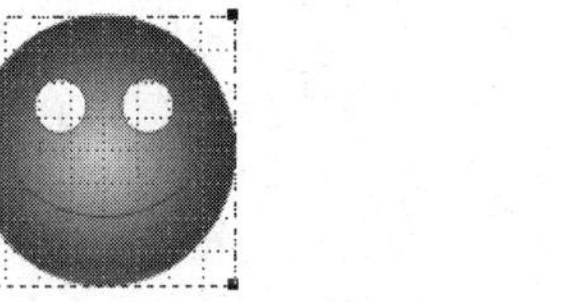

图 4-5-39　网格状区域

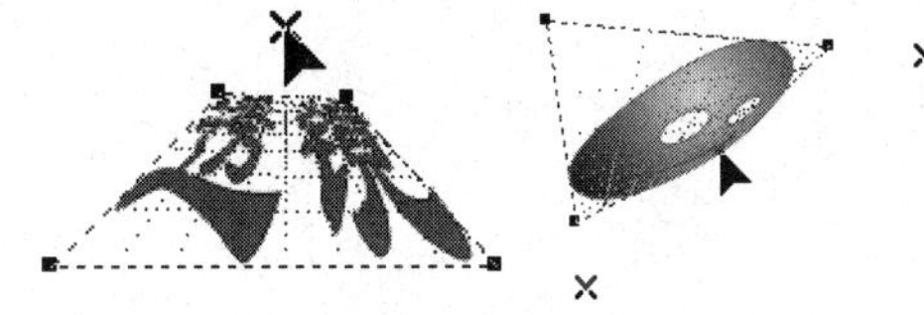

图 4-5-40　产生双点透视效果

思考与练习 4-5

1．制作鱼眼效果的放大镜，如图 4-5-41 所示。

2．制作鱼眼效果的文字，如图 4-5-42 所示。

3．修改图 4-5-41 中的“放大镜”图像，制作一个有变色效果的放大镜。

4．制作“套封文字”图形，如图 4-5-43 所示。

图 4-5-41　放大镜

图 4-5-42　鱼眼效果的文字

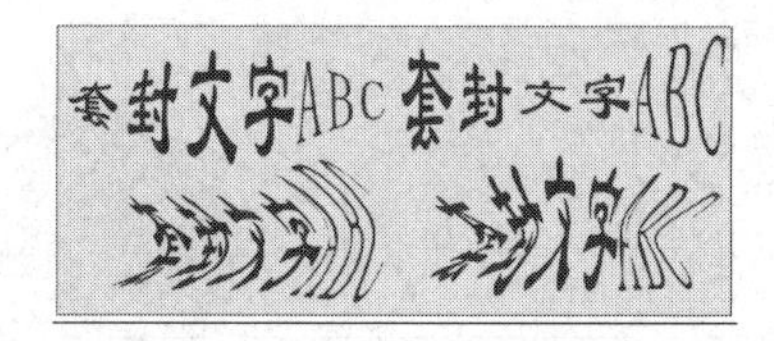

图 4-5-43　“套封文字”图形

5．制作一个“幽静小屋”图像，在该图像内，导入一幅如图 4-5-44 所示的图像，在该图像上有“幽静小屋”文字和一个放大镜图形，放大镜图形下面的“屋”字被放大，放大镜上面有高光且显示出淡蓝色的镜片，整个场景栩栩如生，如图 4-5-45 所示。

图 4-5-44　导入的图像

图 4-5-45　“幽静小屋”图像

第 5 章

编辑文本

本章通过 5 个案例，介绍使用“文本”工具输入文字和编辑文字的方法，将文本填入路径的方法，插入条形码的方法，美术字制作和文字格式设置的方法等。

5.1　案例 15：特效文字的制作

制作拥有 5 个绘图页面的“特效文字”图形，其中 4 个绘图页面都有“中文 CorelDRAW X7”特效文字，在“页 1”绘图页面中的“中文 CorelDRAW X7”文字是由红色、橙色、黄色、绿色、青色、蓝色、紫色填充的彩虹立体文字，文字还有阴影，如图 5-1-1 所示。绘制这个彩虹立体文字图形使用了线性填充和交互式阴影等功能。

图 5-1-1　彩虹立体文字

在“页 2”绘图页面中的“中文 CorelDRAW X7”文字是立体梦幻文字，如图 5-1-2 所示。绘制这个多彩文字图形使用了线性填充和交互式立体化等功能。

图 5-1-2　立体梦幻文字

在“页 3”绘图页面中的“中文 CorelDRAW X7”文字是荧光文字，如图 5-1-3 所示。绘制这些荧光文字使用了轮廓笔、交互式阴影等工具。

图 5-1-3　荧光文字

在“页 4”绘图页面中的“中文 CorelDRAW X7”文字是立体纹理文字，文字的纹理是金箔纹理，如图 5-1-4 所示。绘制该文字图形使用了交互式立体化工具和交互式透明工具，以及调整属性栏中的光源、颜色等功能。

图 5-1-4　立体纹理文字

在“页 5”绘图页面中的“中文 CorelDRAW X7”文字是立体倒影文字，如图 5-1-5 所示。绘制这个文字图形使用了文字输入、制作阴影等功能。

图 5-1-5　立体倒影文字

制作方法

1．制作彩虹立体文字

（1）新建一个图形文档，设置绘图页面的宽度为 180mm、高度为 40mm、背景色为白色。

再创建 4 个绘图页面，单击页计数器中的“页 1”标签，切换到“页 1”绘图页面。

（2）使用工具箱中的“文本”工具，在属性栏中设置字体为华文行楷、字号为 48pt、颜色为黑色的“中文 CorelDRAW X7”美术字。在水平方向调小文字，效果如图 5-1-6 所示。

中文 CorelDRAW X7

图 5-1-6　输入“中文 CorelDRAW X7”美术字

（3）使用工具箱中的“选择”工具选中文字对象，单击标准工具栏中的“复制”按钮，将文字复制到剪贴板。切换到其他页面，单击标准工具栏中的“粘贴”按钮，将剪贴板内的文字粘贴到“页 2”～“页 5”绘图页面。

（4）使用工具箱中的“选择”工具选中文字对象，单击工具箱中的“编辑填充”工具，在“编辑填充”对话框中单击“渐变填充”按钮，弹出“编辑填充—渐变填充”对话框。在该对话框中，设置渐变色为红色、橙色、黄色、绿色、青色、蓝色、紫色，如图 5-1-7 所示。单击“确定”按钮，为文字填充七彩渐变色，如图 5-1-8 所示。

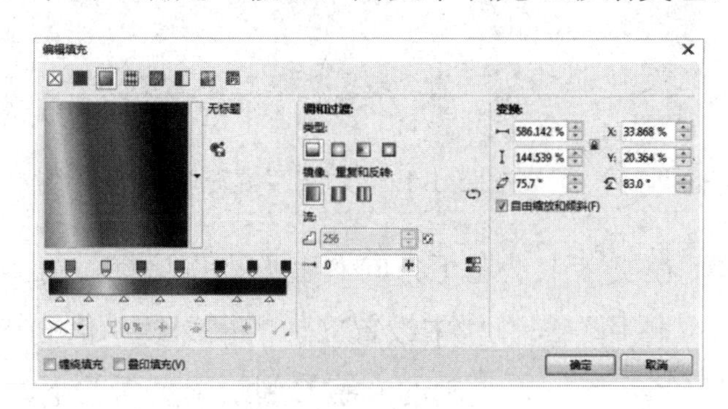

图 5-1-7　“编辑填充—渐变填充”对话框

图 5-1-8　为文字填充七彩渐变色

（5）单击工具箱中的“阴影”工具，在文字上从左上方向右下方拖曳鼠标，得到阴影效果，如图 5-1-9 所示。在其“交互式阴影”工具属性栏中，设置“阴影的不透明”文本框中的数值为 50，“阴影羽化”文本框中的数值为 15，设置“阴影颜色”为黑色，单击“颜色”按钮，弹出“颜色”面板，在“不透明度操作”下拉列表框中选择“常规”，此时的“交互式阴影”工具属性栏如图 5-1-10 所示。

图 5-1-9　为文字添加阴影效果

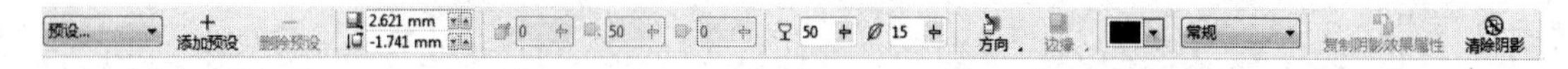

图 5-1-10　“交互式阴影”工具属性栏

（6）单击“方向”按钮，弹出“羽化方向”面板，单击该面板中的“平均”按钮，使阴影的羽化方向平均，为文字添加阴影效果，最终效果参考图 5-1-1。

2. 制作立体梦幻文字

（1）使用工具箱中的“选择”工具，单击页计数器中的“页 2”标签，切换到“页 2”绘图页面，选中该页面中的黑色美术字“中文 CorelDRAW X7”。

（2）单击工具箱中的“编辑填充”按钮，在“编辑填充”对话框中单击“渐变填充”按钮，弹出“编辑填充—渐变填充”对话框。在该对话框中，设置倾斜角度为 75°，旋转角度为 85°，渐变色为黑色、白色、黑色、白色、黑色、白色、黑色、白色、黑色、白色、黑色，如图 5-1-11 所示。单击“确定”按钮，为文字填充梦幻渐变色，如图 5-1-12 所示。

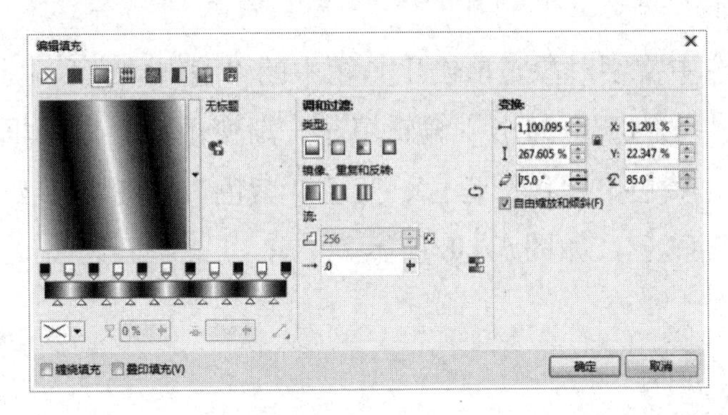

图 5-1-11 “编辑填充—渐变填充”对话框

图 5-1-12 为文字填充梦幻渐变色

（3）单击工具箱中的“立体化”工具，在文字上从左下方向右上方拖曳鼠标，得到立体效果，如图 5-1-13 所示。在文字“交互式立体化”属性栏中设置立体的“深度”值为 5，如图 5-1-14 所示。然后按“Ctrl+D”组合键复制文字，将复制的文字移到绘图页面的下方。

图 5-1-13 为文字添加立体效果

图 5-1-14 “交互式立体化”工具属性栏

（4）选中复制的立体文字，单击“交互式立体化”工具属性栏中的“颜色”按钮，弹出“颜色”面板，如图 5-1-15 所示，将鼠标放在第一个按钮上，将显示“使用对象填充”按钮，单击此按钮，然后勾选“覆盖式填充”复选框。

（5）选中文字，右键单击调色板中的金黄色色块，为文字添加金黄色边框效果，效果参考图 5-1-2 下图。

3．制作荧光文字

（1）使用工具箱中的“选择”工具，单击页计数器中的“页 3”标签，切换到“页 3”绘图页面，选中该页面中的黑色美术字“中文 CorelDRAW X7”。

（2）单击工具箱中的“轮廓画笔”工具，弹出“轮廓笔”对话框。在该对话框中设置轮廓线的“宽度”为 0.7mm、“颜色”为黄色，如图 5-1-16 所示。单击“确定”按钮，使文字的轮廓线变粗，颜色为黄色，如图 5-1-17 所示。设置文本颜色为红色，效果如图 5-1-18 所示。

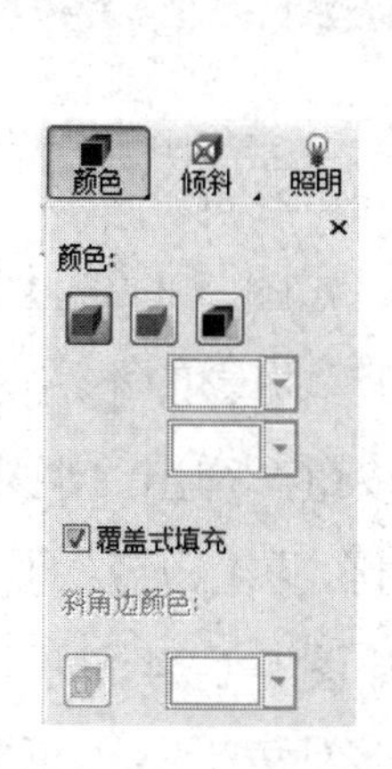

图 5-1-15　“颜色”面板

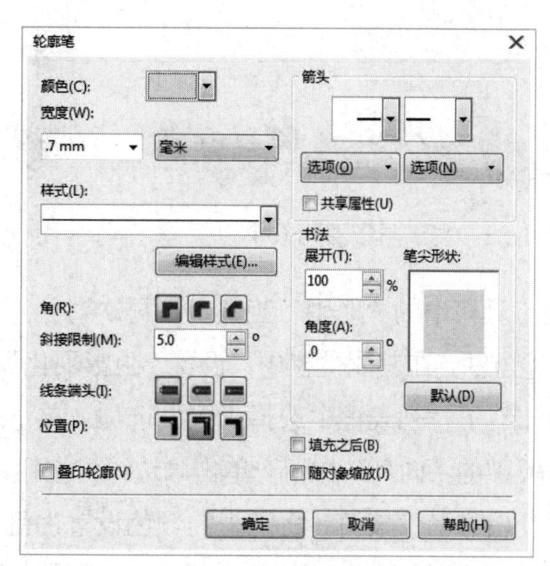

图 5-1-16　“轮廓笔”对话框

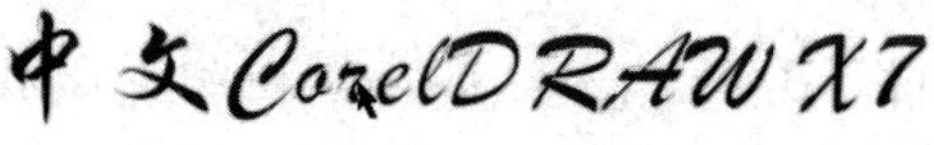

图 5-1-17　文字的轮廓线变粗（黄色）

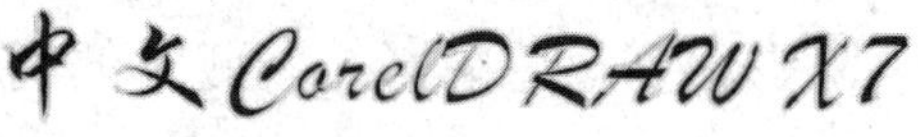

图 5-1-18　文本颜色为红色

（3）使用工具箱中的“阴影”工具，在文字上水平拖曳鼠标创建黑色阴影。在其属性栏的“预设”下拉列表框中选择“中型发光”选项，设置“阴影羽化”的值为 30、“阴影的不透明”的值为 70，在“不透明度操作”下拉列表框中选择“乘”选项，如图 5-1-19 所示。

图 5-1-19　“阴影”属性栏

（4）单击“方向”按钮，弹出“阴影羽化方向”面板，单击该面板中的“向外”按钮，如图 5-1-20 所示。单击属性栏中的“边缘”按钮，弹出“阴影羽化边缘”面板，单击该面板中的“反白方形”按钮，如图 5-1-21 所示，效果如图 5-1-22 所示。

（5）使用工具箱中的“选择”工具选中文字。选择“对象”→“拆分阴影群组”命令，将文字与阴影分离。然后将阴影移到绘图页面的下方，如图 5-1-23 所示。

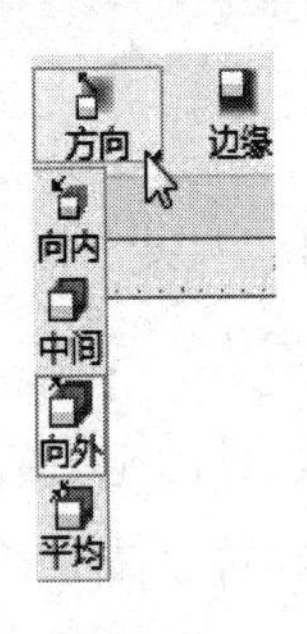

图 5-1-20 “阴影羽化方向”面板

图 5-1-21 “阴影羽化边缘”面板

图 5-1-22 文字阴影羽化效果

图 5-1-23 文字与阴影分离

（6）使用工具箱中的“阴影”工具，再次对分离后的文字（如图 5-1-23 上图所示）创建阴影。按照上述方法，在其属性栏中，设置“阴影羽化”的值为 80，“阴影的不透明”的值为 50，在“不透明操作”下拉列表框中选择“乘”选项。单击“方向”按钮，弹出“羽化方向”面板，然后单击该面板中的“向外”按钮。单击“边缘”按钮，弹出“阴影羽化边缘”面板，然后单击该面板内的“反白方形”按钮。将阴影的颜色设置为蓝色，效果如图 5-1-24 所示。

（7）使用工具箱中的“选择”工具选中阴影文字。选择“对象”→“拆分阴影群组”命令，将文字与阴影分离。然后，将黄色轮廓线的文字移到绘图页面的上方，将绘图页面外侧的黑色阴影移到蓝色阴影上，此时的阴影效果如图 5-1-25 所示。如果黑色阴影在蓝色阴影的下面，则可选中蓝色阴影，再选择“对象”→“顺序”→“向后一层”命令。

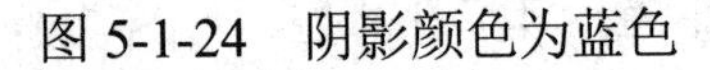

图 5-1-24 阴影颜色为蓝色

图 5-1-25 将黑色阴影移到蓝色阴影上

（8）使用工具箱中的“选择”工具选中文字，单击调色板中的红色色块，将填充色设置为红色。再将红色的文字移到阴影上，选中文字的所有部件，选择“对象”→“组合”命令，将整个文字组成群组，最终效果参考图 5-1-3。

4. 制作立体纹理文字

（1）使用工具箱中的“选择”工具，单击页计数器中的“页 4”标签，切换到“页 4”绘图页面。将文字颜色改为红色，将轮廓线颜色改为黄色，将英文字体改为 Arial Back，效果如图 5-1-26 所示。选中该页面中的“中文 CorelDRAW X7”美术字。

（2）使用工具箱中的“立体化”工具，在文字上从下向上拖曳鼠标，形成立体文字，如图 5-1-27 所示。

图 5-1-26 “中文 CorelDRAW X7”美术字　　　　图 5-1-27 形成立体文字

（3）单击“交互式立体化”工具属性栏中的“照明”按钮，弹出“照明”面板，单击其中的“光源 1”按钮，产生第 1 个光源，将第 1 个光源移动到上方的中间处，再选中“使用全色范围”复选框，并在“强度”数字框中输入光源的强度为 51，如图 5-1-28 所示。添加第 2 个光源，光源的强度也为 51，将第 2 个光源移动到右边的中间处，最后按 Enter 键，给文字添加灯光效果。

（4）向右拖曳调整消失点控制柄✕，改变立体文字的方向，如图 5-1-29 所示。

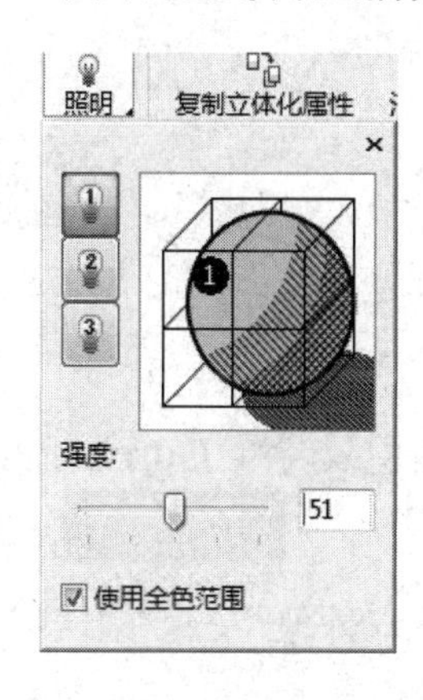

图 5-1-28 “照明”面板　　　　图 5-1-29 改变立体文字的方向

（5）单击“交互式立体化”工具属性栏中的“颜色”按钮，弹出“颜色”面板，如图 5-1-30 所示。单击“颜色”面板中的“使用递减的颜色”按钮，将“到”的颜色改为黄色，“从”的颜色仍为红色。此时的立体文字效果如图 5-1-31 所示。

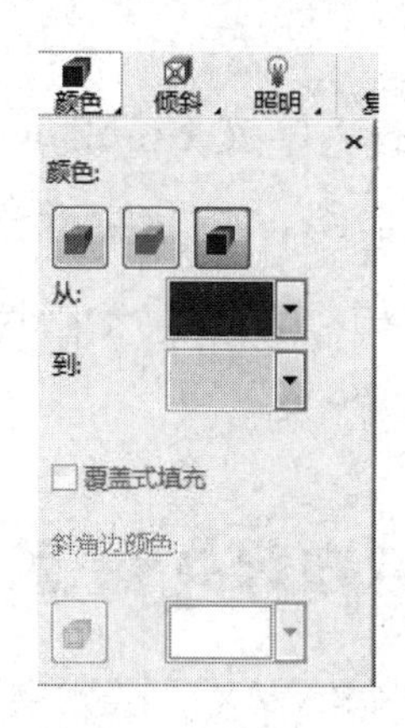

图 5-1-30 “颜色”面板　　　　图 5-1-31 立体文字的效果

（6）使用工具箱中的“选择”工具选中文字，选择“对象”→“拆分立体化群组”命令，拆分原文字与其立体部分，如图 5-1-32 所示。

（7）选中红色原文字。单击“编辑填充”对话框中的“底纹填充”按钮，弹出“编辑填充—底纹填充”对话框。在该对话框的“底纹库”下拉列表框中选择“样品”选项，在“底纹列表”列表框中选择“金箔”选项。单击“色调”按钮，弹出调色板，选择红色。单击“亮度”按钮，弹出调色板，选择黄色。调整其他参数，观察修改参数后的效果，此时的“底纹填充”对话框如图 5-1-33 所示。

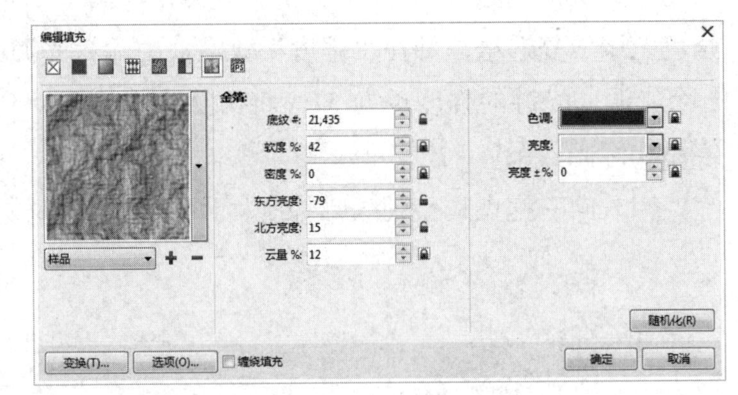

图 5-1-32　拆分原文字与其立体部分　　图 5-1-33　“编辑填充—底纹填充”对话框

（8）单击“纹理填充”对话框中的“确定”按钮，即可给原红色文字“CorelDRAW X7”填充金箔纹理。

（9）使用工具箱中的“选择”工具选中全部立体文字，选择“对象”→“组合”命令，将立体文字组成一个群组，最终效果参考图 5-1-4。

5．制作倒影文字

（1）使用工具箱中的“选择”工具，单击页计数器中的“页 5”标签，切换到“页 5”绘图页面。将文字颜色改为红色，将轮廓线颜色改为绿色，将英文字体改为 Arial Back，如图 5-1-34 所示。选中该页面中的“中文 CorelDRAW X7”美术字。

（2）使用工具箱中的“选择”工具，选中红色字和绿色轮廓的“中文 CorelDRAW X7”美术字，调整其大小和位置，两次选择“对象”→“拆分美术字”命令，将文字拆分为独立的文字。再选中所有文字，选择“对象”→“对齐与分布”→“底端对齐”命令，使所有文字的底部对齐，效果如图 5-1-35 所示，然后将它们组成一个群组。

图 5-1-34　输入“中文 CorelDRAW X7”美术字 　　图 5-1-35　“中文 CorelDRAW X7”美术字底部对齐

（3）使用工具箱中的“阴影”工具，单击文字并拖曳鼠标，以产生阴影，如图 5-1-36 所示。拖曳图 5-1-36 中的白色正方形控制柄□，改变阴影的起始位置，使它处于文字的下方；

用鼠标拖曳黑色方形控制柄■，改变阴影的大小与方向，使它向右下倾斜；拖曳长条透镜控制柄，改变阴影颜色的深浅。在拖曳调整黑色方形控制柄■时，其属性栏“阴影角度”数字框中的数值会随之发生变化。

图 5-1-36　给“CorelDRAW X7”文字添加阴影

拖曳调色板中的深灰色色块到黑色方形控制柄■之上，将阴影颜色设置为深灰色。

（4）单击“方向”按钮，弹出“羽化方向”面板，如图 5-1-37 左图所示。利用该面板中的 4 个方向按钮可以调整阴影边缘的羽化方向。

单击“边缘”按钮，弹出“羽化边缘”面板，如图 5-1-37 右图所示。利用该面板中的 3 个边缘按钮可以调整阴影边缘的羽化类型。

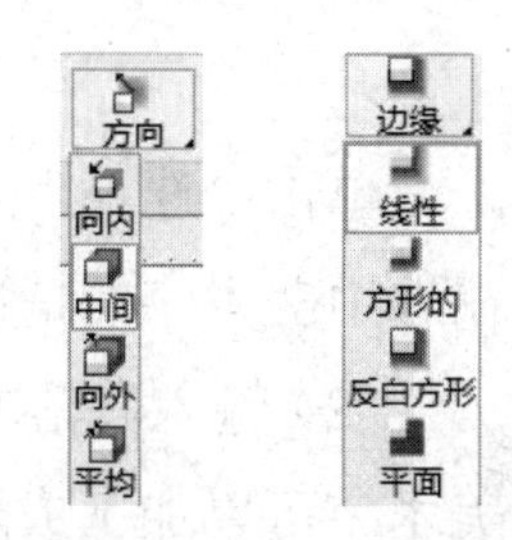

图 5-1-37　羽化设置

（5）设置“阴影羽化”数字框中的数值为 12，改变阴影羽化程度。“阴影的不透明”数字框中的数值为 60。完成各种设置后的“交互式阴影”工具属性栏如图 5-1-38 所示。

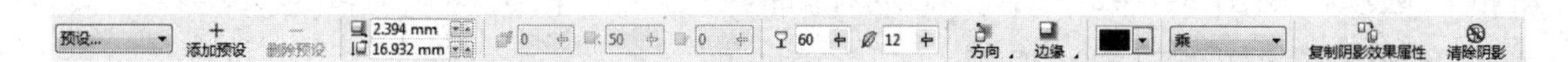

图 5-1-38　“交互式阴影”工具属性栏

（6）按“Ctrl+K”组合键，拆分阴影群组，按住“Shift”键，单击“阴影文字”，选中下方阴影部分的所有文字，单击其属性栏中的“垂直镜像”按钮，使阴影文字进行垂直镜像变化，如图 5-1-39 所示。

（7）单击“阴影”按钮，进入旋转和倾斜变化的操作状态，将鼠标指针移到阴影文字上方中间的控制柄处，水平拖曳，使阴影文字水平向右倾斜，如图 5-1-40 所示。

图 5-1-39　使阴影文字进行垂直镜像变化

图 5-1-40　倾斜阴影文字

（8）按照前面的方法，将填充红色、轮廓线为绿色的文字加工成颜色为从红色到黄色渐变、轮廓线为黄色的立体化文字，最终效果参考图 5-1-5。

相关知识

1. 输入文字

（1）输入美术字：单击工具箱中的“文本”工具，再单击绘图页面，进入美术字输入状态，绘图页面出现一条竖线光标，同时弹出的“文本”工具属性栏，如图 5-1-41 所示。在该属性栏中设置字体与字号等，然后输入美术字即可。

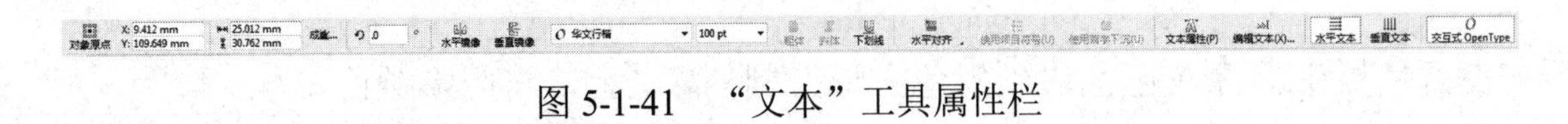

图 5-1-41 “文本”工具属性栏

单击“选择”工具选中美术字，再单击调色板中的一个色块，可以改变文字填充颜色。在选中美术字的情况下，右键单击调色板中的一个色块，可改变文字轮廓线的颜色。

（2）输入段落文字：文本有两种类型，一种是美术字（又称美工字），另一种是段落文字。美术字可以加工成醒目的艺术效果，段落文字可以方便编排。

文本框有两种：一种是大小固定的文本框，另一种是可以自动调整大小的文本框。默认的状态是大小固定的文本框。如果要使默认的状态是可以自动调整大小的文本框，则选择“工具”→“选项”命令，弹出“选项”对话框，在该对话框左侧的目录框中选择“文本”→“段落文本框”选项，如图 5-1-42 所示。在该对话框中选中“按文本缩放段落文本框”复选框，然后单击“确定”按钮即可完成设置。

（3）添加段落文字：单击工具箱中的“文本”工具，在绘图页面中绘制一个矩形，即产生一个段落文本框，同时弹出相应的“文本”工具属性栏。在文本框中可以像输入美术字那样输入段落文字，如图 5-1-43 所示。

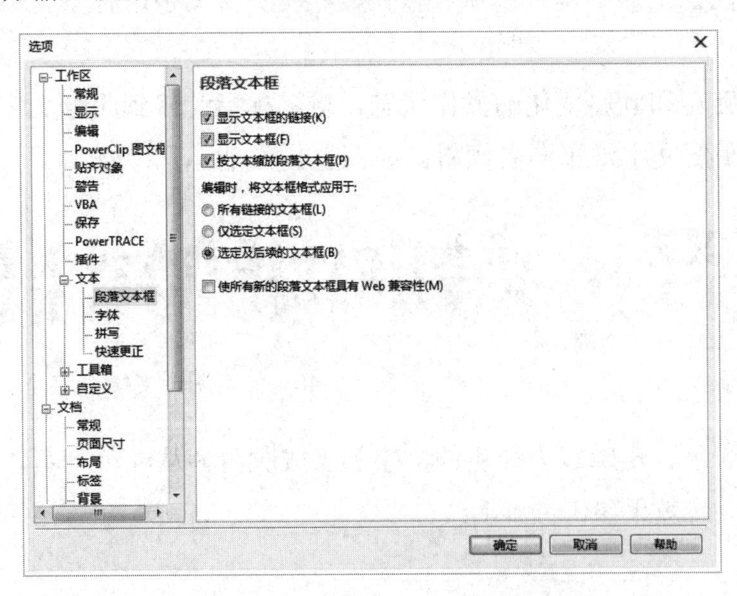

图 5-1-42 “选项”对话框的“段落文本框”选项卡

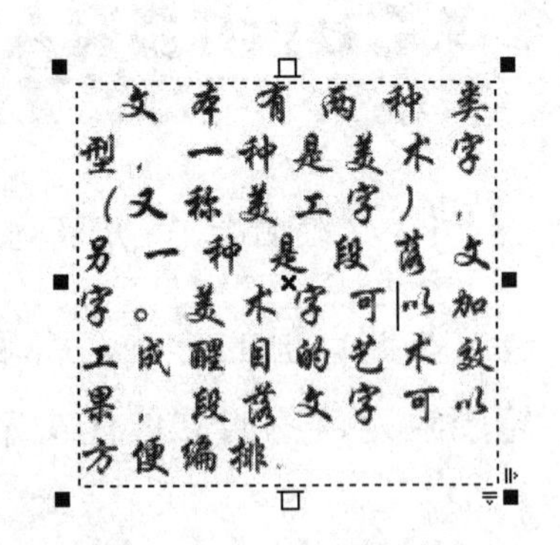

图 5-1-43 段落文字

（4）用其他方法输入文字：使用工具箱中的“文本”工具字，在绘图页面中单击或拖曳出一个文本框，再选择“文件”→“导入”命令，弹出“导入”对话框，利用该对话框选择文本文件，单击“导入”按钮，关闭该对话框。然后在绘图页面导入文本。如果文字量较大，在一个绘图页面内放不下，则会自动增加绘图页面，以放置剩余的文字。

另外，选择“编辑”→“粘贴”命令，即可将剪贴板内的文字粘贴到绘图页面内。

2. 选择文本

（1）使用“选择”工具选择文本：使用工具箱中的“选择”工具可以选择一个或多个美术字或段落文本对象。选择文本后，可以对该文本进行剪切、复制、移动、调整大小、旋转、倾斜、镜像、封套和格式化等操作，还可以对美术字进行透视、阴影、立体化、调和、透镜和轮廓线等操作。选择文本的方法与选择图像的方法一样。

（2）使用“文本”工具选择文本：使用工具箱中的“文本”工具可以选择一部分文本，然后对选择的文本进行上述操作。单击工具箱中的“文本”工具，在段落文本或美术字中单击要选中的一个或一段文字的起始处或结尾处，然后选择一部分文字，如图 5-1-44 所示。如果要选择一段文本，则可以用鼠标双击这段文字。

（3）使用“形状”工具选择文本：单击工具箱中的“形状”按钮，选中美术字或段落文本，如图 5-1-45 所示。可以看出，每个文字的左下角都有一个小正方形句柄，而整个文字段的左下角与右下角各有一个特殊形状的句柄，可以对单个文字进行操作。

单击某个文字左下角的小正方形句柄，可以选中这个文字。如果要选中多个文本，则可在按住“Shift”键的同时单击各个文字左下角的小正方形句柄，如图 5-1-46 所示。

图 5-1-44　选择一部分文字

图 5-1-45　使用“形状”工具选择文本

图 5-1-46　选中多个文本

在选中一个或多个文本时，其属性栏变为“调整文字间距”属性栏，如图 5-1-47 所示。利用该属性栏可以对选中文本的字体、字号和格式等进行调整。用鼠标拖曳选中的句柄，可以移动其中的单个文字。

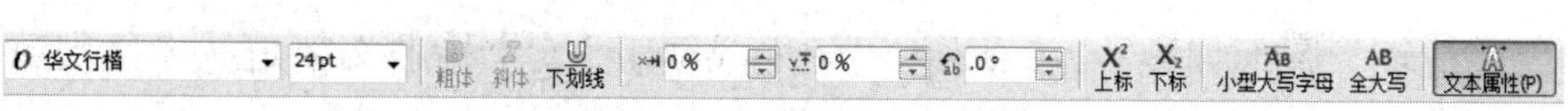

华文行楷　24pt　粗体　斜体　下划线　0 %　0 %　.0°　上标　下标　小型大写字母　全大写　文本属性(P)

图 5-1-47　“调整文字间距”属性栏

思考与练习 5-1

1．制作一个“梦幻立体文字”图形，如图 5-1-48 所示。

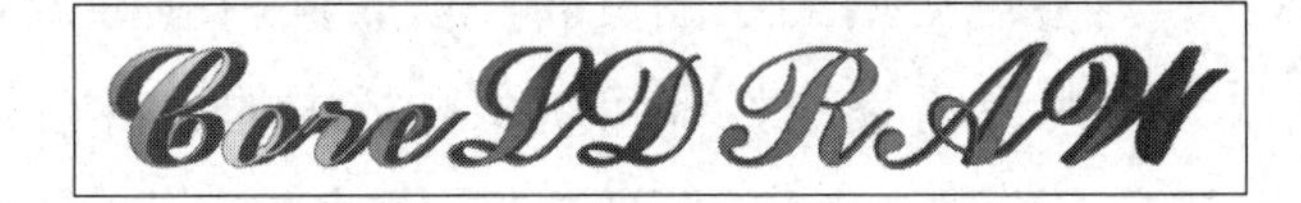

图 5-1-48 “梦幻立体文字”图形

2．制作“荧光文字”图形，在“页 1”和“页 2”中分别制作不同的荧光文字效果，如图 5-1-49 和图 5-1-50 所示。

图 5-1-49 “荧光文字”图形 1

图 5-1-50 “荧光文字”图形 2

3．修改案例 15 中图 5-1-2 所示的“立体梦幻文字”图形，给文字填充一种纹理图案。

4．绘制一个凸起的纹理立体化“祖国”文字图形，如图 5-1-51 所示。绘制该图形需要使用“交互式立体化”工具和“交互式透明”工具，还需要对属性栏中的光源、修饰斜角等进行设置。

5．绘制一个立体化透视文字图形“迎接新的挑战”，如图 5-1-52 所示。绘制该图形需要使用“交互式立体化”工具，还需要对光源、修饰斜角、颜色等进行调整。

图 5-1-51 凸起文字

图 5-1-52 立体化透视文字

5.2 案例 16：制作学生成绩表

“学生成绩表”图形如图 5-2-1 所示。“学生成绩表”5 个标题文字是从红色到黄色渐变、轮廓线为黄色的立体文字，表格的底色为黄色。通过对本案例的学习，可以掌握输入和编辑段落文本的方法，制作表格的方法，以及创建立体文字的方法等。

学生成绩表

学号	姓名	数学	语文	物理	化学	总分
001	张三	90	87	97	90	364
002	李四	70	70	70	70	280
003	赵六	90	90	90	90	360
004	王明	80	80	80	80	320
005	张红	75	75	70	70	290
006	王叶	80	80	70	70	300
007	李方	65	65	60	60	250
008	赵宇	90	90	95	95	370
009	聂丹	80	80	85	85	330
010	王梓	90	95	95	95	375

制表:王爱诚

图 5-2-1 “学生成绩表”图形

制作方法

1. 绘制表格

（1）新建一个图形文档，设置页面的宽为 210mm、高为 140mm、背景色为白色。为了准确绘制表格的位置与大小，可选择“视图”→“网格”命令，在绘图页面中显示网格。

（2）右键单击垂直标尺和水平标尺交界处的按钮，弹出它的菜单，选择该菜单中的“栅格设置”命令，弹出“选项”对话框，在右边“网格”选项卡的“水平”和“垂直”数字框内均设置数值为 0.08mm，其他设置如图 5-2-2（a）所示。

（3）选中左边目录栏中的“工作区”→“文本”选项，展开“文本”选项，选择其中“段落文本框”选项，切换到“段落文本框”选项卡，如图 5-2-2（b）所示，不选中其中的第 2 个复选框“显示文本框”，以使在不选中某段落文本时，其四周没有虚线框。再单击“确定”按钮，退出“选项”对话框，完成设置。

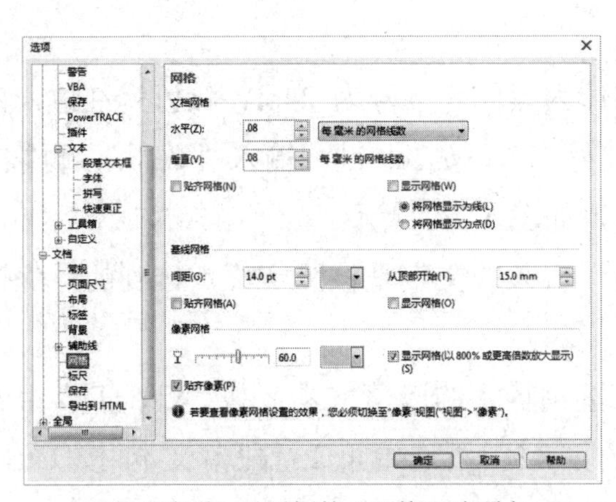

（a）“选项”对话框的“网格”选项卡

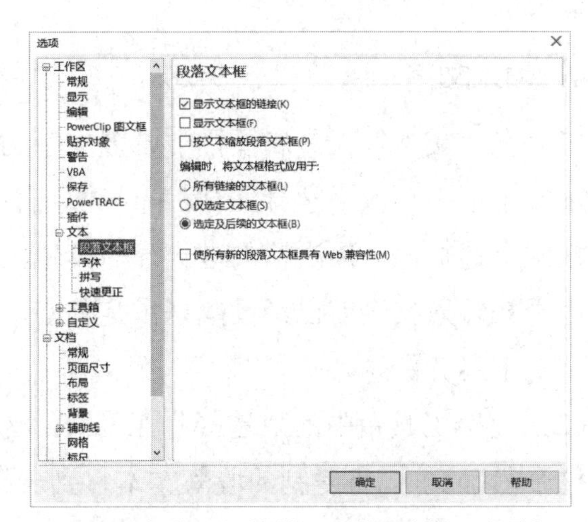

（b）“选项”对话框的“段落文本框”选项卡

图 5-2-2 “选项”对话框

（4）使用工具箱中的“矩形”工具，绘制一个矩形图形，填充为粉色。单击工具箱中

图 5-2-3　绘制天蓝色表格

的“表格”工具，在蓝色矩形图形内绘制一个表格，在其“表格”工具属性栏的“行”和“列”数字框中设置 11 行和 7 列，设置表格的背景色为天蓝色，表格效果如图 5-2-3 所示。

2．制作标题文字

（1）使用工具箱中的“选择”工具，选中“学生成绩表”美术字，单击工具箱中的“立体化”工具，在文字上从左上角向右下角拖曳鼠标，从而产生立体文字效果。再按照前面介绍过的方法，制作从红色到黄色渐变的立体文字。

（2）使用工具箱中的“文本”工具，在绘图页面的顶部中间位置单击，在“文本”工具属性栏中设置字体为隶书、字号为 36pt 的“学生成绩表”美术字，再设置文字颜色为红色、轮廓线颜色为黄色。然后在绘图页面右下角输入字体为隶书、字号为 24pt、颜色为绿色的“制表：王爱诚”美术字，参考图 5-2-1。

3．设置定位点

（1）单击工具箱中的“文本”工具，按住鼠标沿表格第 1 行拖曳，形成一个矩形段落文字框，此时绘图区上边的标尺栏如图 5-2-4 所示。标尺栏内有许多“ ┗”定位标记，它们是杂乱分布的。

（2）用鼠标拖曳定位标记，使它们按照图 5-2-4 所示的规律分布。多余的“ ┗”定位标记，可以用鼠标将它们垂直向下拖曳出白色的标尺区域。若要增加“ ┗”定位标记，则可以单击白色的标尺区域。

4．输入文字

（1）在“文本”工具属性栏中设置文字的字体为黑体、字号为 24pt、颜色为红色，然后在段落文本框中输入“学号”，按 Tab 键，输入“姓名”，按 Tab 键，输入“数学”，再按 Tab 键。按照上述规律，依次输入这一行的其他内容，如图 5-2-4 所示。

由于在输入文字前已经设置好了定位点，所以输入的文字是按照定位点排列的，保证各行文字上下对齐。

（2）使用工具箱中的“选择”工具，选中刚刚输入的段落文本，按“Ctrl+D”组合键复制这个段落文本。将复制的段落文本移到表格的第 2 行，再选中第 2 行段落文本，按“Ctrl+D”组合键 9 次，再复制 9 个段落文本，微调它们的位置，如图 5-2-5 所示。

（3）使用工具箱中的“文本”工具，选中要修改的文字，修改后的文字效果参考图 5-2-1。另外，也可以按照输入第 1 行段落文本的方法，依次输入第 2～11 行的文字。注意，每输入完一个词后就按 Tab 键，将光标移到下一个定位标记垂直指示的位置。

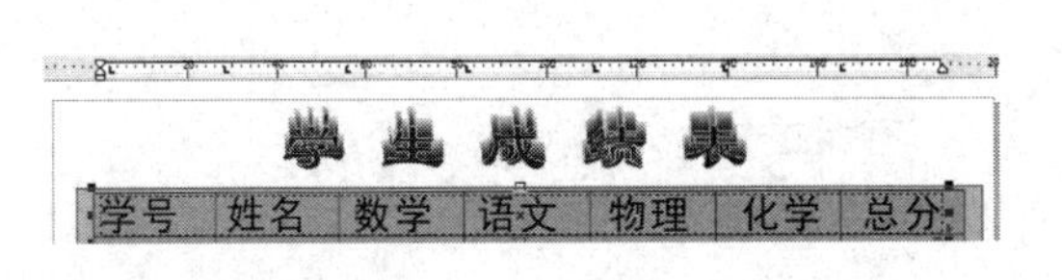

图 5-2-4　标尺栏

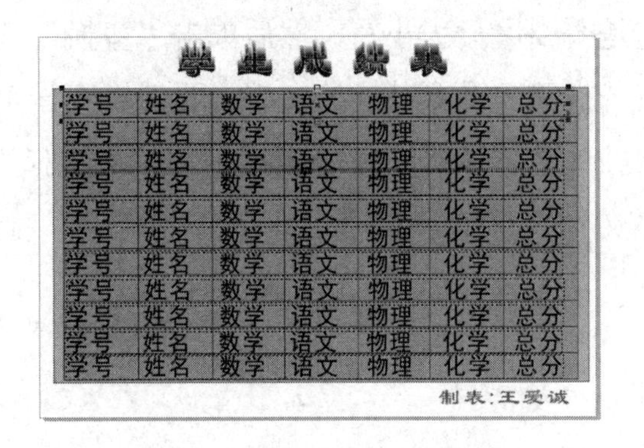

图 5-2-5　复制段落文本

相关知识

1．利用“编辑文本”对话框编辑文本

选中要编辑的文本对象，单击“文本”工具属性栏中的“编辑文本”按钮，或者选择“文本”→“编辑文本”命令，即可弹出“编辑文本”对话框，如图 5-2-6 所示。利用该对话框可以进行导入文本、格式化文本和检查文本等操作。

2．文本替换和统计

（1）文本替换和查询：单击图 5-2-6 所示的“编辑文本”对话框中的“选项”下拉按钮，弹出“选项”下拉菜单，如图 5-2-7 所示。利用该下拉菜单可以进行文字的更改大小写、查找与替换、拼写与语法检查等操作。

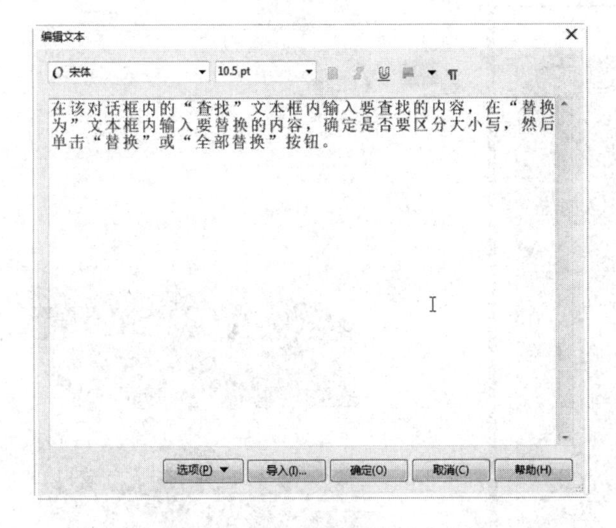

图 5-2-6　“编辑文本”对话框

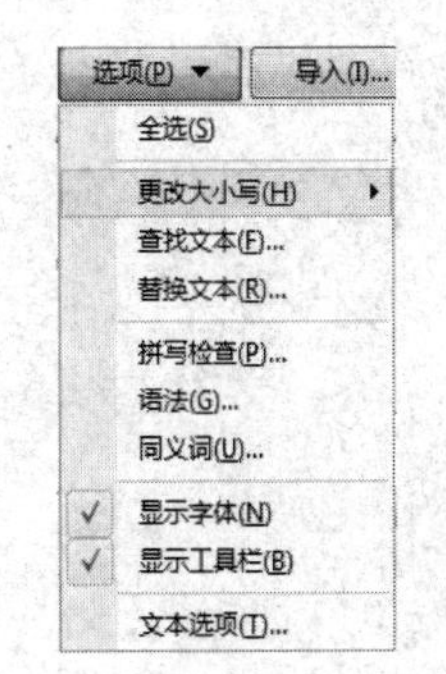

图 5-2-7　“选项”下拉菜单

例如，选择该下拉菜单中的“替换文本”命令，弹出“替换文本”对话框，如图 5-2-8 所示。

在该对话框的“查找”文本框中输入要查找的内容，在“替换为”文本框中输入要替换的内容，确定是否要区分大小写，然后单击“替换”或“全部替换”按钮。如果单击的是“替换”按钮，则只替换第一个要替换的文字，要替换下一个文字还需单击“查找下一个”按钮。

（2）文本统计：单击工具箱中的“选择”工具，再选中要统计的文字，然后选择“文本”→“文本统计信息”命令，弹出“统计”对话框，如图 5-2-9 所示。

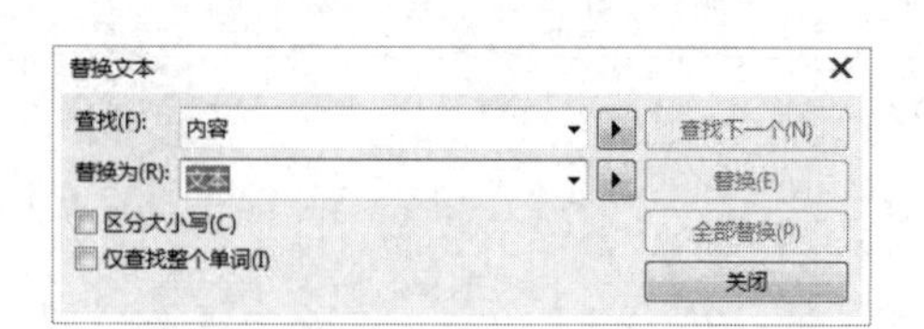

图 5-2-8　“替换文本”对话框

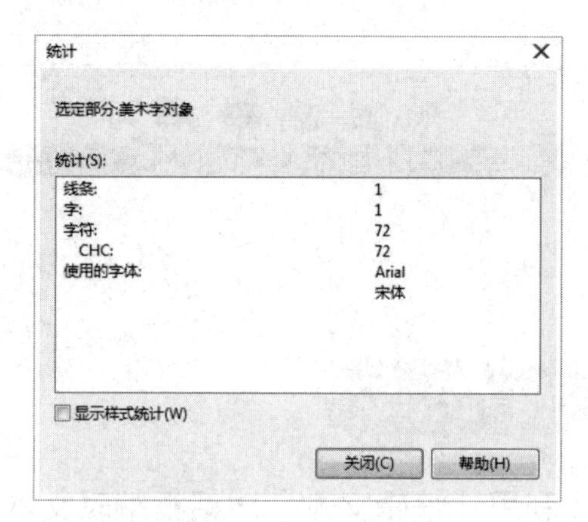

图 5-2-9　“统计”对话框

思考与练习 5-2

1．修改案例 16 中的表格，为该表格增加“政治”“体育”“平均分”三列，再增加 3 行“学生”数据。

2．制作一个“课程表”图形，如图 5-2-10 所示。

3．绘制两种立体化的文字，如图 5-2-11 所示。

课程表

	星期一	星期二	星期三	星期四	星期五
上午 1-2 8:00-9:00	体育（必修）	大学英语（必修）	立体构成（B类）	大学英语听说（必修）	毛泽东思想概论（必修）
上午 3-4 10:10-12:00		木材学（必修）	立体构成（B类）	电工电子技术（必修）	大学英语（必修）
下午 1-2 13:30-15:20	木材学（必修）	电工电子技术（必修）	立体构成（B类）	表现技法（B类）	
下午 3-4 15:40-17:30	木材学（实验）（必修）	电工电子技术（实验）（必修）	家具设计CAD（B类）	计CAD（实验）（B类）	家具设表现技法（B类）
晚上 1-2 19:00-20:50	交响乐赏析（A类）	中国传统文学（A类）	大学美术（A类）	生命科学导论（A类）	

图 5-2-10　“课程表”图形

图 5-2-11　两种立体化文字

5.3 案例 17：图书封底的制作

第 3 章案例 9“制作立体图书”中制作了《中文 CorelDRAW X7 案例教程》图书的立体图形，该图书的“图书封底”图形如图 5-3-1 所示。“图书封底”图形的背景是一个从上到下填充金黄色、黄色、浅黄色、黄色、金黄色渐变色的矩形图形，如图 5-3-2 所示。

图 5-3-1 “图书封底”图形

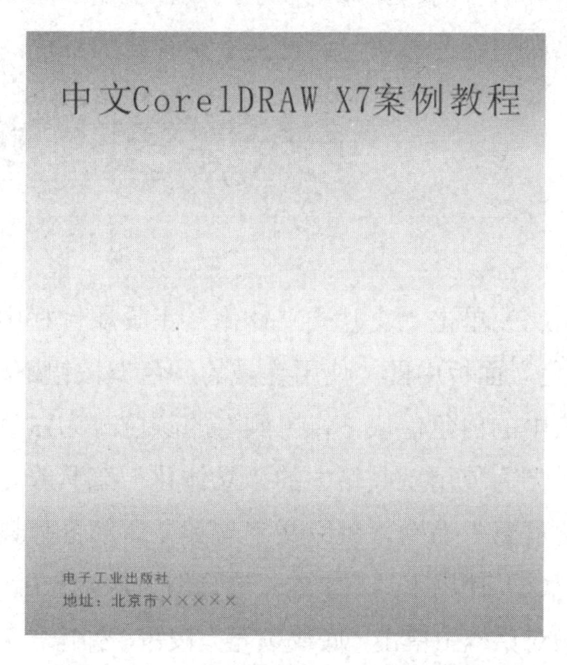

图 5-3-2 “图书封底”图形的背景

在矩形背景图形上，有一些白色轮廓线的六边形图案，六边形内分别嵌入一些动物和风景图像，背景图形上还有关于本图书特点的描述、图书名、责任编辑、封面设计、条形码图形、出版社名称和地址等文字。

通过对本案例的学习，可以进一步掌握使用“多边形”工具绘制正六边形图形的方法，导入图像的方法，在图形内填充底纹的方法，输入和编辑美术字和段落文本的方法，多个对象的分布与对齐的方法，交互式调和的方法，在图形内镶嵌图像、插入条形码的方法，以及文字环绕路径分布的方法等。

制作方法

1. 制作立体文字

（1）选择“文件”→“打开”命令，弹出“打开”对话框，利用该对话框打开“案例 9 立体图书.cdr”图像文件。将该图像中间位置的 3 个图像、作者名、图书侧面图形、图书背面图形、顶部白色平行四边形图形均删除，只保留书名和出版社名称。将底部的出版社名字号缩小为12pt，并移到左下角，并在下面输入文字“地址：北京市×××××”。

（2）单击工具箱中的“文本”工具字，选中“CorelDRAW X7”，将它们的字体改为Arial Narrow，字号改为32pt。拖曳选中中文文字，将它们的字体改为隶书，字号改为40pt，结果参考图5-3-2。然后以“案例17 图书封底.cdr”为名称保存。

（3）使用工具箱中的“选择”工具，选中“中文 CorelDRAW X7案例教程”文字。使用工具箱中的“立体化”工具，在文字上从下向上拖曳鼠标，形成立体文字。右键单击调色板内的红色色块，设置文字轮廓线为红色，效果如图5-3-3所示。

图5-3-3　立体文字效果

（4）单击“交互式立体化”工具属性栏中的“颜色”按钮，弹出“颜色”面板，单击“颜色”面板中的“使用递减的颜色”按钮，然后单击“到”按钮，弹出“颜色”面板，单击其中的白色色块，将“到”的颜色改为白色，再将“从”的颜色改为绿色。

（5）使用工具箱中的“立体化”工具，选中立体文字，然后选择“对象”→“拆分立体化群组”命令，将原文字与其立体部分分离。

（6）使用工具箱中的“选择”工具选中上方的原文字，然后选择“编辑填充”工具，在打开的对话框中单击“底纹填充”按钮，弹出“编辑填充—底纹填充”对话框，在“底纹库”下拉列表框中选择“样品”选项，在“底纹列表”列表框中选择“砖红”选项，设置“色调”颜色为绿色、“亮度”颜色为黄色，如图5-3-4所示。单击“确定”按钮，给文字填充“砖红”底纹。选中全部立体文字，选择“对象”→“组合”命令，将立体文字组成一个群组，参考图5-3-1。

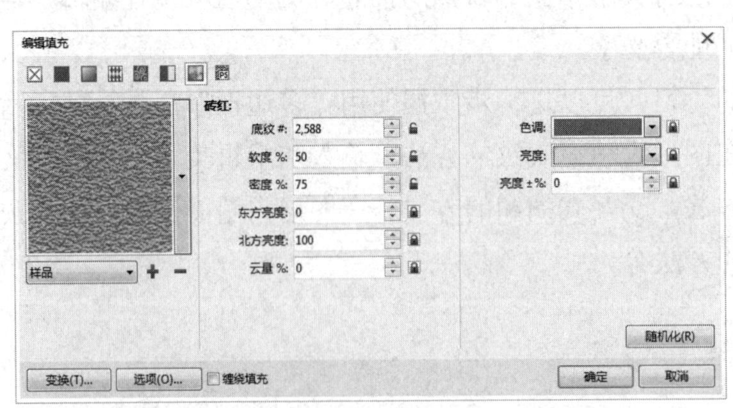

图5-3-4　“编辑填充—底纹填充”对话框

2．绘制六边形图案

（1）单击工具箱对象工具展开工具栏中的“多边形”工具，在“多边形”工具属性栏的“点数或边数”数字框中输入6。按下“Ctrl”键，在绘图页面中拖曳鼠标，绘制一个六边形图形。设置该六边形为“无填充”，轮廓线宽为1.0mm，颜色为浅蓝色。

（2）按“Ctrl+D”组合键复制一个六边形，并将两个六边形图形分别移到绘图页面中文字的下方。选择“对象”→“对齐与分布”→“顶端对齐”命令，将两个六边形图形水平排列，如图5-3-5所示。

（3）使用工具箱交互式工具展开工具栏中的“调和”工具，在两个六边形图形之间拖曳鼠标，创建调和，再将其“交互式调和”工具属性栏“调和对象”数字框中的数值改为3，单击“直接”按钮。

（4）使用工具箱中的“选择”工具，拖曳5个六边形图形中最右边的六边形图形，调整5个六边形图形之间的距离，效果如图5-3-6所示。

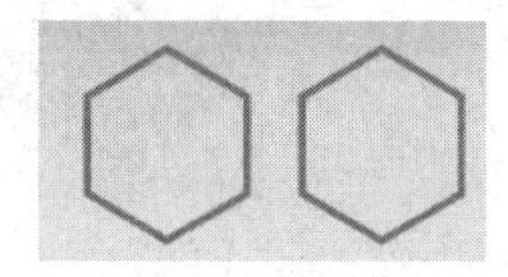

图5-3-5　两个六边形图形

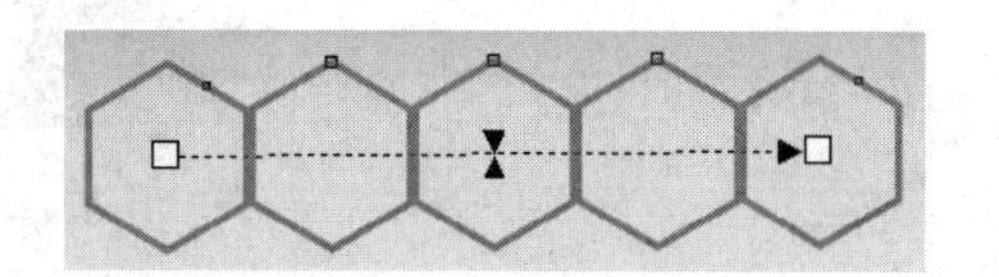

图5-3-6　5个六边形图形的调和

（5）选中5个六边形图形，按“Ctrl+D”组合键，复制一份5个六边形图形，将复制的图形移到第2行的位置，和第1行图形对接好。选中第2行复制的图形，选择“对象”→“拆分”命令或按“Ctrl+K”组合键，再选择“对象”→“取消全部组合”命令，将5个六边形图形分离。

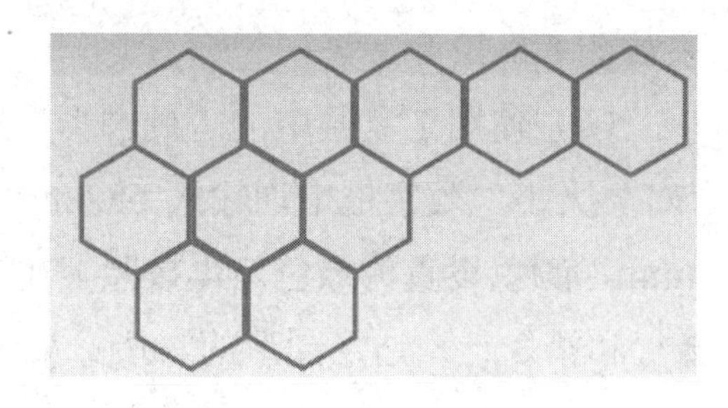

图5-3-7　3行六边形图形

（6）拖曳第2行右侧两个六边形图形到第3行，并与第2行图形对接好，最后效果如图5-3-7所示。

3．填充图像

（1）选择“文件”→“导入”命令，弹出“导入”对话框，按住“Ctrl”键的同时单击鼠标，分别选中10幅图像，再单击“导入”按钮，关闭“导入”对话框。

（2）在绘图页面外拖曳出1个矩形，导入第1幅图像。接着依次拖曳出9个矩形，再导入选中的其他9幅图像，如图5-3-8所示。

图5-3-8　导入的10幅图像

（3）选中第 1 行第 1 列图像，然后选择“效果”→“图框精确剪裁”→“置于图文框内部”命令，此时鼠标指针呈大黑箭头状，单击第 1 行第 1 列浅蓝色轮廓线六边形，将导入的图像填充到该浅蓝色轮廓线六边形内，如图 5-3-9 所示。

（4）使用工具箱中的“选择”工具，选中填充了图像的浅蓝色轮廓线的六边形，再选择“对象”→“图框精确剪裁”→“编辑 PowerClip”命令，进入图像剪裁的编辑状态，拖曳图像到六边形内，调整六边形内填充的图像的大小和位置等。调整好后，选择“效果”→“图框精确剪裁”→“结束编辑”命令，效果如图 5-3-10 所示，选择“对象”→“图框精确剪裁”→“延展内容以填充框”命令，效果如图 5-3-11 所示。

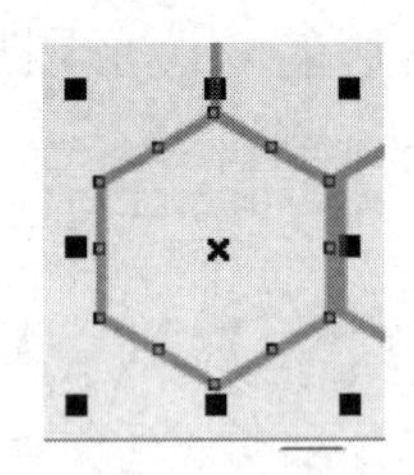

图 5-3-9　浅蓝色轮廓线六边形

图 5-3-10　拖曳图像到六边形中

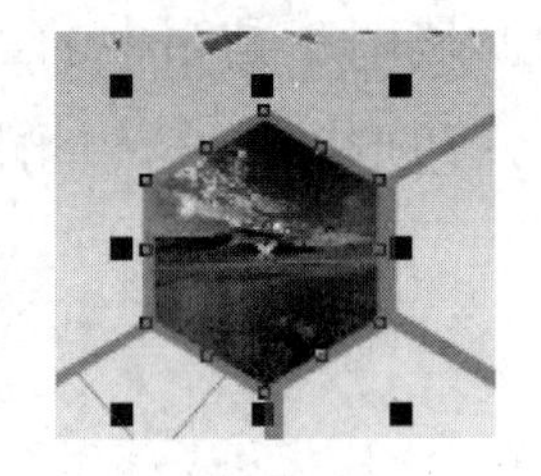

图 5-3-11　编辑填充后的效果

（5）按照上述方法，将其他 9 幅图像分别填充到不同的浅蓝色轮廓线六边形内，最后效果如图 5-3-12 所示。

（6）使用工具箱中的“椭圆形”工具，绘制一个黑色轮廓线圆形图形，在其属性栏的“对象大小”数字框中均输入 65.5mm。再将圆形图形复制一份，将复制的圆形轮廓线设置为 1mm，颜色设置为绿色。再按照上述方法填充一幅图像，如图 5-3-13 所示。将该图形移到第 2 行和第 3 行六边形图形的右边、第 1 行六边形图形的下边。

图 5-3-12　六边形填充图像效果

图 5-3-13　圆形填充图像

4．插入环形文字

（1）使用工具箱中的“文本”工具，在绘图页面中输入字体为华文行楷、字号为 20pt 的“案例和知识结合，在做中学，教学做合一”美术字，再给它填充红色，如图 5-3-14 所示。

案例和知识结合，在做中学，教学做合一

图 5-3-14　红色美术字

（2）将前面绘制的黑色轮廓线圆形图形移到图 5-3-13 所示的圆形图形上，作为文字环绕的路径。

（3）使用工具箱中的“选择”工具选中文字。选择“文字”→“使文本适合路径”命令，这时鼠标指针呈黑色大箭头状，将它移到刚刚绘制的圆形上半边路径线处，即在路径线处出现沿路径线分布的文字，可以调整文字的位置。单击鼠标左键，将美术字沿圆形路径环绕，如图 5-3-15 所示。

图 5-3-15　制作文字环绕

如果美术字沿圆形路径环绕的效果不理想，则可以重新进行上述操作。

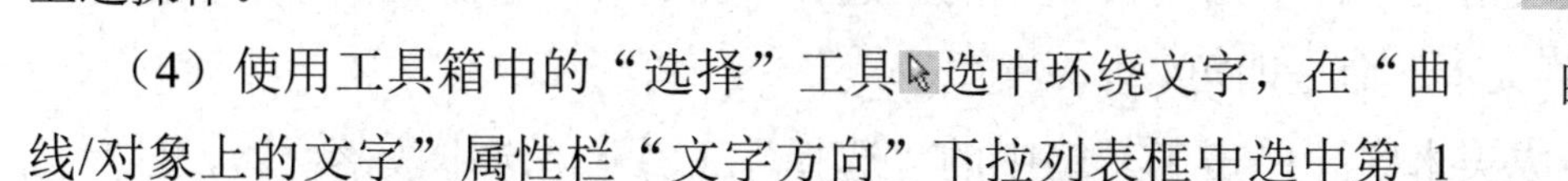

（4）使用工具箱中的“选择”工具选中环绕文字，在“曲线/对象上的文字”属性栏“文字方向”下拉列表框中选中第 1 种类型，在“与路径距离”数字框中输入 2.0mm，在“水平偏移”数字框中微调数值，使文字环绕的起点和终点在同一个水平线上。此时“曲线/对象上的文字”属性栏设置如图 5-3-16 所示。环绕文字最终效果参考图 5-3-1。

图 5-3-16　“曲线/对象上的文字”属性栏

5．输入文字

（1）使用工具箱中的“文本”工具，在填充图像的六边形下方拖曳出一个输入段落文本的矩形框。在其属性栏的“字体列表”下拉列表框中选择“宋体”，在“文字大小”下拉列表框中输入 11pt，然后输入一段绿色的文本，内容参考图 5-3-1。

（2）在绘图页面段落文本的下方拖曳出一个输入段落文本的矩形框，在其属性栏中设置文字的字体为黑体、字号为 12pt、填充颜色为绿色、轮廓线颜色为绿色，然后输入一行文字“责任编辑：张明明　封面设计：白薇”。

（3）使用工具箱中的“选择”工具，选中刚刚输入的一段文本，然后按 3 次“Ctrl+D”组合键，将选中的段落文本复制 3 份。

（4）使用工具箱中的“文本”工具，在第 1 个复制的段落文本内选中该行文字，输入“ISBN 978-7-121-×××××-9”。在第 2 个复制的段落文本内选中该行文字，输入文字“地址：北京市×××××”。在第 3 个复制的段落文本内选中该行文字，输入文字“定价：32.00 元”，最后的效果参考图 5-3-1。

6．插入条形码

（1）选择“编辑”→“插入条形码”命令，弹出“条码向导”对话框，选择“EAN-13”选项，在“输入 12 个数字”文本框中输入条形码的编码，在“检查数字”文本框中输入 2 个或 5 个数字。然后单击“下一步”按钮，弹出下一个“条码向导”对话框，按照提示进行设置。单击“完成”按钮，关闭该对话框，在绘图页面中插入条形码图形。

（2）使用工具箱中的“选择”工具，调整条形码的大小后，将它移到合适的位置，最终效果参考图 5-3-1。

1. 美术字与段落文本的相互转换

（1）美术字转换成段落文本：单击工具箱中的“选择”工具，选中美术字，然后选择“文本”→“转换为段落文本”命令即可。

（2）段落文本转换成美术字：单击工具箱中的“选择”工具，选中段落文本，然后选择“文本”→“转换为美术字”命令即可。

2. 插入条形码

（1）选择“编辑”→“插入条形码”命令，弹出“条码向导”对话框，选择“EAN-13”选项，在“输入 12 个数字”文本框中输入条形码的编码，在“检查数字”文本框中输入 2 个或 5 个数字，如图 5-3-17 所示。

（2）单击“下一步”按钮，弹出下一个“条码向导”对话框。在该对话框中，根据需要对分辨率进行设置，如图 5-3-18 所示。

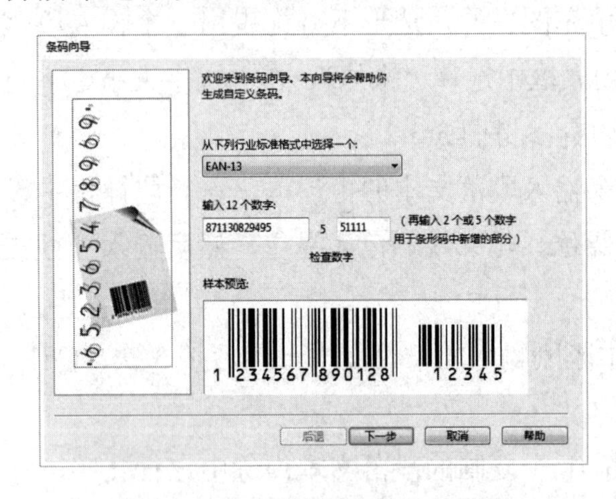

图 5-3-17　“条码向导”对话框

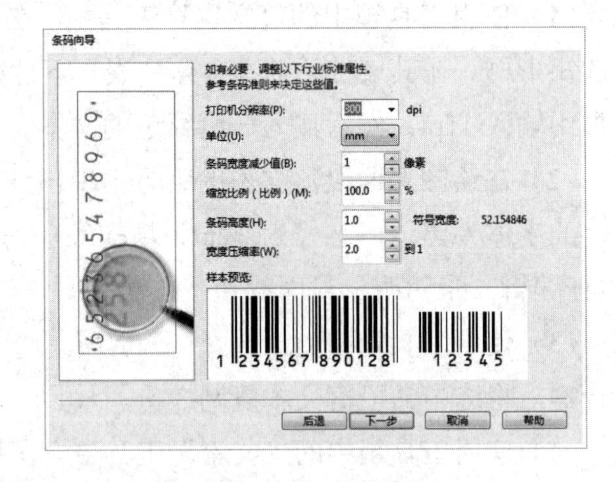

图 5-3-18　设置分辨率

（3）单击“下一步”按钮，弹出下一个“条码向导”对话框。在该对话框中，根据需要对属性进行设置，如图 5-3-19 所示。单击“完成”按钮，可制作出标准的条形码图形，如图 5-3-20 所示。

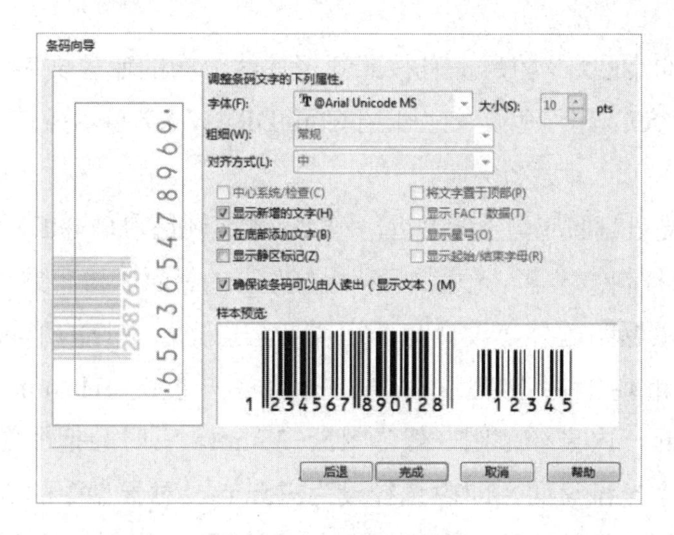

图 5-3-19　设置属性

图 5-3-20　标准的条形码图形

思考与练习 5-3

1．制作《用镜头探索大自然》图书的封底图像，如图 5-3-21 所示。

2．制作《数码摄影手册》图书的封底图像，如图 5-3-22 所示。画面以黑色为背景，其中有一些白色轮廓线的六边形图案，各六边形内有摄影图像，还有关于图书特点的文字描述、图书名、责任编辑、封面设计、书号、条形码、照相机镜头图像、出版社名称和地址等文字。

图 5-3-21　《用镜头探索大自然》图书的封底图像

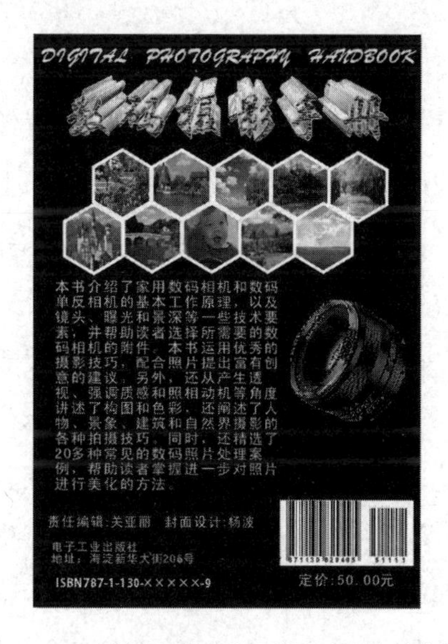

图 5-3-22　《数码摄影手册》图书的封底图像

5.4　案例 18：绘制光盘盘面

“光盘盘面”图形如图 5-4-1 所示。在圆环形图形内镶嵌一个 CorelDRAW 的标志，并且在圆环形图形的中间有一个灰色半透明的小圆环，图片上有按照弧形曲线分布的蓝色文字“实用案例教程”、绿色文字“CORELDRAW X7”和红色文字“介绍 CorelDRAW X7 基本操作 实用案例分享”。

图 5-4-1 “光盘盘面”图形

光盘盘面应与主题贴近，例如，本案例是为 CorelDRAW X7 教程制作光盘，光盘的风格最好与书的封面风格一致。除要与主题贴近外，设计盘面还需要考虑光盘本身的形状。目前市场上标准光盘盘面的外直径一般为 117mm 或 118mm，内直径范围一般为 15～35mm。有时会把图像铺满整个光盘盘面，即内直径设为 15mm。对于盘面的内直径与外直径的设置，可以在范围内根据设计需求自行调整。通过制作该图形，可以进一步掌握完美形状工具展开工具栏中的一些工具的使用方法，输入文字、导入图像、精确剪裁图像、在图形内镶嵌图像、在图形内填充底纹的方法，以及使用文字环绕路径分布的方法等。

制作方法

1. 制作光盘盘面背景图

（1）新建一个图形文档，设置绘图页面的宽为 130mm、高为 130mm、背景色为白色。

（2）如果在绘图页面内左边和上边没有显示标尺，则可以选择“视图”→“标尺”命令，以在绘图页面内显示标尺。将鼠标指针指向水平标尺与垂直标尺交会处的坐标原点，向页面中心拖曳，可拖曳出两条垂直相交的辅助线。如果没有辅助线，则可以选择“视图”→“辅助线”命令。垂直辅助线位于标尺 65mm 处，水平辅助线也位于标尺 65mm 处。

（3）使用工具箱中的“椭圆形”工具，按住“Ctrl+Shift”组合键的同时从两条辅助线交点处向外绘制一个圆形图形。在其属性栏的“X”和“Y”数字框中均输入 65mm，在“对象大小”栏的“宽”和“高”数字框中均输入 118mm，设置好的图形如图 5-4-2 所示。

（4）选择“文件”→“导入”命令，弹出“导入”对话框，选中“coreldraw 标志.jpg”图像文件，单击“导入”按钮后，关闭该对话框，导入的图像如图 5-4-3 所示。

（5）选择“对象”→“图框精确剪裁”→“置于图文框内部”命令，这时鼠标指针呈黑色大箭头状，将它移到圆形图形轮廓线处，单击鼠标左键，将选中的风景图像镶嵌到圆形图形内。选择“对象”→“图框精确剪裁”→“编辑内容”命令，进入图像剪裁的编辑状态，拖曳图像到白色轮廓线的六边形内，调整图像的大小和位置。选择“对象”→“精确剪裁”→“结束编辑”命令，效果如图 5-4-4 所示。

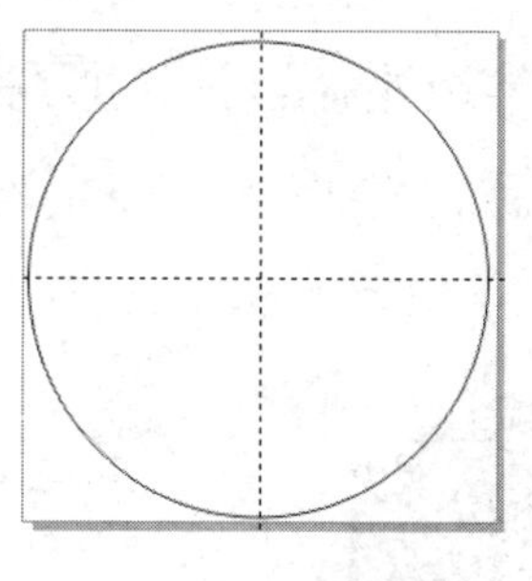
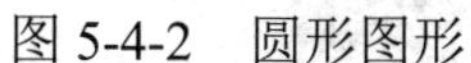
图 5-4-2 圆形图形

图 5-4-3 导入的图像

图 5-4-4 镶嵌风景图像

（6）绘制一个圆形图形，在其属性栏的“X”和“Y”数字框中均输入 65mm，在“对象大小”栏的“宽”和“高”数字框中均输入 27mm，给图形填充浅灰色。

（7）单击工具箱交互式工具展开工具栏中的“透明度”工具，在圆形图形上拖曳，添加透明效果。在“交互式透明度”工具属性栏的“透明度类型”下拉列表框中选择“椭圆”选项，效果如图 5-4-5 所示。

（8）使用工具箱中的“选择”工具，选中镶嵌的图像和交互式透明效果的圆形图形，将它们组成一个群组。

（9）绘制一个圆形图形，在其属性栏的“X”和“Y”数字框中均输入 65mm，在“对象大小”栏的“宽”和“高”数字框中均输入 15mm。选中该图形，选择“窗口”→“泊坞窗”→“造型”命令，弹出“造型”（修剪）泊坞窗，不选中任何复选框，如图 5-4-6 所示。单击“修剪”按钮后，鼠标指针呈箭头状，单击群组图形，将刚绘制的圆形图形中的群组删除，效果如图 5-4-7 所示。

图 5-4-5 交互式渐变透明

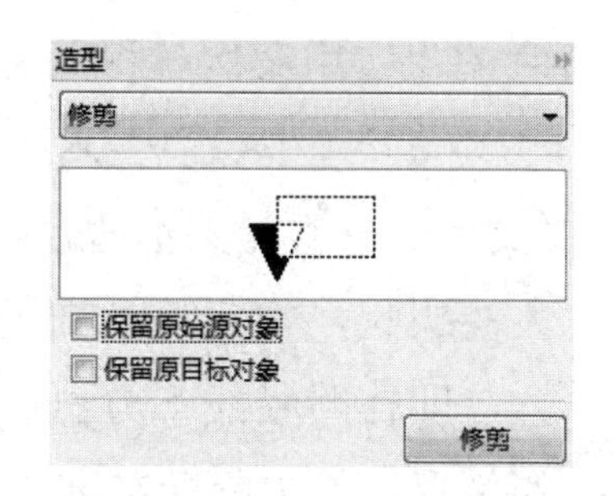

图 5-4-6 “造型”（修剪）泊坞窗

图 5-4-7 删除圆内群组图形

2. 制作环绕文字

（1）使用工具箱中的“文本”工具，在绘图页面输入字体为隶书、字号为 53pt 的“实用案例教程”美术字，再给该美术字填充蓝色，如图 5-4-8 所示。

（2）使用工具箱中的“椭圆形”工具，绘制一个圆形图形，作为文字环绕的路径，在其属性栏的“X”和“Y”数字框中均输入 65mm，在“对象大小”栏的“宽”和“高”数字框中均输入 65mm。

（3）使用工具箱中的“选择”工具选中文字，选择“文本”→“使文本适合路径”命令，这时鼠标指针呈黑色大箭头状➡字，将它移到刚刚绘制的圆形上半边路径线处，即在路径线处出现沿路径线分布的文字，可以调整文字的位置。单击鼠标左键，将美术字沿圆形路径环绕，如图 5-4-9 所示。

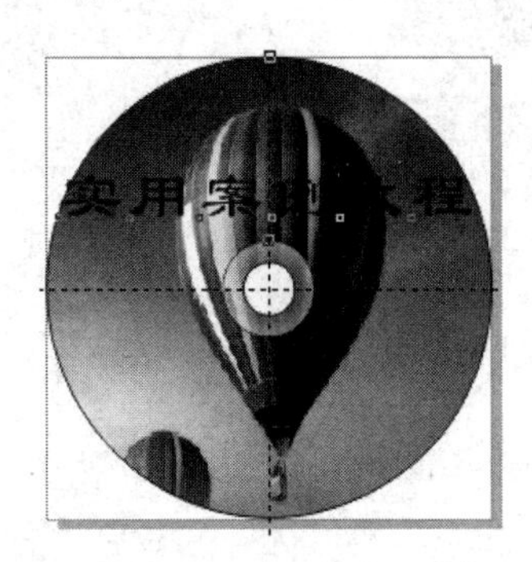

图 5-4-8　输入文字和填充颜色

图 5-4-9　美术字沿圆形路径环绕

如果美术字沿圆形路径环绕的效果不理想，则可以在其属性栏中进行微调。

（4）使用工具箱中的“文本”工具字，输入字体为 Arial Black、字号为 24pt 的美术字“CORELDRAW X7”，设置文字颜色为绿色，如图 5-4-10 所示。

CORELDRAW X7

图 5-4-10　设置“CORELDRAW X7”美术字

（5）使用工具箱中的“选择”工具选中圆形路径，选择“对象”→“拆分在一路径上的文本”命令，将圆形路径与环绕它的“实用案例教程”美术字分离。

图 5-4-11　美术字沿圆形路径环绕

（6）选中绿色美术字“CORELDRAW X7”，然后选择“文本”→“使文本适合路径”命令，这时鼠标指针呈黑色大箭头状，将它移到刚刚绘制的圆形的上半边路径线的下方，即在路径线下方出现沿路径线分布的文字，调整文字的位置。单击鼠标左键，将“CORELDRAW X7”美术字沿圆形路径环绕，如图 5-4-11 所示。

（7）使用工具箱中的“文本”工具字，输入字体为黑体、字号为 11pt 的美术字“介绍 CorelDRAW X7 基本操作 实用案例分享”，再给该美术字填充红色，如图 5-4-12 所示。

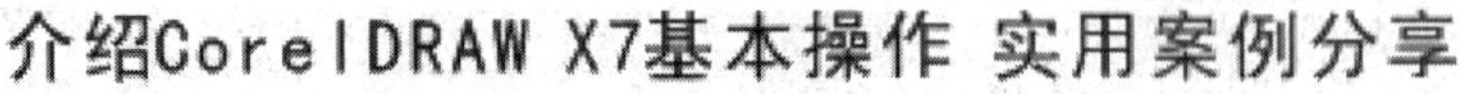

介绍CorelDRAW X7基本操作 实用案例分享

图 5-4-12　设置美术字

（8）使用工具箱中的“选择”工具选中圆形路径，选择“对象”→“拆分在一路径上的文本”命令，将圆形路径与环绕它的美术字分离。单击绘图页外边，选中圆形路径，在“椭圆形”工具属性栏的“宽”和“高”数字框中均输入85mm，将圆形路径调大一些。

（9）选中红色美术字，然后选择“文字”→“使文本适合路径”命令，将鼠标指针移到圆形路径线的下边，调整文字的位置。单击鼠标左键，将选中的美术字沿圆形路径环绕，如图5-4-13所示。

图5-4-13　美术字沿圆形路径环绕

（10）使用工具箱中的“选择”工具，选中圆形路径线，选择“对象”→“拆分在一路径上的文本”命令，将圆形路径与环绕它的美术字分离。单击圆形路径，右键单击调色板中的☒按钮，隐藏圆形路径，最终效果参考图5-4-1。

相关知识

1. 插入对象

（1）选择“对象”→“插入新对象”命令，弹出“插入新对象”对话框，如图5-4-14所示，该对话框是选择了“新建”单选按钮后的“插入新对象”对话框。

（2）单击“对象类型”列表框中的一个选项，例如，单击“画笔图片”选项，然后单击“确定”按钮，即可弹出相应的软件窗口，此处弹出了画图程序窗口。新建一个空白文档，如图5-4-15所示。此时，可以在画图程序窗口中绘制一幅图像，也可以打开一幅图像，将该图像复制并粘贴到新建的空白文档内，再进行裁剪等处理。

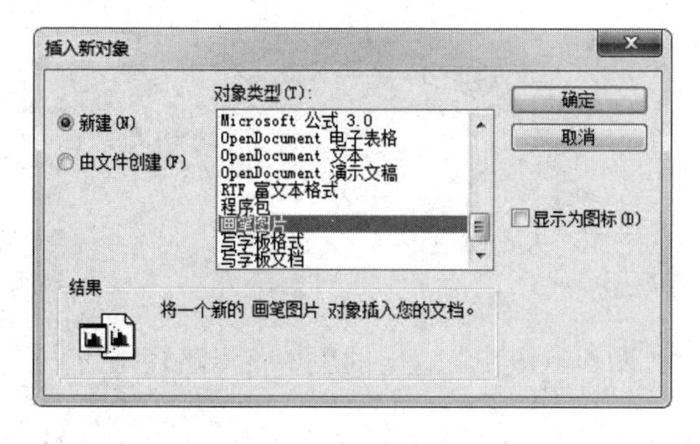

图5-4-14　“插入新对象”对话框1

图5-4-15　画图程序窗口

例如，在画图程序中绘制一个六边形，如图 5-4-16 所示。保存并关闭该窗口，即可回到 CorelDRAW X7 的绘图页面，新建文档中的图像已经插入绘图页面。

（3）如果在如图 5-4-14 所示的“插入新对象”对话框中，选择“由文件创建”单选按钮，则弹出的“插入新对象”对话框如图 5-4-17 所示。利用该对话框可以导入选择的图像，还可以与指定的图像处理软件建立链接。以后在 CorelDRAW X7 中双击插入的图像时，会自动打开相应的建立链接的图像处理软件，并在该软件中打开相应的图像。

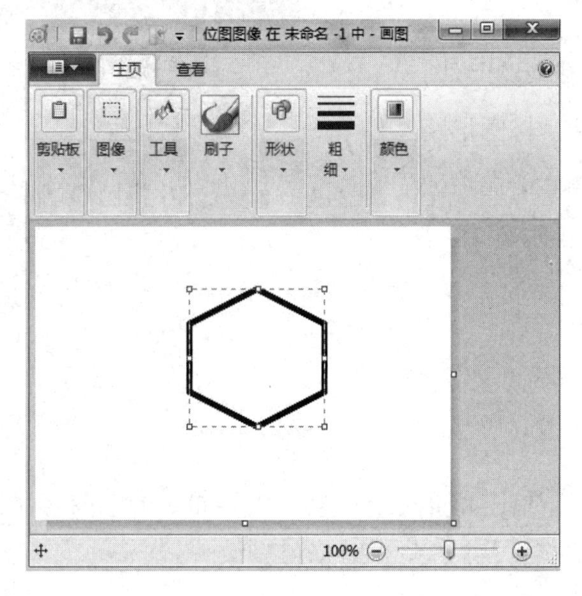

图 5-4-16　绘制一个六边形

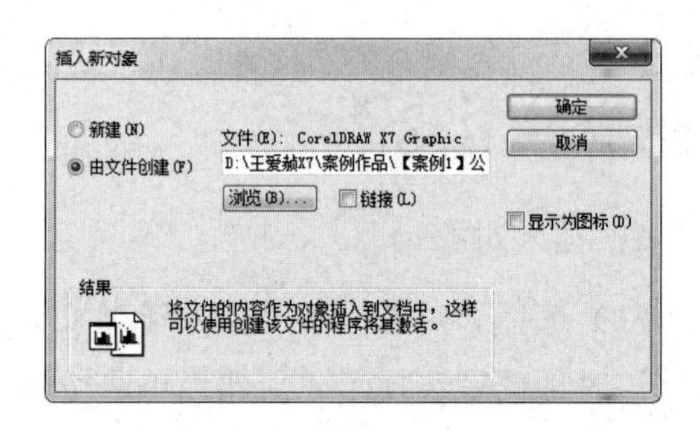

图 5-4-17　“插入新对象”对话框 2

2．将文字填入路径

（1）输入一段美术字，如“山水映照优雅恬静雕梁画栋精彩无比”，然后绘制一个轮廓线或曲线图形，如椭圆形图形，选中这行美术字，如图 5-4-18 所示。

（2）选择“文本”→“使文本适合路径”命令，这时鼠标指针呈浮动光标形状，将鼠标指针移到图形路径处，可以随意调节文本排列的形状和位置，图中会出现美术字的蓝色虚线，调节好后单击文件空白处，即可将选定的美术字沿路径排列，如图 5-4-19 所示。

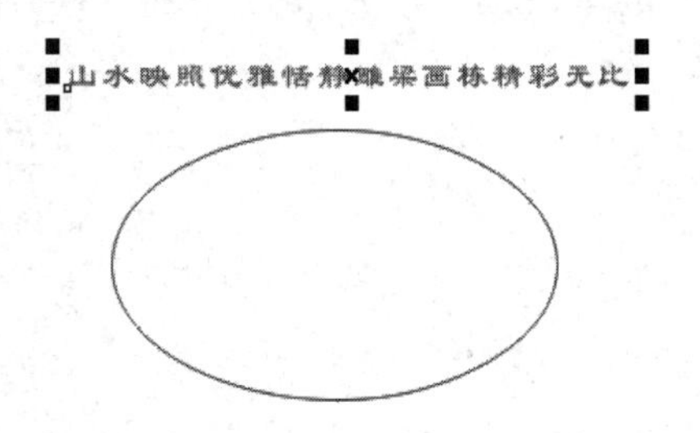

图 5-4-18　输入文字与绘制图形

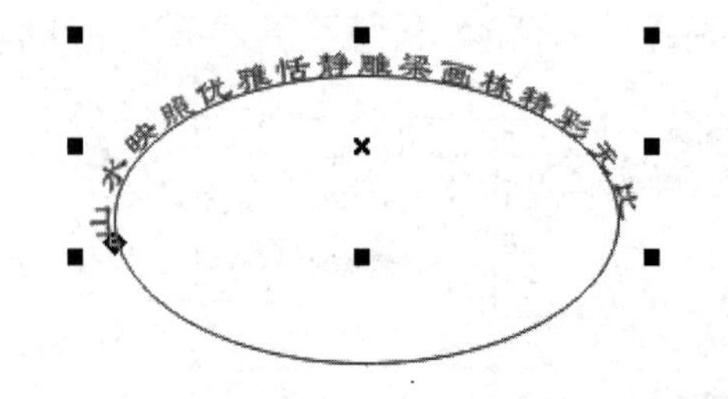

图 5-4-19　将选定的美术字沿路径排列

（3）使用工具箱中的“选择”工具选中美术字，弹出“曲线/对象上的文字”属性栏，如图 5-4-20 所示。在“文本方向”下拉列表框中选择 ABC ，向内拖曳文字左边的红色控制柄，环绕文字如图 5-4-21 所示，利用属性栏还可以调整环绕文字的形状和与路径的间距等。

图 5-4-20 “曲线/对象上的文字”属性栏

（4）单击工具箱中的“形状”工具，选中路径图形，然后单击标准工具栏中的“剪切”按钮，删除路径图形。调整和删除路径图形后的美术字如图 5-4-22 所示。

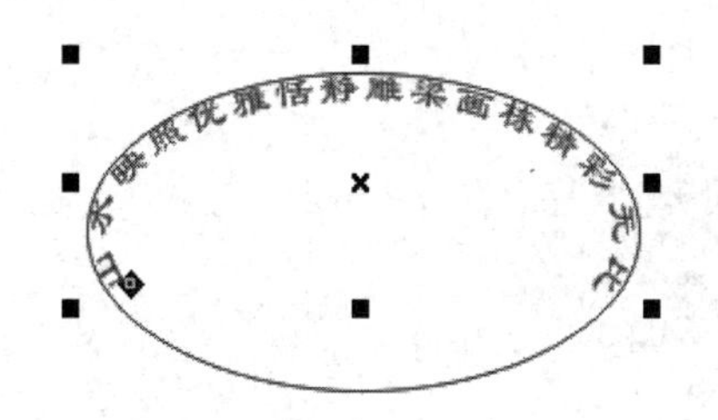

图 5-4-21 调整环绕文字

图 5-4-22 调整和删除路径图形后的美术字

思考与练习 5-4

图 5-4-23 变形文字

1．绘制几种变形文字，如图 5-4-23 所示。绘制这些变形文字图形需要进行输入美术字、对象变形等操作。

2．绘制一幅有插入对象和环绕文字的图像。

3．绘制一幅“图像素材集锦”图像，它由“图像素材集锦”套装光盘盒的封面和封底图像组成。封面图像如图 5-4-24 左图所示，它以填充蓝色颗粒状底纹为背景，由叠放的 6 张光盘盘面、立体标题名称和各种文字等组成。封底图像如图 5-4-24 右图所示，其中有一些白色轮廓线的六边形图案，各六边形内有图像。封底还有介绍光盘的段落文本，段落文本有分栏和首字放大，还有按椭圆状分布的文字，以及条形码等。

图 5-4-24 “图像素材集锦”图像

5.5　案例 19：制作“春游赏花”小报

如图 5-5-1 所示为某学生设计的“春游赏花”小报，它的背景是一幅风景画，有水印效果，标题文字“春游赏花”是立体字，椭圆形图形内填充的是经过裁剪的蝴蝶兰图像，文字有分栏和首字下沉效果，还有按椭圆状分布的文字。

图 5-5-1　“春游赏花”小报效果

通过制作该图形，可以进一步掌握文字编辑、裁切图像、文字环绕等方法，创建交互式透明的方法，段落文本的编辑方法，以及段落文本首字下沉和分栏等方法。

1. 导入背景图像

（1）新建一个图形文档，设置绘图页面的宽为 250mm、高为 180mm、背景色为冰蓝色。

（2）选择“文件”→“导入”命令，弹出“导入”对话框，选择“春游小报背景”图像文件，单击“确定”按钮，在绘图页面导入一幅背景图像，如图 5-5-2 所示。

（3）选中导入的风景图像。选择“效果”→“调整”→“伽马值”命令，弹出“伽马值”对话框，如图 5-5-3 所示。向右拖曳“伽马值”滑块，将伽马值设置为“2.91”，单击“预览”按钮，观察背景图像的变化，此时的图像如图 5-5-3 背景图所示，单击“确定”按钮，退出该对话框。

2. 立体字标题的制作

（1）使用工具箱中的“文本”工具字，在绘图页面输入字体为隶书、字号为 48pt 的“春游赏花”美术字。选中它后单击调色板中的绿色色块，给“春游赏花”美术字填充绿色。右键单击调色板中的红色色块，将“春游赏花”美术字轮廓设置为红色。

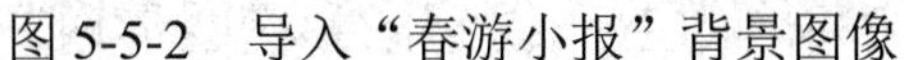

图 5-5-2　导入“春游小报”背景图像　　　　图 5-5-3　“伽马值”对话框

（2）使用工具箱交互式工具展开工具栏中的“立体化”工具，在美术字上向上拖曳鼠标，产生立体字效果，如图 5-5-4 所示。

（3）单击其属性栏中的“颜色”按钮，弹出“颜色”面板，单击“使用递减的颜色”按钮，设置“从”颜色为黄色，“到”颜色为绿色。单击“立体化类型”下拉按钮，打开其下拉列表，如图 5-5-5 所示。选择下拉列表中的第 6 个图标，文字的立体效果如图 5-5-6 所示。

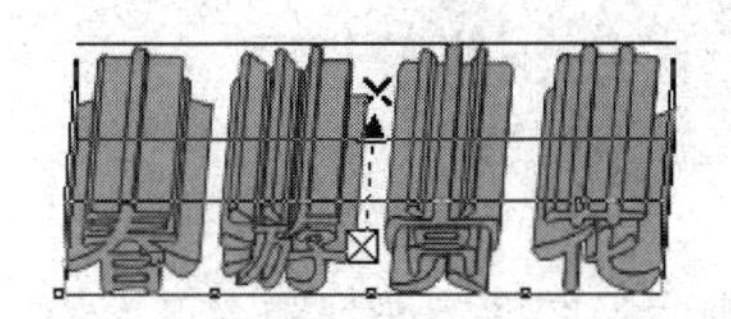

图 5-5-4　立体文字效果

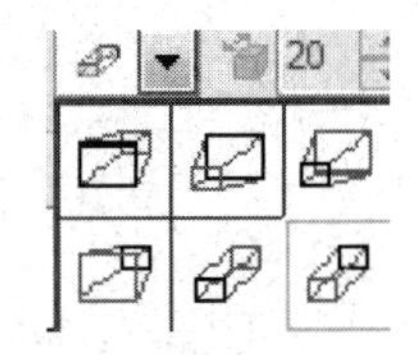

图 5-5-5　“立体化类型”下拉列表

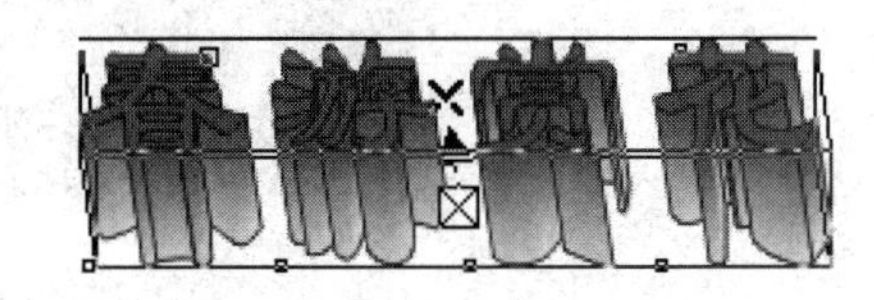

图 5-5-6　文字立体效果

（4）使用工具箱中的“选择”工具，适当调整立体文字大小，将它移到背景图像的上方。

3. 制作椭圆形分布文本

（1）使用工具箱中的“椭圆形”工具，绘制一个椭圆形图形。使用工具箱中的“文本”工具，按住“Shift”键，单击椭圆形顶部的外缘边线处，这时鼠标指针变为“I”状，单击鼠标左键，椭圆形内部会出现一个虚线的椭圆形，如图 5-5-7 所示。

（2）单击椭圆形顶部中间处，然后输入文字，如图 5-5-8 所示。可以看出文字自动在椭圆形内分布。单击工具箱中的“选择”工具，结束椭圆形分布文字的制作。适当调整按椭圆形分布的美术字大小，将它移到背景图像的左上方。

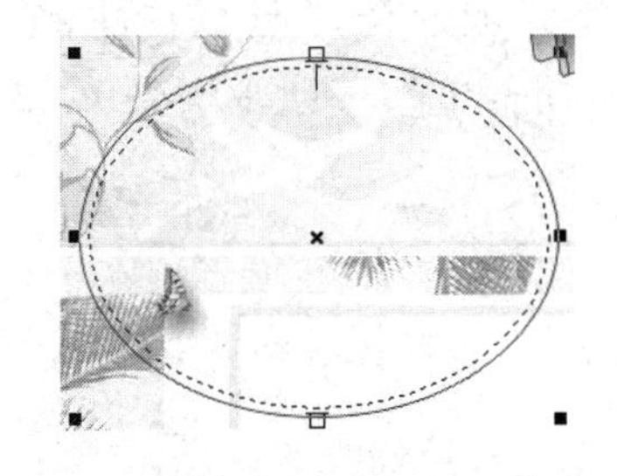

图 5-5-7　出现一个虚线的椭圆形

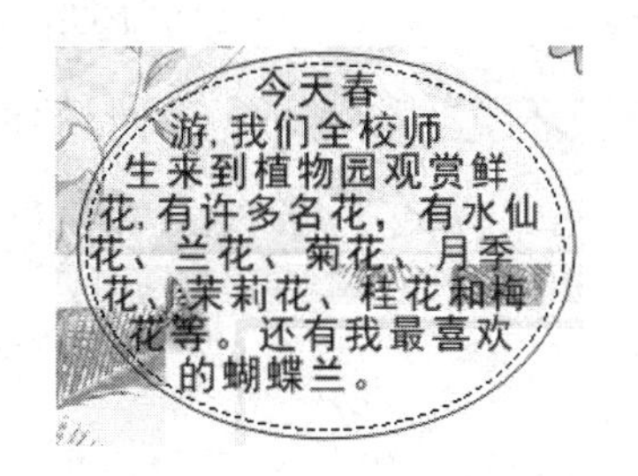

图 5-5-8　输入文字

4. 制作椭圆形图框及环绕文字

图 5-5-9 导入“蝴蝶兰”图像

（1）在绘图页面外导入“蝴蝶兰.jpg”图像，如图 5-5-9 所示。

（2）使用工具箱中的“选择”工具选中蝴蝶兰图像，再使用工具箱中的“椭圆形”工具，绘制一个椭圆形图形。将椭圆形的外框线宽度改为 1.5pt，右键单击调色板中的绿色色块，使椭圆形的外框线颜色为绿色。

（3）选择“效果”→“图框精确剪裁”→“放置在容器中”命令，此时鼠标指针呈黑色大箭头状，将鼠标指针移到椭圆形的边线处并单击，将蝴蝶兰图像镶嵌到椭圆形内。

（4）选择“效果”→“图框精确剪裁”→“编辑 PowerClip”命令，这时整个图像会在椭圆形中出现，椭圆形的线条仍存在，如图 5-5-10 所示。单击鼠标左键拖曳图像，可以调整 1/4 圆的图像内容。

（5）选择“效果”→“图框精确剪裁”→“结束编辑”命令，效果如图 5-5-11 所示。

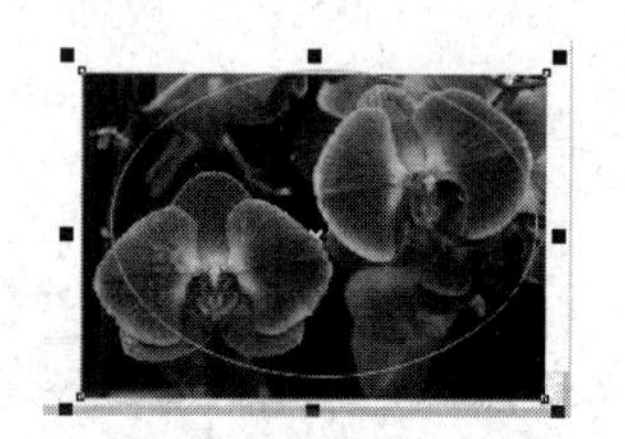

图 5-5-10 图像出现在椭圆形内

图 5-5-11 将“蝴蝶兰”图像镶嵌到椭圆形内的效果

（6）使用工具箱中的“文本”工具，设置字体为隶书、字号为 24pt、颜色为红色的美术字“保护大自然 热爱我们的家园”。

图 5-5-12 美术字沿椭圆形上半边外部呈弧形分布

（7）使用工具箱中的“选择”工具选中美术字，然后选择“文字”→“使文本适合路径”命令，这时鼠标指针呈黑色大箭头状，将它移到刚刚绘制的椭圆形的边线处，单击鼠标左键，将美术字沿椭圆形上半边的外部呈弧形分布，如图 5-5-12 所示。

（8）选中图 5-5-12 所示的文字对象，此时的“曲线/对象上的文字”属性栏如图 5-5-13 所示。在属性栏的“文字方向”下拉列表中选择第 2 个选项，在“与路径距离”数字框中输入 3.0mm，表示环绕的文字与椭圆形的间距为 3mm。此时的美术字效果参考图 5-5-1。

图 5-5-13 “曲线/对象上的文字” 属性栏

5．制作段落文字及首字下沉

（1）使用工具箱中的“文本”工具字，单击右下角椭圆形中的文字，单击其属性栏中的“编辑文本”按钮，或者选择“文本”→“编辑文本”命令，弹出“编辑文本”对话框，如图 5-5-14 所示。设置输入文字的字体为华文行楷、字号为 19pt。

（2）输入“春游赏花”图形内中间的段落文本，使用工具箱中的“选择”工具，选中段落文本，然后单击其属性栏中的“编辑文本”按钮，或者选择“文本”→“编辑文本”命令，弹出“编辑文本”对话框，利用该对话框可以编辑文字，如图 5-5-15 所示。设置输入文本的字体为楷体、字号为 21pt、颜色为蓝色。

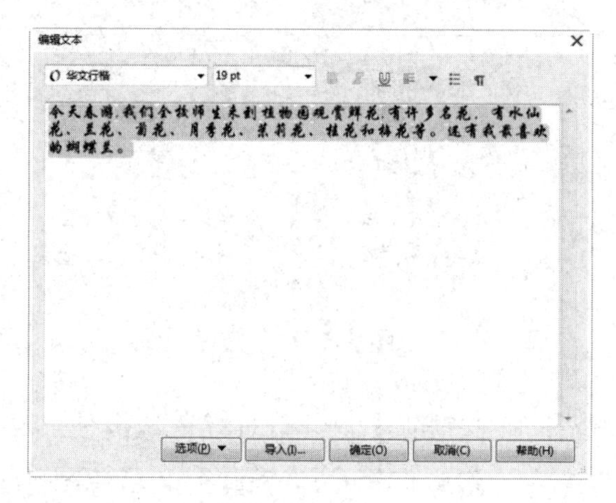

图 5-5-14 “编辑文本”对话框

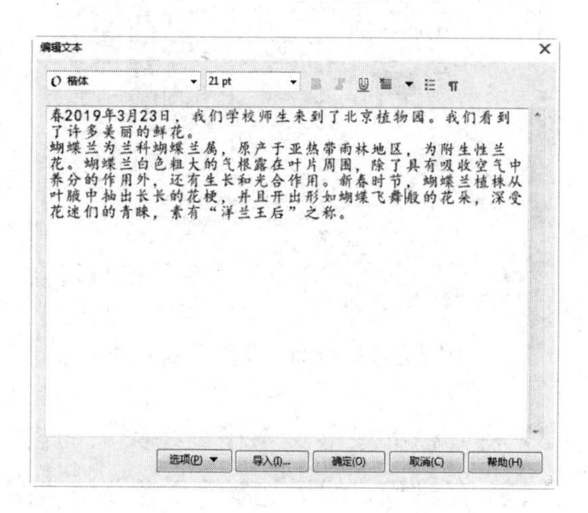

图 5-5-15 编辑对话框中的文字

（3）单击属性栏中的“文本属性”按钮，弹出“格式化文本”（字体）泊坞窗。利用该泊坞窗可以调整文字字体及字号等。

（4）选择“文本”→“转换为段落文本”命令，将输入的文本转换为段落文本格式。

（5）选择“文本”→“首字下沉”命令，弹出“首字下沉”对话框，如图 5-5-16 所示。在该对话框中，选中“使用首字下沉”复选框，在“下沉行数”数字框中输入 3，表示首字下沉占 3 行。再单击“确定”按钮，退出该对话框。此时段落文本的第一个字“春”已被放大且下沉 3 行，如图 5-5-17 所示。

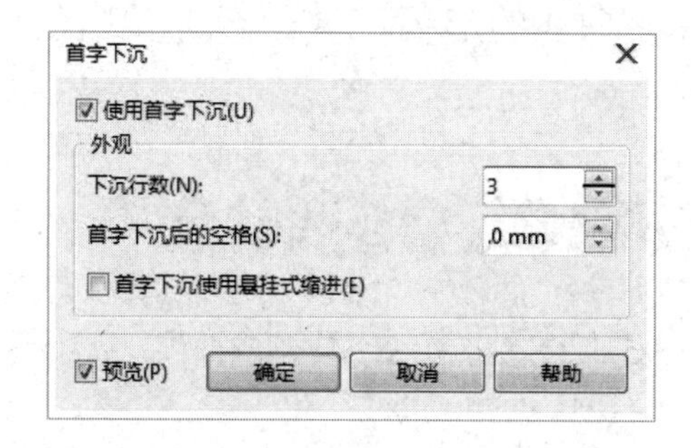

图 5-5-16 “首字下沉”对话框

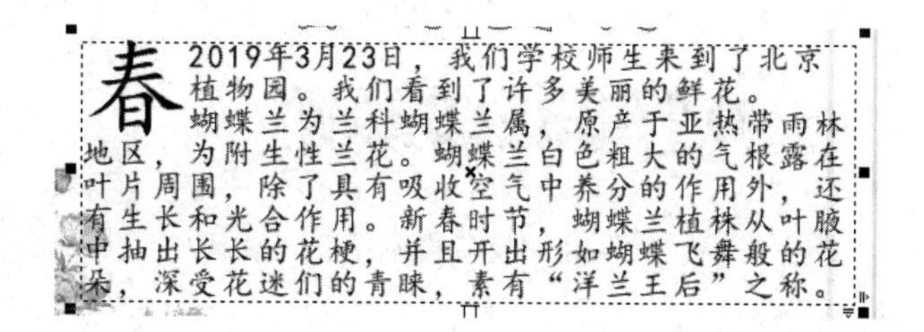

图 5-5-17 “春”字已被放大且下沉 3 行

6．制作分栏效果

（1）选中输入的段落文本，选择“文本”→“栏”命令，弹出“栏设置”对话框，利用“栏设置”对话框可以调整段落文本的分栏个数、栏宽和栏间距等。在该对话框的“宽度”栏中输入 48.157mm，在“栏间宽度”栏中输入 11.814mm，选中“保持当前图文框宽度”单选按钮，勾选“栏宽相等”复选框，如图 5-5-18 所示。单击“确定”按钮，退出“栏设置”对话框，完成分栏工作，分栏后的效果如图 5-5-19 所示。

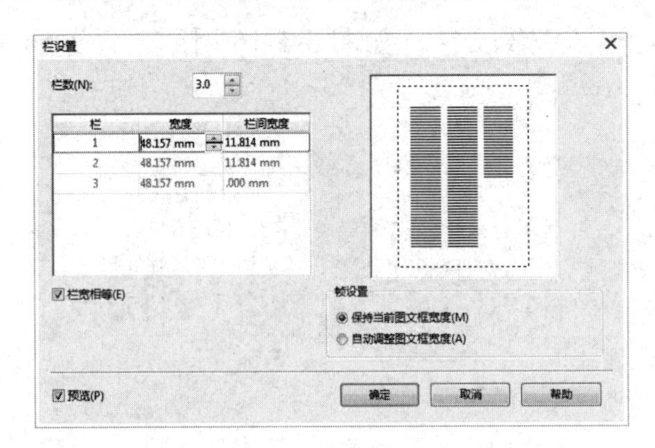

图 5-5-18　“栏设置”对话框

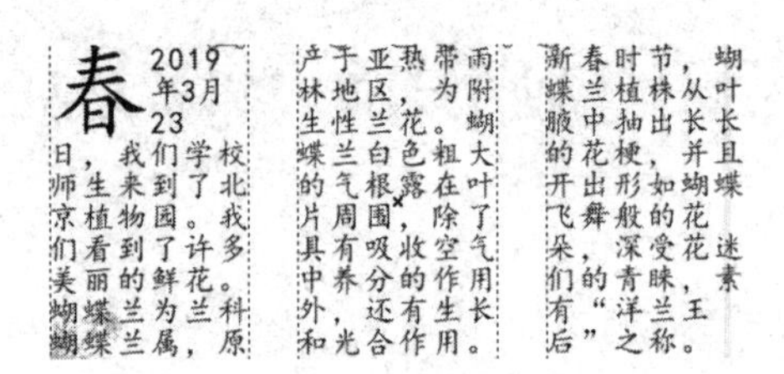

图 5-5-19　分栏效果

（2）将分栏的段落文本移到绘图页面内，调整各个对象的大小与相对位置，按住“Shift”键，选中所有对象，然后选择“对象”→“组合”命令，将它们组成一个群组，参考图 5-5-1。

1．将美术字转换为曲线

（1）使用工具箱中的“选择”工具选中美术字，如图 5-5-20 所示。选择“对象”→“拆分美术字”命令，将选中的美术字拆分为独立的文字。选中全部文字，弹出它的快捷菜单，单击该菜单中的“转换为曲线”命令，将文字转换成曲线。

（2）单击工具箱中的“形状”工具，会显示转换为曲线的文字上的节点，并且有许多曲线节点，如图 5-5-21 所示。拖曳节点，可以改变美术字曲线的形状。单击工具箱中的“选择”工具，然后单击绘图页面空白处，取消对文字的选取。

图 5-5-20　选中美术字

PHOTOSHOP

图 5-5-21　将美术字转换成曲线

2．段落文本分栏

单击工具箱中的“选择”工具，选中段落文本，再选择“文本”→“栏”命令，弹出“栏设置”对话框，该对话框中各选项的作用介绍如下。

（1）“栏数”数字框：用来设置分栏的个数。

（2）“宽度”栏：单击栏中的箭头按钮，可以设置分栏文字的宽度。

（3）“栏间宽度”栏：单击栏中的箭头按钮，可以设置分栏文字之间的间距。

（4）“保持当前图文框宽度”单选按钮：选中该单选按钮后，可以保持当前图文框宽度。

（5）“自动调整图文框宽度”单选按钮：选中该单选按钮后，可以自动调整图文框宽度。

（6）“栏宽相等”复选框：勾选该复选框后，可以自动使栏宽相等。

一段段落文本按照图 5-5-22 所示进行分栏设置，单击“确定”按钮，关闭“栏设置”对话框，分栏效果如图 5-5-23 所示。

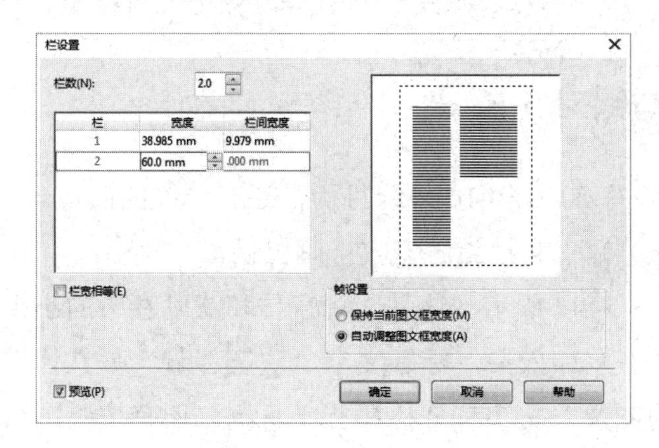

图 5-5-22 “栏设置”对话框

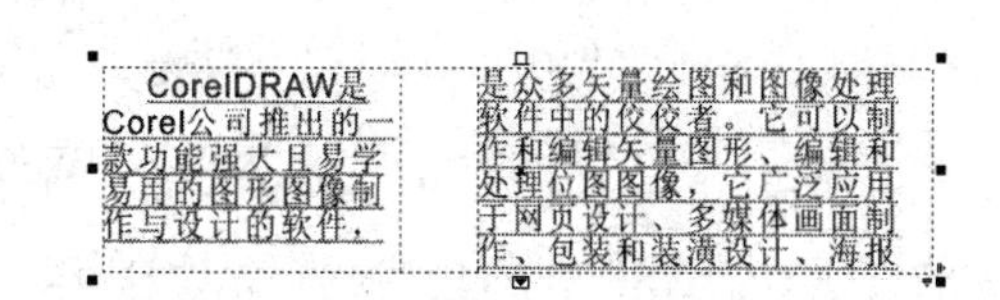

图 5-5-23 分栏效果

3．字符格式化

选中段落文本后，单击其属性栏中的“文本属性”按钮，或者选择“文本”→“文本属性”命令，弹出“文本属性”泊坞窗，包括“字符”格式化泊坞窗，如图 5-5-24 所示。利用该泊坞窗可对文字进行字体、字号、填充效果、轮廓宽度、下画线、上下标等调整。

4．段落格式化

选择“文本”→“文本属性”命令，弹出“文本属性”泊坞窗，包括“段落”格式化泊坞窗，如图 5-5-25 左图所示。利用该泊坞窗，可以调整段落文本的参数，设置对齐方式、字符间距、段前段后间距等。

5．图文框格式化

选择“文本”→“文本属性”命令，弹出“文本属性”泊坞窗，包括“图文框”格式化泊坞窗，如图 5-5-25 右图所示。利用该泊坞窗，可以设置图文框的背景填充、分栏格式、对齐方式等。

图 5-5-24 “文本属性”泊坞窗

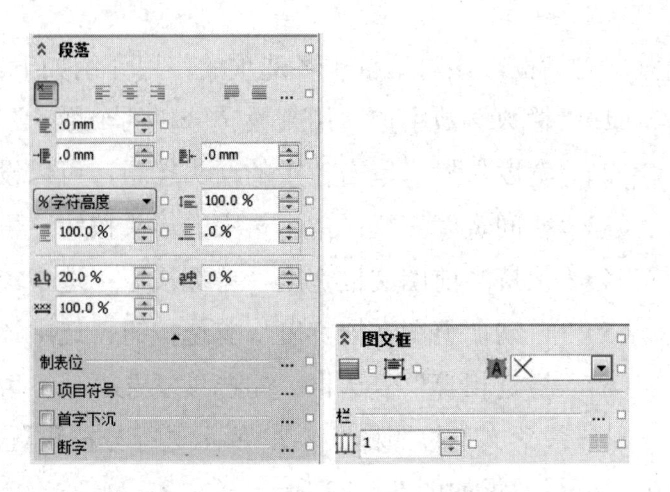

图 5-5-25 “段落”格式化泊坞窗和“图文框”格式化泊坞窗

思考与练习 5-5

1．制作一幅“月历”图像，在该图像中有 2020 年 10 月的月历，还有装饰的图像。

2．参考案例 19 图像的制作方法，制作一幅“北京旅游”宣传画图像。

3．制作一幅“欢庆春节”图像，如图 5-5-26 所示。这是一幅宣传和欢度春节的小报，它的背景是一幅半透明的喜庆节日的图像，有水印效果，标题文字“欢庆春节”是立体字，椭圆形图形内填充了经过裁剪的欢庆春节的图像，文字有分栏和首字下沉，还有按椭圆状分布的文字。

图 5-5-26 “欢庆春节”图像

第 6 章

对象的组织与变换

对象的组织是指利用多重对象属性来处理多个对象，对多个对象进行群组、变换、对齐、分布、合并、拆分、锁定、造型和管理等操作。对象的变换是指对对象进行移动定位、旋转、等比例缩放、大小调整、倾斜、镜像和套封等操作。本章通过 5 个案例，介绍对象的组织和变换，特别介绍“变换”和“造型”泊坞窗的使用方法。

6.1　案例 20：制作“同心结”图像

“同心结”图像如图 6-1-1 所示。通过制作该图像，可以进一步掌握对象的组合、顺序调整、对齐和分布等操作方法，“对象”→“造型”菜单命令的使用方法，以及“变换”泊坞窗的部分使用方法。

图 6-1-1　“同心结”图像

制作方法

1．绘制同心结圆形图案

（1）新建一个图形文档，设置一个宽度为 130mm、高度为 120mm 的绘图页面。

（2）使用工具箱中的“椭圆形”工具，按住 Ctrl 键，绘制一个圆形图形，设置它的宽和高均为 35mm。按“Ctrl+D”组合键，复制一个圆形图形。使用工具箱中的“选择”工具，选中复制的圆形图形，将它的宽和高均设置为 30mm，然后将其移到原来的圆形图形的内部。两个同心圆图形作为同心结的圆盘。

（3）使用工具箱中的“选择”工具拖曳出一个矩形，选中两个圆形图形，单击其属性栏中的“对齐与分布”按钮，弹出“对齐与分布”（对齐）泊坞窗，单击“水平居中对齐”和“垂直居中对齐”按钮，如图 6-1-2 所示，可使两个圆形图形在水平和垂直方向均居中对齐，也就是使两个圆形图形完全同心。

（4）选中较大的圆形图形，单击调色板内的红色色块，给选中的圆形图形填充红色；右键单击调色板内的红色色块，将选中的圆形轮廓线设置为红色。按照相同的方法，给小圆形图形填充黄色，设置轮廓线为黄色，如图 6-1-3 所示。

（5）使用工具箱中的“选择”工具拖曳出一个圆形，选中前面制作好的两个圆形图形。单击“多个对象”属性栏中的“合并”按钮，或者选择“对象”→“合并”（“结合”）命令，将两个圆形图形对象合并成一个圆环，如图 6-1-4 所示。另外，也可以在选中这两个圆形图形后，选择“对象”→“造型”→“移除前面对象”（“后减前”）命令，形成一个圆环。

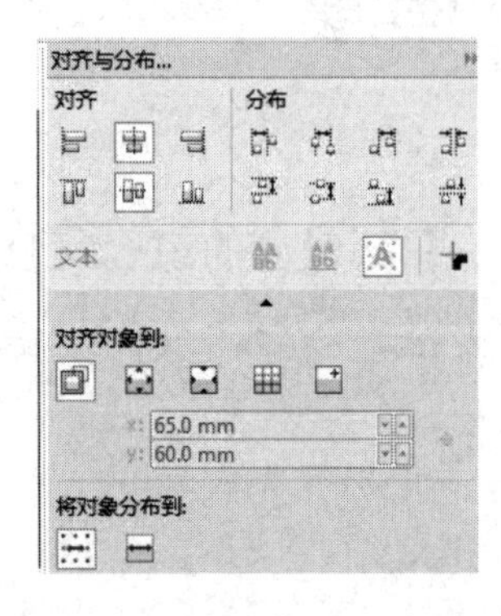

图 6-1-2　“对齐与分布”（对齐）泊坞窗

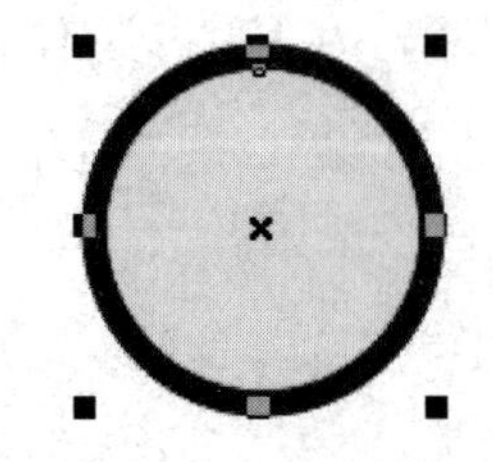

图 6-1-3　给圆形图形填充颜色

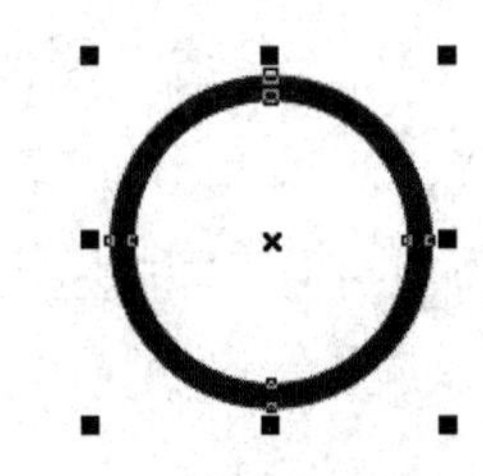

图 6-1-4　圆环图形

（6）分别在圆形图形上部和左侧的标尺中，向内拖曳出一条水平辅助线和一条垂直辅助线，两条辅助线的交点正好与圆形图形的中心位置对齐，如图 6-1-5 所示。

（7）使用工具箱中的“手绘”工具，绘制一个花瓣轮廓形状的图形，如图 6-1-6 所示。使用工具箱中的“形状”工具，调节花瓣轮廓图形的形状。使用工具箱中的“选择”工具选中花瓣轮廓图形，按“Ctrl+D”组合键，复制一个花瓣轮廓图形，再将它缩小，移到大花瓣轮廓图形内。

（8）选中两个花瓣轮廓图形，按照上面第（4）、（5）步的方法，制作一个红色花瓣图形，如图 6-1-7 所示。选中红色花瓣图形，将它的顶部移到图 6-1-5 所示圆形图形内顶部的中心位置，并调整好它的大小，如图 6-1-8 所示。

（9）选择“窗口”→“泊坞窗”→“变换”→“旋转”命令，弹出“变换”泊坞窗。在该泊坞窗的“角度”文本框中输入 45.0，设置旋转角度为 45°；勾选“相对中心”复选框，设置相对中心为底边中心；在“副本”数字框中输入 7，表示旋转复制 7 份，如图 6-1-9 所示。单击“应用”按钮，完成后的图形如图 6-1-10 所示。

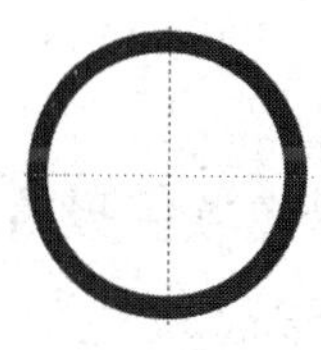

图 6-1-5　水平与垂直辅助线

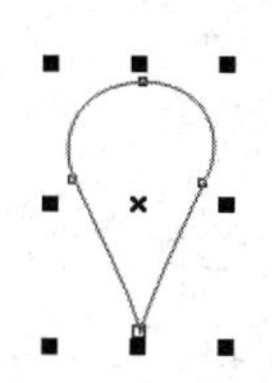

图 6-1-6　花瓣轮廓图形

图 6-1-7　花瓣图形

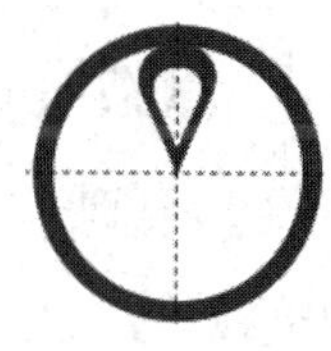

图 6-1-8　花瓣图形的位置

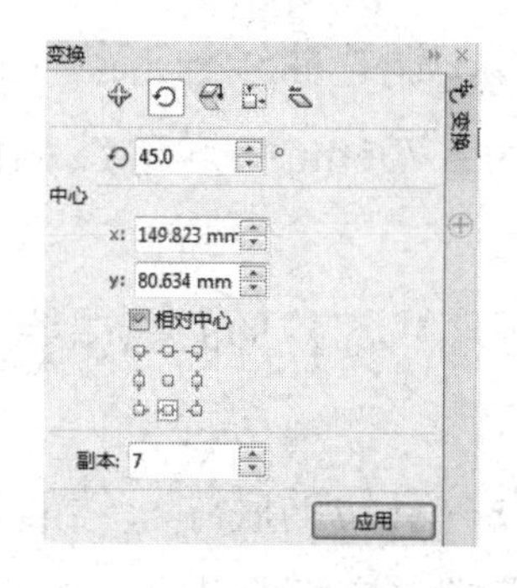

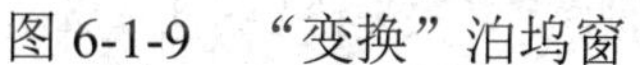

图 6-1-9　“变换”泊坞窗

图 6-1-10　完成的图形效果

（10）使用工具箱中的“多边形”工具，在其属性栏的“星形及复杂星形的多边形点或边数”数字框中输入 4，然后绘制一个菱形，并填充为红色，取消轮廓线。

（11）使用工具箱中的“选择”工具选中菱形，按照上面第（9）步所述方法，将旋转角度改为 60°，在“副本”文本框中输入 1，单击“应用”按钮，将它旋转 60° 并复制一份；再选中原菱形图形，将旋转角度改为-60°，在“副本”文本框中输入 1，单击“应用”按钮，将它旋转-60° 并复制一份。完成后的图形如图 6-1-11 所示。

（12）使用工具箱中的“选择”工具将这 3 个菱形选中，单击“对象”→“组合”命令，将它们组成一个群组，然后将该群组移到圆环的顶部。

（13）复制 3 份图 6-1-11 所示图形，分别利用其属性栏调整它们的旋转角度，然后分别将它们移到圆环的左边、右边和底部，如图 6-1-12 所示（还没有绘制中间的浅蓝色圆形图形）。

（14）使用工具箱中的“椭圆形”工具，按住 Ctrl 键，拖曳鼠标绘制一个圆形图形，并填充为浅蓝色，取消轮廓线。

（15）使用工具箱中的“选择”工具，将该圆形图形移到圆环的中心位置，将图 6-1-12 所示的全部图形选中，单击其“多个对象”属性栏中的“组合”按钮，或者选择“对象”→“组合”命令，将它们组成一个群组。

图 6-1-11　完成顶部图形

图 6-1-12　将圆形图形移到圆环的中心位置

2．绘制同心结挂线及流纱

（1）绘制一个菱形轮廓图形，将它的轮廓宽度设置为 1.411mm，轮廓线颜色设置为红色，不填充颜色。复制多个菱形轮廓图形，将对象调整成如图 6-1-13 所示的形状。

（2）使用工具箱中的“手绘”工具，绘制一条封闭的曲线，作为同心结顶部的挂线，如图 6-1-14 所示。使用工具箱中的“形状”工具，调整曲线的形状，然后使用工具箱中的“选择”工具选中曲线，将它的轮廓线宽度设置为 0.706mm，轮廓线颜色设置为红色。再将它放在圆环顶上作为挂线。

（3）使用工具箱中的“贝塞尔”工具，在圆环底部菱形的底端绘制一条短直线，并设置它的轮廓线宽度为 1.411mm，轮廓线颜色为红色。

（4）将上面制作好的多个菱形图形放置在这条短直线的底端。然后，复制一个短直线并将其移到多个菱形图形的底部，再将该直线的轮廓线宽度调整为 1.411mm。

（5）使用工具箱中的“贝塞尔”工具，在第 2 条短直线的底端绘制两条斜直线，将它们的轮廓线宽度设置为 0.706mm，轮廓线颜色设置为红色，如图 6-1-15 所示。

图 6-1-13　多个菱形

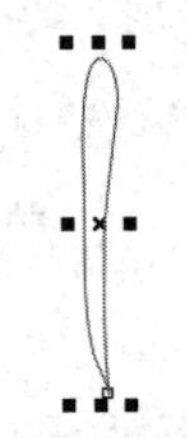

图 6-1-14　绘制曲线

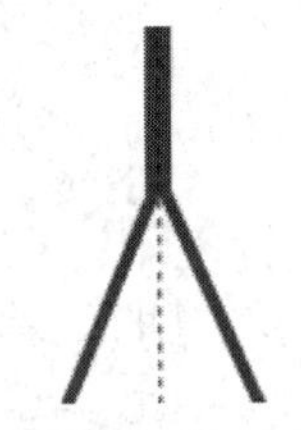

图 6-1-15　两条斜直线

（6）使用工具箱中的“矩形”工具，绘制一个小矩形，将它填充为红色，取消轮廓线，并将它放在两条斜直线的底部，如图 6-1-16 所示。将整个图形旋转一定角度。

（7）使用工具箱中的“手绘”工具，绘制两条曲线，上下放置，如图 6-1-17 所示。

（8）单击工具箱中的“调和”工具，从一条曲线向另一条曲线拖曳鼠标，在其属性栏的“步数或调和形状之间的偏移量”数字框中输入 30，设置步数为 30，再单击“顺时针”按钮，图形（流苏）效果如图 6-1-18 所示。

图 6-1-16　绘制小矩形

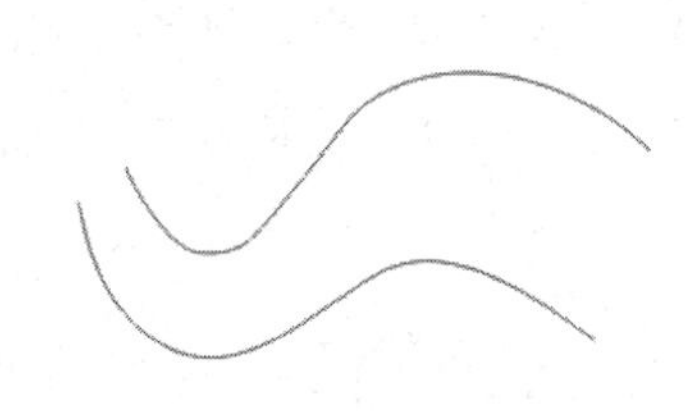

图 6-1-17　绘制两条曲线

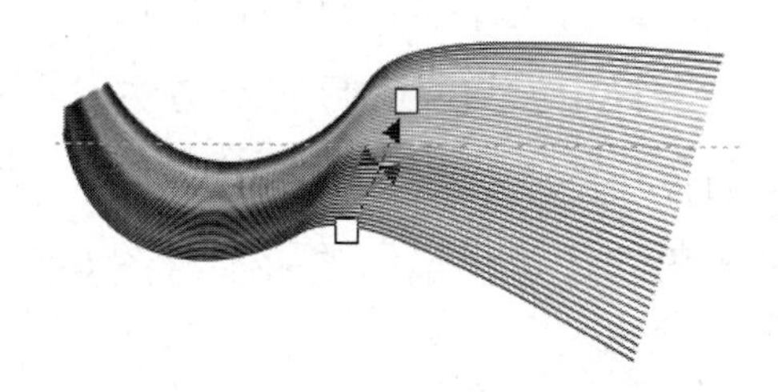

图 6-1-18　图形效果

（9）将流苏拖曳到小矩形的下面，与之相接，再将所有图形组成群组。

（10）选择“视图”→“辅助线”命令，取消勾选“辅助线”复选框，将页面内的辅助线隐藏，完成后的效果参考图 6-1-1。

3．导入背景图像

（1）单击“标准”工具栏中的“导入”按钮，弹出“导入”对话框，选择一幅风景图像，如图 6-1-19 所示。单击“导入”按钮后关闭该对话框。在绘图页面导入图像，调整该图像的大小和位置，该图像完全覆盖整个绘图页面。

（2）选中该图像，选择“效果”→“调整”→“色度/对比度/强度”命令，弹出“亮度/对比度/强度”对话框，各参数按照图 6-1-20 所示进行调整，单击“确定”按钮，将图像的亮度和对比度调大一些。

图 6-1-19　导入的图像

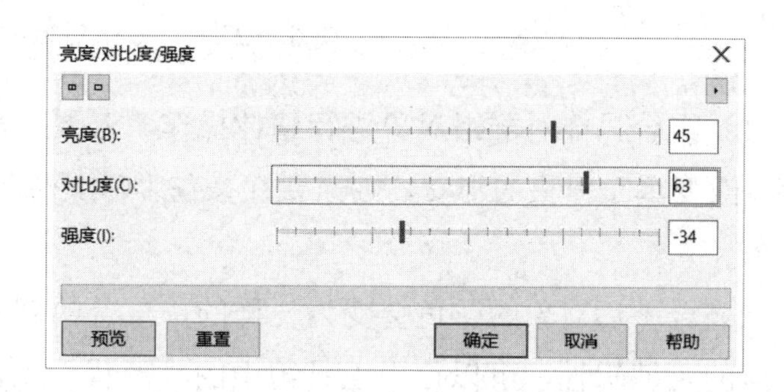

图 6-1-20　“亮度/对比度/强度”对话框

（3）选中图像，选择“对象”→“顺序”→“到图层后面”命令，即可使选中的图像对象到最下面，使图像在同心结图形的后面。

4．制作标题文字

（1）使用工具箱中的“文本”工具，在其属性栏中设置文字的字体为黑体、字号为48pt，单击“垂直文本”按钮，输入垂直文字“同心结”，文字的填充色和轮廓线都设置为黄色。

（2）单击工具箱中的“选择”工具，选择“对象”→“拆分美术字”命令，使文本拆分成独立的8个文字，将文本的位置重新放置。

（3）将文字全部选中，单击工具箱中的“阴影”工具，然后用鼠标在文字上拖曳，在其属性栏中设置“阴影的不透明度”为100，“阴影羽化”为9，“阴影羽化方向”为中间，“阴影羽化边缘”为线性，“阴影颜色”为黄色，如图6-1-21所示。将添加阴影后的文字移动至右上角的位置，最终效果参考图6-1-1。

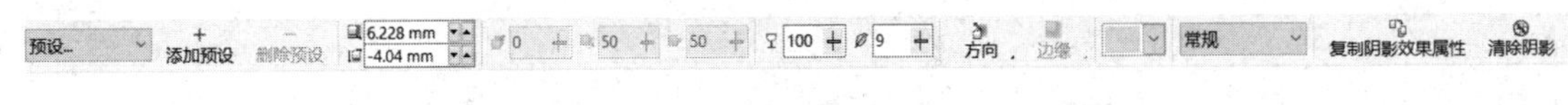

图6-1-21　“交互式阴影”工具属性栏

相关知识

1．组合和合并的特点

在选中多个对象后，其“多个对象”属性栏如图6-1-22所示。单击“对象”菜单中的“组合”和“合并”命令，或者单击“多个对象”属性栏中的“组合对象”按钮和“合并”按钮，都可以将多个对象进行组合或合并。将多个对象组合或合并后，可以对它们进行一些统一的操作，如调整大小、移动位置、改变填充色和轮廓线颜色、调整顺序等。组合与合并的主要区别如下。

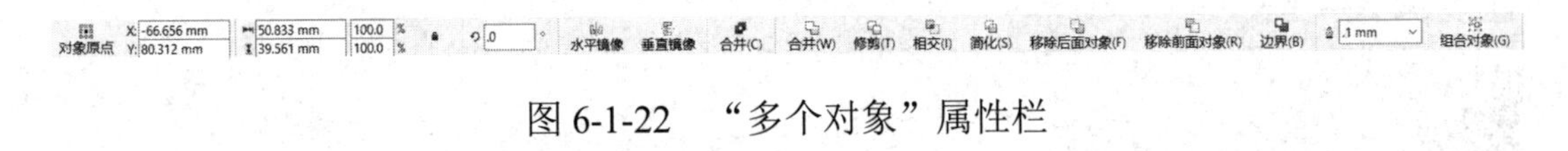

图6-1-22　“多个对象”属性栏

（1）组合只能对群组对象进行整体操作，若要对群组对象中的每个对象的各个节点进行调整，改变单个对象的形状，则需要在按住“Ctrl”键的同时单击该对象，以选中群组中的这个对象。

（2）合并后对象的颜色会变为一样的，重叠的部分会自动删除。合并的各个对象仍保持各节点的可编辑性，可以使用工具箱中的“形状”工具调整各个对象的节点，改变每个对象的形状。

2．多个对象的合并及拆分

将对象合并为相同属性的单一对象，可选中多个图形对象，单击“多个对象”属性栏中的“合并”按钮，或者选择“对象”→“合并”命令（按“Ctrl+L”组合键），即可完成多

个对象的合并，如图 6-1-23 所示（注意多个对象的颜色均变为同一种颜色，重叠的部分会自动删除），其属性栏转换为“曲线”工具属性栏，如图 6-1-24 所示。

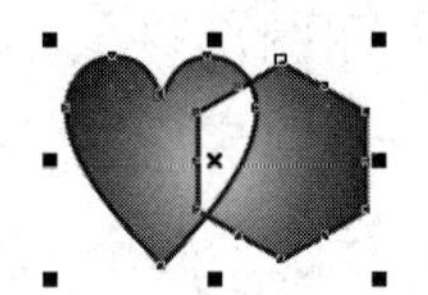

图 6-1-23　多个对象合并后的效果

图 6-1-24　“曲线”工具属性栏

单击“曲线”工具属性栏中的“拆分曲线”按钮，或者选择“对象”→“拆分曲线”命令（按“Ctrl+K”组合键），都可以取消多个对象的合并，但是颜色都会变为相同的一种颜色。

3. 多重对象的造型处理

绘制两个相互重叠的图形，如图 6-1-25 所示（下面的图形是绿色的，上面的图形是红色的）。选中它们，此时的“多个对象”属性栏参考图 6-1-22。

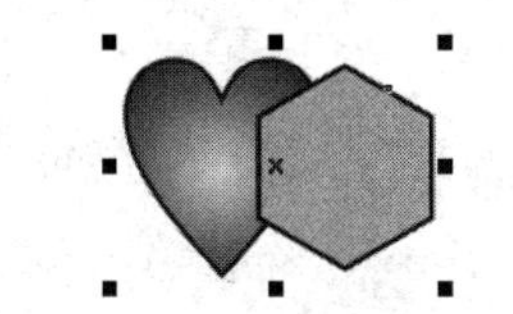

图 6-1-25　相互重叠的图形

（1）多重对象的合并：单击“多个对象”属性栏中的“合并”按钮，或者选择“对象”→“造型”→“合并”命令，两个重叠的对象分别转换为只有单一轮廓的对象（颜色变为一样），效果如图 6-1-26 所示。

（2）多重对象的修剪：单击“多个对象”属性栏中的“修剪”按钮，或者选择“对象”→“造型”→“修剪”命令，下面图形对象与上面图形对象重叠的部分被修剪掉，同时选中被修剪的对象，移开左边的图形，如图 6-1-27 所示。如果按住“Shift”键选择多个对象，则最后被选中的对象是被修剪的对象。

（3）多重对象的相交：单击“多个对象”属性栏中的“相交”按钮，或者选择“对象”→“造型”→“相交”命令，两个对象重叠部分的图形会形成一个新对象，而且处于被选中状态，用鼠标拖曳它，可将它单独移出来，如图 6-1-28 所示。

图 6-1-26　合并效果

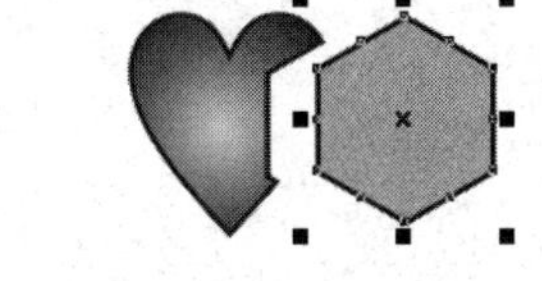

图 6-1-27　修剪效果

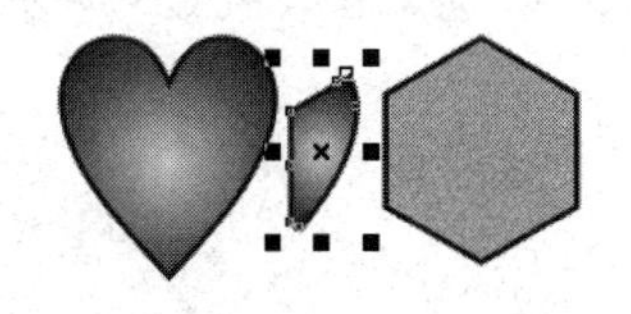

图 6-1-28　移出重叠部分

（4）多重对象的简化：单击“多个对象”属性栏中的“简化”按钮，或者选择“对象”→“造型”→“简化”命令，下面的图形对象被上面的图形对象遮挡的部分被简化掉，效果与“修剪”效果基本一样，只是简化后仍选中所有对象。

（5）移除后面对象（“前减后”）：单击“多个对象”属性栏中的“移除后面对象”按钮，或者选择“对象”→“造型”→“移除后面对象”命令，下面的图形对象（包括图形重叠部分）被上面的图形对象遮挡，只保留上面图形对象不重叠的部分，如图 6-1-29 所示。

（6）移除前面对象（“后减前”）：单击“多个对象”属性栏中的“移除前面对象”，或者选择“对象”→“造型”→“移除前面对象”命令，上面的图形对象及图形重叠的部分被下面的图形对象遮挡，只保留下面的图形对象不重叠的部分，如图 6-1-30 所示。

（7）多重对象的边界：单击“多个对象”属性栏中的“边界”按钮，或者选择“对象”→“造型”→“边界”命令，创建一个多重对象的轮廓线，原来的多个对象仍存在，将原来的多个对象拖曳出来，剩下的多重对象的轮廓线如图 6-1-31 所示。

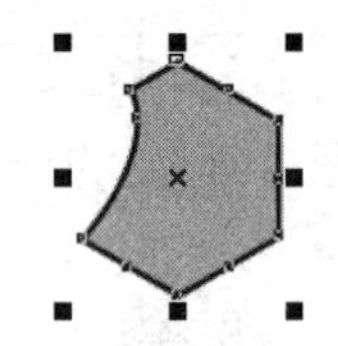

图 6-1-29　只保留上面图形不重叠部分

图 6-1-30　只保留下面图形不重叠部分

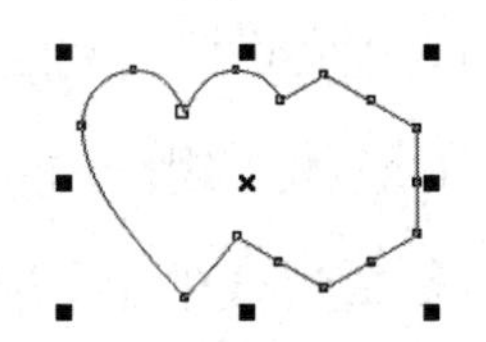

图 6-1-31　多重对象轮廓线

思考与练习 6-1

1．绘制 4 个“商标”图形，如图 6-1-32 所示。绘制一个“卡通”图形，如图 6-1-33 所示。

2．参考案例 20“同心结”图形的绘制方法，再绘制一个中国结图形。

图 6-1-32　“商标”图形

图 6-1-33　“卡通”图形

3．绘制如图 6-1-34 所示的“铅笔和写字板”图形。

4．绘制如图 6-1-35 所示的“算盘”图形。

图 6-1-34　“铅笔和写字板”图形

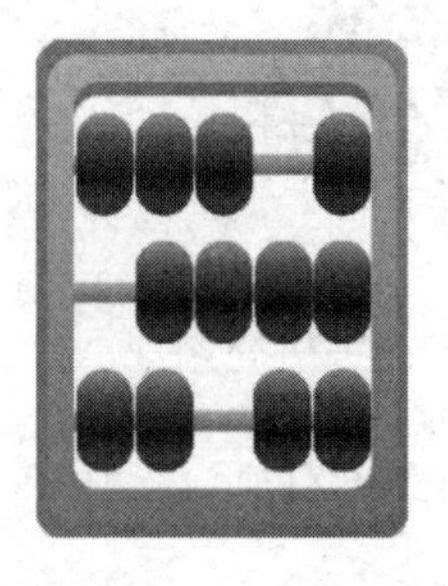

图 6-1-35　“算盘”图形

6.2 案例21：制作“争分夺秒”宣传海报

本节绘制一张以“争分夺秒”为主题的宣传海报，效果如图 6-2-1 所示。海报有浅绿色背景，中间圆形图形内镶嵌了一幅与时间赛跑的人物图像，四周镶嵌 4 幅与时间赛跑有关的图像。圆形图形的上方有呈弧形分布的宣传语“让我们共同与时间一起赛跑”，圆形图形的右上方有用鲜花图像填充的镂空标题文字“争分夺秒”，圆形图形的右下方有一个小闹钟，象征着时间一分一秒地过去。“争分夺秒”宣传海报结构合理，形象地展示出争分夺秒的紧张画面。

图 6-2-1 “争分夺秒”宣传海报

通过制作该案例，可以进一步掌握多个对象的组合与合并、前后顺序调整、对齐和分布调整、图框精确剪裁、文字沿路径分布和制作图像文字的方法，以及“造型”泊坞窗和“变换”泊坞窗的使用方法等。

制作方法

1. 绘制 4 个等分圆

（1）新建一个文档，设置页面宽度为 160mm、高度为 120mm、背景色为白色。

（2）使用工具箱中的“椭圆形”工具，在绘图页面偏左边位置绘制一个圆形图形。同时在圆形图形的垂直与水平直径处添加两条辅助线，如图 6-2-2 所示。

（3）沿垂直辅助线绘制一条比圆形图形的直径稍长一些的垂直直线，如图 6-2-3 所示。

（4）选择“窗口”→“泊坞窗”→“造型”命令，弹出“造型”泊坞窗。在其下拉列表框中选择“修剪”选项，不选任何复选框，如图 6-2-4 所示。

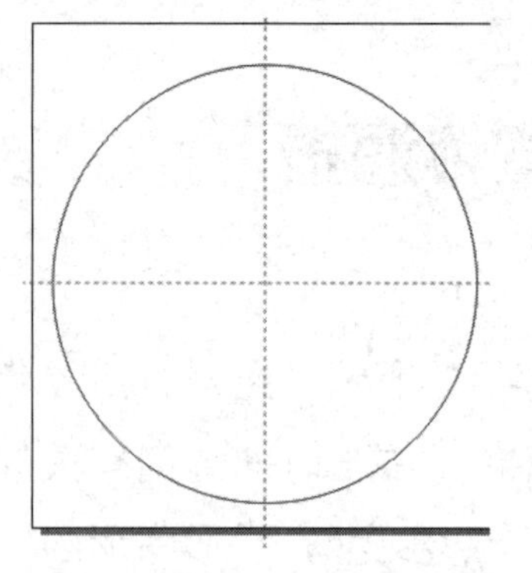
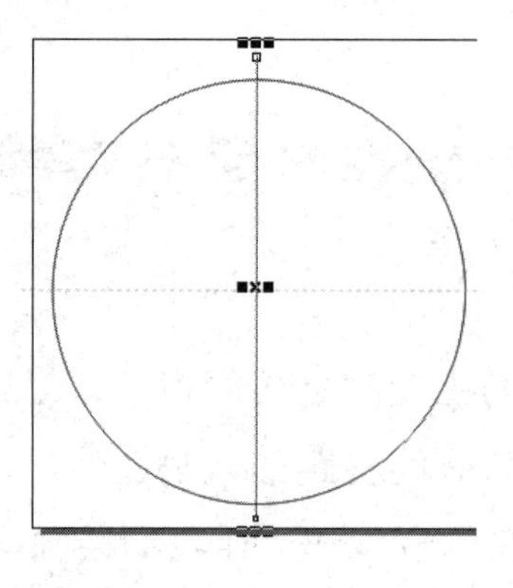

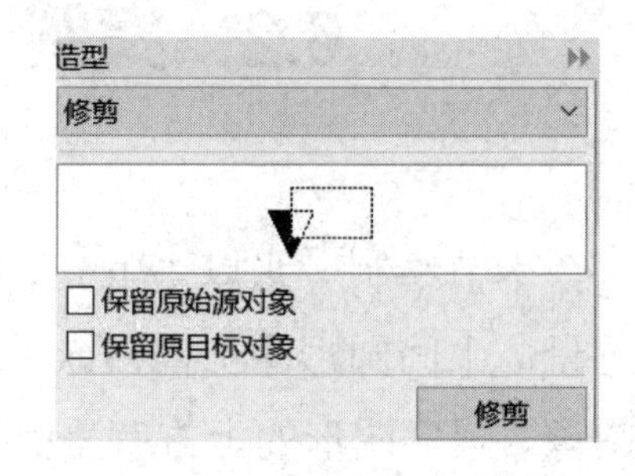

图 6-2-2　圆形图形和辅助线　　图 6-2-3　绘制稍长直线　　图 6-2-4　“造型”泊坞窗

（5）单击“造型”泊坞窗中的“修剪”按钮。将鼠标的箭头指针移到圆形图形的轮廓线上，单击即可将圆形图形沿垂直直线分割为两个半圆形图形。

（6）选择“对象”→“拆分曲线”命令，将两个半圆分成两个独立的对象，如图 6-2-5 所示。选中右边的半圆。

（7）沿水平辅助线画一条直线，然后选中该直线。按照上述方法，将右边的半圆图形分成上下两个 1/4 圆，如图 6-2-6 所示，然后将两个 1/4 圆分离。

（8）单击绘图页面的空白处，取消对对象的选择，按照第（6）步的方法将左侧的半圆图形分成上下两个 1/4 的圆形图形，如图 6-2-7 所示。

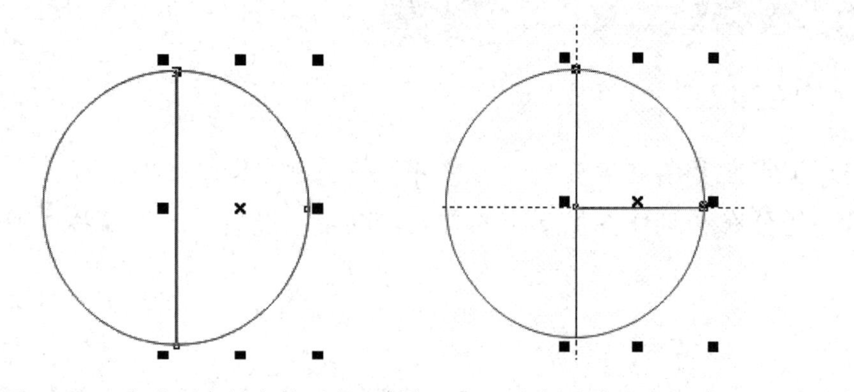
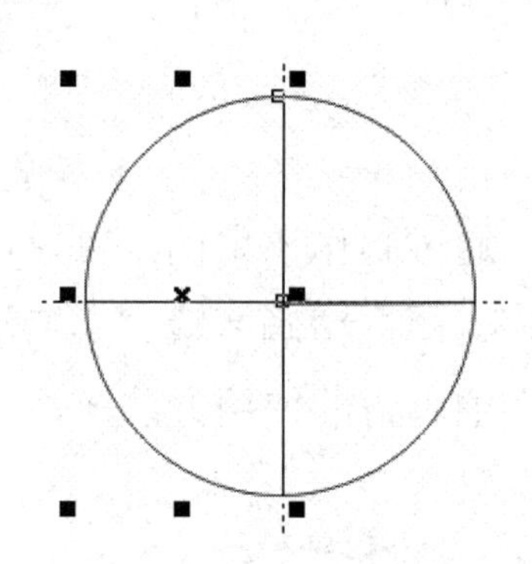

图 6-2-5　分成两个独立的对象　图 6-2-6　右侧分为上下两个 1/4 圆　图 6-2-7　左侧分成上下两个 1/4 圆

此时一个圆形图形已经被分成 4 等份，成为 4 个对象，单击其中一个对象的边框线，选中该对象，如图 6-2-8 所示。

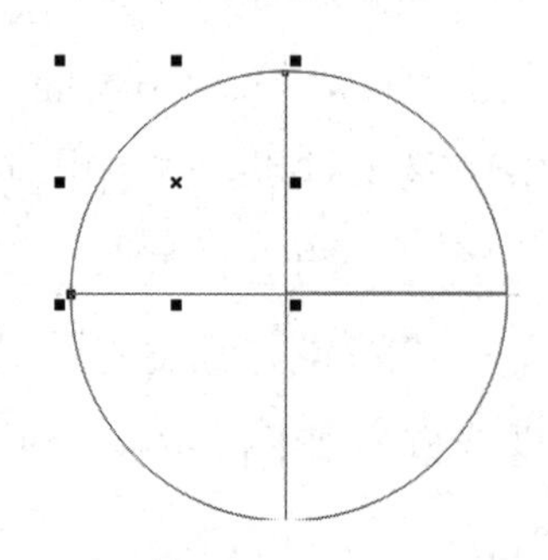

图 6-2-8　选择一个对象

2．绘制镶嵌位图的轮廓线

（1）使用工具箱中的“椭圆形”工具，按下“Ctrl+Shift”组合键，将鼠标指针移到原点处，绘制一个以原点为圆心的圆形图形，如图 6-2-9 所示。

（2）选中以原点为圆心的圆形图形，按住“Shift”键，选中左上角的 1/4 圆形图形，如图 6-2-10 所示。

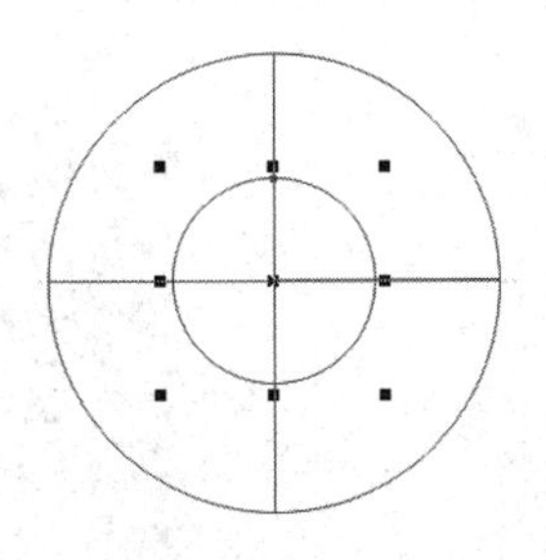

图 6-2-9　以原点为圆心的圆形图形

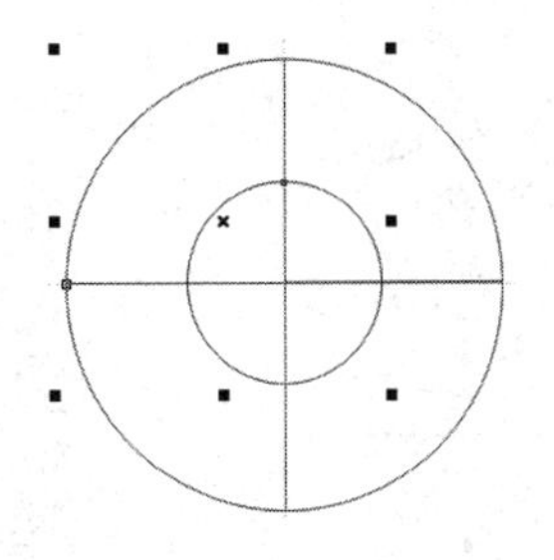

图 6-2-10　选中两个对象

（3）选择“窗口”→“泊坞窗”→“造型”命令，弹出“造型”泊坞窗，在下拉列表框中选择“移除前面对象”选项，如图 6-2-11 所示。

（4）单击“造型”泊坞窗中的“应用”按钮，即可用后面的 1/4 圆形图形将前面的圆形图形进行修剪，修剪成扇形图形，如图 6-2-12 所示。

（5）按照上述方法，继续修剪圆形图形，形成 4 个扇形图形。再将一个圆形图形移到 4 个扇形图形的中间，如图 6-2-13 所示。

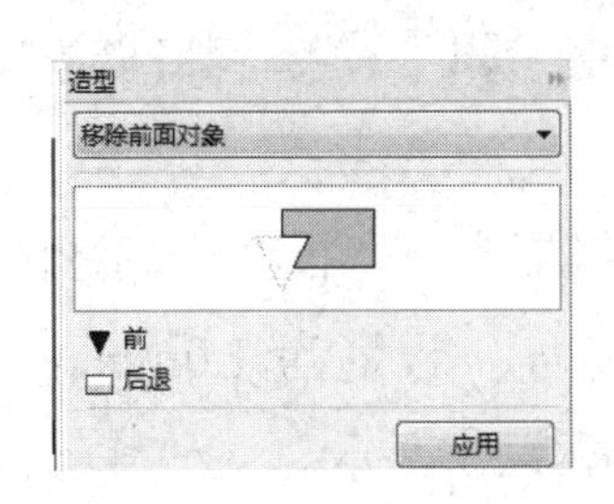

图 6-2-11　“造型”泊坞窗

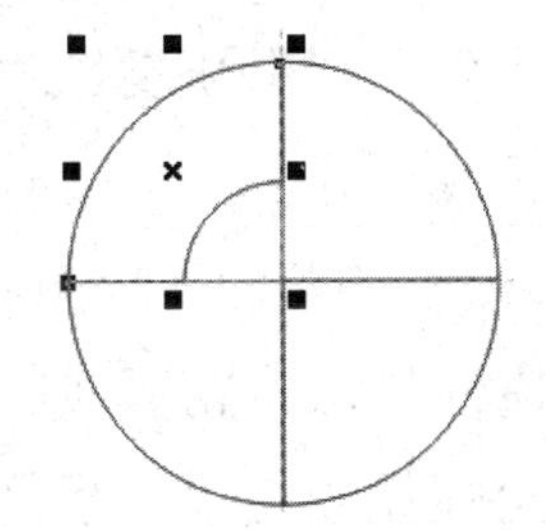

图 6-2-12　修剪成扇形图形

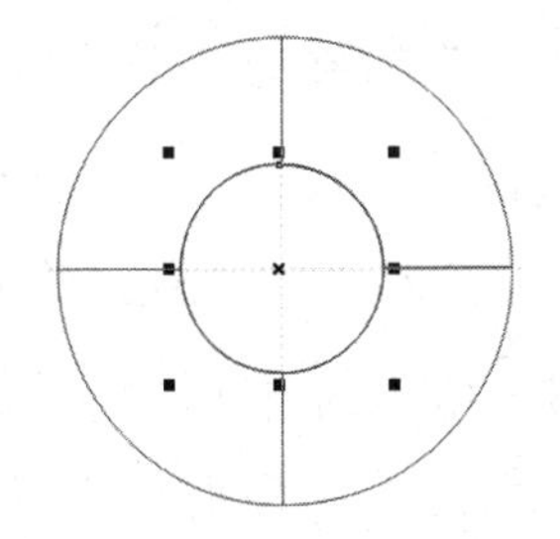

图 6-2-13　将圆形图形移到中间

3．轮廓线内镶嵌位图

（1）导入 5 幅图像，如图 6-2-14 所示。

图 6-2-14　导入 5 幅图像

（2）选中第 1 幅图像，选择“效果”→“图框精确剪裁”→“放置在容器中”命令，这时鼠标指针呈黑色大箭头状，将它移到中间圆形边线处，如图 6-2-15 所示。单击鼠标左键，将人物图像镶嵌到中间圆形图形内。

（3）选择“效果”→“图框精确剪裁”→“编辑内容”命令，将人物图像移到中间圆形图像处，以调整图像的大小和位置，如图 6-2-16 所示。

（4）选择“效果”→“精确剪裁”→“结束编辑”命令，将人物图像镶嵌到中间圆形图形内，如图 6-2-17 所示。

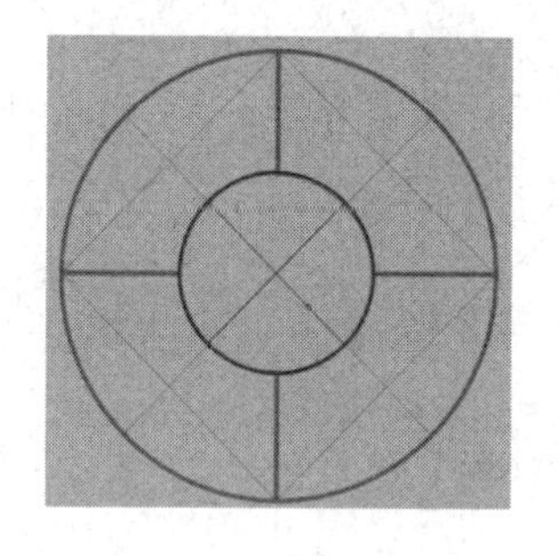

图 6-2-15　位图镶嵌

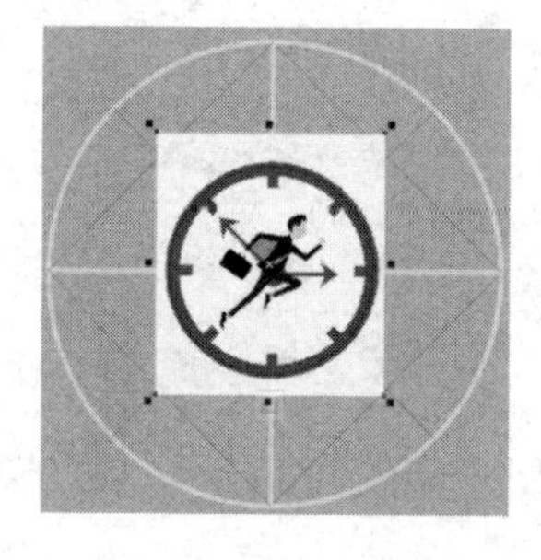

图 6-2-16　调整图像的大小和位置

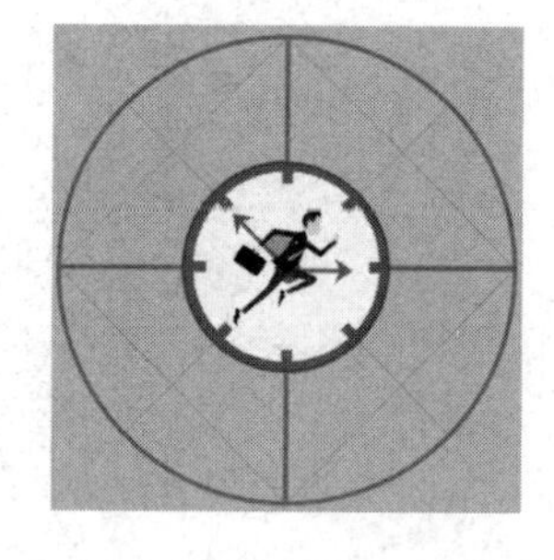

图 6-2-17　镶嵌人物图像

（5）选中第 2 幅火车图像，选择“效果”→“图框精确剪裁”→“放置在容器中”命令，这时鼠标指针呈黑色大箭头状，将它移到左上角扇形图形的边线处，然后单击鼠标左键，将火车图像镶嵌到左上角扇形图形内。

（6）选择“效果”→“图框精确剪裁”→“编辑内容”命令，将火车图像移到扇形图形处，扇形图形的线条仍存在，如图 6-2-18 所示。拖曳图像，可以调整扇形图形的位置，还可以调整火车图像的大小。选择“效果”→“精确剪裁”→“结束编辑”命令，将火车图像镶嵌到左上角扇形图形内，如图 6-2-19 所示。

（7）按照上述方法，将图 6-2-14 所示的其他 3 幅图像，分别镶嵌到剩下的 3 个扇形图形内。

（8）依次选中每个对象，在其属性栏内将轮廓线的“轮廓宽度”设置为 1.0mm。选中所有对象，将 4 个扇形和中间圆形的轮廓线颜色改为紫色，如图 6-2-20 所示。

图 6-2-18　将图像移到扇形图形处

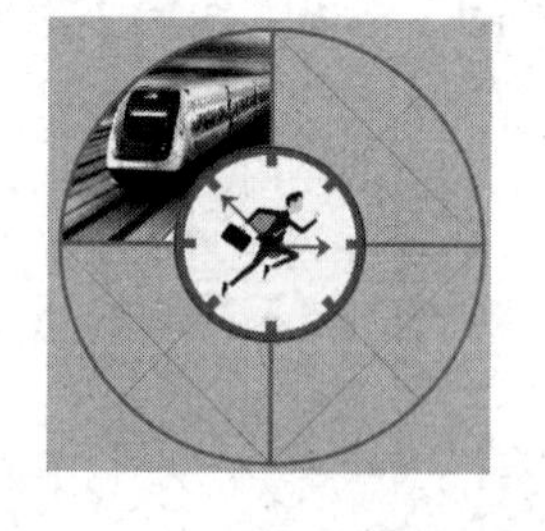

图 6-2-19　镶嵌图像

图 6-2-20　镶嵌图像完成后效果

4．变换出环绕文字

（1）使用工具箱中的“文本”工具字，在页面内输入字体为华文隶书、字号为 30pt、填充颜色为红色、轮廓线颜色为黄色的美术字“让”。将“让”字移到圆形图形左侧中间偏上处，

然后适当旋转该文字，将中心点标志移到镶嵌图像的圆形图形的圆心处，如图6-2-21所示。

（2）选择“窗口”→“泊坞窗”→“变换”→“旋转”命令，弹出“变换”泊坞窗。选择“旋转”选项，在“角度”文本框中输入“-15.0”，在“副本”数字框中输入12，其他设置如图6-2-22所示。

（3）选中“让”字，保证它的中心点标记⊙在文字的中心点处。单击“变换”泊坞窗中的“应用”按钮，旋转复制12个“让”字，然后使用工具箱中的“选择”工具，将复制的12个“让”字分别移到镶嵌图像的圆形图形上半部分的不同位置，如图6-2-23所示。

图6-2-21　“让”字中心点标志

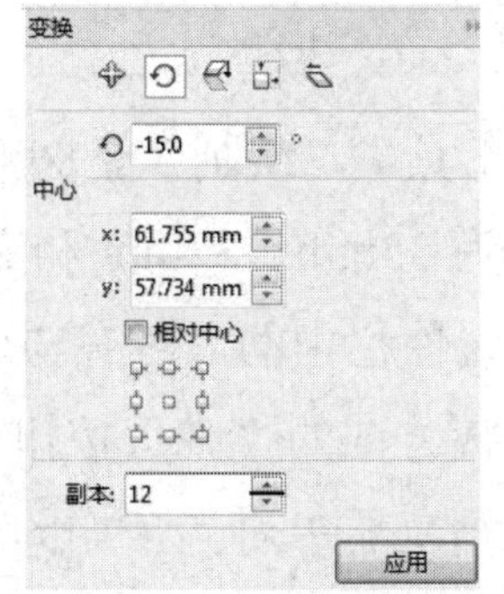
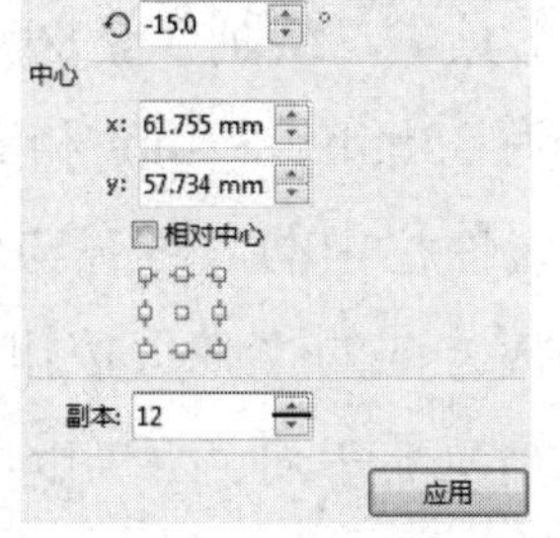

图6-2-22　“变换”泊坞窗

图6-2-23　镶嵌13个“让”字

（4）使用工具箱中的“文本”工具，依次将复制的12个“让”字修改为“我”“们”“共”“同”“与”“时”“间”“一”“起”“赛”“跑”文字，如图6-2-24所示。

制作环绕文字，也可以采用案例18“绘制光盘盘面”的制作方法。

5．制作以图像为背景的文字

（1）输入字体为华文行楷、字号为60pt、颜色为红色的文字“争”“分”“夺”“秒”。

（2）导入“争分夺秒”背景图像，并调整它的大小，使图像的大小比红色“争分夺秒”美术字稍微大一点，将文字移到图像上面，如图6-2-25所示。

图6-2-24　修改文字

图6-2-25　文字和图像

（3）选择“窗口”→“泊坞窗”→“造型”命令，弹出“造型”泊坞窗。在该泊坞窗中的下拉列表框中选择“相交”选项，不选中任何复选框，如图6-2-26所示。

（4）选中“争分夺秒”美术字，单击“造型”泊坞窗中的“相交对象”按钮，鼠标指针呈状，单击美术字，此时的美术字如图6-2-27所示。

（5）调整绘图页面内各对象的大小和位置，最后效果参考图6-2-1。

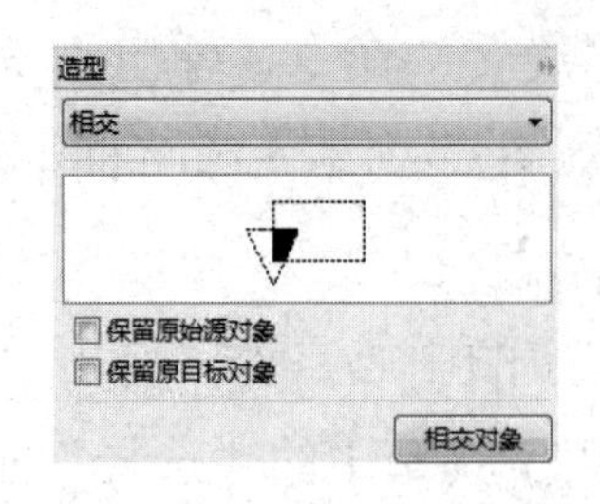

图6-2-26 “造型”泊坞窗

图6-2-27 美术字

6. 绘制表盘

（1）使用工具箱中的“椭圆形”工具，绘制3个圆形图形，将它们分别填充为砖红色、天蓝色和黄色，无轮廓线，直径分别为35mm、32mm和29mm，如图6-2-28所示。

（2）选中3个圆形图形，单击其属性栏中的“对齐与分布”按钮，弹出“对齐与分布”对话框。单击“对齐”栏中水平和垂直方向的“中”按钮，如图6-2-29所示。单击“应用”按钮，将这3个圆形图形水平居中和垂直居中对齐，如图6-2-30所示。

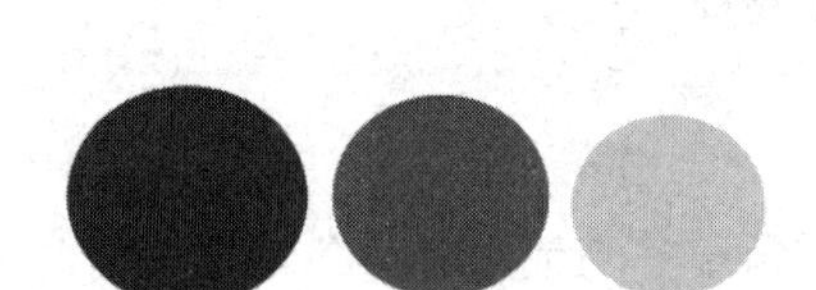

图6-2-28 绘制3个圆形图形

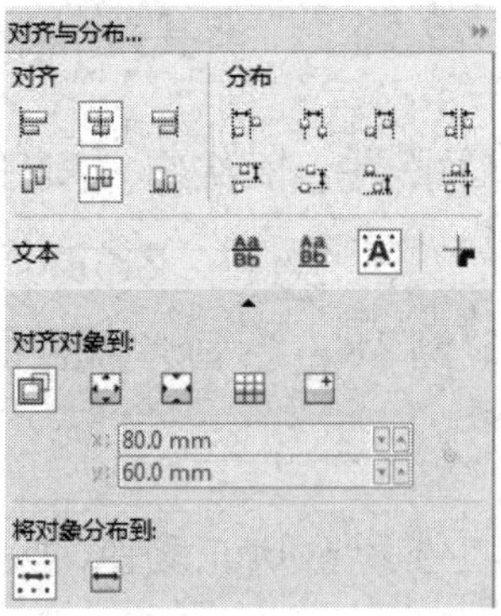

图6-2-29 “对齐与分布”对话框

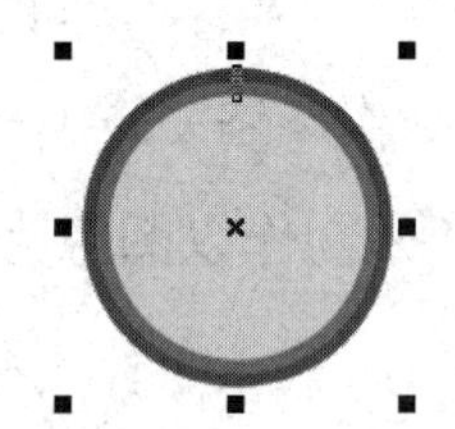

图6-2-30 居中对齐3个圆形

（3）将3个圆形组成一组，在“组合”属性栏的2个“对象大小”数字框中均输入45.658mm，如图6-2-31所示，形成表盘图形。在页面标尺处向内拖曳出一条水平辅助线和一条垂直辅助线，使辅助线交点（坐标原点）位于表盘图形的中心，如图6-2-32所示。

图6-2-31 “组合”属性栏

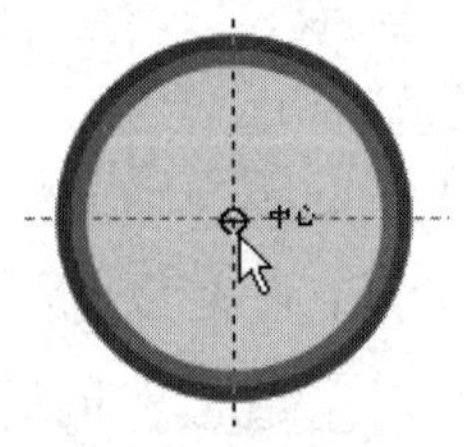

图6-2-32 绘制水平辅助线与垂直辅助线

（4）使用工具箱中的“椭圆形”工具，绘制一个直径为4mm的圆形图形，然后为其内部填充绿色，取消轮廓线。将绿色圆形图形移到表盘图形中的底部中间位置，如图6-2-33所示。可以在其属性栏的“X”“Y”数字框中精细调整坐标数值。

（5）选择“窗口”→“泊坞窗”→“变换”→“旋转”命令，弹出“变换”泊坞窗。在该泊坞窗的“角度”数字框中输入20.0，在“副本”数字框中输入17，如图6-2-34所示。单击“应用”按钮，围绕中心点转圈复制17个绿色圆形图形，绿色圆形图形角度间隔为20°。再将它们组成群组，形成表盘图形，如图6-2-35所示。

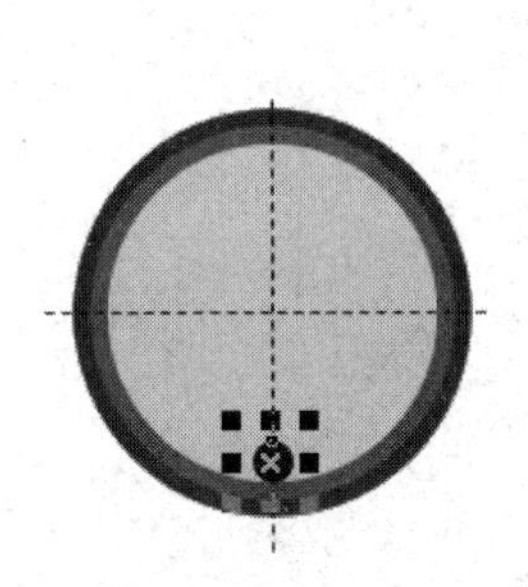

图6-2-33 将绿色圆形移到底部中间

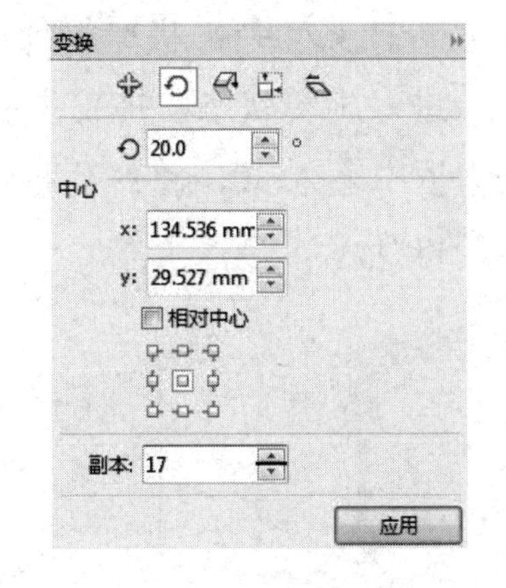

图6-2-34 “变换”泊坞窗

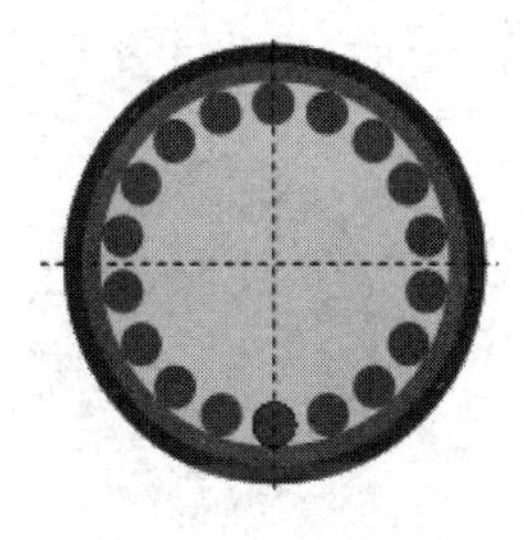

图6-2-35 表盘图形

（6）使用工具箱中的“文本”工具，在其属性栏中设置文字的字体为黑体、字号为16pt，然后输入数字“3”。

（7）将数字“3”复制3份，分别将复制的数字改为“12”“6”“9”。再使用工具箱中的“选择”工具，将每个数字移到表盘内相应的位置。

（8）使用工具箱中的“选择”工具，拖曳出一个矩形，将原表盘和数字全部选中，再选择“对象”→“组合”命令，将选中的原表盘和数字组成一个群组图形，获得新的表盘图形。适当调整新表盘的大小和位置，如图6-2-36所示。

7. 绘制表针

（1）使用工具箱中的“手绘”工具或“贝塞尔”工具，绘制3条直线，并将3条直线的颜色分别设置为黑色、绿色和红色。选中左侧的黑色直线，在它的“曲线”工具属性栏的“起始箭头”下拉列表框中选择第9种箭头，在“轮廓宽度”数字框中输入1.0mm，在“对象大小”数字框中输入15.0mm。

（2）使用工具箱中的“椭圆形”工具，绘制一个直径为3.5mm的圆形图形，然后为它填充黑色，不要轮廓线。将该圆形图形移到黑色直线的下方，再将它们组成一个群组图形。在该群组图形的“组合”属性栏的“对象大小”数字框中输入4mm。确定秒针宽度，在“对象大小”数字框中输入20mm。

（3）选中中间的绿色直线，在其“曲线”工具属性栏的“轮廓宽度”数字框中输入 0.7mm，在“对象大小”数字框中输入 15mm。选中右侧的红色直线，在其“曲线”工具属性栏的“轮廓宽度”数字框中输入 0.5mm，在“对象大小”数字框中输入 20mm。3 条直线分别表示时针、分针和秒针，如图 6-2-37 所示。

（4）双击左侧的黑色时针，进入旋转状态，拖曳中心点标记到直线的底端，再在其“组合”属性栏的“旋转角度”文本框中输入 6.0，将黑色时针逆时针旋转 6.0°。

（5）双击中间的绿色分针，进入旋转状态，拖曳中心点标记到直线的底端，再在其“曲线”属性栏的“旋转角度”文本框中输入 45，将绿色分针逆时针旋转 45°。

（6）双击右侧的红色秒针，进入旋转状态，拖曳中心点标记到直线的底端，再在其“曲线”属性栏的“旋转角度”文本框中输入 30，将红色秒针逆时针旋转 30°。

旋转后的表针图形如图 6-2-38 所示。

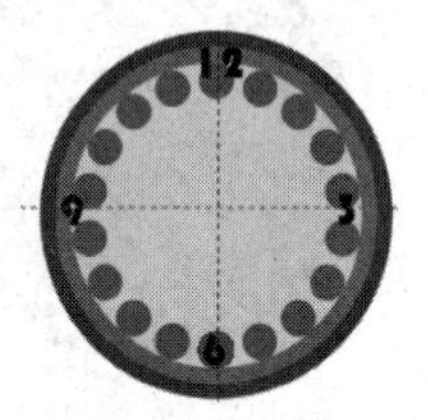

图 6-2-36　添加数字的新表盘

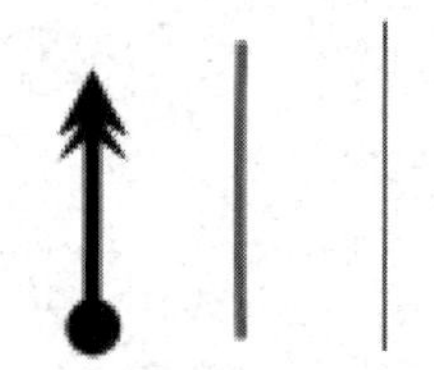
图 6-2-37　绘制表针

图 6-2-38　旋转表针

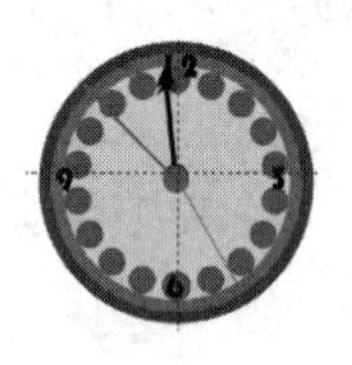
图 6-2-39　绘制表针的旋转轴

（7）使用工具箱中的“选择”工具，将刚绘制好的 3 个表针移到表盘中，表针的底端与辅助线的交叉点对齐。

（8）使用工具箱中的“椭圆形”工具，以辅助线的交点为中心，绘制一个宽度和高度都为 1.2mm 的圆形图形，为其内部填充金黄色，该圆形图形作为表针的旋转轴，如图 6-2-39 所示。

8．绘制提手和钟锤

（1）使用工具箱中的“椭圆形”工具，绘制一个椭圆形图形，单击属性栏中的“转换为曲线”按钮，将图形转换为曲线，作为铃铛的轮廓线。使用工具箱中的“形状”工具，对椭圆曲线的节点进行调整，制作出铃铛的轮廓线，如图 6-2-40 所示。

（2）选中铃铛的轮廓，单击工具箱交互式工具展开工具栏中的“交互式填充”工具，在铃铛的轮廓内拖曳填充渐变色，如图 6-2-41 所示。其中有控制柄和箭头线。将调色板内的橘红色色块拖曳到左侧的方形控制柄□内，将白色色块拖曳到右侧的方形控制柄□内，为铃铛填充从橘红色到白色的渐变色，如图 6-2-42 所示。

如果将调色板内的色块拖曳到交互填充的线条上，则可以在起始颜色和终止颜色之间添加一种新的颜色。拖曳方形控制柄和条状控制柄，都可以调整渐变填充效果。

（3）选中铃铛图形并将其复制一个。单击其属性栏中的“水平镜像”按钮，将复制的

铃铛图形进行水平镜像，完成后的效果如图 6-2-43 所示，然后将其移动到闹钟的顶部。

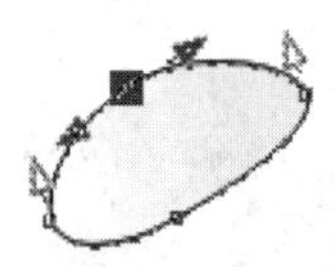

图 6-2-40 铃铛轮廓线

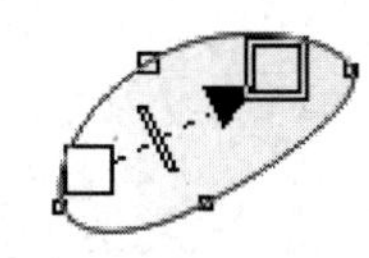

图 6-2-41 填充渐变色

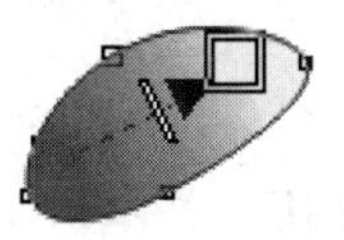

图 6-2-42 为铃铛填充渐变色

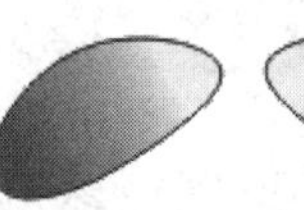

图 6-2-43 镜像铃铛

4）使用工具箱中的“矩形”工具□，绘制一个矩形。使用工具箱中的“交互式填充”工具，为矩形图形填充从黑色到白色的线性渐变色，效果如图 6-2-44 所示。

（5）使用工具箱中的“选择”工具，选中矩形图形并将其复制一个。在其属性栏中设置“旋转角度”为 90°，即将复制的矩形图形旋转 90°，然后将两个图形组成一个“T 形”，调整其大小后移到两个铃铛中间的位置，形成铃铛的小锤图形，如图 6-2-45 所示。

（6）绘制一个矩形，单击其属性栏中的“转换为曲线”按钮，将其转换为曲线。再使用工具箱中的“形状”工具，将矩形调整为闹钟的支架形状，如图 6-2-46 左图所示。

（7）使用工具箱中的“交互式填充”工具，依次将调色板内的黑色、白色、黑色色块拖曳到交互式填充的控制线上，为闹钟的支架填充黑色、白色到黑色的线性渐变颜色，效果如图 6-2-46 右图所示。

（8）制作提把图形，如图 6-2-47 所示，将提把图形移到铃铛图形的上面。

图 6-2-44 填充矩形

图 6-2-45 小锤图形

图 6-2-46 制作闹钟支架

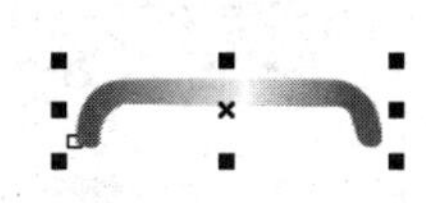

图 6-2-47 提把

（9）使用工具箱中的“选择”工具，调整闹钟支架图形大小和旋转角度，再将其复制一个，单击其属性栏中的“水平镜像”按钮，将复制的支架水平镜像，然后分别将两个支架图形移到表盘的下面，如图 6-2-48 所示。

图 6-2-48 闹钟图形

相关知识

1．多重对象的对齐和分布

图 6-2-49　选中多个图形对象

（1）多重对象的对齐：选中多个图形对象，如图 6-2-49 所示。弹出如图 6-2-50 所示的“多个对象”属性栏。单击该属性栏中的“对齐与分布”按钮，弹出“对齐与分布”对话框。在该对话框的“对齐”选项组中，将鼠标指针悬停在“对齐”图标上时会显示不同的对齐方式，根据需要选择相应的对齐方式。

图 6-2-50　“多个对象”属性栏

图 6-2-51　“对齐与分布”对话框

（2）多重对象的分布：选中多个图形后，单击属性栏中的“对齐与分布”按钮，弹出“对齐与分布”对话框，单击该对话框中的“分布”标签，切换到“分布”选项卡，如图 6-2-51 所示。选中“分布”栏内的一种分布方式，再单击“应用”按钮，即可按选择的方式分布对象。

在设置完对齐和分布方式后，单击“应用”按钮，同时进行对齐和分布调整。顶部对齐和水平等间距分布后的效果如图 6-2-52 所示。

（3）菜单命令方式：选择“对象”→“对齐与分布”命令，弹出“对齐与分布”对话框，单击其中的命令，可以进行相应的对齐或分布操作。

2．对象的锁定和解锁

（1）对象的锁定：对象的锁定是使一个或多个对象不能被鼠标移动，这样可以防止对象被意外修改。选择“对象”→“锁定对象”命令，可将选定的对象锁定，如图 6-2-53 所示。

（2）对象的解锁：选中锁定的对象，选择“对象”→“解锁对象”命令，即可将锁定的对象解锁。选择“对象”→“对所有对象解锁”命令，即可将多层次的锁定对象解锁，如图 6-2-54 所示。

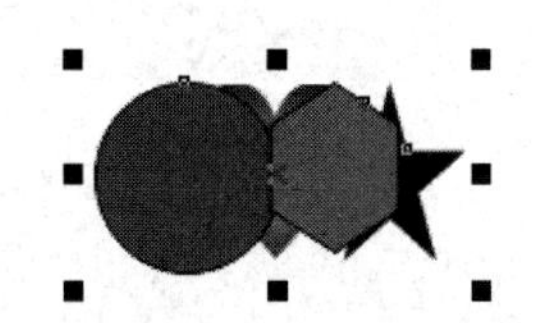

图 6-2-52　顶部对齐和水平等间距分布效果

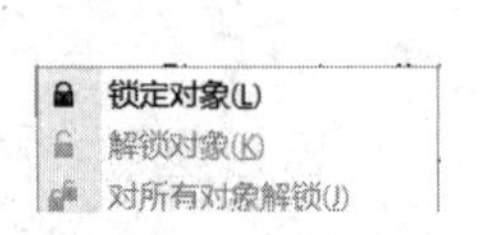

图 6-2-53　选择“锁定对象”

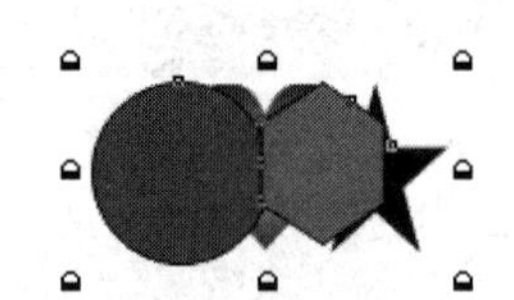

图 6-2-54　解锁多层次的对象

3.“造型”泊坞窗

选择“窗口”→“泊坞窗”命令，弹出“泊坞窗”菜单。“泊坞窗”是 CorelDRAW X7 特有的一种窗口，它除具有许多与一般对话框相同的功能外，还具有更好的交互性能。例如，在进行设置后，它仍然保留在屏幕上，以便于继续进行其他各种操作，直到单击“关闭”按钮才会将其关闭。另外，单击“泊坞窗”右上角的“▲”按钮，可以将“泊坞窗”收起来，以节约屏幕空间，同时▲按钮会变为▼按钮。单击▼按钮，可以将“泊坞窗”展开，同时▼按钮会变为▲按钮。

选择“窗口”→“泊坞窗”→“造型”命令，或者选择“对象”→“造型”命令，都可以弹出“造型”泊坞窗。在“造型”泊坞窗的下拉列表框中可以选择修正的类型。在“造型”泊坞窗中有“保留原始源对象”和“保留原目标对象”两个复选框，如果选中“保留原始源对象”复选框，则表示经修正后还保留“来源对象”图形；如果选中“保留原目标对象”复选框，则表示经修正后还保留“目标对象”图形。

例如，有两个重叠一部分的图形，选中这两个图形，不选中“造型”泊坞窗中的两个复选框，在下拉列表框中选择“相交”选项，再单击“相交对象”按钮，将鼠标指针移到右侧图形。当鼠标指针呈黑色箭头状时单击右侧图形，即可将单击的目标对象的重叠部分剪裁出来，如图 6-2-55（a）所示；如果选中“保留原始源对象”和“保留原目标对象”两个复选框，则单击右侧图形后，不但裁剪出图 6-2-55（a）所示图形，还保留两个原图形（单击对象为“目标对象”，另外的对象为“来源对象”），如图 6-2-5（b）所示。

如果单击的是左侧图形，则左侧的图形是目标对象，可将目标对象的重叠部分剪裁出来，同时保留两个原图形，如图 6-2-55（c）所示。

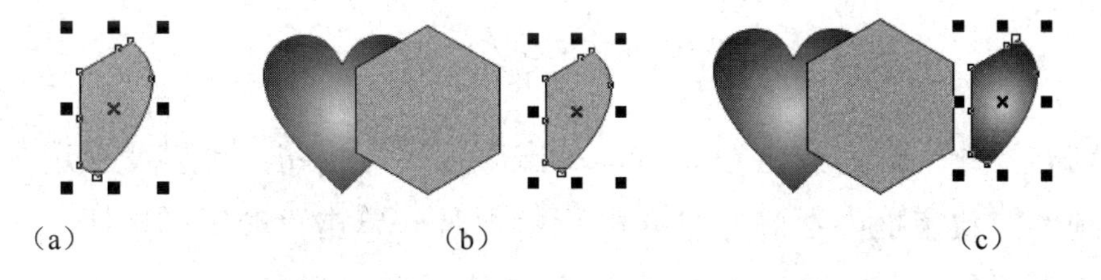

图 6-2-55　对象的几种相交造型处理效果 1

如果只选中“保留原始源对象”复选框，单击“相交对象”按钮后，再单击右侧的图形，则效果如图 6-2-56（a）所示；如果只选中“保留原目标对象”复选框，单击“相交对象”按钮后，再单击右侧的图形，则效果如图 6-2-56（b）所示。

如果只选中“保留原始源对象”复选框，单击“相交对象”按钮后，再单击左侧的图形，则效果如图 6-2-56（c）所示；如果只选中“保留原目标对象”复选框，单击“相交对象”按钮后，再单击左侧的图形，则效果如图 6-2-56（d）所示。

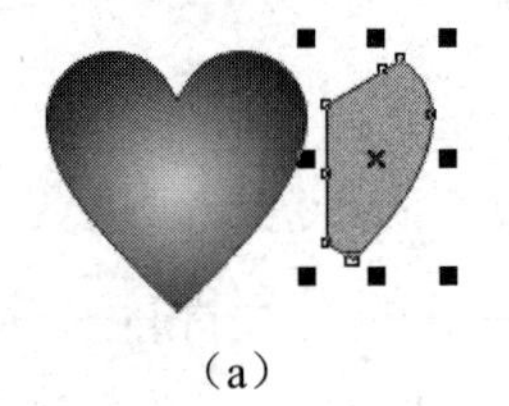

（a）

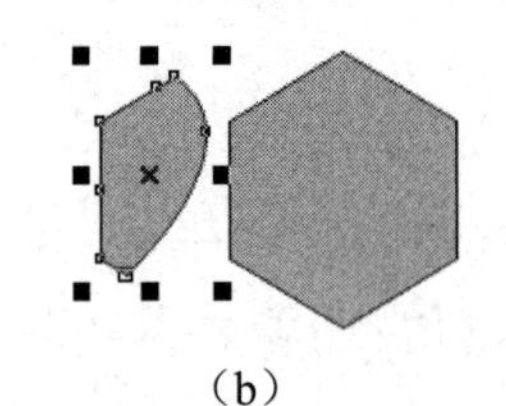

（b）

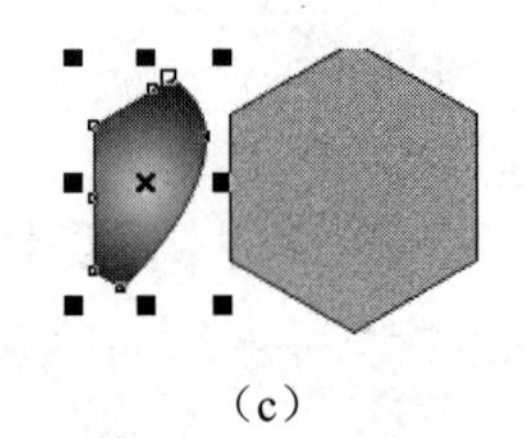

（c）

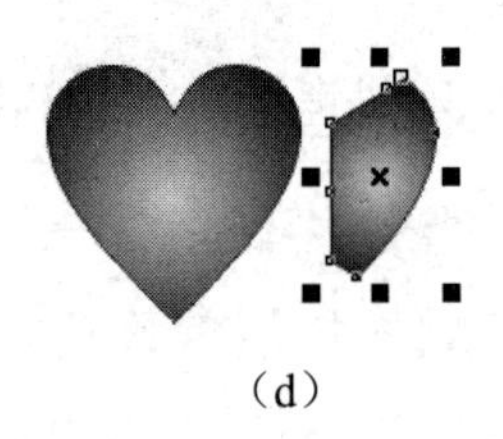

（d）

图 6-2-56　对象的几种相交造型处理效果 2

4．“变换”泊坞窗

（1）选择“对象”→“变换”命令，或者选择“窗口”→“泊坞窗”→“变换”命令，都可以弹出相同的“变换”菜单，单击其中不同的命令，可以弹出不同类型的“变换”泊坞窗。例如，选择“对象”→“变换”→“旋转”命令，或者选择“窗口”→“泊坞窗”→“变换”→“旋转”命令，可以弹出“变换”泊坞窗（旋转），如图 6-2-34 所示。再如，选择“变换”菜单中的“位置”命令，可以弹出“变换”泊坞窗（位置），如图 6-2-57 第 1 个图所示。

（2）“变换”泊坞窗内有 5 个按钮，5 个按钮的含义从左到右分别为“位置”“旋转”“比例（缩放和镜像）”“大小”“倾斜”。其中，“旋转”泊坞窗如图 6-2-34 所示，其他类型的“变换”泊坞窗如图 6-2-57 所示。

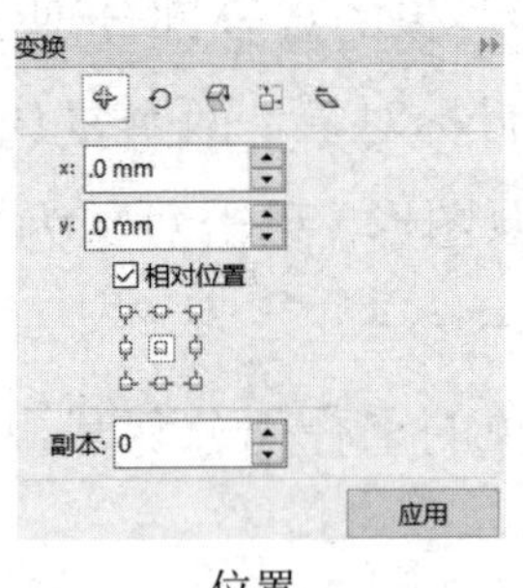

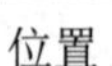

位置

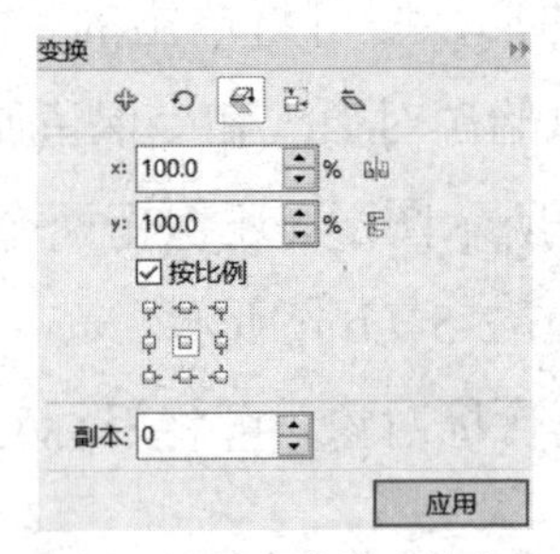

比例（比例、缩放和镜像）

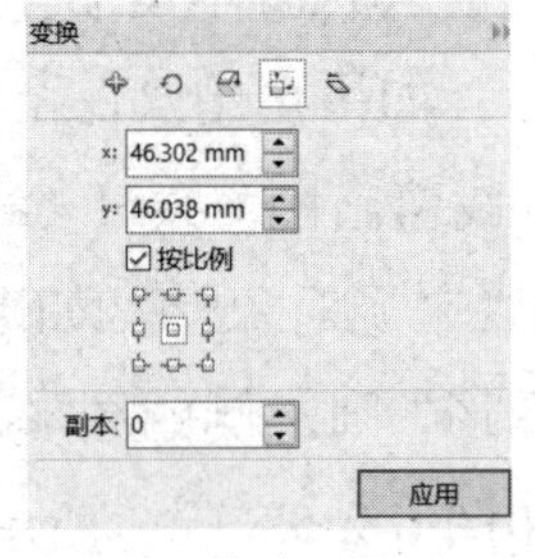

大小

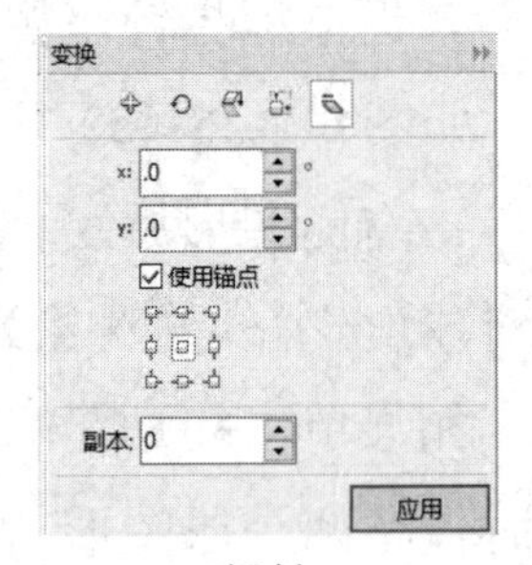

倾斜

图 6-2-57　“变换”泊坞窗

（3）当“副本”数字框内数值为 0 时，单击“应用”按钮，可以变换选中的对象，原对象消失；当“副本”数字框内数值为非 0 的正整数时，单击“应用”按钮，可以将选中的对象以数字框内给出的份数复制“副本”，并将复制的对象进行变换。

（4）“变换”泊坞窗（位置）：其中有一个“相对位置”复选框，选中该复选框，“水平”和“垂直”文本框中的数值是指变换对象相对于原对象的位置；若未选中该复选框，则“水平”和“垂直”文本框中的数值是指变换对象的绝对坐标值。在“相对位置”的下方区域有 9 个单选选项，用来设置对象变换时的参考点，以选中的点为参考点，以“水平”和“垂直”文本框中的数值为依据来变换对象。

（5）“变换”泊坞窗（旋转）：“水平”和“垂直”文本框中的数值是指旋转中心的坐标位置，在“相对中心”的下方区域有 9 个单选选项用来确定旋转中心的位置。当选中“相对中心”复选框时，“水平”和“垂直”文本框中的数值是指旋转中心点相对于原对象的中心点数值；当未选中“相对中心”复选框时，“水平”和“垂直”文本框中的数值是指旋转中心点相对于原点的绝对坐标值。

（6）“变换”泊坞窗（比例、缩放和镜像）：单击“水平镜像”按钮，可以选中对象的参考点为中心点生成一个水平镜像的对象；单击“垂直镜像”按钮，可以参考点为中心点生成一个垂直镜像的对象。在“按比例”的下方区域有9个单选选项，用来设置对象变换时的参考点，以选中的点为参考点，以“水平”和“垂直”文本框中的数值为依据来变换对象。

若勾选“按比例”复选框，则可以生成按比例变化的对象；若未勾选“按比例”复选框，则“水平”和“垂直”文本框中的数值等量同步变化，可以生成不按比例变化的对象。可以用“水平”和“垂直”文本框中的数值来控制变换后的对象与原对象的百分比。

（7）“变换”泊坞窗（大小）：“按比例”复选框的作用与前面所述一样。可以用“水平”和“垂直”文本框中的数值来控制变换后的对象的宽和高。

（8）“变换”泊坞窗（倾斜）：若勾选“使用锚点”复选框，则其下方区域的9个单选选项有效，用来确定锚点的位置，变换的对象以锚点为倾斜的参考点；若未勾选“使用锚点”复选框，则其下方区域的9个单选选项无效，变换的对象以原对象的中心点为倾斜的参考点。

思考与练习 6-2

1．绘制一个“学贵心悟”图形，如图6-2-58所示。

2．采用两种方法制作一个“图像文字”图形，如图6-2-59所示。该图形给出了一个用图像填充的“Snoopy”文字标题，背景是温馨的粉色。

3．绘制一个“甜蜜蜜”图形，如图6-2-60所示。

4．参考案例21中的制作方法，制作一个“北京旅游”宣传画图形。

图6-2-58　“学贵心悟”图形

图6-2-59　“图像文字”图形

图6-2-60　“甜蜜蜜”图形

5．制作一个“保护家园”图形，如图6-2-61所示。

6．制作一个“宝宝醒了”图形，如图6-2-62所示。

图 6-2-61 “保护家园”图形

图 6-2-62 “宝宝醒了”图形

6.3 案例 22：制作“彩球和小伞”图形

图 6-3-1 “彩球和小伞”图形

“彩球和小伞”图形如图 6-3-1 所示。从图 6-3-1 中可以看到，背景是金光四射的，其上左方是一个蓝色小雨伞图形，右侧是一个红色小雨伞图形，中间是一个红绿相间的彩球图形，彩球图形左右是文字“彩球和小伞”。

通过制作该案例，可以进一步掌握对象组合、前后顺序调整、合并调整，“渐变填充”工具的使用方法，“变换”泊坞窗和“造型”泊坞窗的使用方法，以及多重对象的修整和“自由转换”工具的使用方法等。

制作方法

1. 绘制背景图形

（1）新建一个文档，设置绘图页面的宽度为 300mm、高度为 300mm、背景色为黄色。

（2）使用工具箱中的“矩形”工具□，在绘图页面外拖曳鼠标绘制一个宽度和高度均为 300mm 的矩形图形，选中该矩形图形。

（3）单击工具箱中的“编辑填充”工具，打开“编辑填充”对话框，单击“渐变填充”按钮，弹出“编辑填充—渐变填充”对话框。在其中的“类型”栏中选择“椭圆形”选项，选择颜色频带的起点，将其设置为浅橘红色，然后选择颜色频带的终点，将其设置为白色，如图 6-3-2 所示。单击“确定”按钮，对矩形图形进行渐变填充，如图 6-3-3 所示。将该图形复制一份，再将它移到绘图页面内，刚好将整个绘图页面完全覆盖。

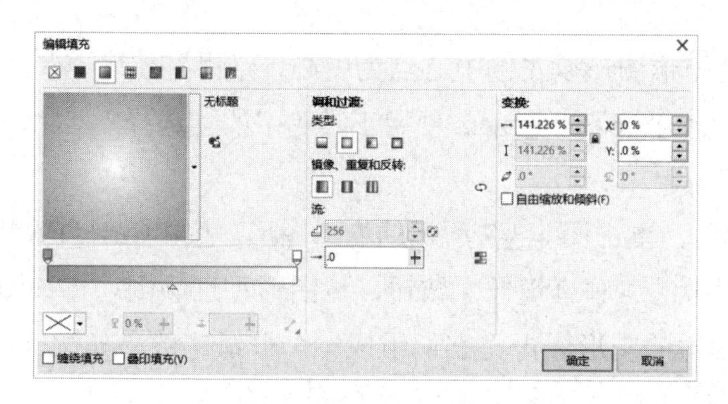

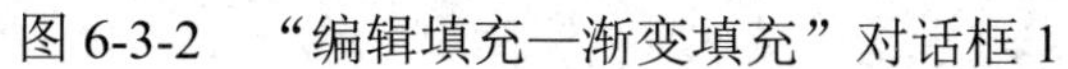

图 6-3-2 “编辑填充—渐变填充”对话框 1　　　　图 6-3-3 填充矩形图形

（4）绘制一个矩形，如图 6-3-4 左图所示。弹出“渐变填充”对话框，分别在颜色频带的起点、中点、终点设置从金黄色到黄色再到金黄色的线性渐变色，如图 6-3-5 所示。单击“确定”按钮，为矩形填充颜色，再取消轮廓线，效果如图 6-3-4 右图所示。

（5）选中图 6-3-4 右图所示图形。选择“对象”→“变换”→“旋转”命令，弹出“变换”泊坞窗，在“角度”数字框中输入-90°，勾选“相对中心”复选框，选中下方中间的选框，在“副本”数字框中输入 0，如图 6-3-6 左图所示。单击“应用”按钮，可以将选中的矩形图形以底部为中心，顺时针旋转 90°，使矩形图形水平放置。

（6）在该泊坞窗中重新设置“角度”为 5°（180÷5=36），选中“相对中心”复选框下方左侧中间的选框，在“副本”数字框中输入 36（表示复制 36 个图形副本），如图 6-3-6 右图所示。

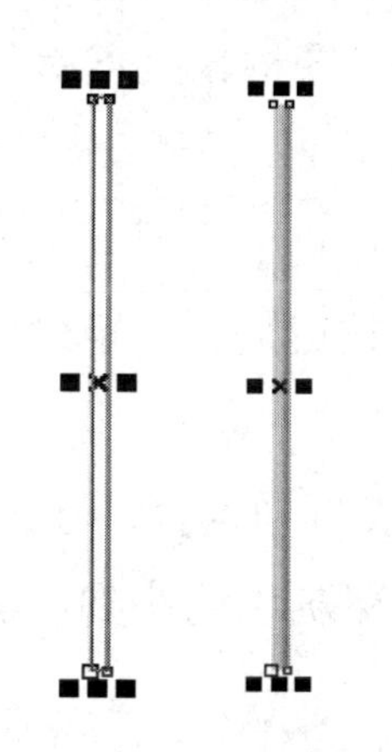

图 6-3-4 矩形和颜色填充

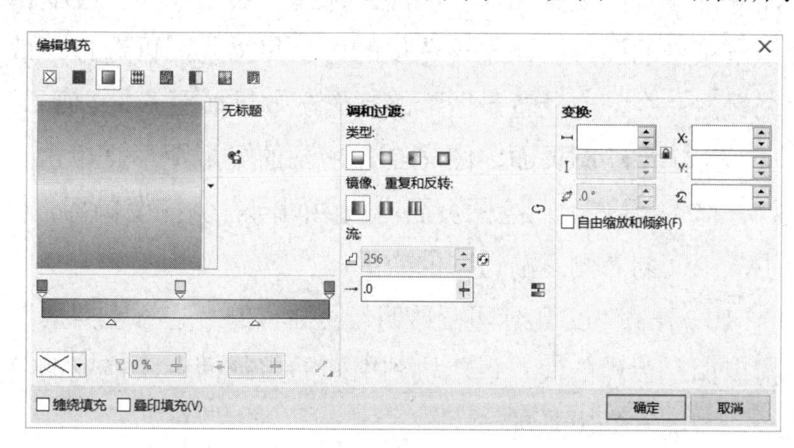

图 6-3-5 “编辑填充—渐变填充”对话框 2

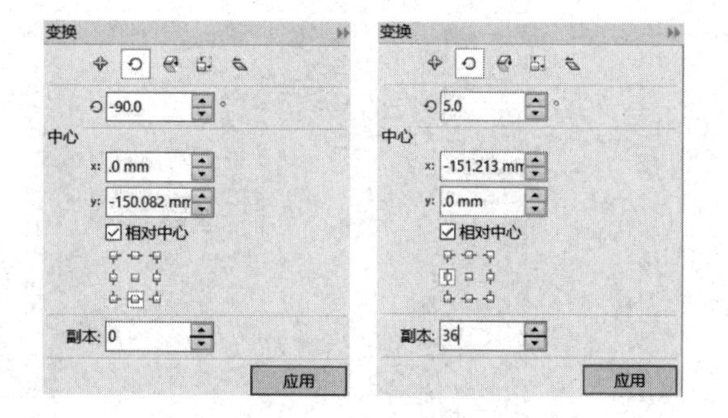

图 6-3-6 “变换”泊坞窗

单击“应用”按钮，可以将选中的矩形图形以左侧中心点为中心，逆时针旋转 5°，同时复制一份图形，共有 37 个矩形，效果如图 6-3-7 所示。使用工具箱中的“选择”工具将它们都选中，再组成群组，并选中该群组。

（7）使用工具箱中的“选择”工具，单击图 6-3-7 所示的群组图形，按“Ctrl+D”组合键复制一份，再单击其“群组”属性栏中的“垂直镜像”按钮，将图形垂直颠倒。将该图形移到原图形的下方，合并成一个金光四射的图形。再将它们组成一个群组，效果如图 6-3-8 所示。

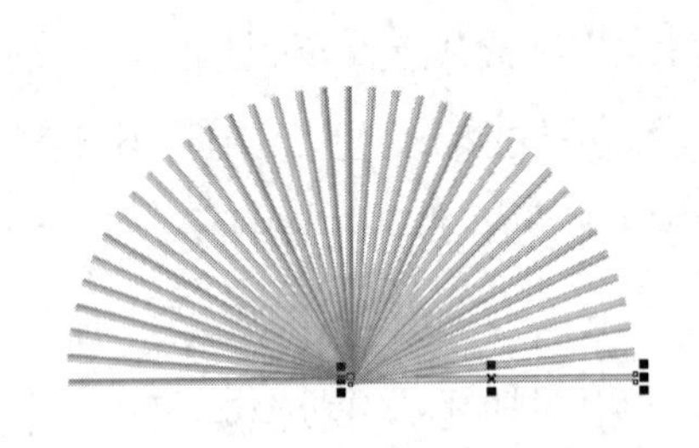

图 6-3-7　37 个角度相差 5°的矩形

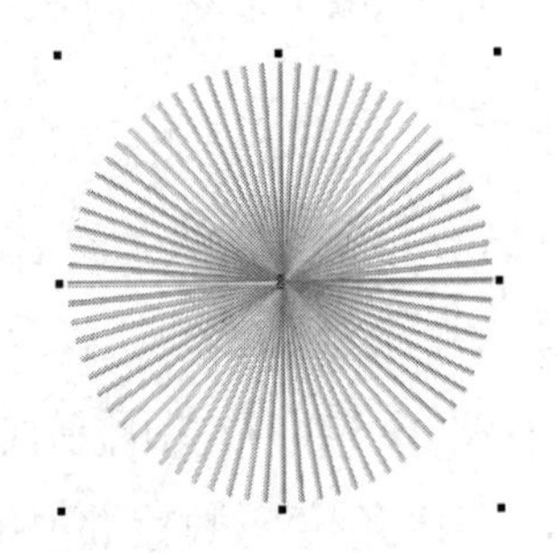

图 6-3-8　金光四射的图形

（8）选中图 6-3-8 所示的群组图形，选择“效果”→“图框精确剪裁”→“放置在容器中”命令，这时鼠标指针呈黑色大箭头状，将选中的群组图形移到矩形图形内。同时，绘图页面外部导入的风景图像会消失。选择“效果”→“图框精确剪裁”→“编辑内容”命令，显示出镶嵌的图形。调整该图像的大小和位置，再选择“效果”→“图框精确剪裁”→“结束编辑”命令，完成背景图形的制作，效果如图 6-3-9 所示。

（9）选中绘图页面内图 6-3-3 所示的矩形图形，单击工具箱交互式工具展开工具栏中的“透明度”工具，在绘图页面内从中间向右侧拖曳鼠标，松开鼠标按键后，该矩形图形即可产生从中间向右侧逐渐透明的效果。

（10）在其“交互时间变透明”属性栏的“透明度类型”下拉列表框中选择“辐射”选项，再拖曳调色板内的浅灰色色块到中间的控制柄上，拖曳调色板内的深灰色色块到右侧的控制柄上，如图 6-3-10 所示。

将图 6-3-9 所示矩形图形移到图 6-3-10 所示图形上，两个图形重叠效果如图 6-3-11 所示。

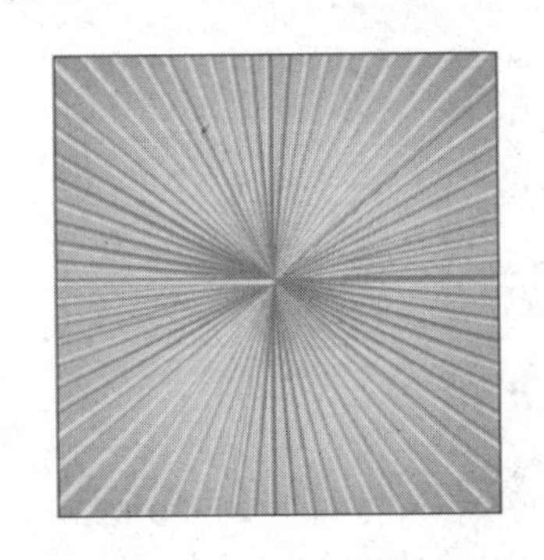

图 6-3-9　完成背景图形制作

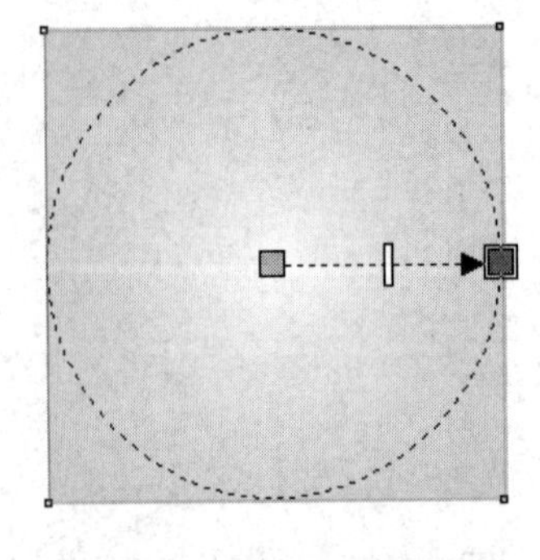

图 6-3-10　透明效果

图 6-3-11　两个图像重叠效果

2. 制作图像文字

（1）输入字体为隶书、字号为60pt、颜色为黑色的“彩球”和“小伞”美术字。导入两幅鲜花图像，并调整它的大小，如图6-3-12所示。

图6-3-12 两幅鲜花图像

（2）将“彩球”文字移到第一幅鲜花图像上，选中该文字，如图6-3-13所示。

（3）选择“窗口”→“泊坞窗”→“造型”命令，弹出“造型”泊坞窗。在下拉列表框中选中“相交”选项，取消勾选“保留原始源对象”和“保留原目标对象”两个复选框，如图6-3-14所示。

图6-3-13 选中文字

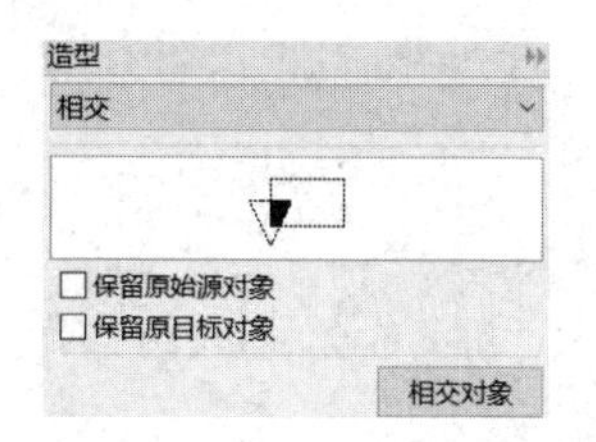

图6-3-14 “造型”泊坞窗

（4）在“造型”泊坞窗的下拉列表框中选择“相交”选项，鼠标指针呈状，单击图像，即可获得“彩球”图像文字，如图6-3-15所示。

（5）按照上述方法，再制作“小伞”图像文字，如图6-3-16所示。将两幅图像文字移到绘图页面内相应的位置，最终效果参考图6-3-1。

图6-3-15 “彩球”图像文字

图6-3-16 “小伞”图像文字

3. 绘制红、绿彩球

（1）使用工具箱中的“椭圆形”工具，按住Ctrl键，在绘图页面外绘制一个圆形图形。选择“对象”→“变换”→“大小”命令，或者选择“窗口”→“泊坞窗”→“变换”→“大小”命令，弹出“变换”泊坞窗（大小），如图6-3-17所示。在该泊坞窗中设置水平（x）与垂直（y）数值均为100mm，单击“应用”按钮。

（2）选中刚刚绘制的圆形图形，按“Ctrl+D”组合键，复制一个圆形图形，移到画布窗口外，以备后用。然后选择“视图”→“辅助线”命令，用鼠标从左标尺处向右拖曳，产生一条垂直的辅助线，将辅助线移到与圆形垂直直径相同的位置。

（3）选中绘制的圆形图形，将复制的圆形移到绘制的圆形图形垂直直径与辅助线重合的位置。在泊坞窗内不勾选“按比例”复选框，将“水平”数字框数值改为 70，在“副本”数字框中输入 1，然后单击“应用”按钮，复制一个水平半径变为圆半径 70%的同心椭圆形，如图 6-3-18（a）所示。

（4）选中绘制的圆形图形，将“变换”泊坞窗（大小）中的“水平”数字框数值改为 35，单击“应用”按钮，再复制一个水平半径变为圆半径 35%的同心椭圆形，如图 6-3-18（b）所示。

（5）选中绘制的圆形图形，将“变换”泊坞窗（大小）中的“垂直”数字框数值改为 70，单击“应用”按钮，再复制一个垂直半径变为圆半径 70%的同心椭圆形。再将“变换”泊坞窗（大小）中的“垂直”数字框数值改为 35，单击“应用”按钮，复制一个垂直半径改为圆半径 35%的同心椭圆形。最后效果如图 6-3-18（c）所示。

图 6-3-17 “变换”泊坞窗（大小）

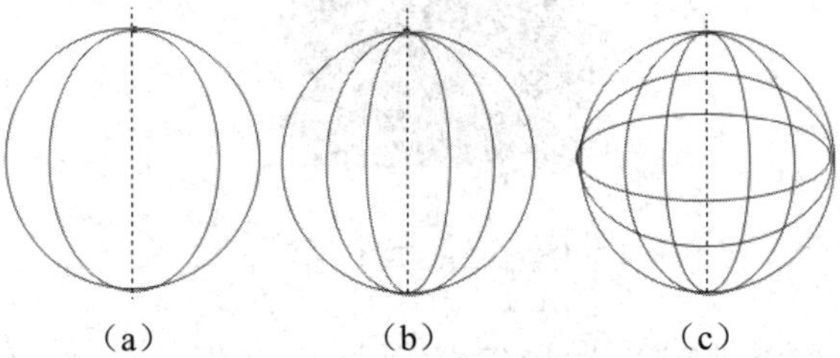

（a） （b） （c）

图 6-3-18 同心椭圆效果

（6）选中全部椭圆形，选择“对象”→“合并”命令，将它们合并成一个对象。再填充红色，右键单击调色板内的☒按钮，取消轮廓线，效果如图 6-3-19 所示。

（7）选中前面复制的圆形图形。单击工具箱中的“编辑填充”工具，在打开的“编辑填充”对话框中，选择“渐变填充”按钮，弹出“编辑填充—渐变填充”对话框。在“类型”栏中选择“椭圆形”选项，设置颜色频带的起始点和终止点，设置“从”颜色为绿色，“到”颜色为白色，如图 6-3-20 所示。单击“确定”按钮，绘制一个绿色球，再取消它的轮廓线，如图 6-3-21 所示。

（8）将绿色球移到红色球上，与红色球重合，选择“对象”→“顺序”→“到页面后面”命令。使用工具箱中的“选择”工具，将球移到绘图页面的中间，最终效果参考图 6-3-1。

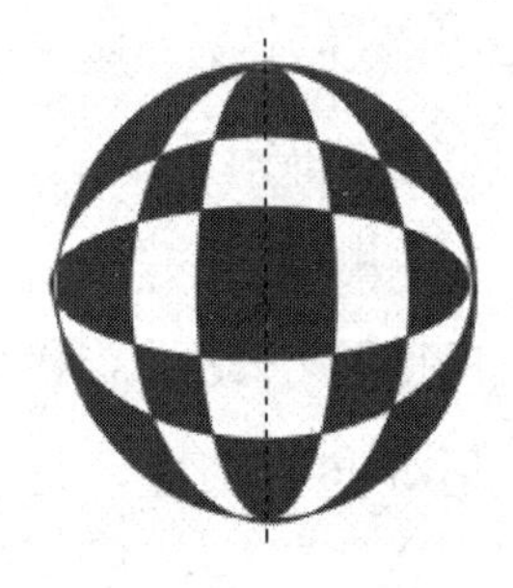

图 6-3-19 填充红色

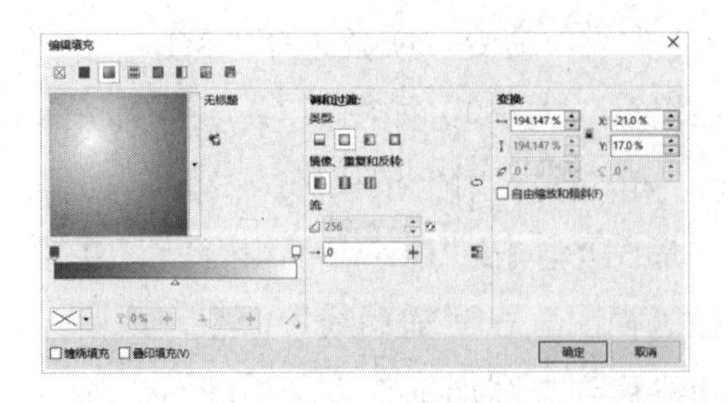

图 6-3-20 “编辑填充—渐变填充”对话框 3

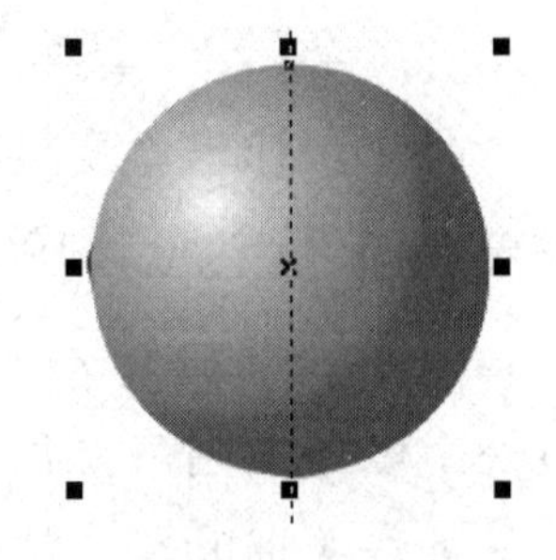

图 6-3-21 绿色球

4．绘制小伞图形

（1）使用工具箱中的“椭圆形”工具，绘制 4 个椭圆形图形，先绘制 1 个最大的椭圆形图形，再绘制 3 个小的椭圆形图形，最大的椭圆形图形在图形最后面，如图 6-3-22 所示。

（2）使用工具箱中的“选择”工具，同时选中 4 个椭圆形图形。选择“对象”→“造型”→“移除前面对象”命令，用后面的椭圆形图形减去前面的椭圆形图形，如图 6-3-23 所示。

（3）选中造型后的图形，选择“对象”→“拆分曲线”命令，将其拆分为两个图形，再选中下半部分无用的图形，按 Delete 键将其删除。使用工具箱中的“形状”工具，分别将图形两侧的节点向两侧移动一些，形成伞形图形，如图 6-3-24 所示。

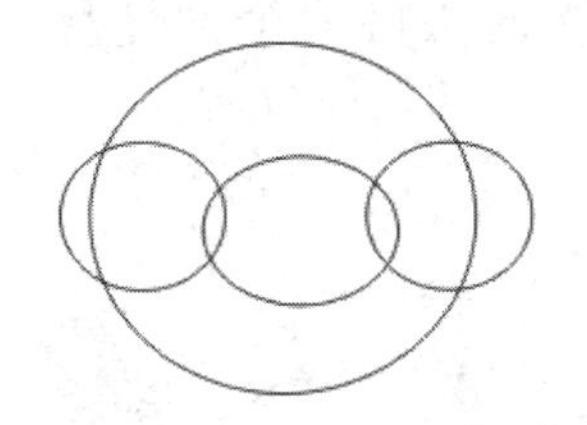

图 6-3-22　4 个椭圆形图形

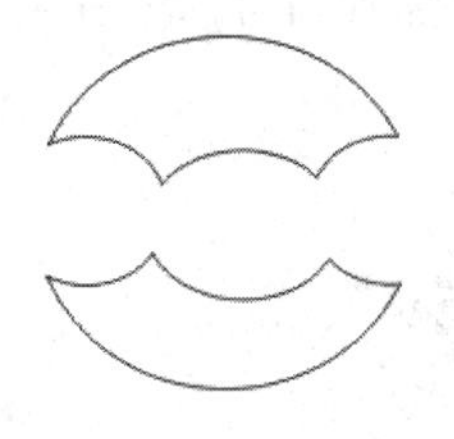

图 6-3-23　“移除前面对象”命令效果

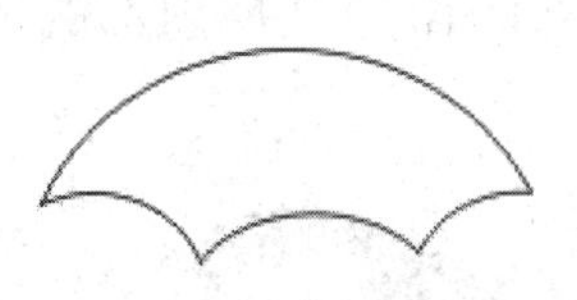

图 6-3-24　形成伞形图形

（4）单击工具箱中“编辑填充”工具，在打开的“编辑填充”对话框中，单击“渐变填充”按钮，弹出“编辑填充—渐变填充”对话框，如图 6-3-25 所示。在“类型”栏中选择“椭圆形”选项，设置颜色频带的起始点和终止点，设置“从”颜色为天蓝色，“到”颜色为白色，如图 6-3-26 所示。单击“确定”按钮，完成对图形的渐变填充，如图 6-3-27 所示。

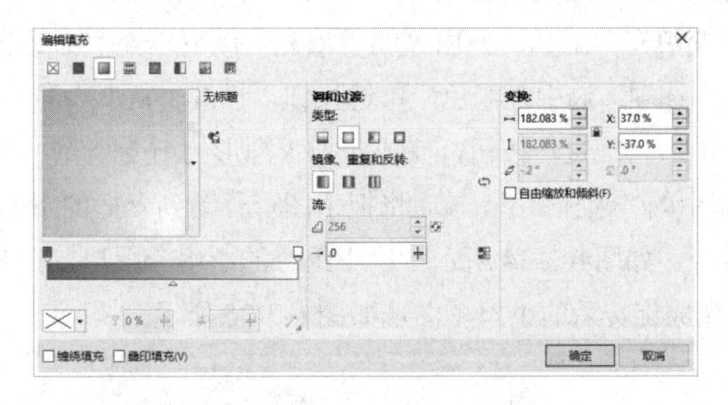

图 6-3-25　“编辑填充—渐变填充”对话框 4

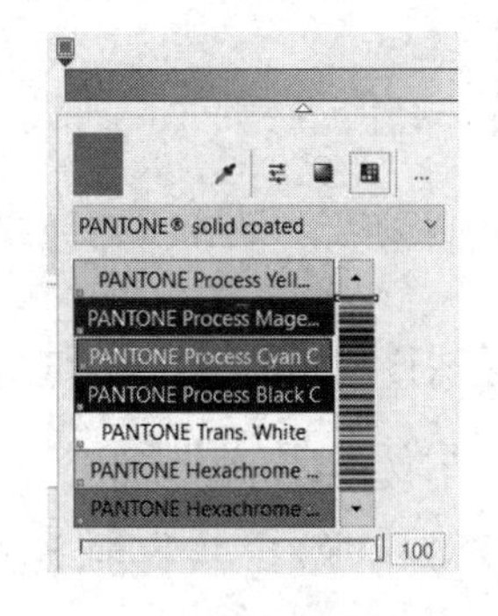

图 6-3-26　设置颜色

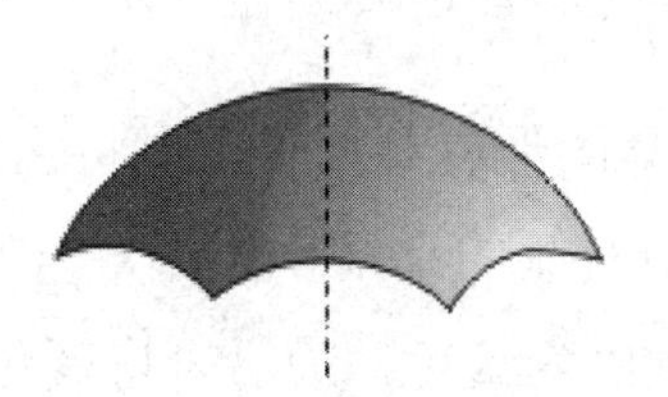

图 6-3-27　对图形的渐变填充

（5）使用工具箱中的“贝塞尔”工具，在小伞的中间绘制一个弧度三角形图形，为其填充灰白色，形成小伞图形的一个面，如图 6-3-28 所示。

（6）使用工具箱中的“椭圆形”工具，绘制一个小椭圆形图形，将其填充为天蓝色，设置轮廓线为黑色，如图 6-3-29 所示。使用工具箱中的“选择”工具选中小椭圆形图形，按“Ctrl+D”组合键 3 次，复制 3 个小椭圆形图形。

（7）分别调整 4 个小椭圆形图形的旋转角度，形成 4 个伞骨图形，使用工具箱中的“选择”工具，将这 4 个伞骨图形移到伞面下边的 4 个尖端部位，如图 6-3-30 所示。

（8）使用工具箱中的“钢笔”工具，绘制两个封闭的图形，为其填充海军蓝色，构成伞把的两个部件，如图 6-3-31 所示。使用工具箱中的“选择”工具，将两个部件移到伞的顶部，作为伞把顶部的图形。

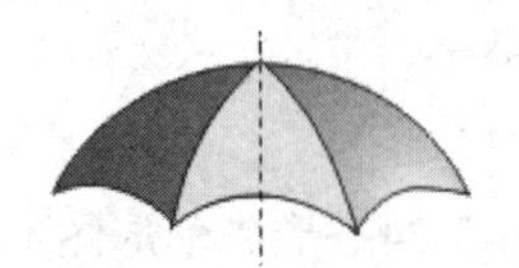
图 6-3-28　弧度三角形图形

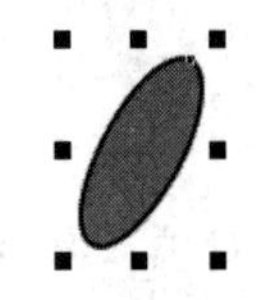
图 6-3-29　小椭圆形图形

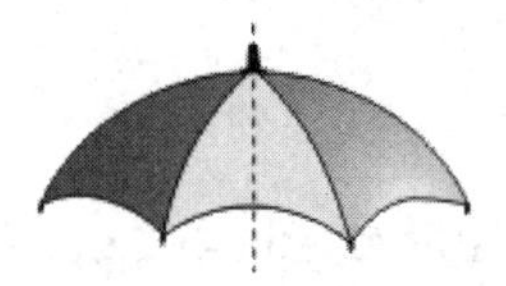
图 6-3-30　伞骨图形

图 6-3-31　伞把两个部件

（9）使用“矩形”工具，绘制一个矩形图形，为其填充海军蓝色。选择“对象”→“顺序”→“到图层后边”命令，将其置于小伞图形的后面，作为伞把，如图 6-3-32 所示。

（10）使用工具箱中的“贝塞尔”工具，绘制一个封闭的把手图形。单击编辑填充工具展开工具栏中的“渐变填充”工具，弹出“编辑填充—渐变填充”对话框，在“类型”下拉列表框中选择“线性”选项；选中“双色”单选按钮，设置“从”为海军蓝色、“到”为冰蓝色，其他设置不变。单击“确定”按钮，完成对把手图形的渐变填充，如图 6-3-33 所示。

（11）使用工具箱中的“选择”工具，将把手图形移动到伞把的下面。选中所有的图形，将所有的图形进行组合，如图 6-3-34 所示。选中组合的小雨伞图形，在其属性栏中设置“旋转角度”为 330°，完成旋转后的小雨伞图形如图 6-3-35 所示。

图 6-3-32　伞把

图 6-3-33　把手填充

图 6-3-34　组合图形

图 6-3-35　旋转后的小雨伞图形

（12）将小雨伞图形复制两份，再将它们分别移到彩球图形的右上方和右下方，然后旋转不同的角度。选中右侧的小雨伞图形，选择“对象”→“取消组合”命令，将小雨伞图形取消群组，调整其颜色为紫色。最后，将紫色小雨伞图形复制一份，并移到彩球图形的左下方，同时旋转一定角度。

1．自由变换工具简介

单击工具箱形状编辑工具展开工具栏中的“自由变换”工具，此时的属性栏变为“自由变换”工具属性栏，如图6-3-36所示。属性栏中部分功能的作用介绍如下。

图6-3-36 “自由变换”工具属性栏

（1）“旋转”“反射”“缩放”“倾斜”按钮：用来选择自由变换的类型。单击“旋转”“反射”“缩放”“倾斜”按钮中的一个，即可对选中图形对象进行相应的旋转、反射（自由角度镜像）、按比例调节（缩放）和扭曲（倾斜）调整。

（2）“旋转中心的位置”和文本框：用来改变旋转中心的水平和垂直坐标位置。

（3）“旋转角度”文本框：用来调节选中对象的旋转角度。

（4）“倾斜角度”和文本框：用来改变选中对象的水平和垂直倾斜角度。

（5）“应用到再制”按钮：用来控制是否应用于复制对象。当“应用到再制”按钮呈按下状态时，表示在对图形对象做变形操作时，将原图形对象复制后，再对图形副本做变形操作，而不改变原图形的位置和形状；当“应用到再制”按钮呈抬起状态时，表示在对图形做变形操作时，只是对原图形进行变形操作。

（6）“相对于对象”按钮：它的作用是改变选中的图形对象的坐标原点。当“相对于对象”按钮呈按下状态时，其坐标原点位置是相对于图形对象中心的位置；当“相对于对象”按钮呈抬起状态时，其坐标原点位置是标尺坐标的实际位置。

2．自由变换调整

（1）缩放调节：缩放又称自由缩放，可以使对象在水平及垂直方向上做任意的延展和收缩。使用“选择”工具选中对象，选择“自由变换”工具，弹出“自由变换”工具属性栏，单击“缩放”按钮，在绘图页面内任意处单击并拖曳鼠标，对象的轮廓会随着鼠标的移动而缩放变化，如图6-3-37所示。松开鼠标左键后，对象即按照轮廓线的变化而改变。

在拖曳鼠标时，对象以鼠标单击处为基点进行缩放，向上拖曳可以在垂直方向放大对象，向下拖曳可以在垂直方向缩小对象。当向下拖曳使对象垂直缩放因子小于0以后，可使对象产生垂直镜像，并放大镜像的对象；向右拖曳可以在水平方向放大对象，向左拖曳可以在水平方向缩小对象，当鼠标向左拖曳使对象水平缩放因子小于0以后，可使对象产生水平镜像，并放大镜像的对象。

（2）旋转：可以使对象围绕任意的轴心进行任意角度的旋转。使用“选择”工具选中对象，选择“自由变换”工具。先单击“自由变换”工具属性栏中的“旋转”按钮，在“旋转中心的位置”文本框中设置旋转中心的坐标位置。然后，在绘图页面任意处单击并拖曳鼠标，此时屏幕上会产生一条以单击处为原点的辐射虚线，辐射虚线和对象的轮廓会以辐射虚线的原点为圆心旋转，松开鼠标左键，旋转操作结束，如图 6-3-38 所示。

（3）倾斜：使用“选择”工具选中对象，选择“自由变换”工具。单击“自由变换”工具属性栏中的“倾斜”按钮，在绘图页面任意处单击并拖曳鼠标，对象的轮廓会随着拖曳而改变，倾斜效果如图 6-3-39 所示。

（4）反射：又称“自由角度反射”或“镜像”，可以使对象在镜像后围绕着任意的轴心进行任意角度的旋转。使用“选择”工具选中对象，选择“自由变换”工具。单击“自由变换”工具属性栏中的“反射”按钮，然后在绘图页面任意处单击并拖曳鼠标，会产生一条以鼠标单击处为原点的直线，并产生以直线为镜面的镜像对象的轮廓，拖曳时直线及对象的轮廓会以直线的原点为圆心旋转，反射效果如图 6-3-40 所示。

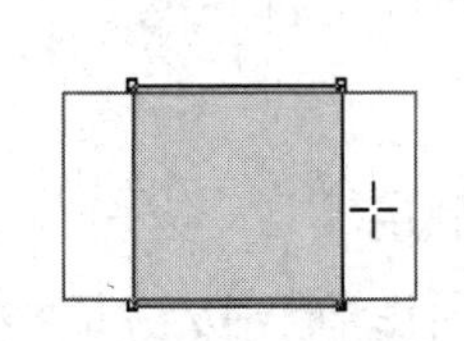

图 6-3-37　缩放效果

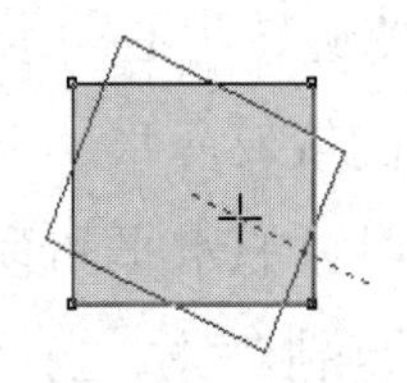

图 6-3-38　旋转效果

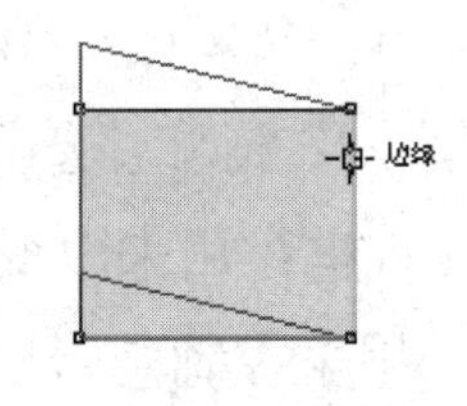

图 6-3-39　倾斜效果

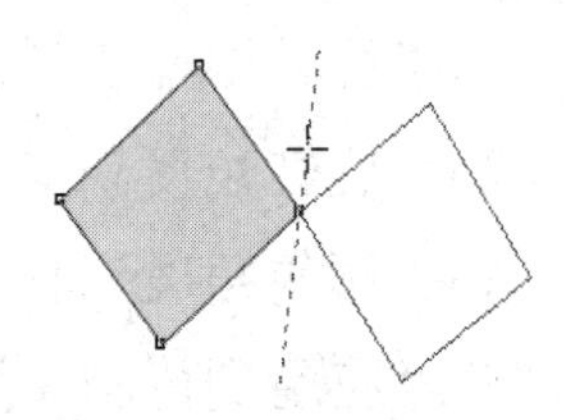

图 6-3-40　反射效果

3. 对象管理器

“对象管理器”以分层结构的形式显示当前文档的页面情况，以及各页面内的对象、图层和各个对象的特点（如填充颜色、轮廓颜色、形状、对象顺序等）。

（1）弹出对象管理器：打开一个图形，如打开本案例中制作的图形，选择“工具”→“对象管理器”命令，或者选择“窗口”→“泊坞窗”→“对象管理器”命令，弹出“对象管理器”泊坞窗，如图 6-3-41 左图所示。

（2）“显示对象属性”按钮：当该按钮处于按下状态时，单击该按钮，可以在各个对象的右侧显示各个对象的填充与轮廓等属性，如图 6-3-41 左图所示。当该按钮处于抬起状态时，不显示各个对象的填充与轮廓等属性，如图 6-3-41 中图所示。

（3）“跨图层编辑”按钮：当它处于按下状态时，允许编辑跨越图层中的对象；当它处于抬起状态时，不允许编辑跨越图层中的对象。

（4）“图层管理器视图”按钮：当它处于按下状态时，即可进入“图层管理器视图”状态，如图 6-3-41 右图所示。此时，可以对桌面、图层、辅助线和网格进行显示或不显示等操作。例如，单击图标，可将相应的内容隐藏；再单击图标，可使隐藏的内容显示出来。

（5）“新建图层”按钮：单击该按钮，可以增加一个新图层，如图 6-3-42 所示。

（6）“新建主图层”按钮：单击该按钮，可以增加一个新的主图层。

（7）“删除”按钮：先选中“对象管理器”内的图层或对象等，再单击它可以删除选中的内容。

（8）“对象管理器”泊坞窗的快捷菜单：单击上方按钮栏内右侧的按钮，或者将鼠标指针移到“对象管理器”泊坞窗内并右键单击，都可以弹出“对象管理器”泊坞窗的快捷菜单，如图 6-3-43 所示。利用该快捷菜单可以对图层和对象进行相应的操作。

（9）“对象管理器”泊坞窗内的页面、图层、对象、导线（辅助线）和网格的快捷菜单：将鼠标指针移到“对象管理器”泊坞窗内的页面、图层、对象、导线（辅助线）或网格等处，并单击右键，就可以弹出相应的快捷菜单。

利用这些快捷菜单可以有针对性地进行新增图层、删除图层、移动对象到某一个图层、复制对象到某一个图层等操作。例如，图层的快捷菜单如图 6-3-44 所示。

（10）对象操作：单击“对象管理器”泊坞窗内的某一个对象说明，即可在绘图页内选中该对象；按住“Shift”键的同时，单击多个对象说明，即可在绘图页面选中这些对象，然后可以对选中的对象进行操作。

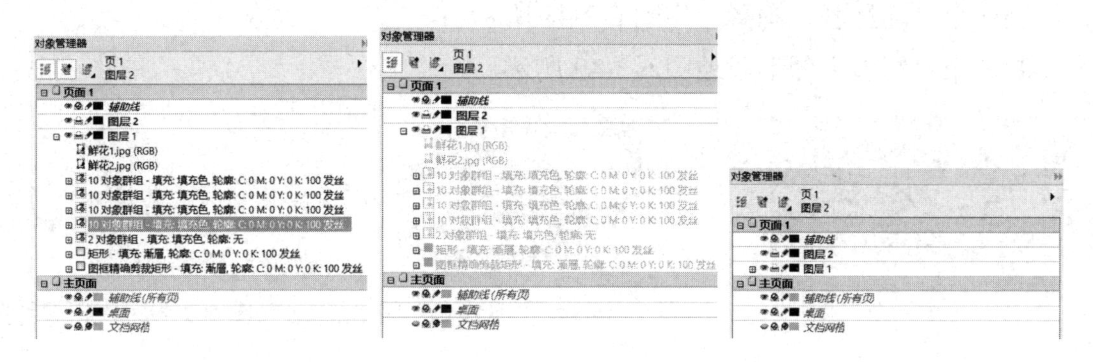

图 6-3-41 “对象管理器”泊坞窗

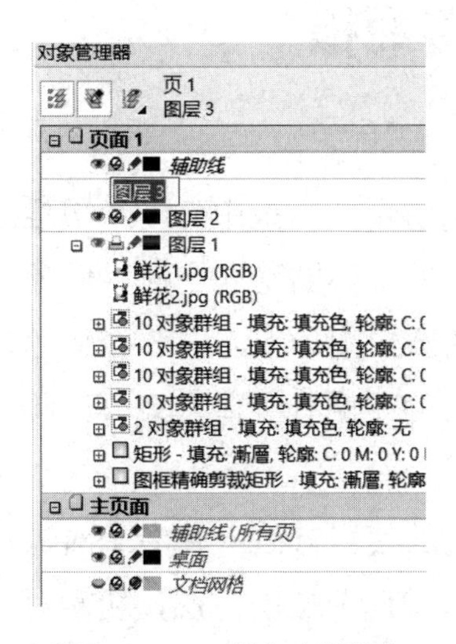

图 6-3-42 增加新图层　　图 6-3-43 “对象管理器”泊坞窗的快捷菜单　图 6-3-44 图层的快捷菜单

思考与练习 6-3

1．绘制两个“桌布花纹”图形，如图 6-3-45 所示。

2．绘制“花纹图案”图形，如图 6-3-46 所示。

图 6-3-45　“桌布花纹”图形

图 6-3-46　“花纹图案”图形

3．绘制一个“黑与白”图形，如图 6-3-47 所示。

4．绘制一个“连环套”图形，如图 6-3-48 所示。

5．绘制一个“钥匙”图形，如图 6-3-49 所示。

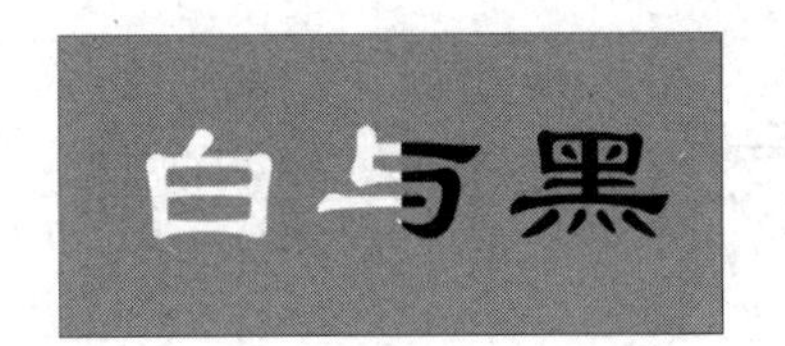

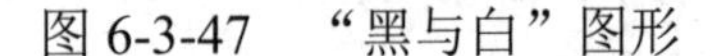

图 6-3-47　“黑与白”图形

图 6-3-48　“连环套”图形

图 6-3-49　“钥匙”图形

6.4　案例 23：制作北京冬奥宣传海报

本节制作一幅以“冬奥北京”为主题的宣传海报，如图 6-4-1 所示。海报中有一个奥运五环标志图形，奥运五环标志图形由蓝、黄、黑、绿和红五种颜色的圆环圈套在一起，它象征着奥运会的团结友谊。有 3 幅冬奥主题的图像分别镶嵌在蓝色的圆形图形中，这 3 个蓝色的圆形图形又置于 3 个不同颜色的圆形花边图形中，奥运五环图形的左侧有字体为隶书，颜色为蓝、黑、红、绿、黄五色的“冬奥北京”文字。

通过对本案例的学习，可以进一步掌握“交互式轮廓图”工具的使用方法，将多个对象相结合的方法，“造型”泊坞窗和“变换”泊坞窗的使用方法，图框精确剪裁的方法，切割对象和擦除图形的方法，以及使用涂抹笔刷工具和粗糙笔刷工具加工图形的方法等。

图 6-4-1 “冬奥北京”宣传海报

制作方法

1. 绘制五环图形

（1）新建一个文档，设置绘图页面的宽度为 240mm、高度为 180mm。

（2）使用工具箱中的“椭圆形”工具，在绘图页面中绘制一个圆形图形，如图 6-4-2 所示。单击工具箱交互式工具展开工具栏中的“轮廓图”工具，拖曳鼠标，出现一个向内的箭头。

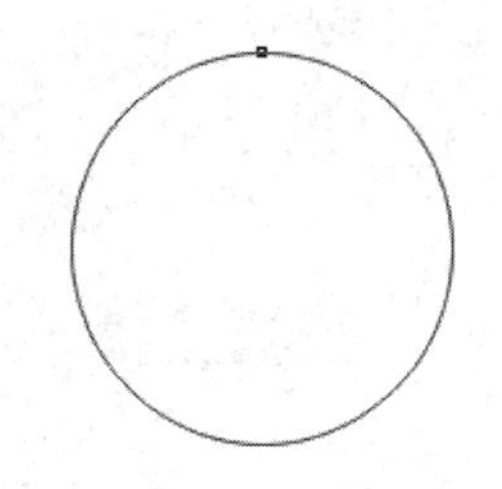

图 6-4-2 圆形图形

（3）在其属性栏中设置“轮廓图步长值”为 1，表示只建立一层轮廓图。设置“轮廓图偏移”为 3.5mm，表示轮廓图与原图的距离为 3.5mm，如图 6-4-3 所示。这时原来的圆形图形内部出现了一个圆环图形，如图 6-4-4 所示。

图 6-4-3 “交互式轮廓图”工具属性栏

（4）使用“选择”工具选中所绘对象，选择“对象”→“拆分轮廓图群组”命令，将所选对象拆分，形成内外两个单独的圆形。同时选中两个圆形，选择“对象”→“合并”命令，将所选对象合并，组成一个圆环图形。设置圆环的填充色为天蓝色、无轮廓线，如图 6-4-5 所示。

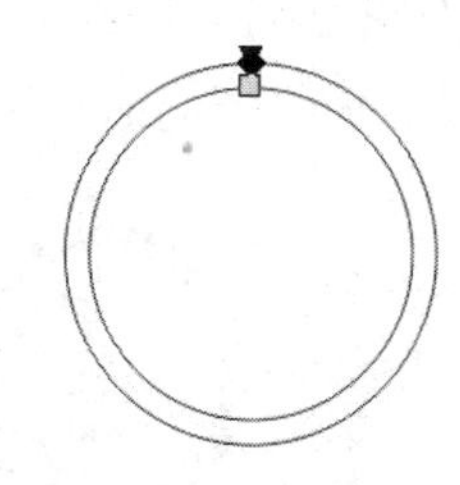

图 6-4-4 圆环图形

（5）选中天蓝色圆环图形，按“Ctrl+D”组合键，复制一份天蓝色圆环图形，并选中该图形，将它的填充色设置为黑色，将黑色圆环图形移到天蓝色圆环图形的右侧。

（6）按照上述方法，再制作一个红色圆环图形、一个黄色圆环图形和一个绿色圆环图形，并将它们移到适当位置，如图 6-4-6 所示。

（7）选中黄色圆环图形，选择“对象”→“顺序”→“置于此对象后”命令，将黑色箭头状鼠标指针移到黑色圆环图形上，单击黑色圆环图形，即可将黄色圆环图形置于黑色圆环图形的后面。

按照上述方法，调整绿色圆环图形到红色圆环图形的后面，效果如图 6-4-7 所示。

图 6-4-5　天蓝色圆环

图 6-4-6　5 个圆环图形

图 6-4-7　调整图形前后顺序的效果

2. 五环圈套效果

可以看到，黄色圆环图形在蓝色圆环图形的上面、在黑色圆环图形的下面；绿色圆环图形在黑色圆环图形的上面、在红色圆环图形的下面。下面的操作是将黄色圆环图形与蓝色圆环图形相交处的黄色圆环图形裁减掉，显示出上面的蓝色圆环图形，从而形成黄色圆环图形与蓝色圆环图形的相互圈套。

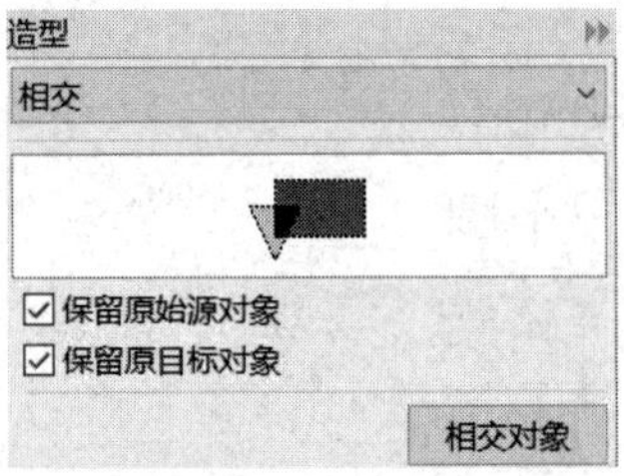

图 6-4-8　“造型”泊坞窗（相交）

（1）选择“窗口”→“泊坞窗”→“造型”命令，弹出“造型”泊坞窗（相交），勾选“保留原始源对象”和“保留原目标对象”两个复选框，如图 6-4-8 所示。

（2）使用工具箱中的“选择”工具，选中黄色圆环图形，单击“造型”（相交）泊坞窗中的“相交对象”按钮，然后单击要切割的蓝色圆环图形，即可将蓝色圆环图形与黄色圆环图形相交处的两小块蓝色圆环图形剪裁出来，如图 6-4-9 所示。注意，黄色圆环图形会整体自动移到蓝色圆环图形的上面。

（3）选择“对象”→“拆分曲线”命令，将两小块蓝色圆环图形的部分分离。

（4）单击非图形处，选中下面的一块蓝色图形，如图 6-4-10 所示。按 Delete 键，删除选中的蓝色小块图形，即可获得蓝色圆环图形与黄色圆环图形相互圈套的效果，如图 6-4-11 所示。

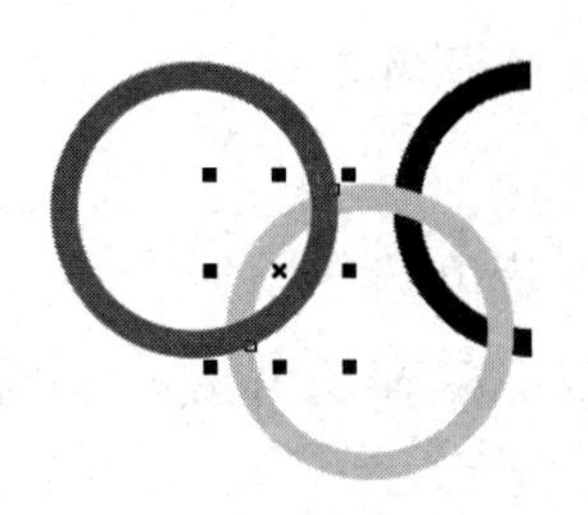
图 6-4-9　剪裁圆环图形

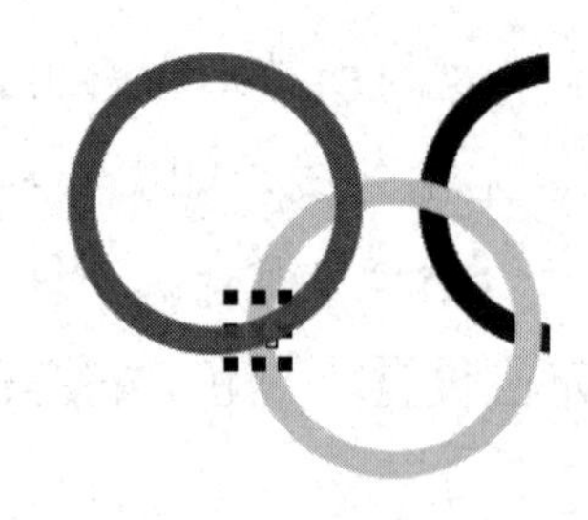
图 6-4-10　选中一块蓝色图形

图 6-4-11　圆环图形相互圈套

（5）按照上述方法，将黄色圆环图形和黑色圆环图形相互圈套，将黑色圆环图形和绿色

圆环图形相互圈套，将红色圆环图形和绿色圆环图形相互圈套。

（6）拖曳出一个矩形并选中5个圆环圈套图形，选择“对象”→“组合”命令，将选中的所有图形组成一个群组，形成奥运五环标志图形。最终效果参考图6-4-1。

3．制作镶嵌图像

绘制一个宽和高均为60mm的圆形图形，设置它的轮廓线颜色为蓝色，在“椭圆形”工具属性栏的“轮廓宽度”下拉列表框中设置轮廓线粗为1.0mm，复制两份。导入3幅运动图像，分别为“冬奥1”“冬奥2”“冬奥3”图像文件。按照案例21中介绍的方法，将3幅图像分别镶嵌到3个圆形图形内。

4．制作双色文字

（1）使用工具箱中的“文本”工具字，在绘图页面中输入字体为隶书、字号为75pt的“冬奥”和“北京”两组美术字，分为两行排列，如图6-4-12所示。

（2）绘制一个矩形，将它放置在“冬”美术字的左半侧，如图6-4-13所示。选择“窗口”→“泊坞窗”→“造型”命令，弹出“造型”泊坞窗，在下拉列表框中选择“相交”选项，只勾选“保留原目标对象”复选框，如图6-4-14所示。

（3）单击“造型”泊坞窗中的“相交对象”按钮，再将鼠标指针移到“冬”美术字上，单击鼠标左键后，再单击调色板中的黄色色块，使“冬”字的左半侧为黄色。

按照上述方法，将“北”艺术字左半侧颜色改为黑色，如图6-4-15所示。

图6-4-12　输入文字

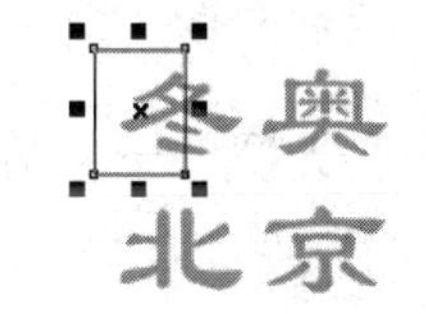

图6-4-13　左侧矩形

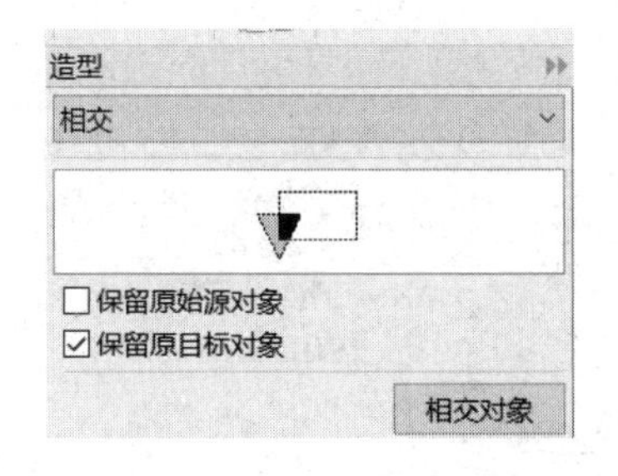

图6-4-14　“造型”泊坞窗（相交）

图6-4-15　修整文字

（4）绘制一个矩形，将它放置在“奥”美术字的右半侧，如图6-4-16所示。选择“造型”泊坞窗中的“相交”选项，将鼠标指针移到“京”字上并单击，再单击调色板中的红色色块，使“奥”字的右半侧为红色。

按照上述方法，将“京”艺术字右半侧颜色设置为绿色，如图6-4-17所示。

（5）使用工具箱中的“选择”工具，拖曳出一个矩形，选中“冬奥北京”美术字，选择“对象”→“组合”命令，将它们组合成一个群组，然后将该群组移到绘图页面的右上角，最终效果参考图 6-4-1。

5．绘制 24 个同心的图形

（1）设置绘图页面的宽为 260mm、高为 80mm，然后绘制一个矩形。选中该矩形，再选择工具箱中的“形状”工具，此时矩形如图 6-4-18 左图所示。

（2）用鼠标向内拖曳其中一个黑色实心控制柄，形成如图 6-4-18 中图所示的图形。使用工具箱中的“选择”工具将它水平调窄，如图 6-4-18 右图所示。

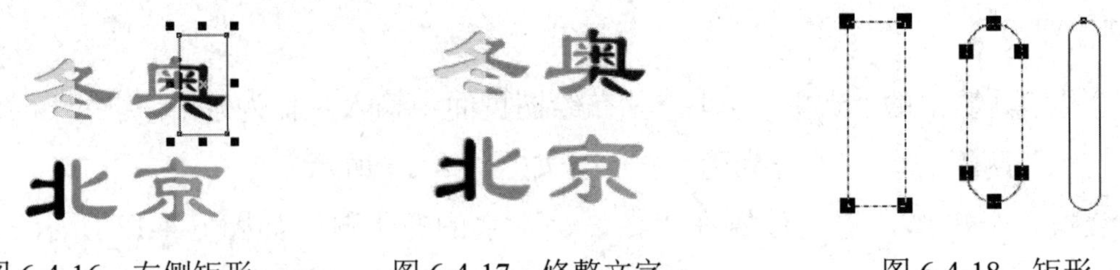

图 6-4-16　右侧矩形　　图 6-4-17　修整文字　　图 6-4-18　矩形

（3）单击工具箱填充工具展开工具栏中的“渐变填充”工具，弹出“编辑填充—渐变填充”对话框。在“类型”栏中选择“圆锥形”填充类型，将“从”颜色设置为蓝色，将“到”颜色设置为白色，将中点位置设置为 50%，输入“水平”偏移值 0%、“垂直”偏移值 22%，其他选项设置如图 6-4-19 所示。单击“确定”按钮。选中圆角矩形，取消轮廓线，效果如图 6-4-20 所示。

（4）选择“对象”→“变换”→“旋转”命令，弹出“变换”泊坞窗。在该泊坞窗的“角度”数字框中输入 15.0（旋转 15°），勾选“相对中心”复选框，单击上边的中间按钮，在“副本”数字框中输入 23，如图 6-4-21 所示。

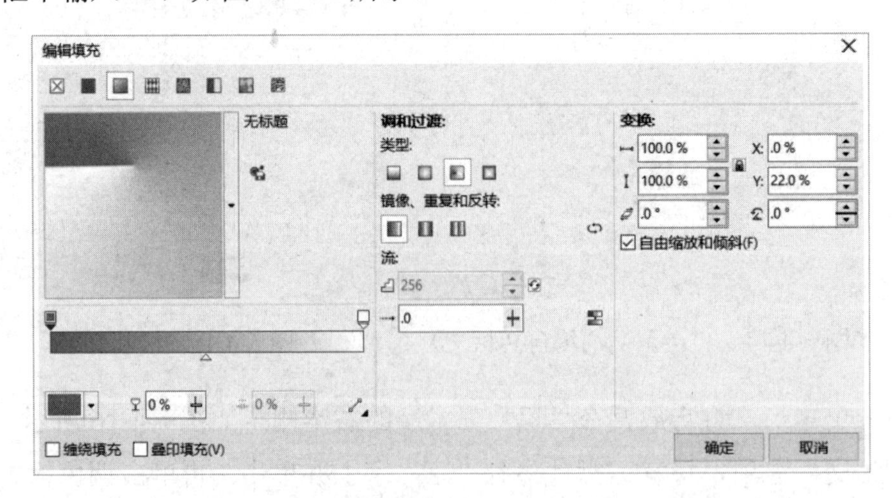

图 6-4-19　“编辑填充—渐变填充”对话框

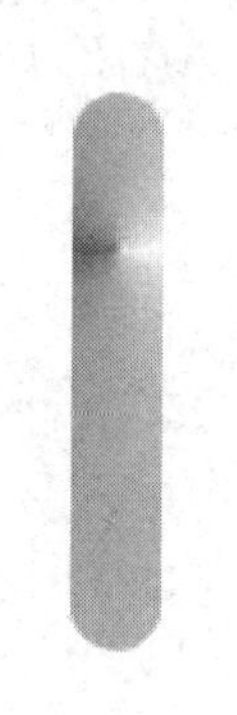

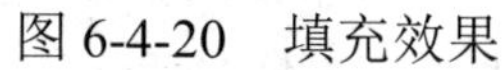

图 6-4-20　填充效果

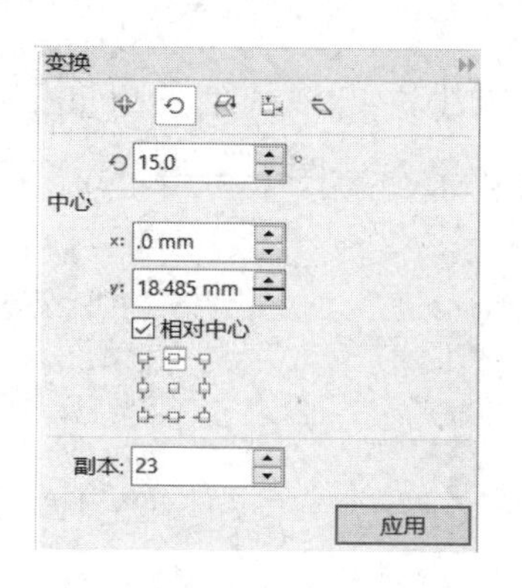

图 6-4-21　“变换”泊坞窗

（5）单击“应用”按钮，即可生成 23 个同心的图形，相邻的两个图形之间的角度为 15°，效果如图 6-4-22 所示。

6. 生成几何对称图形

（1）使用工具箱中的“选择”工具，再拖曳 24 个图形。然后单击“多个对象”属性栏内的“合并”按钮。此时图 6-4-22 所示图形变为图 6-4-23 所示的花边图形。

（2）使用工具箱中的“选择”工具，选中图 6-4-23 所示图形，按“Ctrl+D”组合键，复制一份图形，再将复制的图形缩小到原图的 1/3。

（3）选中复制的图形，单击工具箱编辑填充工具展开工具栏中的“渐变填充”工具，弹出“编辑填充—渐变填充”对话框。给复制的图形填充从白色到黄色的圆锥形渐变的颜色，再旋转 180°，如图 6-4-24 所示。将它拖曳到大花边图形的中间，使两个花边图形的中心对齐，如图 6-4-25 所示。

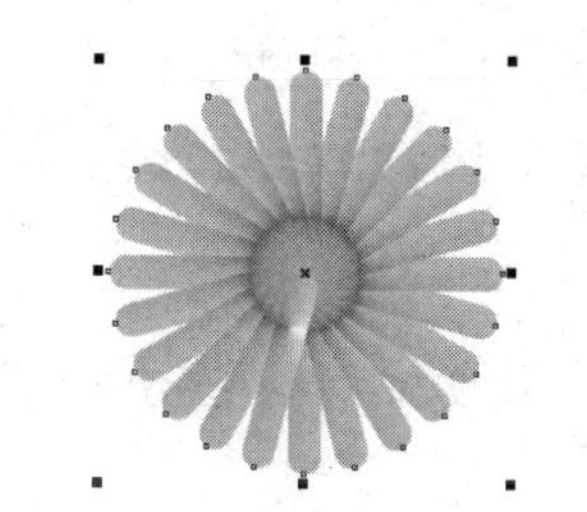

图 6-4-22　24 个同心图形

图 6-4-23　花边图形

图 6-4-24　渐变填充

图 6-4-25　重叠放置

（4）单击交互式工具展开工具栏中的“调和”工具，将其属性栏中的“调和步数”设置为 12，再将“调和”指示线从大花边图形拖曳到小花边图形，如图 6-4-26 所示。

（5）单击属性栏中的“对象和颜色加速”按钮，弹出它的面板，拖曳该面板中的滑块，同时调整对象和颜色的加速值，如图 6-4-27 所示。此时可获得如图 6-4-28 所示的图形。

如果在制作图 6-4-28 所示花边图形时所用颜色是其他颜色，可单击“交互式调和”工具属性栏中的“顺时针”按钮，获得其他美丽的花边图形。

（6）使用工具箱中的“选择”工具，将镶嵌有图像的两个圆形图形分别移到花边图形的中心，适当调整大小，再移到绘图页面的下方。将其他 3 个花边图形调小，移到绘图页面的其他位置。最终效果参考图 6-4-1。

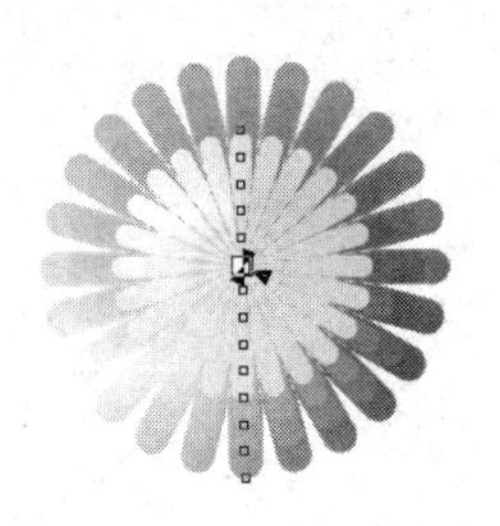

图 6-4-26　交互式调和

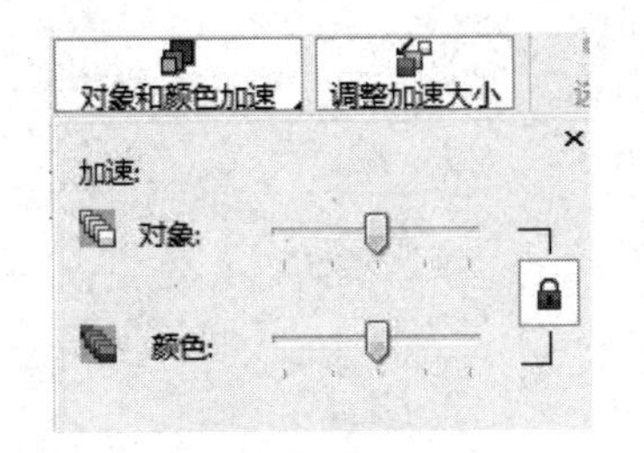

图 6-4-27　调整对象和颜色的加速值

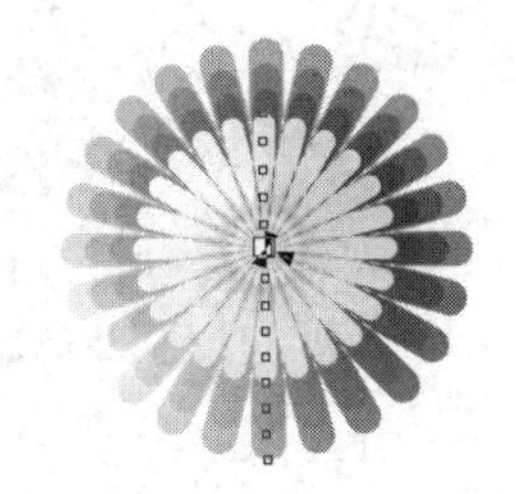

图 6-4-28　获得花边图形

相关知识

1. 切割对象

对于绘制好的图形，可以使用工具箱裁剪工具展开工具栏中的“刻刀”工具，将它切割成两个或多个部分。“刻刀”工具属性栏如图 6-4-29 所示。其中，当“自动闭合”按钮呈按下状时，表示将路径线切割断开，切割点间生成封闭的曲线；当“自动闭合”按钮呈抬起状时，表示只将路径线切割断开，切割点间不生成封闭的曲线。

图 6-4-29　“刻刀”工具属性栏

另外，当“保留为一个”按钮呈抬起状时，表示切割后的图形被分为两个图形，它们重新填充渐变颜色；当“保留为一个”按钮呈按下状时，表示切割后的图形填充不变。图形的切割方法如下。

（1）单击“刻刀”工具，弹出相应的属性栏，单击属性栏中的“自动闭合”按钮，使“保留为一个”按钮呈抬起状。

（2）将鼠标指针移到图形的切割点（如矩形上边线中点处），此时鼠标指针变为竖直状，单击鼠标左键，如图 6-4-30 所示。

（3）将鼠标指针移到另一个切割点（如矩形下边线中点处），此时鼠标指针会立起来，单击鼠标左键，会在两个切割点处生成两个节点，两个节点间会生成一条连接直线，完成切割，如图 6-4-31 所示。如果属性栏中的“自动闭合”按钮呈抬起状，则不会生成两个切割点间的连接直线。

另外，还可以从第 1 个切割点处拖曳鼠标到第 2 个切割点处，拖曳鼠标时会生成一条切割曲线，如图 6-4-32 所示。

（4）使用工具箱中的“选择”工具选择切割后的右侧对象，然后用鼠标拖曳该对象向右

移动一点，移动后的图形如图 6-4-33 所示。

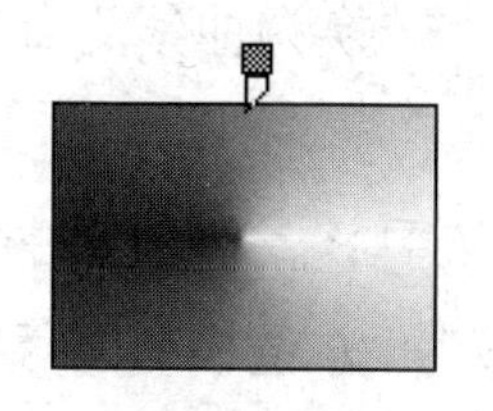

图 6-4-30　开始切割

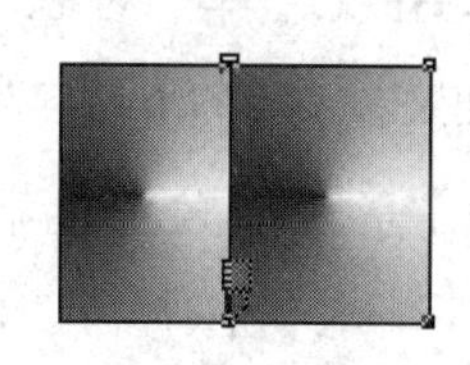

图 6-4-31　结束切割

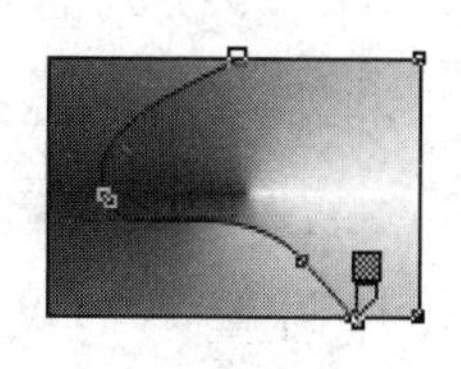

图 6-4-32　切割曲线

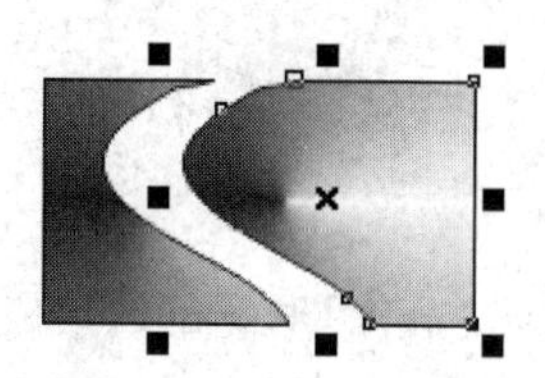

图 6-4-33　移动后的图形

2．擦除图形

对于绘制好的图形，可以使用工具箱中的“橡皮擦”工具将选中图形的一部分擦除，还可以通过擦除将原来的图形分成两个或多个部分。“橡皮擦”工具属性栏如图 6-4-34 所示。其中，修改“橡皮擦厚度”数字框中的数值，可以改变橡皮擦的大小。擦除图形的方法如下。

图 6-4-34　“橡皮擦”工具属性栏

（1）单击工具箱裁剪工具展开工具栏中的“橡皮擦”工具，弹出相应的“橡皮擦”工具属性栏，其中“圆形笔尖”“方形笔尖”按钮和“自动减少”按钮呈抬起状。

（2）将鼠标指针（呈小圆形）移到起点处，拖曳鼠标到终点处，将图形中的一部分擦除，如图 6-4-35 所示。

另外，当按下属性栏中的“圆形笔尖”按钮时，表示橡皮擦形状为圆形；当按下“方形笔尖”按钮时，表示橡皮擦形状为方形。当抬起“自动减少”按钮时，表示橡皮擦擦除过的图形所产生的连接线上会生成许多节点，如图 6-4-36 所示；当按下“自动减少”按钮时，表示橡皮擦擦过的图形所生成的连接线上的节点会自动减少。

使用工具箱中的“形状”工具，单击橡皮擦擦除过的图形，即可显示出节点。

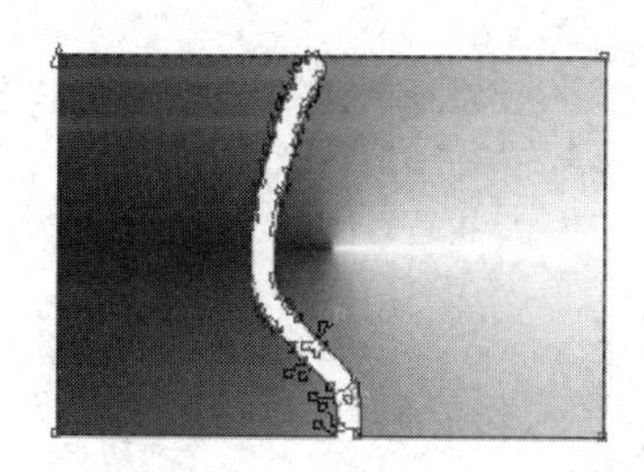

图 6-4-35　擦除图形

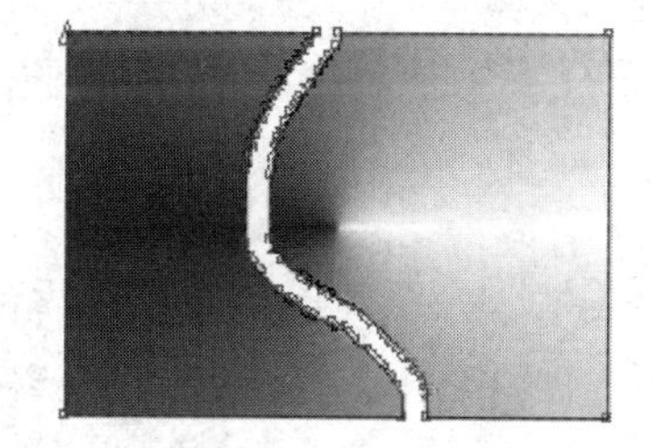

图 6-4-36　生成许多节点

3．使用“涂抹笔刷”工具加工图形

将绘制好的图形对象用“涂抹笔刷”工具做涂抹处理后，可以使矢量图形对象沿其轮廓变形。“涂抹笔刷”工具只能应用于曲线对象，其操作方法如下。

图 6-4-37　矩形图形转换成曲线

（1）在绘图页面中绘制一个矩形图形，然后单击属性栏中的“转换为曲线”按钮或选择“对象”→“转换为曲线”命令，将矩形图形转换成曲线，如图 6-4-37 所示。

（2）单击工具箱中的“涂抹笔刷”工具，在其属性栏中设置“笔尖大小”“水份浓度”“斜移”“方位”等参数，如图 6-4-38 所示。

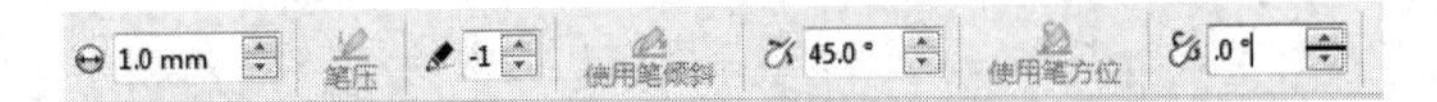

图 6-4-38　“涂抹笔刷”工具属性栏

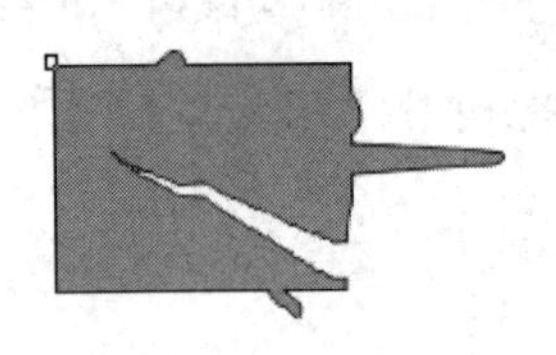

图 6-4-39　涂抹后的图形

（3）在图形上进行涂抹处理。从图形对象内向图形对象外涂抹时，可以延展图形对象的轮廓；从图形对象外向图形对象内涂抹时，可以收缩图形对象的轮廓。涂抹后的图形如图 6-4-39 所示。

4．使用“粗糙笔刷”工具加工图形

将绘制好的图形对象的轮廓用“粗糙笔刷”工具做粗糙处理后，可以使矢量的图形对象的光滑轮廓变形为粗糙的轮廓。“粗糙笔刷”只能应用于曲线对象，其操作方法如下。

（1）使用工具箱中的“多边形”工具，在绘图页面中绘制一个椭圆形图形，然后单击属性栏中的“转换为曲线”按钮，将椭圆形图形换成曲线。

（2）单击工具箱中的“粗糙笔刷”工具，在其属性栏中设置“笔尖大小”“尖突频率”“水份浓度”“斜移”等参数，如图 6-4-40 所示。

图 6-4-40　“粗糙笔刷”工具属性栏

（3）在图形的轮廓上拖曳，即将图形对象的轮廓进行粗糙处理。粗糙处理后的图形如图 6-4-41 所示。

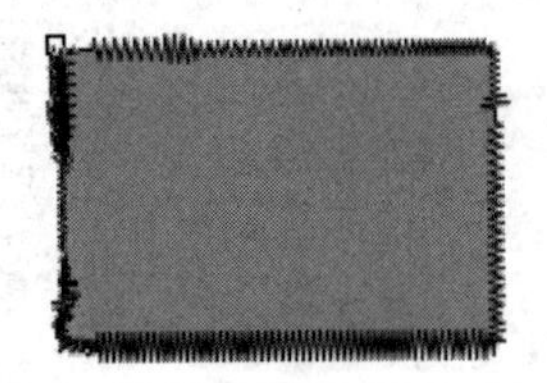

图 6-4-41　粗糙处理后的图形

思考与练习 6-4

1．绘制一个“连环套”图形，图中是两个七彩矩形环套在一起的，如图 6-4-42 所示。

2．绘制一个“黑与白”图形，如图 6-4-43 所示。

3．绘制一个“交通图”图形，如图 6-4-44 所示。

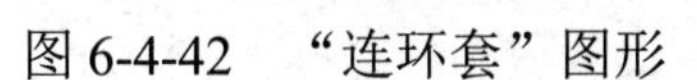

图 6-4-42 “连环套”图形

图 6-4-43 “黑与白”图形

图 6-4-44 “交通图”图形

第 7 章

位图图像处理

本章通过 5 个案例，介绍 CorelDRAW X7 对位图图像的加工处理方法。图像的加工处理包括对亮度、对比度、色调、伽马值等的调整，以及对位图的各种效果和色彩的调整等。

7.1 案例 24：制作“美丽的大草原”图像

本节制作以“美丽的大草原”为主题的图像，如图 7-1-1 所示。该图像是在如图 7-1-2 所示的“草原”中，添加图 7-1-3 和图 7-1-4 所示的动物图像，再将每幅图像的背景隐藏，并进行其他加工处理后形成的。通过制作该案例，可以进一步掌握导入图像的方法及位图颜色遮罩技术等。

图 7-1-1 “美丽的大草原”图像

图 7-1-2 “草原”图像

图 7-1-3 “羊”和“苍鹰”图像

图 7-1-4 “马”图像

制作方法

1. 导入草原背景

（1）新建一个图形文档，设置绘图页面的宽为 150mm、高为 100mm、背景色为白色。

（2）选择“文件”→“导入”命令，弹出“导入”对话框。在该对话框中选择一幅名为“草原”的图像，单击“导入”按钮，在绘图页面中拖曳出一个与绘图页面大小基本一样的矩形，导入选中的“草原”图像。使用工具箱中的“选择”工具，在其属性栏中调整“草原”图像的大小和位置，使图像刚好将整个绘图页面覆盖。

2. 添加 3 幅“马”图像

（1）导入 3 幅“马”的图像，将 3 幅“马”的图像移到“草原”图像中的右侧，调整 3 幅“马”的图像的大小和位置，如图 7-1-5 所示。

（2）选择“位图”→“位图颜色遮罩”命令，弹出“位图颜色遮罩”泊坞窗。选中“隐藏颜色”单选按钮，勾选颜色列表框内第 1 个色条的复选框，拖曳“容限”滑块，调整容差度为 37；单击“颜色选择”按钮，再单击“马 1”图像的白色背景，选定要隐藏的白色，此时的“位图颜色遮罩”泊坞窗如图 7-1-6 所示。

（3）单击“位图颜色遮罩”泊坞窗中的“应用”按钮，即可将“马 1”图像的白色背景隐藏，图像效果如图 7-1-7 所示。

（4）重复步骤（2）和步骤（3），隐藏“马 2”“马 3”图像的白色背景，并调整图像大小和位置，图像效果参考图 7-1-1。

图 7-1-5　导入的“草原”和“马”图像

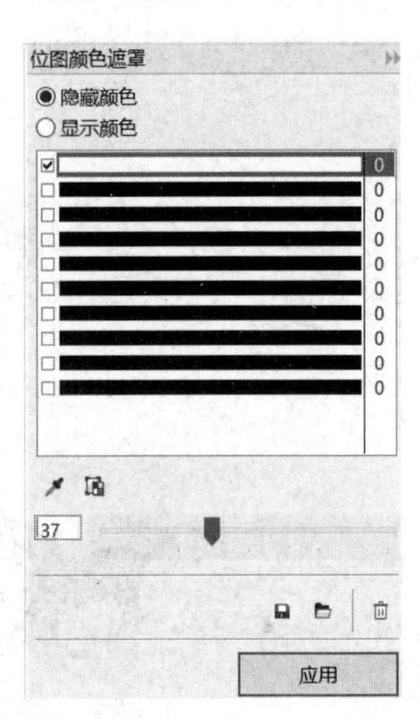

图 7-1-6　“位图颜色遮罩”泊坞窗

图 7-1-7　隐藏“马 1”图像的白色背景效果

3．添加“羊”图像

（1）选择“文件”→“导入”命令，弹出“导入”对话框。在该对话框中选择并导入图 7-1-3 中名为“羊”的图像文件。将该图像移到“草原”图像中的左侧，调整图像的大小和位置。

（2）选择“位图”→“位图颜色遮罩”命令，弹出“位图颜色遮罩”泊坞窗。选中“隐藏颜色”单选按钮，勾选颜色列表框内第 1 个色条的复选框，拖曳“容限”滑块，调整容差度为 21；单击“颜色选择”按钮，再单击“羊”图像的白色背景，选定要隐藏的白色。

（3）单击“Ctrl+D”组合键2次，复制出2只羊，调整“羊”的大小和位置，效果参考图7-1-1。

4．添加“苍鹰”图像

（1）选择“文件”→“导入”命令，弹出“导入”对话框。在该对话框中选择并导入图7-1-3中名为“苍鹰1”的图像文件，在绘图页面中拖曳出“苍鹰1”图像。

（2）选择“文件”→“导入”命令，弹出“导入”对话框。在该对话框中选择并导入图7-1-3中名为“苍鹰2”的图像文件，在绘图页面中拖曳出“苍鹰2”图像。

（3）使用工具箱中的“选择”工具，调整导入的两幅图像的大小和位置。

（4）选中“苍鹰1”图像，如图7-1-8所示。选择“位图”→“位图颜色遮罩”命令，弹出“位图颜色遮罩”泊坞窗。选中“隐藏颜色”单选按钮，勾选颜色列表框内第1个色条的复选框，拖曳“容限”滑块，调整容差度为37。

（5）单击“颜色选择”按钮，再单击“苍鹰1”图像的蓝色背景，选定要隐藏的颜色。单击该泊坞窗中的“应用”按钮，即可将“苍鹰1”图像的蓝色背景隐藏，如图7-1-9所示。

图7-1-8 “苍鹰1”图像

图7-1-9 隐藏蓝色背景

（6）按照上述方法，将另一幅“苍鹰2”图像的白色背景隐藏。

（7）选中两幅“苍鹰”图像，单击“Ctrl+D”组合键，复制出两只苍鹰，调整苍鹰的大小和位置，使用工具箱中的“选择”工具调整这两幅“苍鹰”图像的大小和位置，最后效果参考图7-1-1。

相关知识

1．位图颜色遮罩与显示

选中一幅图像，选择“位图”→“位图颜色遮罩”命令，弹出“位图颜色遮罩”泊坞窗。利用它可以将选中的位图中的几种颜色隐藏，或者只显示选中的位图中的几种颜色。

（1）隐藏位图中的几种颜色：选中“隐藏颜色”单选按钮，按下述步骤操作。

① 在“位图颜色遮罩”泊坞窗的颜色列表框内选中一个色条。

② 单击“颜色选择”按钮，将鼠标指针移到位图中的某处，单击鼠标左键并选色。也

可以单击“编辑色彩”按钮，弹出“选择颜色”对话框，选择相应的色彩。

③ 拖曳“容限”滑块，调整容限度，颜色列表框内选中的色条右侧会显示容限度数据。例如，选中图 7-1-5 中的“马”图像（背景颜色为白色），弹出“位图颜色遮罩”泊坞窗，在颜色列表框内选中第 1 个色条，单击“颜色选择”按钮，再单击图像的绿色，调整容差度。

④ 在颜色列表框内选中另一个色条，重复上述步骤（此处只选择一种颜色）。

⑤ 设置完成后，单击“应用”按钮，隐藏选中的颜色，如图 7-1-7 所示。

（2）显示位图中的几种颜色：选中“位图颜色遮罩”泊坞窗中的“显示颜色”单选按钮，然后按上述步骤进行操作。设置完要显示的颜色后，单击“应用”按钮即可。

2．描摹

线条图(I)...
徽标(O)...
详细徽标(D)...
剪贴画(C)...
低品质图像(L)...
高质量图像(H)...

图 7-1-10　“轮廓描摹”子菜单

描摹就是将位图转换成矢量图。选中绘图页面中的位图图像，单击“位图”菜单项，弹出“位图”菜单，该菜单第 4 栏中的 3 个命令可以用来对图像进行描摹。选择“位图”→“轮廓描摹”命令，弹出“轮廓描摹”子菜单，如图 7-1-10 所示。其中列出了能进行不同方式描摹的几个命令，单击这几个命令，可以进行相应方式的描摹操作。

（1）快速描摹：选中一幅位图图像，如图 7-1-11 所示。选择“位图”→“快速描摹”命令，将选中的位图矢量化，如图 7-1-12 所示。选择“对象”→“取消全部组合”命令，将矢量图像群组全部取消，分离成多个独立的小矢量图形，如图 7-1-13 所示。

图 7-1-11　位图图像

图 7-1-12　位图矢量化

图 7-1-13　取消全部组合

（2）其他描摹：选择“位图”→“轮廓描摹”→“线条图”命令，弹出 PowerTRACE 对话框，如图 7-1-14 所示。在该对话框的“描摹类型”下拉列表框中可以选择“中心”和“轮廓”两个选项。如果选中“中心”选项，则在下方的“图像类型”下拉列表框中可以选择“技术图解”和“线条图”两个选项；如果选中“轮廓”选项，则在下方的“图像类型”下拉列表框中可以选择 6 个不同的选项，如图 7-1-15 所示。

在“预览”下拉列表框中有 3 个选项，选择“之前和之后”选项后，该对话框的左侧显示框有上下两个，上方是原图像，下方是转换后的矢量图；选择“较大浏览”选项后，该对话框中只有一个显示框，用来显示转换后的矢量图；选择“线框叠加”选项后，该对话框中也只有一个显示框，用来显示转换后的矢量图的轮廓线。

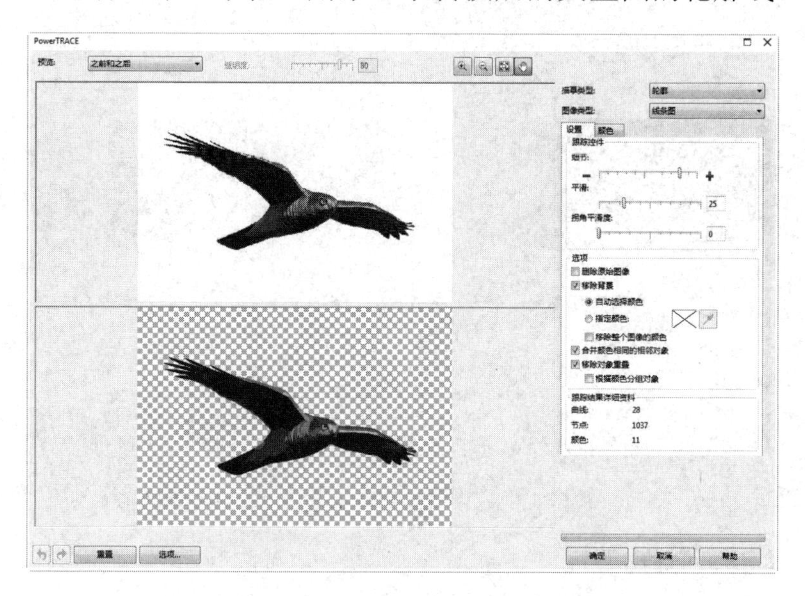

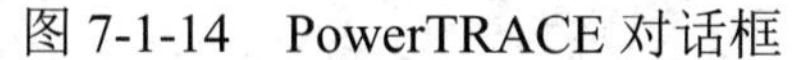
图 7-1-14　PowerTRACE 对话框

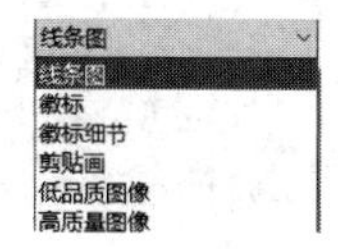

图 7-1-15　“图像类型”列表

单击 PowerTRACE 对话框上方的按钮，再单击显示框中的图像，可以将显示框中的图像放大。单击按钮后，再单击显示框中的图像，可以将显示框中的图像缩小。

PowerTRACE 对话框右边各栏用来设置转换的矢量图形的细节、平滑程度、颜色模式和颜色数量等。这些参数值越高，转换后的矢量图形文件的字节数越大，转换的速度越慢。

在图 7-1-14 所示的“选项”栏内，如果勾选“删除原始图像”复选框，则转换后原图像会自动被删除。若勾选“移除背景”复选框，则转换的矢量图形的背景颜色会被移除，可以重新指定替代原背景颜色的颜色或由 CorelDRAW X7 自动设置。在“描摹结果详情资料”栏内会显示转换后的矢量图形的曲线个数、节点个数和颜色数量等信息。

3．位图颜色模式转换

选中绘图页面中的位图，选择“位图”→“模式”命令，弹出“模式”子菜单，列出了可以转换的模式。选择某个命令，即可进行相应的模式转换，举例如下。

（1）转换为黑白模式：选择“位图”→“模式”→“黑白为 1 位”命令，弹出“黑白为 1 位”对话框。在“转换方法”下拉列表框中可以选择某种转换方式，转换方法不同，其对应的对话框也不同。可以调整“强度”滑块或文本框中的数据，如图 7-1-16 所示。

（2）转换为双色模式：选择“位图”→“模式”→“双色”命令后，弹出“双色调”对话框。在“类型”下拉列表框中选择“双色调”，勾选“全部显示”复选框后，在右侧同时显示所有颜色的曲线。选中左侧的一种颜色，在右侧即可拖曳调整相应的曲线，从而调整颜色的百分比，单击“预览”按钮可以在右侧显示其效果，如图 7-1-17 所示。单击“保存”按钮可以将调整好的色调曲线保存在文件中。

（3）转换为调色板模式：选择“位图”→“模式”→“调色板色”命令，弹出“转换至调色板色”对话框，如图 7-1-18 所示。

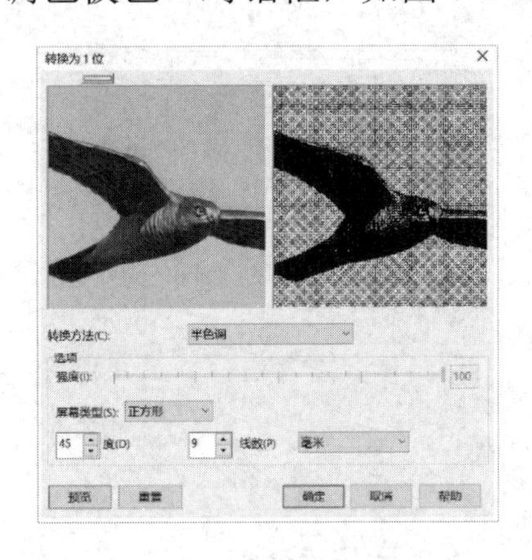

图 7-1-16　“黑白为 1 位”对话框

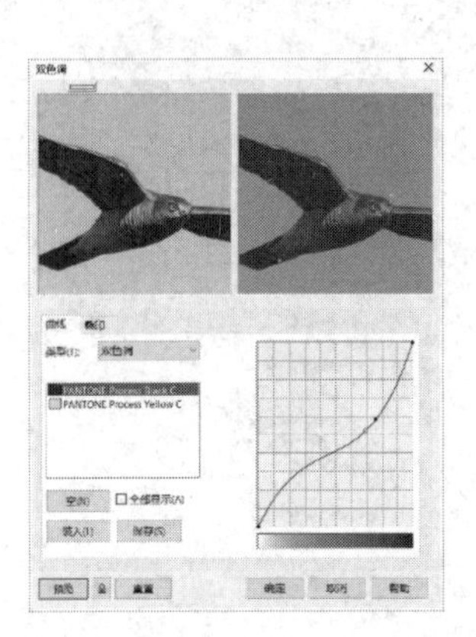

图 7-1-17　“双色调”对话框

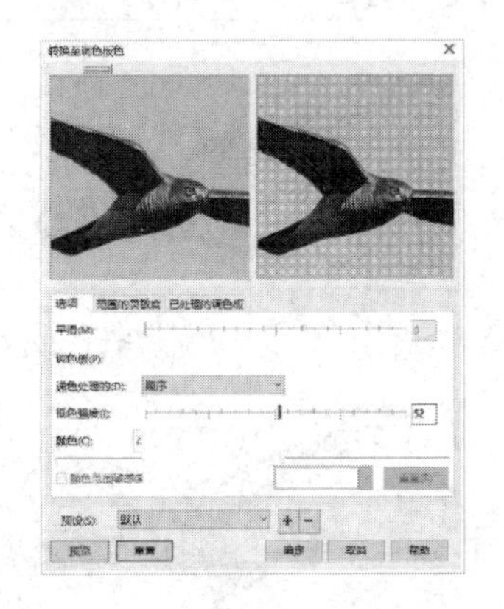

图 7-1-18　“转换至调色板色”对话框

思考与练习 7-1

1．制作一幅“空中飞机”图像，如图 7-1-19 所示，它将图 7-1-20 所示的“云图”图像和图 7-1-21 所示的“飞机”图像进行了组合。

图 7-1-19　“空中飞机”图像

图 7-1-20　“云图”图像

图 7-1-21　“飞机”图像

2．制作一幅“别墅佳人”图像，如图 7-1-22 所示，它将图 7-1-23 所示的“佳人”图像中的蓝色背景隐藏，将人物图像添加到图 7-1-24 所示的“别墅”图像中形成的。

图 7-1-22　“别墅佳人”图像

图 7-1-23　“佳人”图像

图 7-1-24　“别墅”图像

7.2 案例25：照片调整

在本案例图形内有两个绘图页面，并且这两个绘图页面中各有一幅经过调整后的图像，在“页1”绘图页面中，有一幅逆光拍摄的照片图像，如图7-2-1所示。该图像经过“伽马值”“调和曲线”“亮度/对比度/强度”调整后，效果如图7-2-2所示。

图7-2-1 “杨柳”原照片图像

图7-2-2 调整后的照片图像

在“页2”绘图页面中，将图7-2-3所示的“晚秋”原图像（该图像是深秋拍摄的，树叶已经为深绿色）颜色进行替换后，深色的树叶变成了翠绿色的树叶，效果如图7-2-4所示。

图7-2-3 “晚秋”原图像

图7-2-4 调整后的图像

在“效果”→“调整”命令中共有12条命令，图像主要通过伽马值、调和曲线、亮度、对比度、色度、饱和度等命令进行调整。

制作方法

1．逆光照片调整

（1）新建一个图形文档，设置绘图页面的宽为150mm、高为100mm、背景色为白色。

（2）选择“文件”→“导入”命令，弹出“导入”对话框。在该对话框中导入一幅名为“杨柳”的图像。在绘图页面中拖曳鼠标，导入选中的“杨柳”图像。

（3）使用工具箱中的“选择”工具，调整导入图像的大小和位置，使图像刚好将整个绘图页面覆盖。

（4）选择“效果”→“调整”→“伽马值”命令，弹出“伽马值”对话框，如图 7-2-5 所示。该对话框的主要功能是调整图像的对比度，伽马值越大，图像对比度就越低。调整伽马值为 3，单击“预览”按钮，即可看到整个图像的对比度均降低。调整图像对比度不仅产生明暗变化，整个图像的色调对比度也会降低，效果如图 7-2-6 所示。

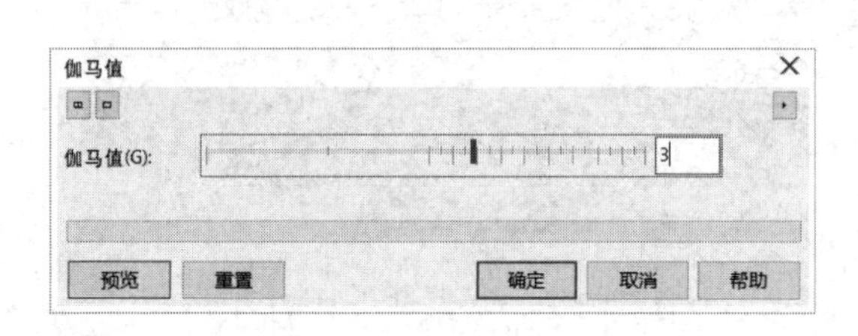

图 7-2-5 “伽马值”对话框

图 7-2-6 调整后的图像

（5）选择“效果”→“调整”→“调和曲线”命令，弹出“调和曲线”对话框。在“活动通道”下拉列表框中选择“绿”选项，这时该对话框的左侧出现一条绿色曲线，单击“自动平衡色调”按钮，可自动调节绿色曲线，如图 7-2-7 所示。

（6）在“活动通道”下拉列表框中选中“红”选项，这时该对话框左侧出现一条红色曲线，向右下方拖曳该红色曲线，使红色成分少一些，如图 7-2-8 所示。

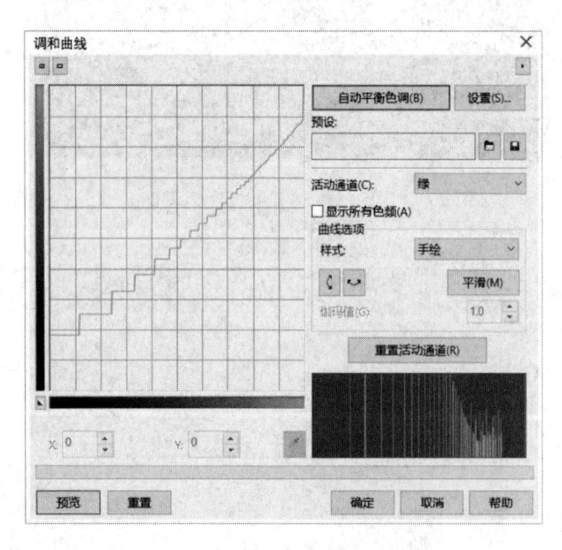

图 7-2-7 “调和曲线”对话框 1

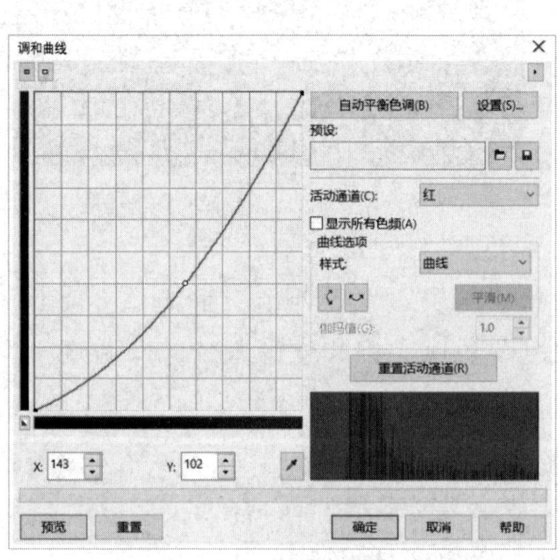

图 7-2-8 “调和曲线”对话框 2

（7）在“活动通道”下拉列表框中选择“RGB”选项，这时该对话框中的左侧出现一条黑色曲线，向左上方拖曳该黑色曲线，效果如图 7-2-9 所示。可将红色、绿色和蓝色的成分都增加一些，图像的亮度也增加一些。

（8）勾选“显示所有色频”复选框，在显示框中显示红色、绿色、蓝色和黑色 4 种颜色的曲线，如图 7-2-10 所示。单击“重置”按钮，可以还原各曲线原来直线的位置。

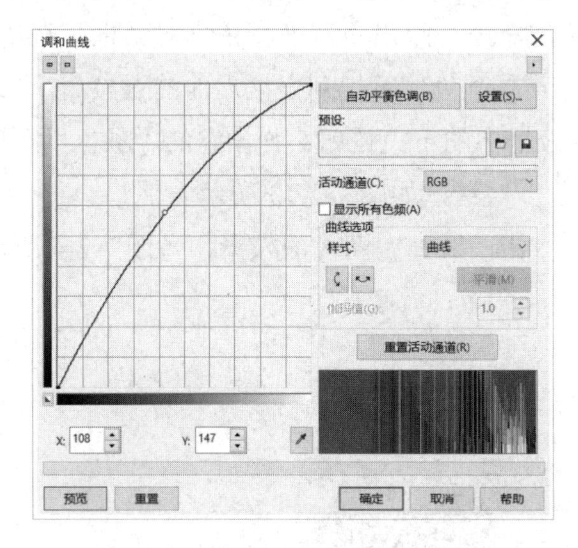

图 7-2-9 “调和曲线”对话框 3

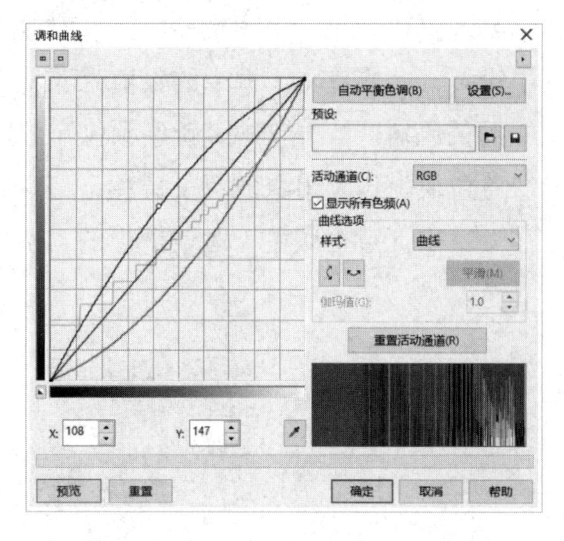

图 7-2-10 “调和曲线”对话框 4

单击“确定”按钮，关闭“调和曲线”对话框，完成“调和曲线”调整，图像的调整效果如图 7-2-11 所示。

（9）选择“效果”→“调整”→“亮度/对比度/强度”命令，弹出“亮度/对比度/强度”对话框，如图 7-2-12 所示。利用该对话框调整图像的亮度、对比度、强度。调整完后单击“确定”按钮，实现图像的“亮度/对比度/强度”调整，最终效果参考图 7-2-2。

图 7-2-11 “调和曲线”调整效果

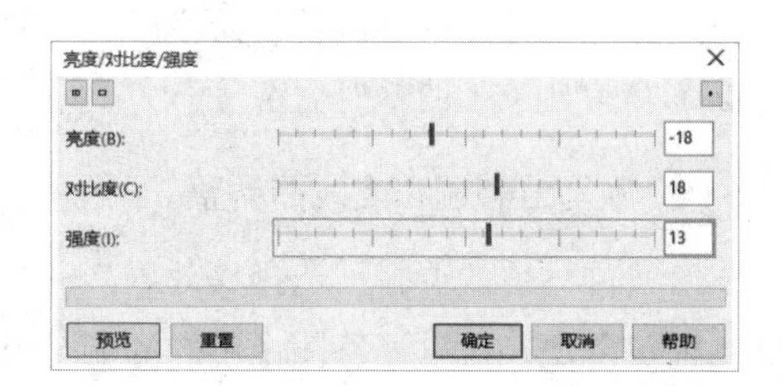

图 7-2-12 “亮度/对比度/强度”对话框

2．替换颜色调整

（1）单击页计数器右侧的+按钮，创建一个“页 2”绘图页面，单击页计数器中的“页 2”

标签，切换到“页 2”绘图页面。

（2）选择“文件”→“导入”命令，弹出“导入”对话框。在该对话框中选择一幅名为“晚秋”的图像，单击“导入”按钮，在绘图页面中拖曳鼠标，导入“晚秋”图像。

（3）使用工具箱中的“选择”工具，选中导入的“晚秋”图像，再调整该图像的大小和位置，使该图像刚好将整个绘图页面覆盖。

（4）选择“效果”→“调整”→“替换颜色”命令，弹出“替换颜色”对话框。在该对话框中设置“范围”文本框中的数值为43，单击“原颜色”下拉列表框后面的按钮，选择图像中的黄色树叶，再单击“新建颜色”下拉列表框中的下拉按钮，弹出它的“颜色”面板，选择绿色色块，设置用绿色更换黄色。“替换颜色”对话框如图 7-2-13 所示。

（5）单击“替换颜色”对话框中的“确定”按钮，调整完图像的效果参考图 7-2-4 所示。

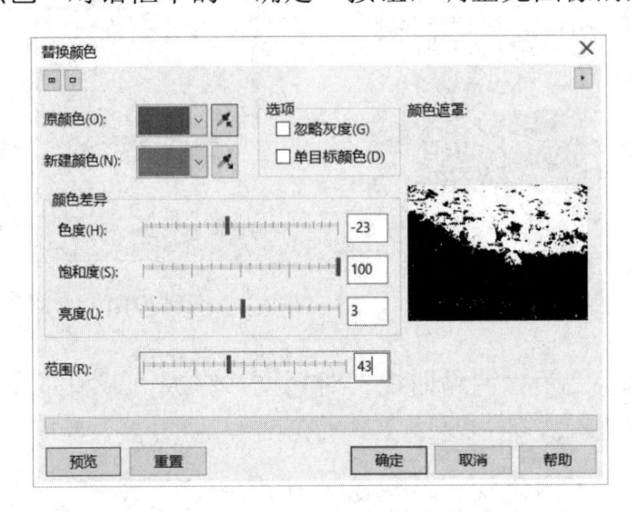

图 7-2-13 “替换颜色”对话框

相关知识

选择“效果”→“调整”命令，可以对选中的图像进行亮度、对比度和颜色等调整，下面简单介绍几个“调整”命令。

1. 伽马值和调和曲线的调整

（1）伽马值的调整：选择“效果”→“调整”→“伽马值”命令，弹出“伽马值”对话框。拖曳滑块，可以调整图像色彩的伽马值。单击“预览”按钮，可以在画布内显示调整效果。伽马值的改变会影响图像中的所有值，但主要影响中间的色调，调整它可以改进低对比度图像的细节部分。

单击“伽马值”对话框中的按钮，可以使“伽马值”对话框左侧和右侧分别显示原图像和调整后的图像，同时按钮变为按钮，如图 7-2-14 所示。拖曳左侧的图像，可以调整原图像和加工后图像的显示部位；单击左侧的图像，可以放大显示原图像和加工后图像；右键单击左侧的图像，可以缩小显示原图像和加工后图像。单击“预览”按钮，可以在右侧显示框中显示调整结果。单击“确定”按钮，完成对图像的调整处理。

单击“伽马值”对话框中的按钮，可以使“伽马值”对话框中不显示图像，使“伽马值”对话框回到图 7-2-5 所示的状态，同时按钮变为按钮。

单击按钮，可以使“伽马值”对话框只显示原图像或加工后的图像，同时按钮变为按钮；再单击按钮，可以使“伽马值”对话框回到图 7-2-14 所示的状态，同时按钮变为按钮。

（2）调和曲线的调整：选择“效果”→“调整”→“调和曲线”命令，弹出“调和曲线”对话框，利用该对话框可以对图像色调曲线进行调整。

在“活动通道”下拉列表框中可以选择不同的通道，分别对不同通道内不同颜色的图像进行调和曲线调整，类似 Photoshop 中的“曲线”调整。在“样式”下拉列表框中可以选择“曲线”“直线”“手绘”“伽马值”选项，用来确定调整的曲线特点。如果选择“伽马值”选项，则“调和曲线”对话框中增加一个“伽马值”数字框，拖曳曲线可以调整伽马值的大小，同时“伽马值”数字框中的数值也随之改变。

（3）在“调和曲线”对话框的“活动通道”下拉列表框中选择“RGB”选项，向左上方稍微拖曳该对话框中的黑色曲线，提高亮度。勾选“显示所有色频”复选框，可以显示所有通道的曲线，如图 7-2-15 所示。

图 7-2-14 “伽马值”对话框显示图像

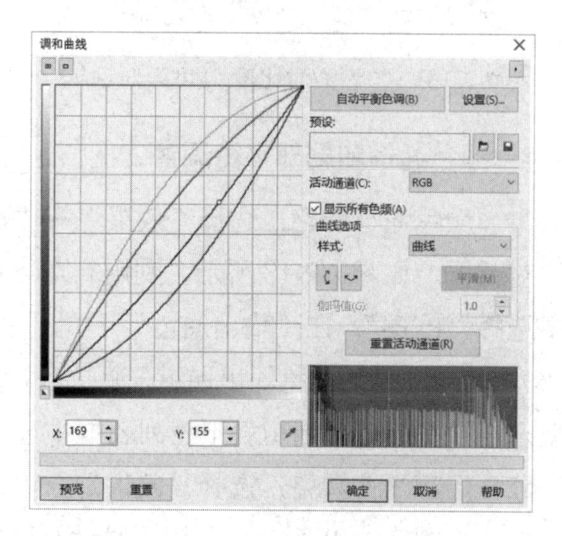

图 7-2-15 “调和曲线”对话框

单击按钮或按钮，可以将曲线旋转 90°。在“样式”下拉列表框中选择“手绘”选项后，“平滑”按钮会变为有效，单击该按钮后，会使曲线平滑。单击“重置”按钮，可以还原所有曲线到原来直线位置。单击“重置活动通道”按钮，可以还原当前曲线到原来直线位置。在“样式”下拉列表框中选择“曲线”或“直线”选项后，“X”和“Y”数字框会变为有效，改变数字框内的数值，曲线会随之改变，调整曲线的同时，两个数字框中的数值也会随之改变。

2．色彩要素调整

（1）亮度/对比度/强度的调整：选择“效果”→“调整”→“亮度/对比度/强度”命令，弹出“亮度/对比度/强度”对话框，如图 7-2-16 所示。利用该对话框可以调整图像的亮度、对比度和强度。

（2）色调、饱和度和亮度的调整：选择“效果”→“调整”→“色度/饱和度/亮度”命令，弹出“色度/饱和度/亮度”对话框，如图 7-2-17 所示，利用该对话框可以调整图像色彩的色度、饱和度和亮度。

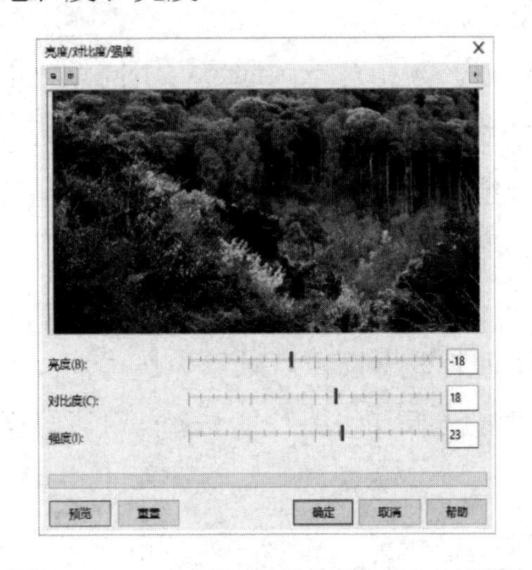

图 7-2-16 “亮度/对比度/强度”对话框

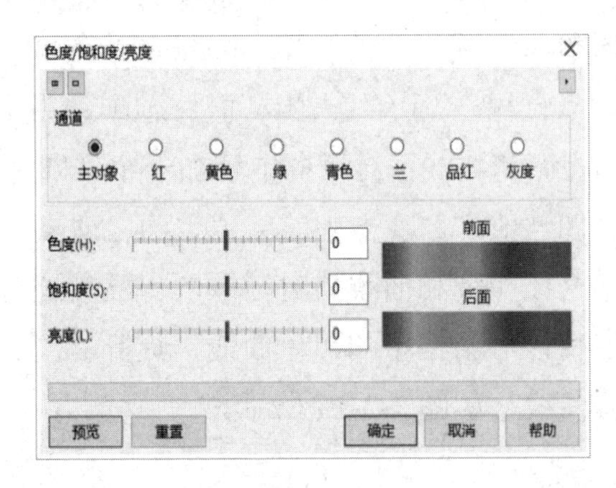

图 7-2-17 “色度/饱和度/亮度”对话框

3．颜色通道和局部平衡调整

（1）颜色通道调整：选择“效果”→“调整”→“通道混合器”命令，弹出“通道混合器”对话框，如图 7-2-18 所示，利用它可以调整图像的色彩平衡。在“色彩模型”下拉列表框中选择“RGB”；在“输出通道”下拉列表框中选择“红”（其中有“红”“绿”“蓝”3 个通道）。若勾选“仅预览输出通道”复选框，单击“预览”按钮，那么所看到的是加工后图像的单通道（在“输出通道”下拉列表框中选中的通道）的黑白图像。

（2）局部平衡调整：选择“效果”→“调整”→“局部平衡”命令，弹出“局部平衡”对话框，如图 7-2-19 所示。利用该对话框可以进行图像的局部变化调整，以产生一些特殊的效果。单击“锁定”按钮后，可同时调整“宽度”和“高度”的数值。当“锁定”按钮抬起后，可以分别调整“宽度”和“高度”的数值。

4．替换颜色调整

选中要替换颜色的图像，如“花”图像，如图 7-2-20 所示。选择“效果”→“调整”→“替换颜色”命令，弹出“替换颜色”对话框，如图 7-2-21 所示。利用该对话框可以将“花”

图像中的黄色变为玫红色，如图 7-2-22 所示。具体操作方法如下。

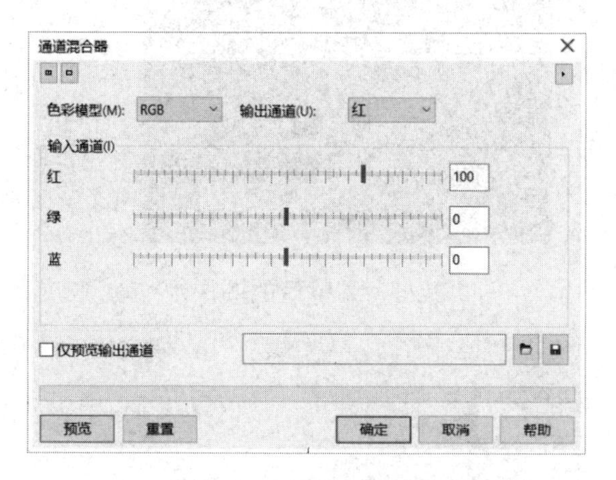

图 7-2-18 “通道混合器”对话框

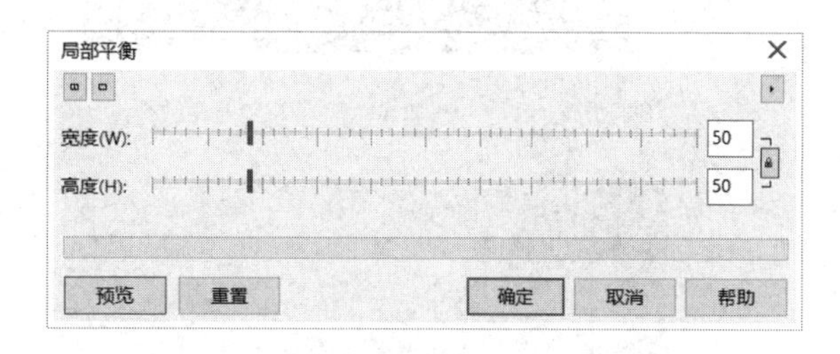

图 7-2-19 “局部平衡”对话框

图 7-2-20 “花”图像

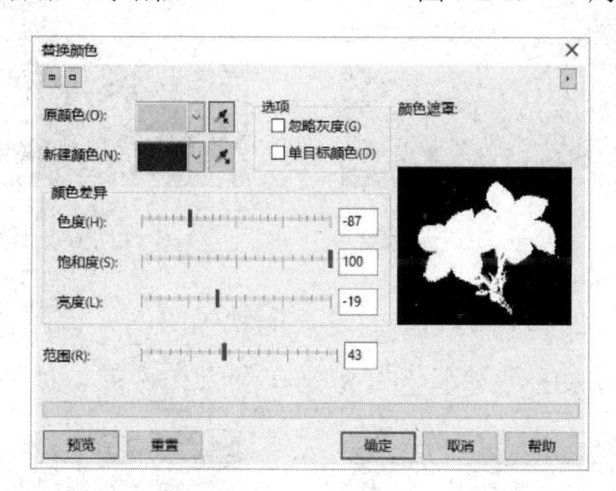

图 7-2-21 “替换颜色”对话框

图 7-2-22 变色图像

（1）单击“替换颜色”对话框“原颜色”下拉列表框后面的按钮，再单击图像中“花”的黄色部分，拖曳“范围”栏中的滑块，调整容差的范围为 43。

（2）单击“新建颜色”下拉按钮，弹出它的“颜色”面板，单击该面板中的玫红色块，设置用玫红色替代黄色。

（3）单击“确定”按钮，即可将图像“花”的黄色变为玫红色。

思考与练习 7-2

1．如图 7-2-23 所示的图像是一张逆光拍摄的照片，窗户外很亮，室内却很暗，几乎看不清楚，这是对着很亮窗户进行拍照产生的效果。经过伽马值和调和曲线调整后，可以使照片中的房间变亮，还原真实情况，调整后的图像如图 7-2-24 所示。

2．如图 7-2-25 所示的图像是一张逆光拍摄的照片，几乎看不清楚。该图像经过曲线调和和伽马值调整后的效果如图 7-2-26 所示。

图 7-2-23 “曝光不足照片”图像 1

图 7-2-24 调整后的图像 1

图 7-2-25 “曝光不足照片”图像 2

图 7-2-26 调整后的图像 2

3．如图 7-2-27 所示的“晚秋”图像是在深秋拍摄的，该图像经过替换颜色调整后，可以使树木变绿，草也变为绿色，看起来好像是在春天拍摄的，如图 7-2-28 所示。

图 7-2-27 “晚秋”图像

图 7-2-28 调整后的图像 3

7.3 案例 26：制作“西湖春雨”和“故宫冬雪”图像

在本案例中有“西湖春雨”和“故宫冬雪”两幅图像，一幅是在“页 1”绘图页面中制作的“西湖春雨”图像，如图 7-3-1 所示，它呈现的是杨柳戏细雨的景象；另一幅是在“页 2”绘图页面中制作的“故宫冬雪”图像，如图 7-3-2 所示，它呈现的是雪花纷飞的画面。通过制作这两幅图像，可以进一步掌握导入图像的方法、位图颜色遮罩技术、模式转换和使用“天气”与“风吹效果”滤镜的方法等。

图 7-3-1 “西湖春雨”图像

图 7-3-2 “故宫冬雪”图像

制作方法

1. 制作“西湖春雨”图像

（1）新建一个图形文档，设置绘图页面的宽为500mm、高为380mm、背景色为白色。

（2）选择“文件”→“导入”命令或单击标准工具栏中的“导入”按钮，弹出“导入”对话框。在该对话框中选择如图 7-3-3 所示的“瘦西湖”风景图像，单击“导入”对话框中的“导入”按钮，关闭该对话框。将选择的图像导入绘图页面，拖曳图像使其刚好将整个绘图页面覆盖。

（3）单击“选择”工具，选中导入的图像。选择“位图”→“创造性”→“天气”命令，弹出“天气”对话框。在该对话框中进行各项设置。例如，在“预报”栏中选择“雨”单选按钮，设置雨的浓度数值为17，大小数值为4，方向数值为120等，如图 7-3-4 所示。

（4）单击“天气”对话框中的“预览”按钮，观察效果，如果满意，则单击“确定”按钮，完成“西湖春雨”图像的制作。

图 7-3-3 “瘦西湖”风景图像

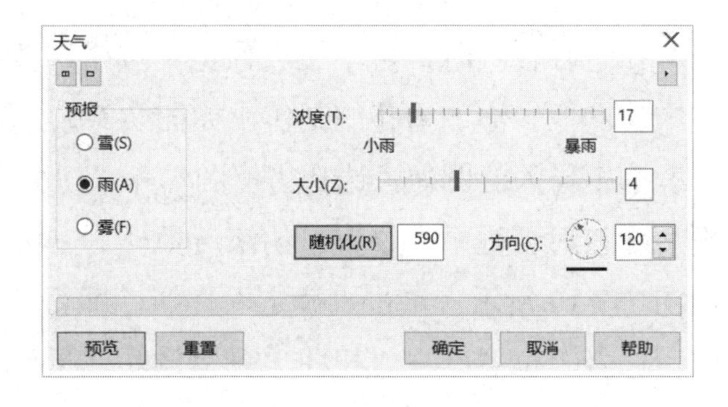

图 7-3-4 “天气”对话框

2. 制作“故宫冬雪”图像

（1）选择“文件”→“导入”命令，弹出“导入”对话框。在该对话框中选择“故宫”

图像，如图 7-3-5 所示。单击“导入”对话框中的“导入”按钮，关闭该对话框。在绘图页面中拖曳导入的“故宫”图像，使该图像刚好将整个绘图页面完全覆盖。

（2）选择“效果”→“调整”→“调和曲线”命令，弹出“调和曲线”对话框，向右下方拖曳显示框中的黑线，如图 7-3-6 所示。调整后的图像效果如图 7-3-7 所示。

（3）单击“选择”工具，选中导入的图像。选择“位图”→“创造性”→“天气”命令，弹出“天气”对话框。在“天气”对话框中进行各项设置，例如，在“预报”栏中选择“雪”单选按钮，设置雪的浓度数值为 21，大小数值为 5，单击“随机化”按钮两次，如图 7-3-8 所示。

图 7-3-5 “故宫”图像

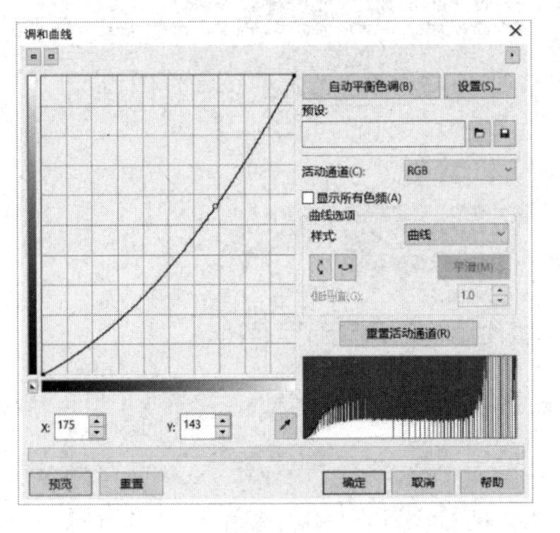

图 7-3-6 “调和曲线”对话框

图 7-3-7 调整曲线后的风景图像

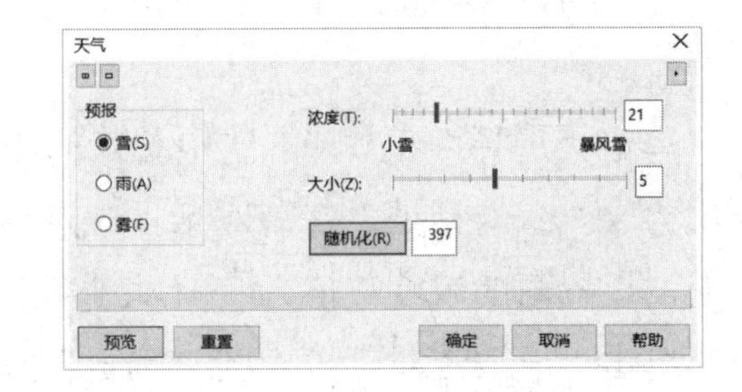

图 7-3-8 “天气”对话框

（4）在进行设置时，可单击“预览”按钮，查看设置的效果。最后单击“确定”按钮，即可完成在图像中添加雪花的制作，如图 7-3-9 所示。

（5）选中导入的图像，选择“位图”→“扭曲”→“风吹效果”命令，弹出“风吹效果”对话框。在该对话框中，设置风的浓度数值为 60，设置不透明数值为 30，设置角度数值为 30，如图 7-3-10 所示。单击“确定”按钮，即可完成图像中的刮风效果制作。

（6）选择“位图”→“扭曲”→“风吹效果”命令，弹出“风吹效果”对话框。可以看到该对话框中的设置没有改变，单击“确定”按钮，重复一次对刮风效果的处理，最终效果参考图 7-3-2。

图 7-3-9　在图像中添加雪花

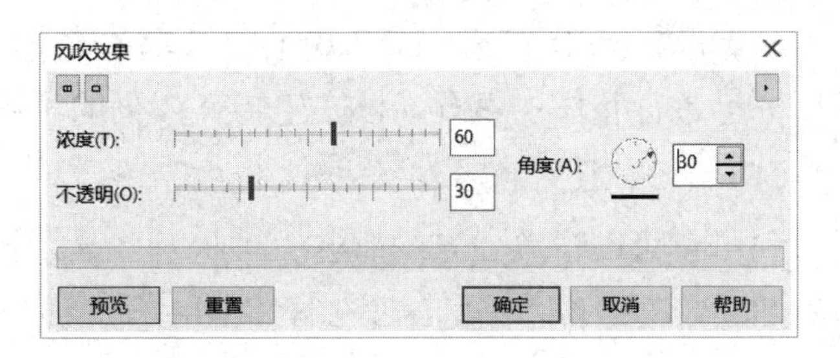

图 7-3-10　“风吹效果”对话框

相关知识

1．位图重新取样和扩充位图边框

（1）位图重新取样：选中一幅位图，单击属性栏中的“重新取样”按钮，或者选择“位图”→“重新取样”命令，弹出“重新取样”对话框，如图 7-3-11 所示。利用该对话框可以调整图像的大小与分辨率。若勾选“光滑处理”复选框，则可以在调整图像大小和分辨率的同时对图像进行光滑处理。若勾选“保持纵横比”复选框，则在改变图像的高度时图像宽度也随之变化，或者在改变图像宽度时图像的高度也随之变化，保证图像的原宽、高之比不变。若勾选“保持原始大小”复选框，则“图像大小”栏的参数不可以修改，只可以修改图像的分辨率。

（2）位图边框扩充：选中一幅位图，选择“位图”→“位图边框扩充”→“手动扩充位图边框”命令，弹出“位图边框扩充”对话框，如图 7-3-12 所示。利用该对话框可以调整图像边框（白色）的大小，图像原画面大小不变。可以直接调整图像的宽度和高度，也可以调整图像的百分比变化。

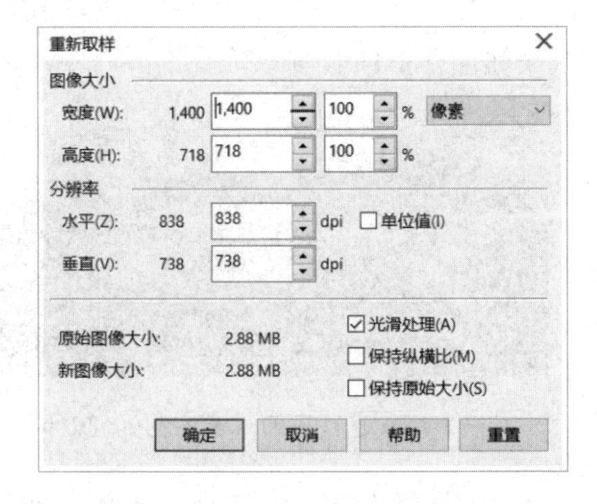

图 7-3-11　“重新取样”对话框

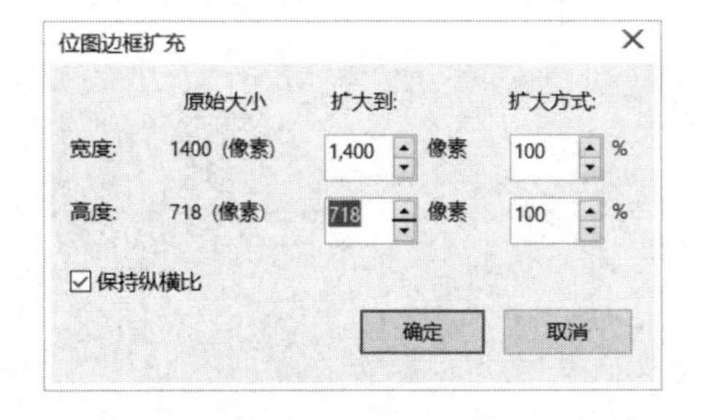

图 7-3-12　“位图边框扩充”对话框

2．滤镜简介

CorelDRAW X7 可以利用过滤器改变位图的外观，产生特殊效果。单击“位图”菜单项，弹出“位图”菜单，单击其中第 6 栏中命令的下一级命令，即可弹出相应的对话框，利用该对话框可进行相应的设置，以产生特殊效果的位图，举例如下。

（1）虚光创造性滤镜：选择“位图”→“创造性”→“虚光”命令，弹出“虚光”对话框，利用它可以设置虚光的颜色、形状等。显示原图像和加工后的图像，右键单击两次左侧的原图像，使图像框内的图像缩小。单击“其他”单选按钮，再单击“颜色”下拉按钮，弹出它的“颜色”面板，选中冰蓝色，在进行其他设置后单击“预览”按钮，“虚光”对话框如图 7-3-13 所示。单击“确定”按钮，即可对选中的图像进行虚光处理，效果如图 7-3-14 所示。

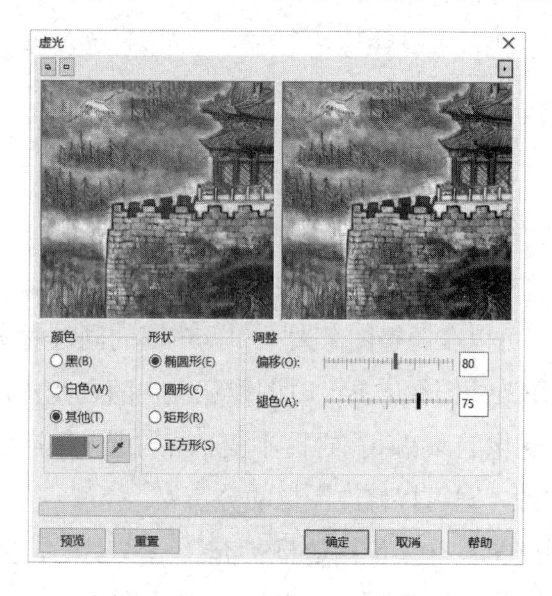

图 7-3-13　“虚光”对话框

图 7-3-14　产生的虚光效果

（2）高斯式模糊滤镜：选择“位图”→“模糊”→“高斯式模糊”命令，弹出“高斯式模糊”对话框，如图 7-3-15 所示。在“高斯式模糊”对话框中，拖曳“半径”滑块或修改数值框中的数值（如 8），进行高斯式模糊处理的效果如图 7-3-16 所示。

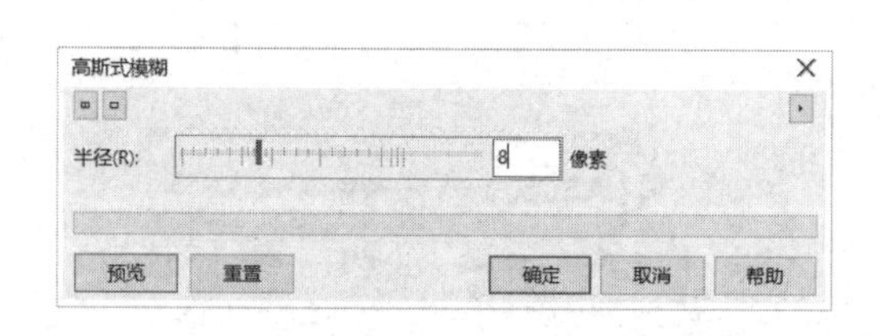

图 7-3-15　“高斯式模糊”对话框

图 7-3-16　进行高斯式模糊的处理效果

（3）蜡笔画艺术笔触滤镜：选择“位图”→“艺术笔触”→“蜡笔画”命令，弹出“蜡笔画”对话框。按照图 7-3-17 所示进行设置后，单击“确定”按钮，即可对选中图像进行蜡笔画的艺术处理，效果如图 7-3-18 所示。

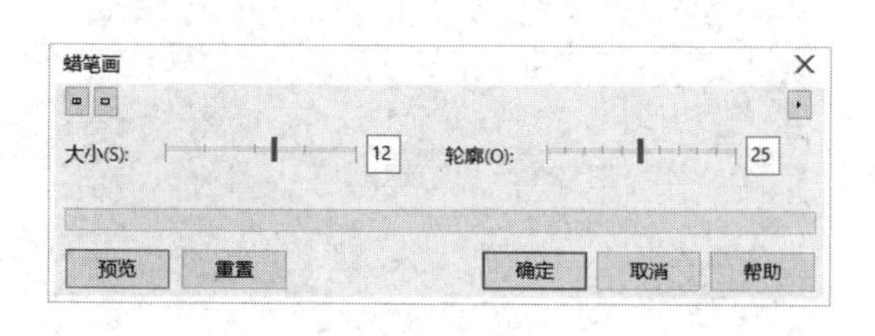

图 7-3-17　“蜡笔画”对话框

图 7-3-18　蜡笔画的艺术处理效果

（4）旋涡扭曲滤镜：选择“位图”→“扭曲”→“旋涡”命令，弹出“旋涡”对话框，如图 7-3-19 所示。在该对话框中，可以设置旋转方向、角度等。按照图 7-3-19 所示进行设置后，单击“确定”按钮，即可获得旋涡扭曲效果，如图 7-3-20 所示。

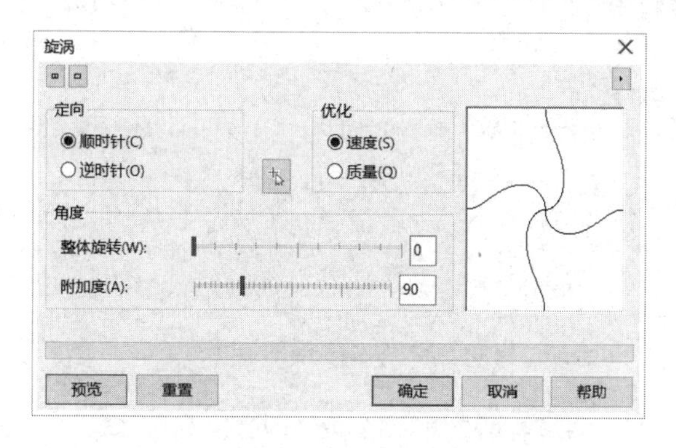

图 7-3-19　“旋涡”对话框

图 7-3-20　旋涡扭曲的处理效果

（5）梦幻色调颜色变换滤镜：选择“位图”→“颜色变换”→“梦幻色调”命令，弹出“梦幻色调”对话框，如图 7-3-21 所示。在该对话框中，调整“层次”数值的大小，改变梦幻色调层次量。单击“确定”按钮，即可对选中的图像进行梦幻色调处理，效果如图 7-3-22 所示。

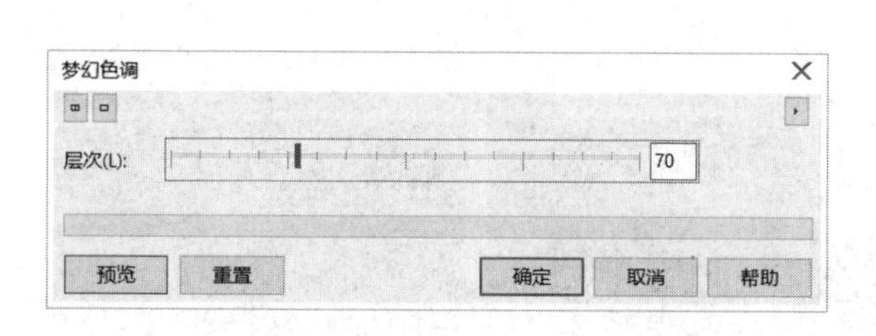

图 7-3-21　“梦幻色调”对话框

图 7-3-22　梦幻色调的处理效果

（6）浮雕三维效果滤镜：选择“位图”→“三维效果”→“浮雕”命令，弹出“浮雕”对话框，如图 7-3-23 所示。在该对话框中，可以设置浮雕的深度和层次，以及浮雕的方向和颜色等。单击“确定”按钮，即可对选中的图像进行浮雕效果处理，如图 7-3-24 所示。

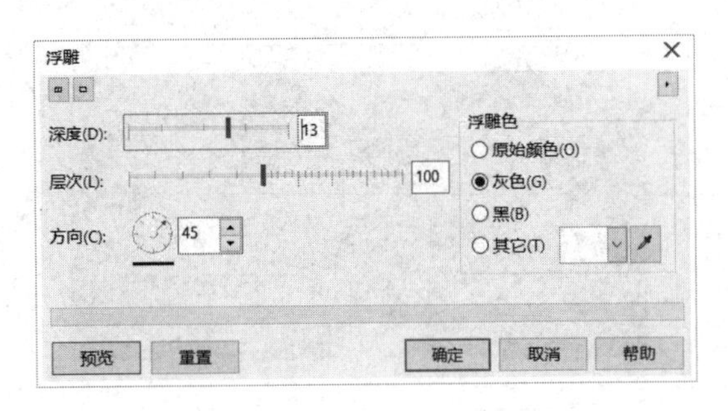

图 7-3-23 “浮雕”对话框

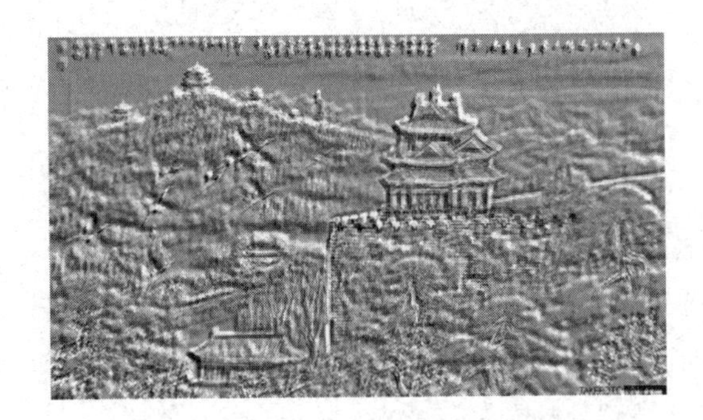

图 7-3-24 产生浮雕三维效果

（7）查找边缘滤镜：选择“位图”→“轮廓图”→“查找边缘”命令，弹出“查找边缘”对话框，如图 7-3-25 所示。在该对话框中，可以设置边缘类型，调整“层次”数值的大小，还可以改变边缘的粗细等。按照图 7-3-25 所示进行设置后，单击“确定”按钮，即可对选中的图像进行查找边缘处理，效果如图 7-3-26 所示。

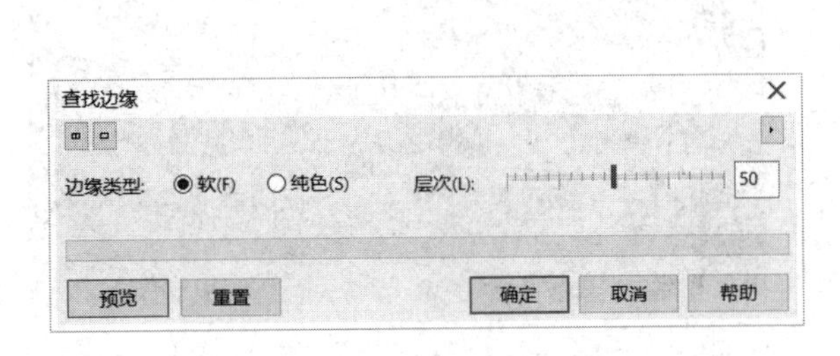

图 7-3-25 “查找边缘”对话框

图 7-3-26 查找边缘的处理效果

思考与练习 7-3

1．制作一幅“傲雪飞鹰”图像，如图 7-3-27 所示。一只雄鹰在雪花纷飞中展翅飞翔。该图像将图 7-3-28 左图所示的“飞鹰”图像添加到图 7-3-28 右图所示的“雪松”图像中，再将“飞鹰”图像的背景色隐藏，然后添加飞雪效果，制作立体文字。

图 7-3-27 “傲雪飞鹰”图像

图 7-3-28 导入的“飞鹰”和“雪松”图像

2．制作一幅“小鸭戏水”图像，如图 7-3-29 所示。它是利用图 7-3-30 所示的“小鸭”和“戏水”图像组合加工处理后形成的。

3．制作一幅“春雨”图像，如图 7-3-31 所示。它是在如图 7-3-32 所示的“桥”图像的基础之上，添加下雨效果制作而成的。

图 7-3-29 “小鸭戏水”图像

图 7-3-30 “小鸭”和“戏水”图像

图 7-3-31 “春雨”图像

4．制作一幅“春夏秋冬”图像，如图 7-3-33 所示，即通过对图 7-3-34 所示“沙漠”图像进行不同的“调整”操作，产生春、夏、秋、冬 4 个季节的效果。

图 7-3-32 “桥”图像

图 7-3-33 “春夏秋冬”图像

图 7-3-34 “沙漠”图像

7.4 案例 27：制作“珠宝展览”图像

“珠宝展览”图像如图 7-4-1 所示。图像中的展厅地面是黑白相间的大理石，顶部是倒挂明灯，两边和正面是 5 幅“珠宝”图像，两边的珠宝图像具有透视效果，在右侧有“珠宝展览”4 个鱼眼文字。通过制作该图像，可以掌握增加透视点、精确剪裁、“透镜”泊坞窗的使用方法，以及位图透视三维效果处理方法等。

图 7-4-1 “珠宝展览”图像

制作方法

1．制作展厅框架

（1）新建一个图形文档，设置绘图页面的宽为460mm、高为200mm，填充颜色为冰蓝色。

（2）选择“视图”→“网格”命令，显示网格。

（3）绘制一个宽约208mm、高约40mm的矩形，填充灰色，选中该矩形。

（4）选择“效果”→“添加透视”命令，选中的矩形上会出现一个矩形网格状区域。向右水平拖曳矩形右上角的控制柄，向左水平拖曳矩形左上角的控制柄，形成一个梯形图形，如图7-4-2所示。

（5）绘制6个不同颜色的矩形，按照上述方法，将其中的3个矩形图形进行透视调整，再将它们的位置和大小进行调整，效果如图7-4-3所示。

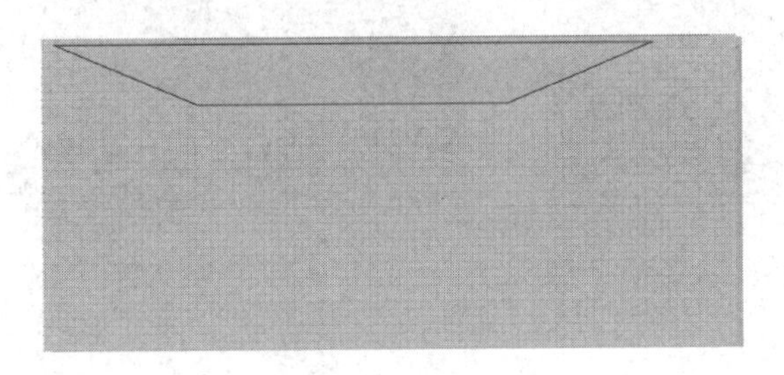

图7-4-2　形成梯形图形

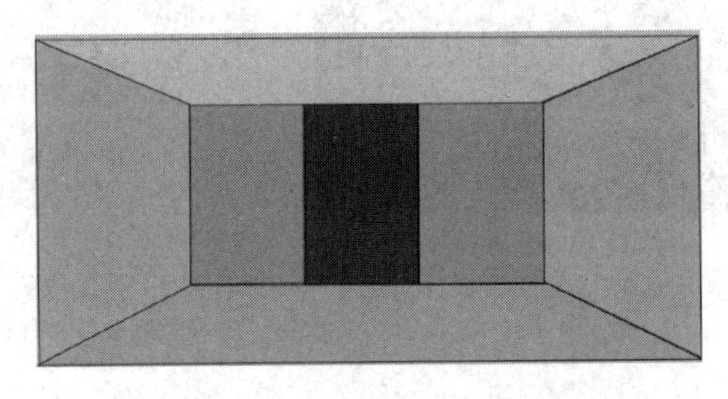

图7-4-3　矩形图形的透视调整效果

2．在展厅正面镶嵌3幅珠宝图像

（1）分别导入“珠宝1”“珠宝2”“珠宝3”图像，选中第一幅图像。选择“对象”→“图框精确剪裁”→“置于图文框内部”命令，这时鼠标指针呈黑色大箭头状，将它移到左侧矩形边线处，单击鼠标左键，将“珠宝1”图像镶嵌到左侧矩形图形内。

（2）选择“对象”→“图框精确剪裁”→“编辑内容”命令，将“珠宝 1”图像移到左侧矩形图像处，以调整图像的大小和位置。

（3）选择“效果”→“精确剪裁”→“结束编辑”命令，将“珠宝 1”图像镶嵌到左侧矩形图形内。

（4）重复步骤（1）～步骤（3），将另外两幅图像分别镶嵌到展厅正面的中间矩形图形内和右侧矩形图形内，参考图7-4-1。

3．在展厅顶部填充灯

（1）选中上方的梯形图形，单击工具箱中的“编辑填充”按钮，在打开的对话框中单击“图样填充”按钮，弹出“编辑填充—图样填充”对话框。单击“浏览”图标，弹出“打开”对话框，选中“灯”图像，单击“打开”按钮，关闭该对话框，回到“编辑填充—图样填充”

对话框。

（2）在“编辑填充—图样填充”对话框中设置宽度为 20mm、高度为 20mm，“镜像”选项栏中的“水平镜像平铺”按钮和“垂直镜像平铺”按钮都处于不选中状态，其他设置如图 7-4-4 所示。单击“确定”按钮，将“灯”图像填充到上方的梯形图形内，如图 7-4-5 所示。

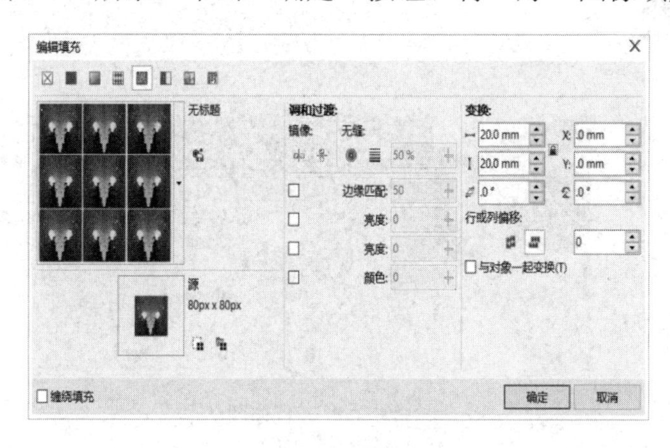

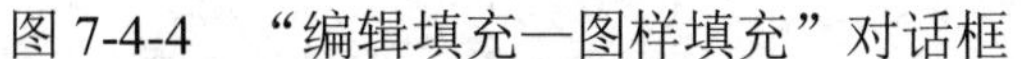

图 7-4-4　“编辑填充—图样填充”对话框

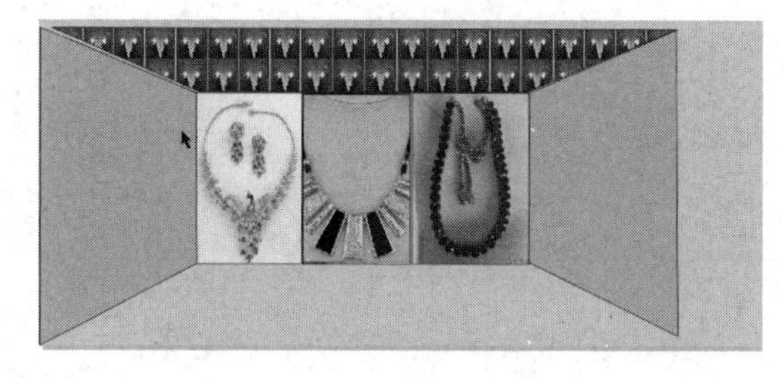

图 7-4-5　将“灯”图像填充到上方梯形图形内

4．制作展厅两侧的透视图像

（1）选择“文件”→“导入”命令，弹出“导入”对话框。在该对话框中分别选择“珠宝 4”和“珠宝 5”两幅图像，单击“导入”按钮，关闭“导入”对话框。然后在绘图页面外部拖曳出两个矩形，导入两幅珠宝图像，如图 7-4-6 所示。

（2）使用工具箱中的“选择”工具，将“珠宝 4”图像移到绘图页面左侧，将“珠宝 5”图像移到绘图页面右侧。调整它们的高度，使其与绘图页面的高度一样，宽度分别与两边梯形的宽度一样，如图 7-4-7 所示。

珠宝 4　　珠宝 5

图 7-4-6　导入的两幅珠宝图像

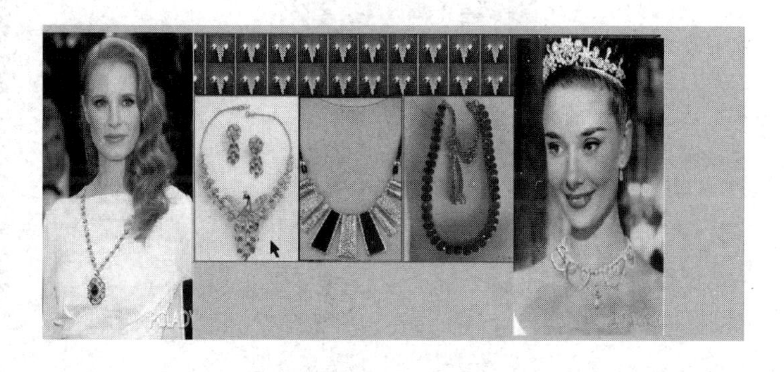

图 7-4-7　将两幅图像分别置于两边梯形图形上

（3）选中左侧的“珠宝 4”图像，选择“位图”→“三维效果”→“透视”命令，弹出“透视”对话框，如图 7-4-8 所示。垂直向下拖曳右上角的白色控制柄，然后单击“预览”按钮，观察图像的透视效果，如果左侧“珠宝 4”图像的右上角与正面左起第 1 幅“珠宝 1”图像的左上角对齐（如图 7-4-9 所示），则单击“透视”对话框中的“确定”按钮，完成图像的透视调整。

如果透视效果不理想，则可以单击该对话框中的“重置”按钮，重新进行透视调整。

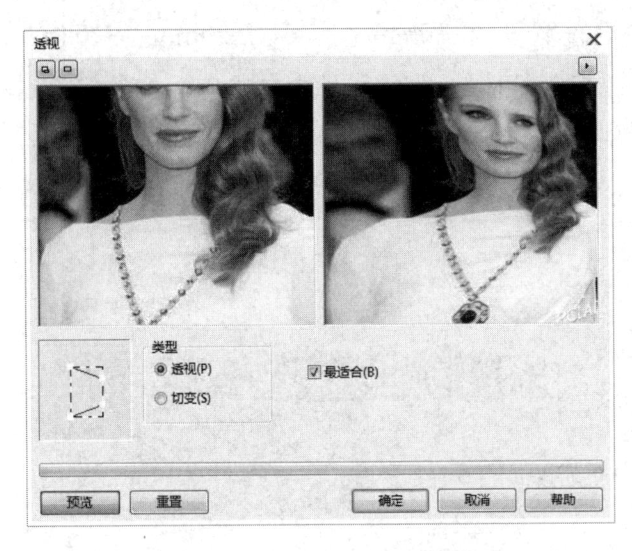

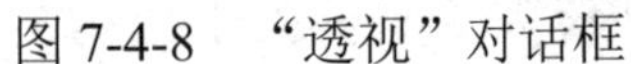

图 7-4-8 “透视”对话框

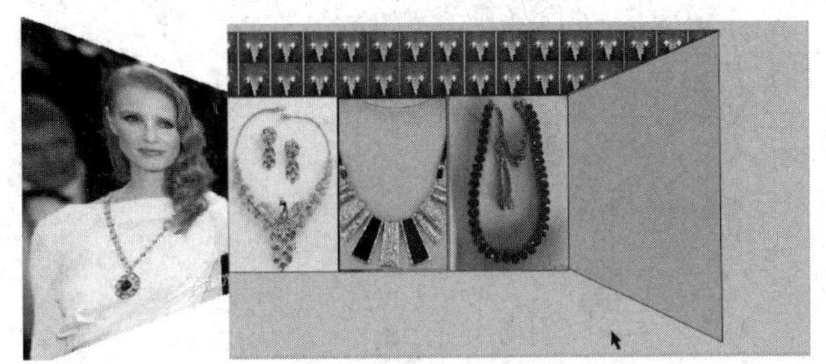

图 7-4-9 透视效果

（4）使用工具箱中的“形状”工具，垂直向上拖曳透视图像右下角的节点，移到左侧“珠宝 1”图像的左下角处；垂直向上拖曳透视图像右上角的节点，移到左侧“珠宝 1”图像的左上角处，如图 7-4-10 所示。也可以使用“位图颜色遮罩”泊坞窗将“珠宝 4”图像的白色背景隐藏。

（5）采用上述方法，将右侧的“珠宝 5”图像进行透视调整，在“透视”对话框中应垂直向下拖曳透视图像左上角的白色控制柄，再使用“形状”工具调整透视图像，如图 7-4-11 所示。

图 7-4-10 “珠宝 4”图像透视调整

图 7-4-11 “珠宝 5”图像透视调整

5．制作球面文字

（1）单击“文本”工具，在“文本”工具属性栏中，设置文字的字体为华文琥珀、字号为 100pt。单击“垂直文本”按钮，在绘图页面外输入“珠宝展览”4 个文字。

（2）选择“对象”→“拆分美术字”命令，将“珠宝展览”文字变成4个单独的文字，再分别将它们移到珠宝展厅图形的右侧，排成一列。

（3）使用工具箱中的“选择”工具，选中“珠”字，选择“位图”→“转换为位图”命令，弹出“转换为位图”对话框，按照图7-4-12所示进行设置。

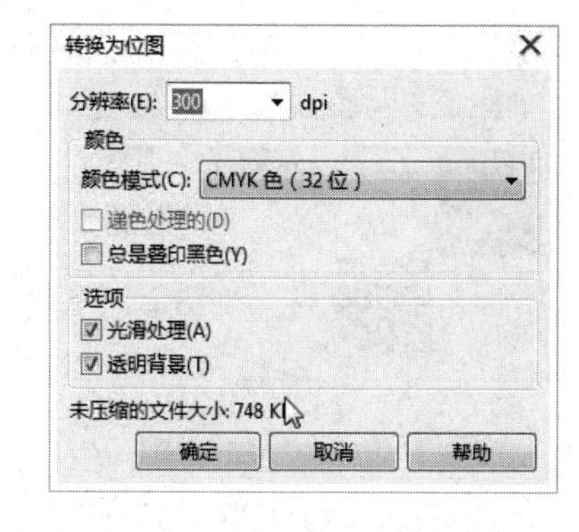

图7-4-12 “转换为位图”对话框

（4）单击“确定”按钮，即可将选中的“珠”字转换成位图。

（5）选择“位图”→“三维效果”→“球面”命令，弹出“球面”对话框，按照图7-4-13所示进行设置。单击按钮，将鼠标指针移到图像上，此时的鼠标指针变成了一个加号，单击图像，单击点即为球面变化的中心点，否则图像的中心点为球面变化的中心点。在“百分比”文本框中输入球面变化的百分数，可从-100%～+100%调整数值。当其值为负数时，表示向中心点缩小；当其值为正数时，表示从中心点向外凸起。此处输入83，单击“确定”按钮，可将选中的“珠”字设置为球面效果，如图7-4-14左图所示。

（6）使用工具箱中的“椭圆形”工具，在页面外边绘制一个圆形图形，其大小比“珠”字稍大一些。设置圆形轮廓线“宽度”为2、颜色为蓝色，效果如图7-4-14中图所示。再将圆形图形移到“珠”字上，如图7-4-14右图所示。将“珠”字和其上的圆形图形一起移到展厅图形的右上方。

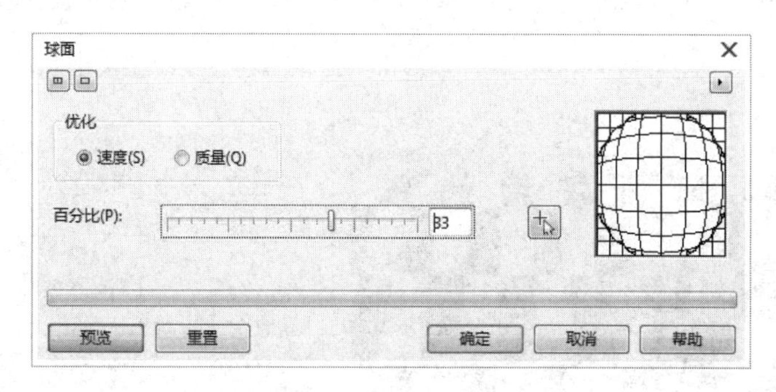

图7-4-13 “球面”对话框

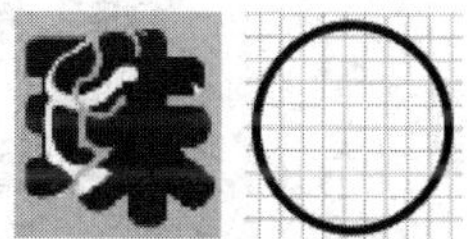
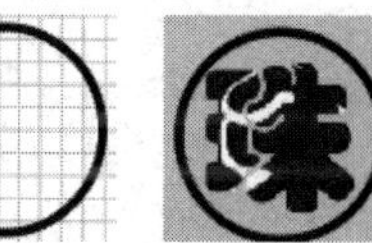

图7-4-14 球面文字和圆形轮廓线

（7）按照上述方法，依次将文字“宝”“展”“览”设置成球面效果，并复制3个圆形图形，分别移到3个文字上，然后将它们移到展厅图形的右侧，最终效果参考图7-4-1。

6．制作黑白相间的大理石地面透视图像

（1）使用工具箱中的“矩形”工具，在绘图页面的下方绘制一个矩形图形。矩形图形的宽度与珠宝展厅图形的宽度一样，高度约为绘图页面高度的一半，选中该矩形对象。

（2）单击工具箱中的“编辑填充”按钮，在打开的对话框中，单击“双色图样填充”按

钮，再单击“图样样式”下拉按钮，弹出它的面板，选择该面板中的黑白相间图案，“编辑填充—图样填充”对话框如图 7-4-15 所示。单击该对话框中的“确定”按钮，即可给矩形图形填充黑白相间图案，如图 7-4-16 所示。

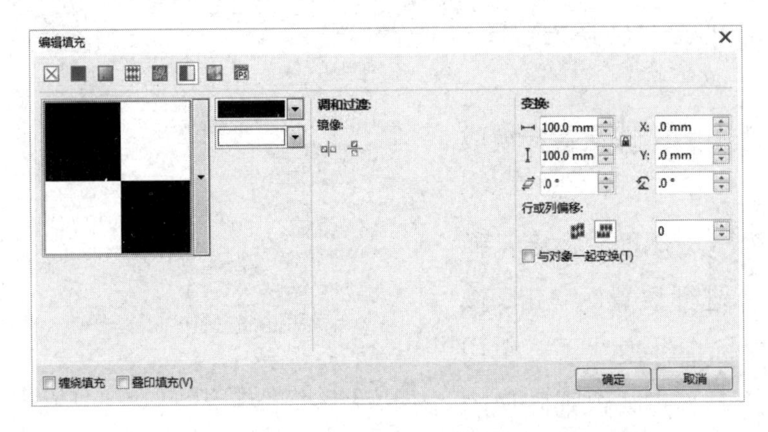

图 7-4-15　“编辑填充—图样填充”对话框

图 7-4-16　填充黑白相间图案

（3）单击“确定”按钮，完成图案的创建。

（4）选择“位图”→“转换为位图”命令，弹出“转换为位图”对话框。单击该对话框中的“确定”按钮，即可将选中的矩形图形转换为位图。

（5）使用“选择”工具，将矩形图形在垂直方向调小，移到绘图页面的下方。选择“位图”→“三维效果”→“透视”命令，弹出“透视”对话框，如图 7-4-17 所示，水平向右拖曳左上角的白色控制柄。单击“预览”按钮，观察矩形图形的透视效果，如果矩形图形的左上角与左侧“珠宝”图像的左下角没对齐，则单击“透视”对话框中的“重置”按钮，重新进行透视调整。

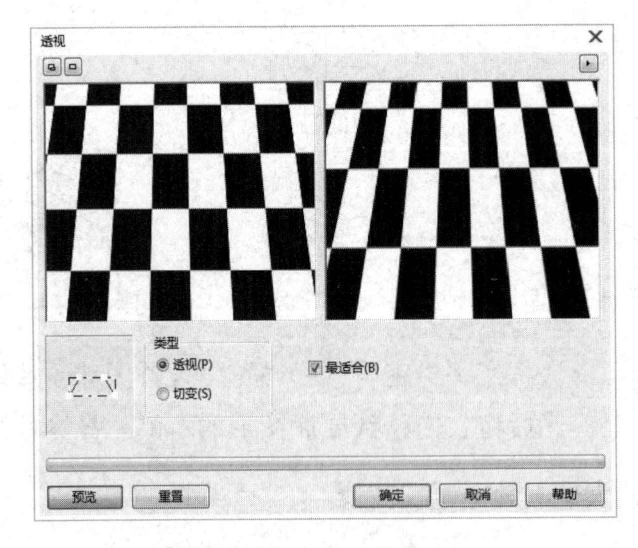

图 7-4-17　“透视”对话框

（6）如果矩形图形的左上角与左侧珠宝图像的左下角对齐，则单击“透视”对话框中的“确定”按钮，完成对图像的透视调整。

1．矢量图转换为位图

将矢量图转换为位图才能使用一些滤镜。选择“位图”→“转换为位图”命令，弹出“转换为位图”对话框。该对话框中主要选项的作用如下。

（1）“颜色模式”下拉列表框：可以选择一种合适的颜色模式，降低转换中的失真度。

（2）“分辨率”下拉列表框：可以选择一个分辨率。图像的分辨率是指位图每英寸长度的像素点的个数。分辨率越高，位图质量越好，但所占磁盘空间越大。

（3）“光滑处理”复选框：勾选该复选框可以改善颜色之间的过渡效果。

（4）“透明背景”复选框：勾选该复选框可以使位图具有一个透明的背景。

2．三维旋转滤镜

（1）选择“位图”→“三维效果”→“三维旋转”命令，弹出“三维旋转”对话框，如图7-4-18所示。在该对话框左侧的图像框中，用鼠标拖曳立体正方形，以产生三维旋转的效果，也可以修改图像框右侧数字框中的数值。

（2）设置完成后，单击“预览”按钮，可以看到位图的三维旋转效果。单击“三维旋转”对话框左上角的按钮，可以展开该对话框，同时在该对话框中显示原图像和三维旋转后的效果图。单击“确定”按钮，即可完成位图的三维旋转处理，效果如图7-4-19所示。

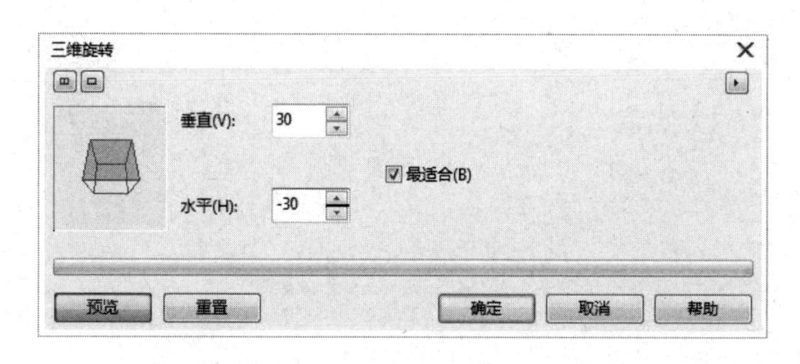

图7-4-18　“三维旋转”对话框

图7-4-19　位图三维旋转效果

3．卷页滤镜

选择“位图”→“三维效果”→“卷页”命令，弹出“卷页”对话框，如图7-4-20所示。单击“卷页”对话框左上角的按钮，可以展开该对话框，同时在该对话框中显示原图像和设置后的效果图。该对话框中主要选项的作用如下。

（1）“定向”栏：用来设置卷页的方向。

（2）“纸张”栏：用来设置卷页图像的背面是否透明。

（3）“颜色”栏：用来设置卷页图像卷边和背景图像的颜色。

（4）“宽度”栏和“高度”栏：用来设置卷页的形状与大小。

单击该对话框左侧的按钮，生成卷页效果后的图像如图 7-4-21 所示。

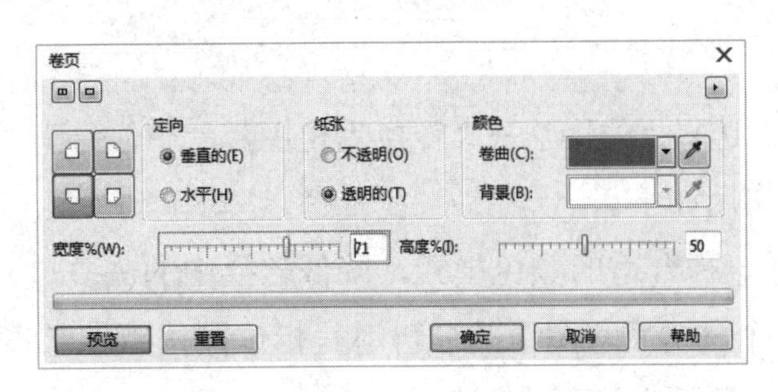

图 7-4-20 “卷页”对话框

图 7-4-21 生成卷页效果的图像

思考与练习 7-4

1．参考案例 27 图像的制作方法，制作一幅“中华名胜摄影展厅”图像。

2．制作一幅“翻页风景”图像。

3．导入一幅图像，依次对该图像进行各种滤镜处理，调整和观察滤镜处理效果。

本章通过介绍 7 个综合案例，帮助读者提高综合应用的能力，以及应用中文 CorelDRAW X7 设计作品的能力。

8.1 综合案例 1：洗衣机广告

“洗衣机广告”图像如图 8-1-1 所示。该图像的背景是一片带旋涡的海水，上方绘制了圆弧形红色色块，下方有一个手画的洗衣机图形。在画面上绘制了小天鹅洗衣机的 Logo，广告正中间突出显示小天鹅洗衣机“强力喷洗　净劲十足”的广告标语。画面上还有洗衣机的型号、特点、优点和厂家的名称，其制作步骤如下。

1. 绘制洗衣机和小天鹅图形

（1）新建一个图形文档，设置绘图页面的宽为 220mm、高为 290mm。使用“矩形”工具□，在绘图页面中绘制一个洗衣机图形，以及洗衣机上的按钮和门的轮廓图形，如图 8-1-2 所示。

（2）绘制一个小天鹅的 Logo 图形，如图 8-1-3 所示。

图 8-1-1 “洗衣机广告”图像

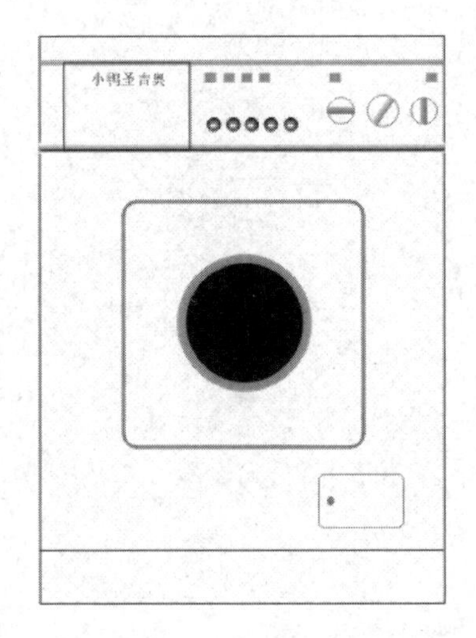

图 8-1-2 洗衣机轮廓图形

图 8-1-3 小天鹅 Logo 图形

2．制作广告宣传文字

（1）输入标题文字“全能冠军”，单击工具箱中的“立体化”工具，将其制作成立体字，如图 8-1-4 所示。在绘图页面绘制一个椭圆形并填充纹理，输入洗衣机的型号“866K”，并调整其字体和字号，如图 8-1-5 所示。

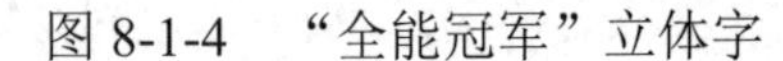

图 8-1-4 “全能冠军”立体字

图 8-1-5 “866K”文字

（2）绘制两个椭圆形图形，并填充颜色。在椭圆形图形上输入广告的主题文字，选择“效果”→“透视”命令，将这几个字透视变形，效果如图 8-1-6 所示。

（3）在绘图页面中绘制一个正方形。使用工具箱中的“变形”工具，单击其属性栏中的“拉链”按钮，将正方形变成一个多边形。

（4）选择“排列”→“转换为曲线”命令，将多边形转换为曲线，并且自由调节各顶点的位置。将多边形填充为黄色，并复制出一个黑色的阴影。在多形边的中央输入一个“超”字，组成一个爆炸效果。在其右侧输入洗衣机的优点，并将其填充成红色，如图 8-1-7 所示。

（5）制作 7 个圆形图形，并填充不同的颜色。在这 7 个圆形图形右侧输入文字，如图 8-1-8 所示。

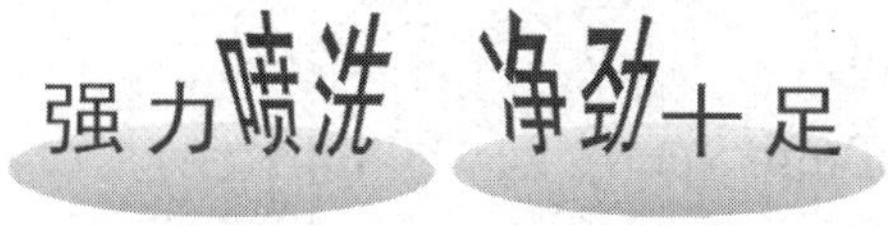

强力喷洗 净劲十足

图 8-1-6　广告的主题文字

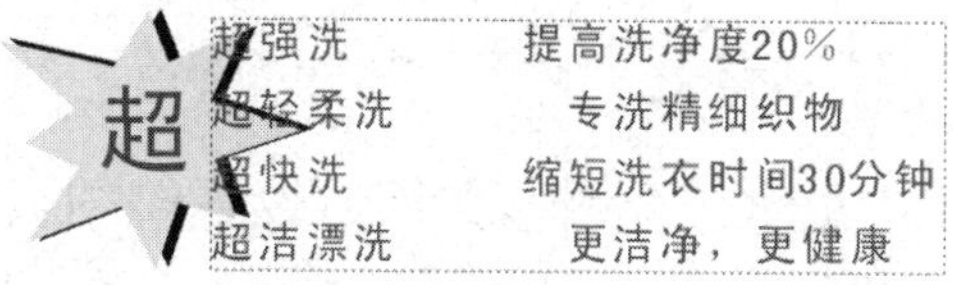

超　超强洗　提高洗净度20%
超轻柔洗　专洗精细织物
超快洗　缩短洗衣时间30分钟
超洁漂洗　更洁净，更健康

图 8-1-7　多边形和文字

3．制作广告背景

（1）在绘图页面绘制一个宽为 220mm、高为 290mm 的矩形。

（2）导入一幅大海的图像，调整宽为 220mm、高为 290mm。在大海图像上绘制一个宽为 220mm、高为 290mm 的白色矩形，使用“透明度”工具，由左上角向右下角拖曳鼠标，绘制一个矩形，制作透明效果。

（3）在绘图页面的上方绘制一个椭圆形，填充红色并取消外框，如图 8-1-9 所示。

（4）选择“效果”→“精确裁剪”→“放置在容器中”命令，将大海图像填充到矩形中。选择“效果”→“精确裁剪”→“编辑内容”命令，将图框中的图像进行移动和调整大小。选择“效果”→“精确裁剪”→“结束编辑”命令，显示裁剪后的效果，这就是背景图像，如图 8-1-10 所示。

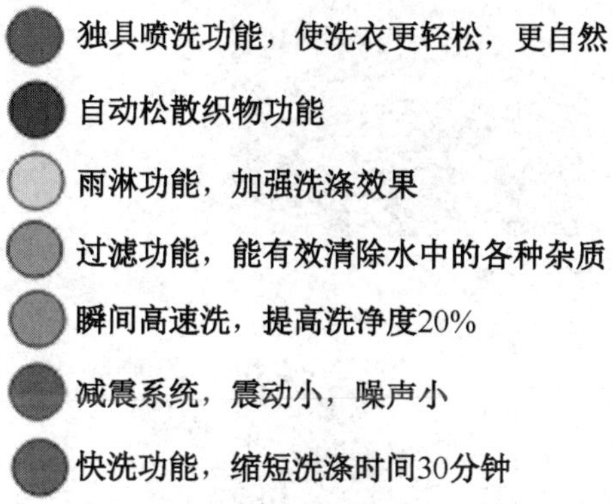

独具喷洗功能，使洗衣更轻松，更自然
自动松散织物功能
雨淋功能，加强洗涤效果
过滤功能，能有效清除水中的各种杂质
瞬间高速洗，提高洗净度20%
减震系统，震动小，噪声小
快洗功能，缩短洗涤时间30分钟

图 8-1-8　7 个圆形图形和说明文字

图 8-1-9　绘制矩形和椭圆形

图 8-1-10　裁剪效果

（5）输入所有的文字，并将所绘图形和文字进行移动，最后组成一幅洗衣机广告图像。

8.2　综合案例 2：庄园销售广告

“庄园销售广告”图像如图 8-2-1 所示，它分为背景和前景两部分。背景的左上角是淡黄色，右下角有一幅鑫港庄园的图像；中间为鑫港庄园大堂、绿地、会议中心、大楼入口图像，上下有两条彩带。前景的左上角是鑫港庄园的标志及相关说明文字，中间有图像的说明文字，下面有鑫港庄园的地理位置示意图，右侧是广告词，制作步骤如下。

1．绘制背景

（1）新建一个图形文档，设置绘图页面宽度为 280mm、高度为 180mm。

（2）导入一幅鑫港庄园的图像，如图 8-2-2 所示。在图像的上面绘制一个矩形，并填充左上角为淡黄色、右下角为白色的线性渐变颜色。使用“透明度”工具，将矩形的右下角调整为圆形透明效果，显示出鑫港庄园的图像。

（3）导入一幅鑫港庄园会议中心的图像，如图 8-2-3 所示。选择“位图”→“三维效果”→“卷页”命令，将图像的右下角卷页，效果如图 8-2-4 所示。

图 8-2-1 “庄园销售广告”图像

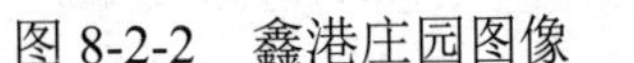

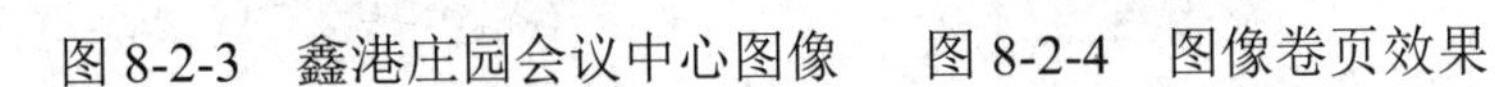

图 8-2-2 鑫港庄园图像　图 8-2-3 鑫港庄园会议中心图像　图 8-2-4 图像卷页效果

（4）用同样的方法再导入 3 幅图像，它们分别是庄园的大堂图像、绿地图像和庄园住宅入口处图像，如图 8-2-5 所示。将这 3 幅图像的右下角卷页。

（5）将 4 幅卷页图像移到背景上面并进行相应的旋转，形成一个扇形。在扇形的上方绘制一条弧线，并创建一个金黄色的阴影。选择“对象”→“拆分”命令，将阴影与弧线分离，然后删除弧线，形成一道金黄色的彩虹。

（6）用同样的方法在扇形的下方也绘制金黄色的阴影。

大堂图像

绿地图像

入口处图像

图 8-2-5　导入 3 幅图像

2．绘制前景

（1）绘制一个鑫港庄园标志，并输入相关的文字，如图 8-2-6 所示。绘制鑫港庄园的地理位置示意图，并输入相关的文字，如图 8-2-7 所示。

图 8-2-6　鑫港庄园标志

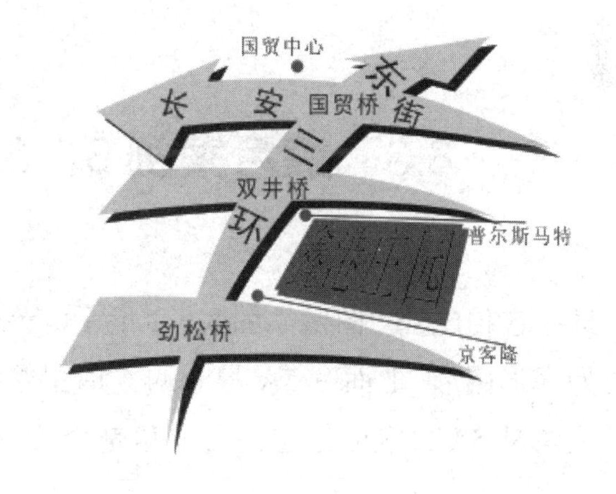

图 8-2-7　地理位置示意图

（2）绘制一个金黄色的圆球，并将其外框填充为白色。输入英文单词“NEW”，使用工具箱中的“封套”工具，将英文单词转换成立体形状，并移到圆球上。

（3）绘制两个圆角矩形，一个填充白色，另一个填充金黄色。将金黄色矩形转换为曲线，并变形成带箭头的说明框，再复制并创建阴影。在白色的圆角矩形中输入说明文字，形成第一个说明图形。

（4）复制圆角矩形并输入说明文字，效果如图 8-2-8 所示。

（5）在背景的右侧输入鑫港庄园销售的广告词，将其中的“完美”两个字分离出来，使用“轮廓图”工具创建这两个字的白色外轮廓。

（6）将输入的文字和绘制的图形移到背景上，并调整其大小和位置，最终效果参考图 8-2-1。

图 8-2-8　金黄色的圆球和说明文字

8.3　综合案例 3：5A 景区宣传广告

“5A 景区宣传广告”图像如图 8-3-1 所示。该图像分为景区标志、文字和扇形三部分：图像的中央为扇形图形，上面有 5A 景区的 6 幅图像及说明文字，中间还有一个 5A 景区的标志；图像的左上角是 5A 景区的标志；右上角是金黄色的广告词及景区名称。其制作步骤如下。

图 8-3-1　“5A 景区宣传广告”图像

1. 绘制 5A 景区标志

（1）新建一个图形文档，设置绘图页面宽度为 297mm、高度为 210mm。

（2）使用工具箱中的“手绘”工具，在绘图页面中绘制一个 5A 景区的标志，并填充颜色。在标志上方输入文字“AAAAA 景区”，并填充紫色，如图 8-3-2 所示。

2．制作广告宣传语

在绘图页面的右上角输入广告词，将其填充为金黄色，并创建阴影。在广告词的右侧输入一条竖线，在竖线右侧输入相应的文字内容，如图 8-3-3 所示。

3．制作扇形广告

（1）使用工具箱中的“多边形”工具，绘制一个五十二边形。使用工具箱中的“椭圆形”工具，绘制一个扇形。选择“对象”→“造型”→“相交”命令，将多边形和扇形交叉，形成一个多边形的扇面。

（2）再次创建一个扇形，选择“对象”→“造型”→“修剪”命令，用扇面剪去这个扇形，得到中间是圆形的扇面，并将扇面填充为白色。再绘制一个小一些的扇面，放在大扇面的外围。绘制一个扇子的龙骨，并复制多个这样的龙骨，将旋转中心移到下面，进行旋转，形成扇形的龙骨组，如图 8-3-4 所示。

图 8-3-2　5A 景区标志

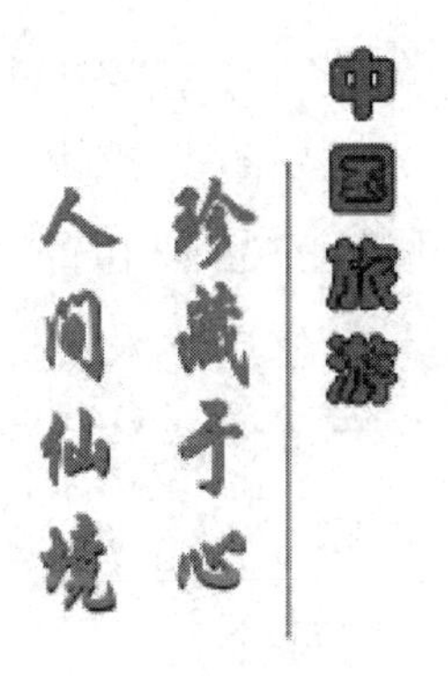

图 8-3-3　广告词

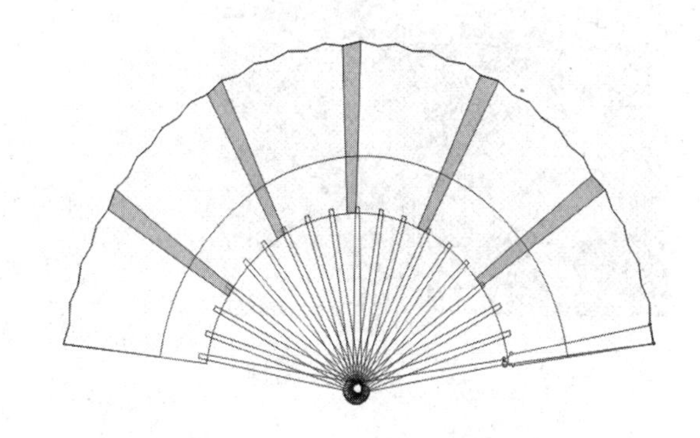

图 8-3-4　扇形的龙骨组

（3）绘制一个扇子的外龙骨，并将其移到扇子的右下角。绘制 5 个折叠阴影，并将其填充成 50%的标准透明效果。

（4）选中扇子外龙骨图形，使用“图样填充”工具将外龙骨填充成红木材质，将内龙骨填充成深棕色，并创建扇子的阴影。

（5）导入 6 幅 5A 景区的图像，如图 8-3-5 和图 8-3-6 所示。选择“位图”→“三维效果”→“透视”命令，调整这 6 幅图像的透视点，使其变成上大下小的梯形。

图 8-3-5　左侧 3 幅景区图像

图 8-3-6　右侧 3 幅景区图像

（6）选择“对象”→“图框精确裁剪”→“置于图文框内部”命令，将 6 幅图像置于扇形中，并调整 6 幅图像的位置和旋转角度，形成扇面。

（7）输入扇面文字，复制一个 5A 景区的标志，将标志缩小并移到扇子的下方中央，最终效果参考图 8-3-1。这样一幅 5A 景区广告图像就制作完成了。

8.4　综合案例 4：服装广告

图 8-4-1　“服装广告”图像

“服装广告”图像如图 8-4-1 所示。为了突出服装的保暖性，这幅广告图像的背景采用了一幅雪山图像，图像上面有两位穿着贝罗服装的青年和一个金色的礼盒，左上角有服装的品牌和商标，中间有贺词和广告词，左下角有电话和公司名称，右下角有一个爆炸图形，图形上面有赠品的说明文字。整个广告层次清晰，所绘的图形突出地表现了贝罗服装的防寒性和新春促销两大主题。制作步骤如下。

1．制作立体化礼盒

（1）新建一个图形文档，设置绘图页面的宽为 370mm、高为 300mm。在绘图页面中绘制第一个矩形，取消其轮廓线，填充成金黄色和淡黄色相间的圆锥形渐变效果。

（2）在矩形的上面输入服装品牌文字，使用工具箱中的“立体化”工具，将输入的品牌文字转换成仅显示修饰斜角的立体字，然后加上光源。选择“对象”→“组合”命令，将第一个矩形图形及其上面的所有文字组成一个整体，如图 8-4-2 所示。

（3）在绘图页面上绘制第 2 个矩形，取消其外框，并将其填充成从金黄色向黄色过渡的直线渐变效果。绘制一个蓝色椭圆形和一个带黄边的椭圆形。在椭圆形的中央绘制一个黄色的服装商标。在椭圆形的下面输入服装的英文品牌，并将其填充成黄色。

（4）选中服装商标和英文品牌，使用工具箱中的“立体化”工具，将所选的对象转换成仅显示修饰斜角的立体效果，并加上光源。将第 2 个矩形及其上面的所有图形组成一个整体，如图 8-4-3 所示。

（5）绘制第 3 个矩形，取消其外框，并填充成从黄色向淡黄色过渡的直线渐变效果。选择“效果”→“透视”命令，调整这 3 个矩形的透视点，组成一个盒子，如图 8-4-4 所示。

（6）在礼盒的上面绘制一个丝绸打成的节，取消外框，并填充成黄褐色相间的渐变光影效果，如图 8-4-5 所示。

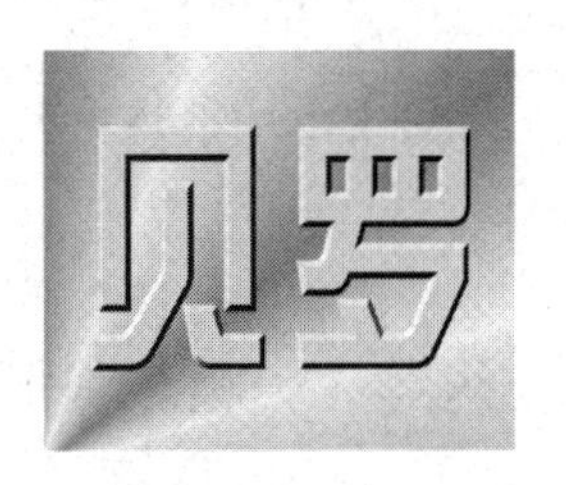

图 8-4-2　服装品牌文字

图 8-4-3　英文品牌

图 8-4-4　盒子图形

图 8-4-5　丝绸打成的节

2．制作品牌商标

（1）绘制一个金黄色的椭圆形，在其上面绘制服装的商标，并填充成红色。选中椭圆形和商标，再使用工具箱中的“立体化”工具，将选中的对象转换成仅显示修饰斜角的立体图形，然后加上光源。

（2）在椭圆形的两侧输入品牌文字，并将其填充成金黄色。创建椭圆形商标和品牌文字的阴影，并将阴影填充成白色，如图 8-4-6 所示。

图 8-4-6　椭圆形商标和品牌文字

3．输入广告宣传文字

（1）输入“恭贺新禧”文字，将其填充成红色。创建一个白色的阴影，如图 8-4-7 所示。输入“贝罗送礼”文字，将其填充为黄色，并创建一个红色阴影，如图 8-4-8 所示。

恭贺新禧

图 8-4-7　“恭贺新禧”文字

贝罗送礼

图 8-4-8　“贝罗送礼”文字

（2）绘制一个椭圆形的爆炸图形，将其填充为黄色，并输入送礼的说明文字，如图 8-4-9

所示。输入红色的广告词，并输入联系电话和公司名称，如图 8-4-10 所示。

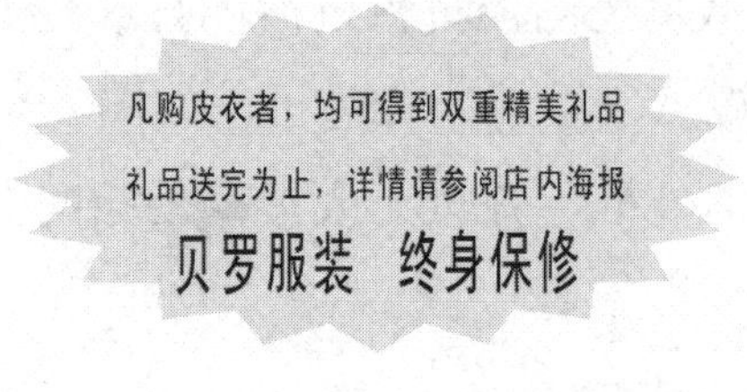

凡购皮衣者，均可得到双重精美礼品
礼品送完为止，详情请参阅店内海报
贝罗服装　终身保修

图 8-4-9　说明文字

电话679841XX 贝罗皮衣　情暖相依
北京贝罗皮革制衣有限公司

图 8-4-10　联系电话和公司名称

4．导入背景和模特图像

（1）导入一幅“雪山”图像，如图 8-4-11 所示。再导入一幅穿着贝罗服装的青年“模特”图像，如图 8-4-12 所示。

图 8-4-11　“雪山”图像

图 8-4-12　“模特”图像

（2）将“模特”图像移到“雪山”图像上面，并调整其大小，共同组成背景。

（3）将所绘的所有对象移到背景图像上，调整它们的大小和位置，组成一幅服装广告图像，最终效果参考图 8-4-1。

8.5　综合案例 5：房地产广告

“房地产广告”图像如图 8-5-1 所示。它是一幅东方家园房地产广告图像，分为背景、钟表和前景三部分。背景是 4 幅房间图像，展示东方家园的房间内部构造。上面有一个钟表图案，其中心为一片药片，秒针为一个注射器，分针为一瓶药水，时针为一个胶囊，表达出东方家园的主题：“让您安享 24 小时服务的私人医生”。前景的右侧是东方家园的标志、名称及说明文字。右上角有东方家园的地理位置示意图，右下角有东方家园的室外效果图。图像下面有销售热线电话、投资商、发展商、策划公司的名称。其制作步骤如下。

图 8-5-1　“房地产广告”图像

1．绘制东方家园的标志

（1）新建一个图形文档，设置绘图页面的宽为 297mm、高为 210mm。

（2）输入“东方家园”4 个字，并将其填充成红色。绘制两个正方形的咖啡色外框，一个粗框，一个细框，并在中间填充白色。在方框的中间绘制东方家园的标志。绘制一个长方形黑框，并在黑框中绘制一个咖啡色的长方形。输入项目名称，填充为红色，并设置成斜体字，如图 8-5-2 所示。

图 8-5-2　“东方家园”文字和东方家园的标志

2．绘制东方家园的地理位置示意图及广告宣传语

（1）导入一幅东方家园的室外效果图，如图 8-5-3 所示。

（2）绘制浅绿色的街道，创建街道阴影，并输入深绿色的街道名称，如图 8-5-4 所示。在左上角绘制一个东方家园标志，展示东方家园所在地。在右上角绘制一个方向标志，这样一个东方家园的地理位置示意图就绘制完成了。

（3）输入广告标题，并将“私人医生”4 个字填充为咖啡色。输入说明文字，并将其中的服务设施的内容文字填充成咖啡色，如图 8-5-5 所示。

图 8-5-3　东方家园的室外效果图

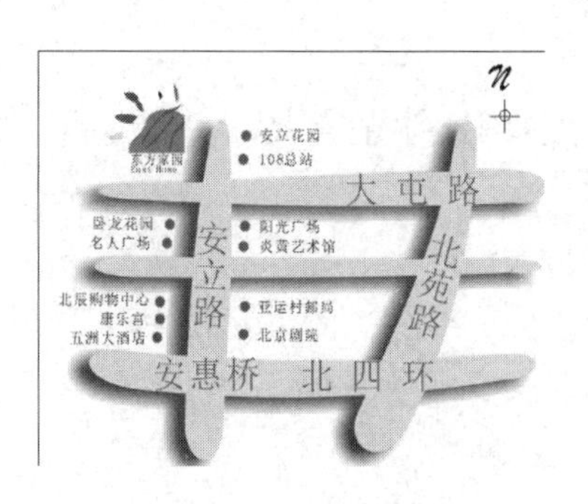

图 8-5-4　街道和街道名称

让您安享24小时服务的

私人医生

东方家园注重物业管理的质量，关心您生活的每一个细节，特聘新加坡专业物业人士加盟社区的管理与服务，全方位推出了九项配套服务设施：医院、超市、健身房、电影厅、美容院、茶道院、汽车养护中心、小时工服务中心、洗衣房。尤其是您和家人的健康能得到专业医护人员24小时的关心和照顾，更体现了新荣家园全面优质的小区服务理念。做好一切，让您舒心、顺心、安心、开心、享受健康生活。

图 8-5-5　说明文字

（4）输入销售热线电话号码、咖啡色的东方家园英文名称。绘制一个咖啡色的长方形，并在其上输入黄色的投资商、发展商及策划公司的名称，如图 8-5-6 所示。

销售热线：694012××　East Home

投资商 / 中国东方国际投资集团　发展商 / 北京东方房地产开发有限公司　全案策划 / 华鑫行

图 8-5-6　绘制图形并输入文字

3．绘制钟表

（1）绘制一个药品胶囊，并将其上半部分填充成渐变的红色，下半部分填充成渐变的黄色，如图 8-5-7 左图所示。

（2）绘制一瓶药水，并填充为咖啡色，如图 8-5-7 中图所示。绘制一个淡蓝色的注射器，并绘制一个深黄色的针头及黑色的针尖，如图 8-5-7 右图所示。

（3）绘制一片白色的药片，并填充成灰白色渐变效果，如图 8-5-8 左图所示。

（4）绘制一个圆形，并在圆形的上面输入钟点数字，将其填充成绿色。

（5）选择“排列”→“拆分”命令，将文字和圆形分离，并删除圆形，形成表盘图形。

（6）以药片为中心、胶囊为时针、药水为分针、注射器为秒针，组成一个时钟图形，如图 8-5-8 右图所示。

（7）在绘图页面中绘制一个圆形，填充成 50%透明的白色，并创建白色的阴影，在圆形上面放置绘制好的表盘。

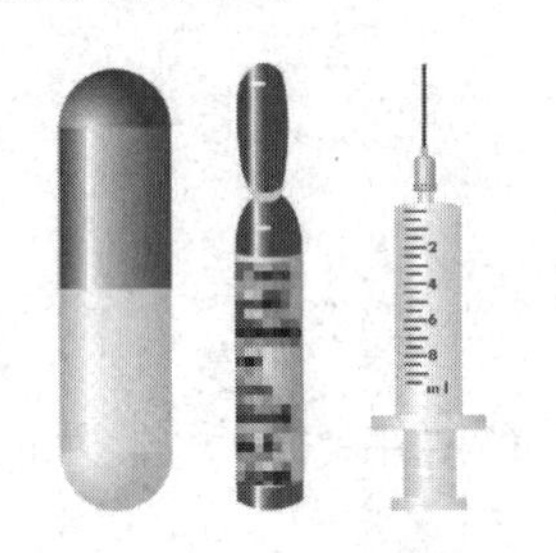

图 8-5-7　绘制 3 幅图形

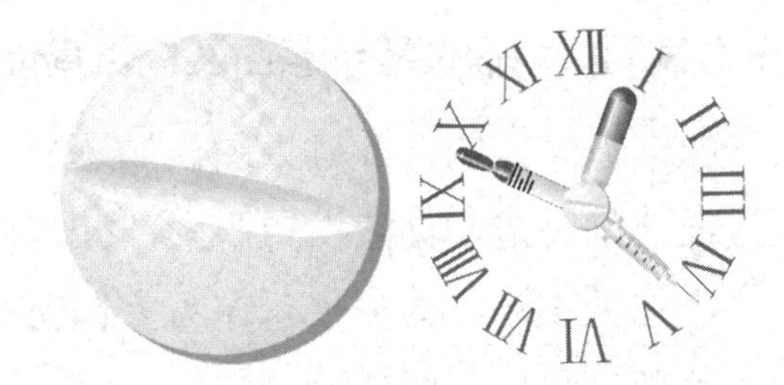

图 8-5-8　时钟图形

4．导入背景

（1）绘制一个矩形，并填充米黄色，将其作为背景。导入 4 幅东方家园室内图像，并填充到背景矩形中。

（2）将已绘制好的文字和图形移到背景上，并调整其大小和位置，形成房地产广告，最终效果参考图 8-5-1。

8.6 综合案例 6：苹果牛奶广告

“苹果牛奶广告”效果图如图 8-6-1 所示。它由背景、文字和前景三部分组成，背景是一个深紫色矩形，上面有两条花纹。前景是从两个杯子里流出的牛奶组成的一个心形，中间是宝宝喝奶的图像（如图 8-6-2 所示）。下面是苹果图像，上面有苹果的中英文名称，右侧有“倾注心意一刻”广告词，左下角是说明文字。整个广告以心形图案为主，充分体现了“倾注心意一刻”的意境，制作步骤如下。

图 8-6-1 “苹果牛奶广告”效果图

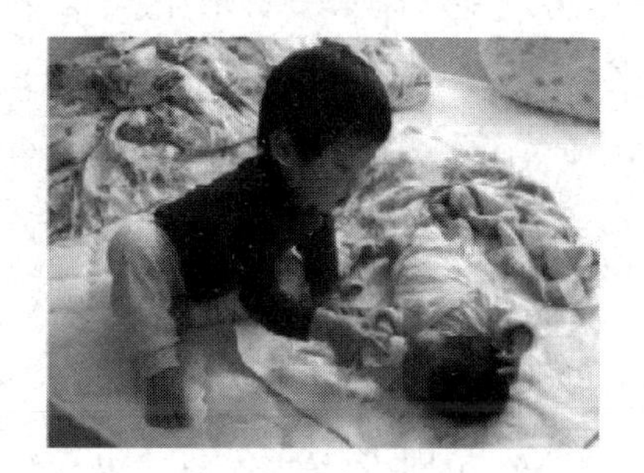

图 8-6-2 “宝宝”图像

1. 绘制前景

（1）新建一个图形文档，设置绘图页面的宽为 90mm、高为 130mm。导入“宝宝”和“苹果”图像，如图 8-6-2 和图 8-6-3 所示。

（2）绘制一个深紫色的矩形，作为广告的背景。绘制两个玻璃杯，并在杯中绘制牛奶图形，如图 8-6-4 所示。

（3）将杯子调整成倾斜状态，绘制两条白色的牛奶流淌的图形，再绘制一个由白色奶液形成的蝴蝶结。绘制一个水滴形状的图形，将其填充为灰色，在水滴形状图形的中间再绘制一个白色小水滴图形，使用工具箱中的“调和”工具，在两个水滴之间创建渐变效果，形成立体水滴图形。

（4）复制几个立体水滴图形，分别调整它们的大小、位置和旋转角度，如图 8-6-5 所示。绘制一个心形图形，再绘制一个螺旋形图形，并创建它们的内轮廓。选择“排列”→“造型”

→“合并”命令，将心形图形和螺旋形图形合并在一起，形成心形图案。

图 8-6-3 “苹果”图像

图 8-6-4 玻璃杯和牛奶

图 8-6-5 奶流和水滴

（5）创建心形图案的内轮廓，并分离和打散这些对象，再选择“排列”→“群组”命令，将内轮廓和外轮廓组合在一起，形成心形图案的内框和外框。

（6）将内框图形填充成白色，将外框图形填充成灰色，创建内框平面阴影，并将阴影填充成白色，形成立体心形图案。创建外框阴影，并将阴影填充成深紫色。

（7）选择“效果”→“精确裁剪”→“置于容器中”命令，将人物图像填充到心形图案中，如图 8-6-6 所示。这样前景图像就制作完成了。

（8）输入金黄色的苹果中英文名称，并将它转换为曲线，使用“形状”工具变形，效果如图 8-6-7 所示。输入广告词“倾注心意一刻”，填充成白色，将“心”字转换为曲线并变形，然后创建深紫色阴影，如图 8-6-8 所示。输入广告说明，并填充成白色。

2．绘制背景

（1）绘制一个紫色的波浪形矩形，在上面绘制一条金色波浪线，并创建白色阴影，然后将其填入深紫色矩形中。

（2）选中“苹果”图像，选择“位图”→“位图颜色遮罩”命令，弹出“位图颜色遮罩”泊坞窗。选中“隐藏颜色”单选按钮，勾选“颜色”列表框中第 1 个色条的复选框，拖曳“容限”滑块，调整容差度为 20；单击“颜色选择”按钮，再单击图像的白色背景，选定要隐藏的颜色。

（3）单击“位图颜色遮罩”泊坞窗中的“应用”按钮，将“苹果”图像的白色背景隐藏。

（4）将绘制好的对象和文字移到背景上，调整其大小，最终效果参考图 8-6-1。

图 8-6-6 将人物图像填充到心形图案中

图 8-6-7 苹果的中英文名称

图 8-6-8 广告词文字

8.7 综合案例 7：奶粉包装广告

图 8-7-1 “奶粉包装”图像

“奶粉包装”图像如图 8-7-1 所示。它是一个东辰牌豆奶粉包装袋的封面，背景为一个黄色的矩形，上面有田野、树木、房屋和一头奶牛。右上角有豆奶的商标及品牌，右下角有一个说明图案，说明内部的包装规格及使用大豆为原料。背景的上方有豆奶的名称，下方有豆奶的说明文字及生产厂家的名称。整个包装图形简洁，色彩鲜艳，不仅将豆奶与牛奶进行比较，还突出了来自于自然的绿色食品这个概念。其制作步骤如下。

1. 绘制背景图形

（1）绘制一个宽为 180mm、高为 210mm 的矩形，并填充为黄色。

（2）绘制一个矩形，将其转换为曲线，并将上方的中间部分修改成一个弧形。在上方和下方各绘制一条红色的边线。绘制蓝天、白云、小山、田野、树木、房屋和一头奶牛，如图 8-7-2 所示。这样，背景图形就绘制完成了。

2. 绘制豆奶说明

（1）在背景的右上方绘制东辰豆奶的商标及品牌名称。绘制一个红色的椭圆形，复制并创建其阴影，输入“即溶”两个字和其英文单词，并填充为白色，并且旋转一定的角度。

（2）绘制两个同心圆，并将它们进行组合，形成一个圆环。将圆环填充为白色，并在其上面输入弧形的中英文包装说明。

（3）在圆环的中间绘制一个绿色的底色，并在上面绘制大豆、一个盛满大豆的棕色竹筐和一个盛满豆奶的咖啡色陶罐，这样图案就制作完成了，如图 8-7-3 所示。

图 8-7-2 背景图形

图 8-7-3 完成图案制作

（4）在背景的上方绘制两个白色的矩形，并在其中输入豆奶的名称。在背景的下方输入豆奶的文字说明。

（5）在说明文字的下面输入生产厂家的名称，并填充红色，最终效果参考图 8-7-1。这样一个豆奶粉包装袋的封面就绘制完成了。

思考与练习

1．制作一幅“网站”广告图像，如图 8-7-4 所示。它的背景是一幅海滨椰树图像，上面有一个冲浪的年轻人和一个使用计算机的上网者。图中还有 3 张卡片，最上面有网站的名称及其网址，中间是广告词，最下面有公司地址、营业地点和联系电话。

2．制作一幅“联想计算机”广告图像，如图 8-7-5 所示。它分为背景、前景和文字 3 部分。背景是一个深红色的矩形，上面有由 5 条曲线组成的五线谱，四周几个小的音符衬托出中间一个大的高音谱号，表现出“欢腾世纪 4 重奏”这样一个广告主题。前景为计算机，以及打印机、扫描仪、音箱、摄像头等计算机外部设备。下面有计算机中央处理器的商标和联想公司最新推出的 3 种计算机的型号及款式。上面有广告的主题词和联想公司的新年贺词，下面有联想计算机的销售说明、联系电话和地址。右下角还有联想计算机的商标及名称。

3．制作一幅“中友百货”广告图像，如图 8-7-6 所示。它的背景为一幅粉红色、白色及紫色相间的花纹的模糊图像，上面有中友百货公司的名称、标志及营业时间，中间有代表中友百货的梅花图案、中友开幕庆的日期、电影开拍牌、优惠购物说明及领奖中心的地址。整个广告构思新颖，给人一种耳目一新的感觉。

图 8-7-4　“网站”广告图像

图 8-7-5　“联想计算机”广告图像

图 8-7-6　“中友百货”广告图像

4．制作一幅“天缘公寓的现房销售”广告图像，如图 8-7-7 所示。它的背景为一幅橘红色的风景图像，左边是一个年轻女士的图像，代表爱人。右上角是一幅天缘公寓的规划图，右下角是一幅天缘公寓的效果图、一封丈夫的信和天缘公寓的地理位置示意图。上面还有天缘公寓的标志、售楼广告词、发展商及代理商的名称和热线电话。整个广告内容丰富，创意独特，突出地表达了“天缘”两个字的意义。

5．制作一幅“邮政周报”图像，如图 8-7-8 所示。它分为刊头和刊物内容两部分。刊头分为两部分，左侧是由阴影字组成的报刊名称，右侧是裁剪字“生活周刊”。刊物的内容是喜迎新春，中间有一个“春”字，两边各有一个灯笼、一副对联。在灯笼的下面是一条龙和主题“龙年吉祥”4 个字。最下面是本报的导读和启事。

图 8-7-7 “天缘公寓的现房销售”广告图像

图 8-7-8 “邮政周报”图像

6．制作一幅“巧克力广告”图像，如图 8-7-9 所示。它是一幅吉百利巧克力广告图像，分为背景、文字和前景 3 部分。背景是一个深紫色矩形，上面有两条花纹。前景为从两个杯子里流出的牛奶组成的一个心形，中间还镶嵌着一对恋人的图像。下面是该公司生产的巧克力图像。最上面有巧克力的中英文名称。中间有广告词，下面有巧克力礼盒的说明。整个广告以心形图案为主，充分体现了广告词“倾注心意一刻”的意境。

7．制作一幅“纸巾包装”图像，如图 8-7-10 所示。它是一个洁云牌纸巾的包装设计，分为正面、侧面和背面 3 部分。背景的上方是淡红色矩形，下方是紫红色的矩形，上面有几只红色、蓝色和金黄色的蜻蜓。前景的上方有一排绿色的矩形，中间有“洁云”的品牌名称及商标，下面是洁云纸巾的说明文字。侧面的背景与正面一样，上面有纸巾的生产厂家、地址、服务热线、规格、卫生许可证号码、产品标准号、条形码及有效期等内容。背面与正面基本相同，只是中文变成了英文。

8．制作一幅“冰箱贴画”图像，如图 8-7-11 所示。它是一幅贴在冰箱门上的不干贴画。背景是一幅地球的抽象画，上面有一个噪声指数的直方图，给出新飞冰箱的噪声与其他冰箱噪声的比较情况，直方图的上方有一个箭头，指示出噪声降低的幅度。前景的右侧为一个女孩图像、鲜花图案、一只蝴蝶和冰箱的广告词。下面有新飞冰箱的噪声指数，左边是冰箱的名称、型号和各种认证说明。整个画面色彩绚丽、内容丰富，强调了新飞冰箱静音的特点。

9．制作一幅“电视机广告”图像，如图 8-7-12 所示。背景为一幅大海的图像，中景为一台电视机，前景为一座桥和一个站在桥上的人。全图以仰视的角度来展示，充分体现出了“想更远，就要站在更高处。康佳彩霸与您登上视觉更高峰”这一广告词的内涵。

图 8-7-9　“巧克力广告”图像

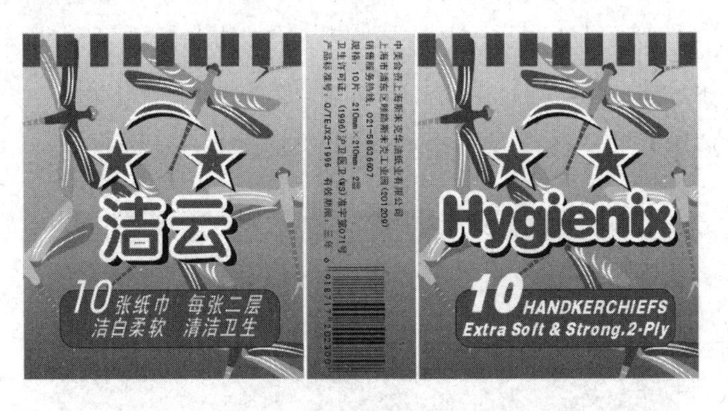

图 8-7-10　“纸巾包装”图像

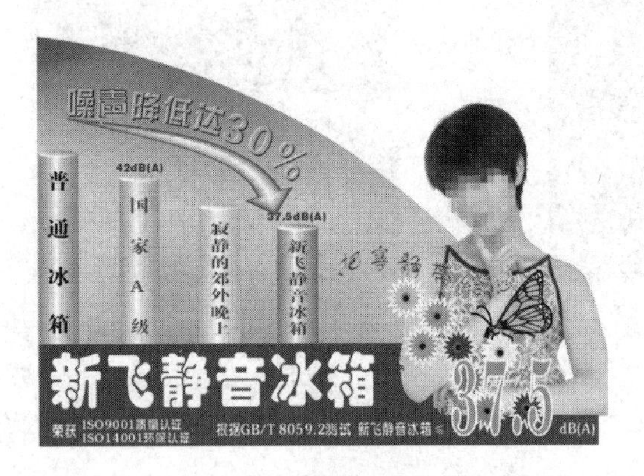

图 8-7-11　“冰箱贴画”图像

图 8-7-12　“电视机广告”图像